"国家级一流本科课程"配套教材系列

Web开发技术

第3版·微课视频版

王成良 杨正益 徐玲 编著

清华大学出版社
北京

内容简介

本书系统介绍了 Web 技术的各个方面，从基础知识到高阶应用。全书共 9 章，涵盖了 Web 基本概念、Web 开发环境的建立、HTML 技术与 CSS、DHTML 技术、XML 基础、.NET Web 应用程序开发技术、Ajax 技术、Web 站点规划和 Web 开发案例等内容。书中各章均提供了大量有针对性的示例，可供读者进行实战练习，提高开发能力，进而由浅入深地全面掌握 Web 开发的各个知识点和环节。

本书可作为高等学校计算机相关专业本科生的教材，也可作为研究生的教材，还可供对 Web 开发感兴趣的初学者自学参考使用。

图书在版编目（CIP）数据

Web 开发技术：微课视频版/王成良，杨正益，徐玲编著. -- 3 版. -- 北京：清华大学出版社，2025.2. --（“国家级一流本科课程”配套教材系列）. -- ISBN 978-7-302-68318-6

Ⅰ. TP312.8

中国国家版本馆 CIP 数据核字第 202503NJ95 号

责任编辑：付弘宇　张爱华
封面设计：刘　键
责任校对：李建庄
责任印制：刘　菲

出版发行：清华大学出版社
　　网　　址：https://www.tup.com.cn，https://www.wqxuetang.com
　　地　　址：北京清华大学学研大厦 A 座　　邮　　编：100084
　　社 总 机：010-83470000　　邮　　购：010-62786544
　　投稿与读者服务：010-62776969，c-service@tup.tsinghua.edu.cn
　　质量反馈：010-62772015，zhiliang@tup.tsinghua.edu.cn
　　课件下载：https://www.tup.com.cn，010-83470236
印 装 者：三河市人民印务有限公司
经　　销：全国新华书店
开　　本：185mm×260mm　　印　张：21.25　　字　数：519 千字
版　　次：2007 年 12 月第 1 版　2025 年 3 月第 3 版　　印　次：2025 年 3 月第 1 次印刷
印　　数：1～1500
定　　价：69.00 元

产品编号：101132-01

前言

互联网的快速发展和普及使得Web开发技术成为现代社会中不可或缺的一部分。Web开发技术是一种基于互联网的技术，在各个领域都有着广泛的应用，从个人网页到大型企业级应用，都离不开Web开发技术的支持。“Web开发技术”课程已成为高等学校软件工程、计算机及相关专业的一门重要课程。

本书旨在为读者提供全面而深入的Web技术知识和应用指导。全书的章节结构按照Web开发的逻辑顺序进行编排，由Web开发技术概述引入，逐步深入到Web开发环境的建立、HTML技术与CSS、DHTML技术、XML基础、.NET Web应用程序开发技术、Ajax技术、Web站点规划等方面，最后以Web开发案例来演练实际应用。

本书为国家级一流本科课程(线上)“Web开发技术”的指定教材，读者可以通过观看慕课视频来巩固书中各知识点(在“学堂在线”网站搜索同名课程即可观看该慕课)。

本书第1版《Web开发技术及其应用》于2007年12月出版，发行1万余册，被多所高校选用。本书第2版于2013年8月出版，将第1版部分内容重新编写，增加了前端开发框架等内容，已发行1万余册。本版与时俱进，增加了可观看慕课视频的二维码，升级了Web开发工具，加入了前沿技术和内容，更新了过时的内容，力求使知识体系更完整，为读者呈现最新、最全面的Web开发技术发展动态和应用实践。

编者结合在重庆大学大数据与软件学院讲授“Web开发技术”课程的教学经验和多年从事Web项目开发的实践经验来编写本书，在编写时充分考虑了各层次学生的学习需求。与国内同类教材相比，本书内容更为丰富和完整，案例典型、通俗易懂、讲究实效、理论与实践并重。教师可以对书中内容进行取舍与调整，使其适合本科或专科的教学要求，也可以使其适合研究生的教学要求。另外，本书可作为对Web开发技术感兴趣的初学者的自学参考书。对于具备计算机网络、数据库、多媒体、互联网等基础知识的Web开发爱好者，通过阅读本书可以找到一条较快掌握Web开发技术并进行实际应用开发的路径。

本书的编写得到了重庆大学大数据与软件学院张洪宇教授、文俊浩教授等领导的关心和支持。参与本书编写工作的有王成良、杨正益、徐玲等，王成良教授对本书进行了统稿和编排。

衷心希望本书能够对读者在学习和应用Web技术方面起到指导、帮助的作用。无论你是高等学校的学生、从事Web开发的从业者，还是对Web技术感兴趣的初学者,本书都将成为你的得力助手。希望本书能够激发读者对 Web 技术的热情,并使读者获得知识的启迪与技能的提升,为读者在 Web 开发的道路上开启更广阔的视野和机遇。

本书在编写过程中参考了许多相关文献和资料,已在参考文献中列出,在此对这些文献的作者表示感谢,同时感谢清华大学出版社对本书出版所给予的支持和帮助。

本书的配套课件、教学大纲等资源可以通过关注本书封底公众号"书圈"下载,案例代码可扫描第 9 章的二维码下载(请先扫描本书封底"文泉云盘防盗码"涂层下方的二维码,绑定微信账号,再扫描书中二维码)。如果在资源的下载使用中遇到问题,可发邮件至 404905510@qq.com。本书编者为方便教与学,为每节内容录制了讲解视频,读者可扫描书中每节标题旁的二维码在线观看。

限于编者水平,错误和不妥之处在所难免,敬请读者不吝赐教。如果读者在本书的使用中有任何意见和建议,可发邮件至 404905510@qq.com。

编　者

2025 年 1 月

目 录

第 1 章 Web 开发技术概述 …… 1
1.1 Web 的基本概念 …… 1
1.1.1 关于 Web …… 1
1.1.2 什么是 Web 服务器 …… 2
1.1.3 什么是 Web 页面 …… 2
1.1.4 统一资源定位符 …… 3
1.2 浏览器 …… 3
1.3 C/S 模式与 B/S 模式 …… 5
1.4 Web 访问的原理 …… 8
1.5 Web 开发平台 …… 10
1.6 常用 Web 开发工具 …… 11
1.7 Web 前端开发技术 …… 17
1.7.1 HTML …… 17
1.7.2 CSS …… 19
1.7.3 DHTML 及 JavaScript …… 20
1.7.4 ActiveX …… 21
1.7.5 XML …… 22
1.8 Web 后端开发技术 …… 23
1.8.1 CGI 技术 …… 23
1.8.2 PHP …… 24
1.8.3 JSP …… 24
1.8.4 ASP/ASP.NET …… 25
1.8.5 ADO/ADO.NET …… 26
1.8.6 Web Service …… 26
1.8.7 Ajax …… 27
1.9 Web 发展历程 …… 28
1.9.1 Web 1.0：早期 Web …… 28
1.9.2 Web 2.0：全民共建的 Web …… 28
1.9.3 Web 3.0 时代 …… 31
思考练习题 …… 32

第 2 章 Web 开发环境的建立 …… 33
2.1 Web 站点的配置 …… 33
2.2 主目录和虚拟目录的建立 …… 37
2.3 VS 2019 中的重要概念 …… 40
2.3.1 .NET Framework 概述 …… 40
2.3.2 VS 2019 开发工具介绍 …… 42
2.3.3 VS 2019 开发环境主要操作界面说明 …… 43
2.3.4 在 VS 2019 中开发 Web 应用系统的一般过程 …… 48
2.4 源代码的版本控制 …… 51
2.4.1 源码控制概述 …… 51
2.4.2 Git 的功能 …… 51
2.4.3 存储库的创建 …… 52
2.4.4 在 VS 2019 中使用 Git …… 54
2.5 Web 站点的发布 …… 57
2.5.1 Web 应用系统的手工发布 …… 58
2.5.2 Web 应用系统的联机发布 …… 59
2.5.3 Web 应用系统的打包发布 …… 60
上机实践题 …… 63

第 3 章 HTML 技术与 CSS …… 64
3.1 HTML 文档基本结构 …… 65
3.2 文本和格式标记 …… 69
3.3 超链接和表格标记 …… 72
3.4 图像、视频、声音处理标记 …… 74
3.5 控件标记 …… 75
3.6 HTML 5 介绍 …… 80
3.7 CSS 基础 …… 85
3.7.1 CSS 的特点 …… 86
3.7.2 CSS 的定义 …… 86
3.7.3 CSS 中的选择符 …… 88
3.7.4 CSS 的使用方法 …… 92
3.8 用 CSS 控制 Web 元素的显示外观 …… 95
3.9 CSS3 介绍 …… 103
思考练习题 …… 107

第 4 章 DHTML 技术 …… 108
4.1 JavaScript 编程基础 …… 109
4.1.1 JavaScript 语言简述 …… 109

4.1.2 JavaScript 编程基础 …… 110
4.2 JavaScript 对象编程技术 …… 120
4.2.1 JavaScript 的对象 …… 120
4.2.2 JavaScript 常用的内置对象 …… 120
4.2.3 用户自定义对象 …… 124
4.3 HTML DOM 基础 …… 125
4.3.1 HTML 文档对象模型 …… 125
4.3.2 通过 DOM 操纵 HTML 元素 …… 127
4.4 窗口对象 …… 130
4.5 浏览器对象、位置对象、历史对象、事件对象 …… 133
4.6 文档对象 …… 137
4.7 HTML DOM 树简介 …… 149
4.8 jQuery 与 Web 前端开发框架 …… 153
4.8.1 jQuery 简介 …… 153
4.8.2 jQuery 选择器 …… 154
4.8.3 jQuery 中关于 DOM 的操作 …… 155
4.8.4 jQuery 事件 …… 158
4.8.5 Web 前端开发框架 …… 161
4.9 DHTML 综合编程实践 …… 165
4.9.1 广告条定时滚动 …… 165
4.9.2 通过 URL 传递参数 …… 167
4.9.3 超文本编辑器及其与 Word 的互操作 …… 168
4.9.4 表格的美化 …… 170
思考练习题 …… 171

第 5 章 XML 基础 …… 172
5.1 XML 文档 …… 172
5.1.1 XML 的概念 …… 172
5.1.2 XML 的特点 …… 173
5.1.3 XML 与 HTML 的区别 …… 175
5.1.4 XML 文档术语以及基本结构 …… 176
5.2 用 CSS 控制 XML 文档在浏览器中的显示 …… 179
5.2.1 XML 文档的四种 CSS 样式定义方式 …… 179
5.2.2 CSS 样式和 XML 文档联系 …… 180
5.3 用 XSL 控制 XML 文档在浏览器中的显示 …… 185
5.3.1 XSL 概述 …… 185
5.3.2 XSL 模板元素 …… 187
5.3.3 XSL 选择和测试元素 …… 190
5.3.4 XSL 常用运算符 …… 191

5.3.5 XSL 内置函数 …… 192
5.4 XML DOM 编程基础 …… 194
5.4.1 XML DOM 简介 …… 194
5.4.2 XML DOM 对象 …… 195
5.4.3 XML DOM 实例 …… 202
5.5 XML 与数据库 …… 205
5.5.1 SQL Server 对 XML 的支持 …… 205
5.5.2 XML 与数据库的互操作过程 …… 211
思考练习题 …… 212

第 6 章 .NET Web 应用程序开发技术 …… 213
6.1 C#语言初步 …… 214
6.1.1 C#程序的基本结构 …… 214
6.1.2 C#中的数据类型 …… 215
6.1.3 C#变量声明及其初始化 …… 216
6.1.4 C#表达式 …… 218
6.1.5 C#控制语句 …… 219
6.1.6 C#类声明 …… 219
6.2 ASP.NET 的常用控件 …… 223
6.2.1 服务器端标准控件 …… 224
6.2.2 服务器端验证控件 …… 235
6.2.3 服务器端数据访问控件 …… 238
6.3 ASP.NET 内置服务器对象 …… 262
6.4 web.config 与 Global.asax …… 270
6.4.1 web.config 文件的配置 …… 270
6.4.2 Global.asax 文件 …… 273
6.5 ADO.NET 数据库访问技术 …… 274
6.5.1 Connection 对象 …… 275
6.5.2 Command 对象 …… 277
6.5.3 DataReader 对象 …… 280
6.5.4 DataSet 对象与 DataAdapter 对象 …… 281
6.5.5 执行存储过程 …… 286
6.5.6 数据库事务处理 …… 289
6.5.7 跨数据库访问 …… 291
6.5.8 数据绑定技术 …… 292
6.6 用 Visual Studio 创建和访问 Web 服务实例 …… 293
6.7 Web 开发中的类库构建与访问 …… 301
6.7.1 在 Web 开发中构建一个类库 …… 301
6.7.2 在 Web 开发中访问类库 …… 302

思考练习题 …… 303

第 7 章　Ajax 技术 …… 305
7.1　Ajax 概述及开发案例 …… 305
7.2　基于 Ajax 的 Web 窗体 …… 311
思考练习题 …… 313

第 8 章　Web 站点规划 …… 314
8.1　关于 Web 站点规划 …… 314
8.2　建设 Web 站点的一般步骤 …… 316
8.3　Web 站点性能优化及安全性 …… 319
8.3.1　优化 Web 服务器硬、软件配置 …… 319
8.3.2　改善 Web 应用程序的性能 …… 320
8.3.3　开发 Web 站点程序应考虑的安全性问题 …… 324
思考练习题 …… 327

第 9 章　Web 开发案例 …… 328
9.1　Web 开发案例 …… 328
9.2　微信公众号的开发 …… 329
9.3　微信小程序开发 …… 329

参考文献 …… 330

第 1 章

Web 开发技术概述

学习要点

(1) 掌握 Web 的基本概念和基础知识。

(2) 熟悉 C/S 模式与 B/S 模式的结构。

(3) 了解常用的 Web 开发工具。

(4) 了解 Web 前端开发技术和后端开发技术。

(5) 了解 Web 的发展历程。

互联网的快速发展给人们的工作、学习和生活带来了重大影响。人们利用互联网的主要方式就是通过浏览器访问网站,以处理数据、获取信息。在通过浏览器打开各式各样的网站进行信息处理、享受互联网带给人们的巨大便利的同时,好奇的读者也许非常想知道其背后隐藏的所有实现技术。互联网应用涉及的技术是多方面的,包括网络技术、数据库技术、面向对象技术、图形图像处理技术、多媒体技术、网络和信息安全技术、因特网技术、Web 开发技术等。其中,Web 开发技术是互联网应用中最为关键的技术之一。

如今 Web 开发技术不断影响着信息处理的过程,对信息技术领域的发展起着重要作用,其所涉及的内容非常广泛,包括 HTML、DHTML、XML、XSLT、CSS、ADO/ADO.NET、ASP/ASP.NET、CGI、JSP、PHP、JavaScript、Web Service、Ajax、.NET、Java EE 等。初学者对 Web 应用软件的开发很感兴趣,但往往不知道从何下手。通过本章的学习,读者可以全面了解开发 Web 应用系统所需要掌握的概念和基础知识,为后续学习 Web 应用开发打下基础。

1.1 Web 的基本概念

视频讲解

1.1.1 关于 Web

Internet 的中文译名为因特网,是不同网络串联而成的庞大网络,这些网络通过一组通用的协议相连,形成逻辑上单一、巨大的国际网络。这种将计算机网络互相连接在一起的方法可称为“网络互联”,在此基础上发展出覆盖全球的互联网络,称为“互联网”,即“互相连接在一起的网络”。对于一台 Internet 上的计算机,不管它是 PC,还是 Linux、UNIX 工作站,也不管它是以什么方式连入 Internet 的,任何人都可以访问它。实际上,人们可以访问处于 Internet 上任何位置的 Web 站点。那么,究竟什么是 Web 呢?

Web 的英文全称为 World Wide Web,缩写为 WWW,中文译名为“万维网”,它是指一个可通过互联网来访问的、由许多互相链接的超文本组成的系统。在这个系统中,可通过URI(Uniform Resource Identifier,统一资源标识符)来访问各种资源,这些资源通过超文本传输协议(HyperText Transfer Protocol,HTTP)传送给用户,用户可通过单击链接来获得资源。Web 并不等同于 Internet,它只是 Internet 提供的服务之一,即依靠 Internet 运行的一项服务,一般通过浏览器来实现用户与 Internet 的交互。

在 Internet 中分布着成千上万台计算机,这些计算机扮演的角色和所起的作用各不相同——有的计算机负责收发电子邮件;有的负责为用户传输文件;有的负责对域名进行解析;更多的计算机则用于组织并展示相关的信息资源,方便用户的获取。所有这些承担服务任务的计算机统称为服务器。根据服务的特点,服务器又可分为邮件服务器、文件传输服务器、域名服务器(Domain Name Server,DNS)和 Web 服务器等。

1.1.2 什么是 Web 服务器

Web 服务器又称 WWW 服务器、网站服务器或站点服务器,就是通过超文本(Hypertext)将本地的信息组织起来,为用户在 Internet 上搜索和浏览信息提供服务。从本质上说,Web 服务器就是一个软件系统,一台计算机可运行多个 Web 服务器。为提高用户的访问效率,一般情况下一台计算机只运行一个 Web 服务器;为提供大量用户的访问,多台计算机可以形成集群,只提供一个 Web 服务。通常一台运行一个或多个 Web 服务的计算机称为 Web 服务器。

因此,Web 或万维网是由 Internet 中称为 Web 服务器的计算机所组成的,由那些希望通过 Internet 发布信息的机构提供并管理。可以说,万维网是 Internet 的一个子集,即 WWW 包含于 Internet。在 Web 世界里,每个 Web 服务器除了提供自己独特的信息服务外,还可以用超链接(Hyperlink)指向其他 Web 服务器,而这些 Web 服务器又可以指向更多的 Web 服务器,这样就形成了一个全球范围的、由 Web 服务器组成的万维网。

要使一台计算机成为一台 Web 服务器,必须在上面安装 UNIX、Linux 或 Windows Server 等网络操作系统,还要安装专门的信息服务器程序,如 Windows Server 2012 中的 IIS 7.0 或 Apache Tomcat。

1.1.3 什么是 Web 页面

Web 是互联网提供信息的一种手段。通过这种手段,能够实现以 Web 页面为单位管理庞大的信息及其之间的联系,并对其进行无缝检索。那么,什么是 Web 页面呢? Web 在提供信息服务之前,所有信息都必须以文件方式事先存放在 Web 服务器所管辖的磁盘中的某个文件夹下,其中包含了由超文本标记语言(HyperText Markup Language,HTML)组成的文本文件,这些文本文件称为超链接文件,又称为网页文件或 Web 页面(Web page)文件。

当用户在浏览器地址栏输入所访问网站的网址时,实际上就是向某个 Web 服务器发出调用某个页面的请求。Web 服务器收到页面调用请求后,从磁盘中调出该网页进行相关处理,传回给浏览器显示。在这里,Web 服务器作为一个软件系统,用于管理 Web 页面,并使这些页面通过本地网络或 Internet 供客户浏览器使用。图 1-1 展示了 Web 服务器与 Web 页面的关系。

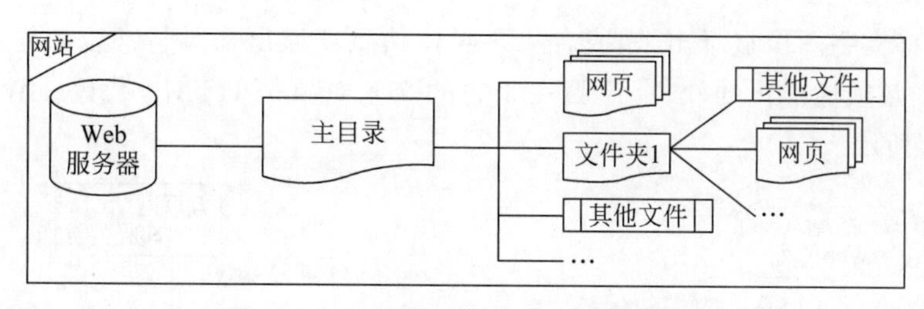

图 1-1 Web 服务器与 Web 页面的关系

一个简单的网站就是由一个个网页文件、图片文件、音频文件和其他辅助文件组成的，每个网页中包含了各种图片、声音和动画文件等的链接地址，它们存放在 Web 服务器的某个主目录下，Web 服务器对主目录及其下属的各个文件夹和所有文件进行管理和控制，例如可以控制某个文件夹或网页文件的读、写等权限。Web 页面文件由超文本标记语言构成，文件扩展名通常为 HTM 或 HTML，本章后面介绍的 ASP、ASPX、JSP、PHP 等文件也属于 Web 页面，但它们有另外一个名称即 Web 服务器页面。Web 服务器页面需要 Web 服务器对它们进行重新处理后，动态生成新的 HTML 页面再传送给客户端供用户浏览。

1.1.4 统一资源定位符

视频讲解

信息资源放在 Web 服务器之后，需要将它的地址告诉给用户，以便让用户来访问，这就是统一资源定位符(Uniform Resource Locator，URL)的功能，俗称为网址。URL 字串分成三部分：协议名称、主机名和文件名(包含路径)。协议名称通常为 http、https、ftp、file 等。例如，http://www.cqu.edu.cn/index.htm 是一个 URL 地址，其中 http 指采用的传输协议是 HTTP(https 是指采用加密的 HTTP)，www.cqu.edu.cn 为主机名，index.htm 为文件名。又如，file://C:/Windows/Sandstone.bmp 也是一个 URL 地址，指向 C 盘中 Windows 目录下的 Sandstone.bmp 文件，此处的主机名为 C:。需要说明的是，URL 地址中的主机名也可直接输入对应的 IP 地址，例如输入 http://202.202.0.35/html/index.htm。为什么有时 URL 地址中没有文件名还能照常显示页面内容呢？这是因为在 Web 服务器的配置中，可以事先设定一个或多个默认文件名，浏览器会自动查找这些默认的文件名。

URL 地址有相对地址和绝对地址之分。用浏览器进行浏览页面内容时，手工输入的 URL 地址只能为绝对地址，相对地址用于网页文档内部的链接地址。假定 Web 服务器的主目录为 D:\jfhb，存在文件 index.htm，其下有一个子目录 web，存在文件 a.htm，则 /web/a.htm 表示相对 URL 地址，等同于 http://219.153.14.22/web/a.htm；a.htm 文档中若存在../index.htm，则表示链接上一级目录下的文件 index.htm，它也是 URL 相对地址。

1.2 浏览器

视频讲解

浏览器(browser)就是 Web 客户端程序，要浏览 Web 页面必须在本地计算机上安装浏览器软件。它是一个软件程序，用于与 Web 建立连接，并与之进行通信。它可以在 Web 系统中根据链接确定信息资源的位置，并将用户感兴趣的信息资源取回来，对 HTML 文件进行解释,然后将文字图像显示出来,或者将多媒体信息还原出来。与常规的应用软件不同,浏览器是一个必须标准化的软件,原因在于它的交互对象是 HTML 代码。Web 浏览器的功能如图 1-2 所示。

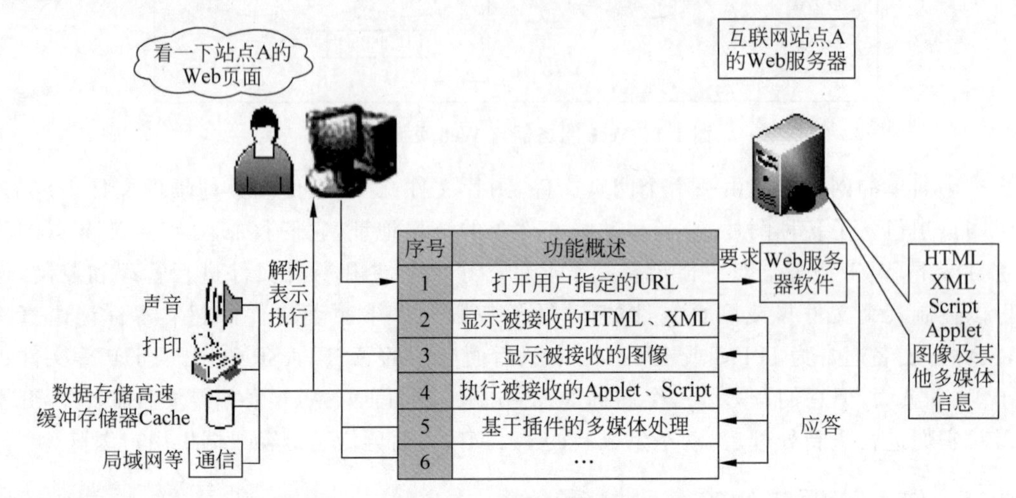

图 1-2 Web 浏览器的功能

当用户通过浏览器访问某一个网站时,用户必须首先在浏览器的地址栏中输入相应的网址,称之为 URL 地址;接着浏览器将向域名服务器询问该网址对应的 IP 地址,并根据返回的结果直接定位到目标服务器;最后服务器与浏览器双方完成通信握手之后,该网站对应的图文数据便被送到浏览器中。如果收到的是 HTML 代码和图片,则浏览器对其进行解释之后形成页面显示;而如果遇到扩展名为 ASP、CGI 之类的脚本程序,解释工作就必须由服务器来完成,浏览器只能被动接收解释的结果并加以显示;当然,如果在结果中遇到 HTML 标记,浏览器就会启动解释程序,按 HTML 标记的要求将网页的内容显示在用户面前。

浏览器和服务器之间是通过 HTTP 进行通信的。HTTP 是一种无记忆的协议,即用户目前正在浏览的页面对在此之前浏览过的页面没有丝毫的记忆和了解。而实际情况是有时需要浏览器能够记住一些信息,且这些信息却不希望让使用者看到,例如用户在登录某网站时,第一次输入用户类型和用户名后,希望浏览器能记住用户类型和用户名,用户再次登录时不需要输入用户类型和用户名,浏览器将记忆中的用户类型和用户名直接代替用户输入。为了实现这样的功能,在浏览器中引入了 Cookie 的概念,也就是浏览器允许用户通过 Cookie 读写一些信息,这在一定程度上实现了浏览器的记忆功能。

常用的浏览器及主要特点如表 1-1 所示。

表 1-1 常用的浏览器及主要特点

浏览器		主要特点
国外浏览器	Google Chrome	速度快,安全性较高,用户界面简洁直观,支持扩展和插件,使用 Google 账户同步书签、历史记录等,与其他 Google 服务集成紧密。使用开源 Webkit 和 Mozilla 为核心
	Mozilla Firefox	开源,安全性强,支持丰富的扩展,跨平台使用。注重隐私保护,使用 Gecko 为核心引擎,注重用户控制

续表

浏览器		主要特点
国外浏览器	Microsoft Edge	基于 Chromium 引擎，支持 Chrome 扩展，速度较快。深度集成 Windows 系统，包括 Cortana 语音助手和其他 Microsoft 服务
	Microsoft IE	IE(Internet Explorer)曾是很受欢迎的浏览器之一，但由于性能、安全性和功能方面的限制，它逐渐被 Microsoft Edge 取代。其 9.0 版本开始支持 HTML 5.0，Internet Explorer 11 为最终版
	Apple Safari	以 KDE 的 KHTML 为核心，针对 Apple 生态系统优化，性能良好，注重电池寿命。集成于 iOS 和 macOS，也支持 Windows 系统
	Opera Software ASA 公司的 Opera	提供快速跨平台浏览体验，内置广告拦截器、VPN 和其他一些独特功能，支持扩展
国产浏览器	360 安全浏览器	内置 360 安全引擎，提供实时网页安全检测和拦截，强调对恶意软件和网站的保护。集成广告拦截功能，有一些独特的定制化特性
	搜狗浏览器	集成搜狗搜索引擎，支持智能输入法和手势操作，注重中文搜索和输入体验。内置广告拦截和安全防护功能，提供一些个性化的定制选项
	UC 浏览器	注重移动端体验，有较快的页面加载速度，支持多种主题和扩展。提供新闻推送服务，具有省流量模式，整合了云加速和云端同步功能
	QQ 浏览器	集成 QQ 社交服务，支持快速访问 QQ 相关功能，包括消息、空间等。内置广告屏蔽、恶意网站拦截等安全功能，提供一些实用的浏览工具
	猎豹浏览器	注重极速浏览体验，有加速模式和极速模式，提供快速的页面加载。内置广告拦截和安全防护功能，支持扩展和插件，有一些个性化定制选项
	搜狐浏览器	集成了搜狐门户服务，提供新闻、视频、社交等多种功能。具有快速的页面加载速度，支持多标签浏览和多任务管理
	百度浏览器	内置百度搜索引擎以提供用户一体化的搜索和浏览体验。集成百度新闻和信息流。用户可方便地下载在线视频，支持多种视频网站

每个浏览器都有其独到特性和功能，选择浏览器通常取决于用户的个人需求和偏好。值得注意的是，同一个 Web 页面在不同的浏览器中可能具有不同的显示效果，这是因为 Web 页面中可能使用了该浏览器不支持的属性或方法，或者浏览器所支持的技术在版本上有差异。对于商业网站来说，需要被尽可能多的用户访问，因此在开发相关的 Web 页面时也变得较为复杂，需要判别不同的浏览器，以对各个浏览器支持的对象、属性和方法分别进行编程和调试。

1.3 C/S 模式与 B/S 模式

视频讲解

1. C/S 模式

在计算机诞生和应用的初期，计算所需要的数据和程序都是集中在一台计算机上进行的，称之为集中式计算。随着网络的发展，这种集中式计算往往发展成一种由大型机和多个与之相连的终端组成的网络结构。当支持大量用户时，大型机自顶向下的维护和管理方式显示出集中式处理的优越性。它具有安全性好、可靠性高、计算能力和数据存储能力强以及系统维护和管理的费用较低等优点。但是它也存在着一些明显的缺点，如大型机的初始投资较大、可移植性较差、资源利用率较低以及网络负载大等。

随着微型计算机和网络的发展，数据和应用逐渐转向了分布式，即数据和应用程序跨越多个节点,形成了新的计算模式,这就是C/S(client/server,客户机/服务器)模式。这是一种典型的两层模式。

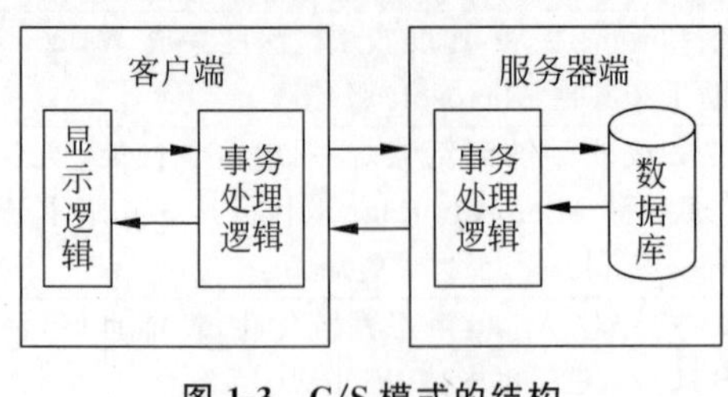

图1-3 C/S模式的结构

C/S模式将应用一分为二:前端是客户机,几乎所有的应用逻辑都在客户端进行和表达,客户机完成与用户的交互任务;后端是服务器,它负责后台数据的查询和管理、大规模的计算等服务。通常客户端的任务比较繁重,称为"肥"客户端,而服务器端的任务相对较轻,称为"瘦"服务器。C/S模式的结构如图1-3所示。

C/S模式具有以下几方面的优点:通过异种平台集成,能够协调现有的各种基础结构;分布式管理;能充分发挥客户端PC的处理能力,安全、稳定、速度快,且在适当情况下可脱机操作。

但随着应用规模日益扩大,应用程序的复杂程度不断提高,C/S结构逐渐暴露出许多缺点和不足,主要包括:它必须在客户端安装大量的应用程序(客户端软件),需要在客户端安装支持系统运行的动态链接库等。一方面,C/S结构占用用户宝贵磁盘空间,造成磁盘清理困难;另一方面,不同的客户端程序可能由于动态链接库版本不一致,引起系统不能正常工作,造成DLL HELL。另外,C/S结构还存在移植困难、用户界面风格不统一、操作复杂、不利于推广使用、维护和升级过程烦琐、信息内容和形式单一与不易应用新技术等不足。

在C/S模式结构中,通常很容易将客户机和服务器理解为两端的计算机。但事实上,"客户机"和"服务器"在概念上更多的是指软件,是指两台机器上相应的应用程序,或者说是"客户机进程"和"服务器进程"。服务器端和客户端也不是绝对可分的,如果原来提供服务的服务器端要接受别的服务器端的服务,它就转化为客户端;或者原来接受服务的客户端要为别的客户端提供服务,它就转化为服务器端。对于很多初学者,在调试程序时,往往把自己的计算机既当作服务器端,又当作客户端。

2. B/S模式

进入20世纪90年代以后,随着Internet技术的不断发展,尤其是基于Web的信息发布和检索技术、Java技术以及网络分布式对象技术的飞速发展,常出现成千上万台客户机同时向服务器发出请求的情况,这就使得很多应用系统的体系结构不得不从C/S结构向更加灵活的多级分布式B/S(browser/server,浏览器/服务器)模式演变。

B/S模式是一种基于Web的协同计算模式,是一种三层架构的"瘦"客户机/"肥"服务器的模式。第一层为客户端表示层,与C/S结构中的"肥"客户端不同,三层架构中的客户层只保留一个Web浏览器,不存放任何应用程序,其运行代码可以从位于第二层的Web服务器下载到本地的浏览器中执行,几乎不需要任何管理工作。第二层是应用服务器层,由一台或多台服务器(Web服务器也位于这一层)组成,处理应用中的所有业务逻辑,包括对数据库的访问等工作,该层具有良好的可扩充性,可以随着应用的需要任意增加服务的数目。第三层是数据服务器层,主要由数据库系统组成。B/S模式的结构如图1-4所示。

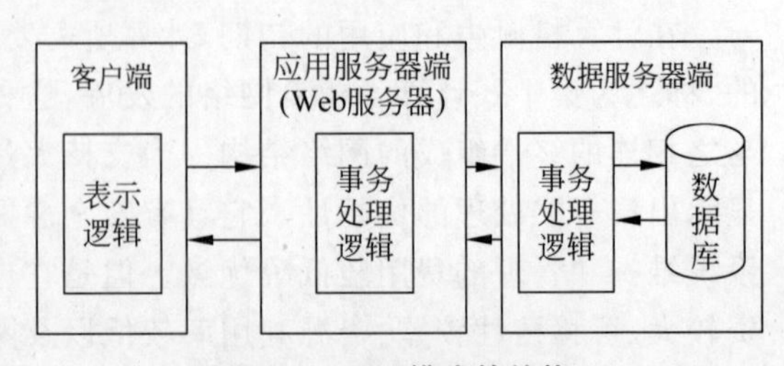

图1-4 B/S模式的结构

B/S三层架构的功能、技术和特点如

表 1-2 所示。

表 1-2 B/S 三层架构的功能、技术和特点

三层架构	功能	技术	特点
第一层：客户端表示层	用户通过浏览器与应用层进行交互，浏览器负责向用户呈现界面、接收用户输入以及将用户请求发送给应用服务层	使用 HTML、CSS、JavaScript 等前端技术，实现用户友好的界面和交互体验	客户端轻量化（"瘦"客户端），用户无须安装额外的应用，通过浏览器即可访问应用
第二层：应用服务器层	处理业务逻辑，接收用户请求，执行相应的业务操作，并返回结果。在这一层，应用层的核心功能和处理逻辑被实现	使用服务器端编程语言，如 C＃、Java、Python、Node. js 等，处理业务逻辑；同时，可能涉及中间件、Web 框架等技术	集中管理业务逻辑，业务的变更和更新主要发生在这一层，有助于保持系统的一致性
第三层：数据服务器层	存储和管理应用的数据，包括用户信息、业务数据等。这一层通常使用数据库系统进行数据的持久化和管理	使用数据库管理系统，SQL Server、Oracle、MySQL、PostgreSQL、MongoDB 等，通过 SQL 或 NoSQL 进行数据的查询、插入、更新和删除	数据的安全性和一致性得到重视，数据库通常会采用事务管理来确保数据的完整性

客户端表示层通过 HTTP 或其他通信协议将用户请求发送到应用服务器层，应用服务器层处理后再通过同样的协议将结果返回给客户端表示层。应用服务器层通过数据库连接向数据服务器层请求数据，执行数据库操作，以满足用户请求的数据需求。三层架构将用户界面、业务逻辑和数据管理分离，有助于更好地组织和维护代码，可以独立扩展每一层，提高系统的可伸缩性和灵活性。数据存储和处理在数据服务器层完成，可以采用专门的安全策略和机制。B/S 三层架构通过分层的方式将不同的责任分配给不同的组件，提高了系统的可维护性、可伸缩性和安全性。这种结构也更适用于互联网应用的开发和维护。

B/S 模式的特点使得它在分布式系统中得到广泛应用，特别是在 Web 应用和云计算环境中。其主要特点总结如下。

(1) 客户端轻量化。B/S 模式下，客户端主要通过浏览器访问应用，不需要安装大量的客户端软件，使得客户端相对轻量化。这减轻了用户维护和更新客户端软件的负担。

(2) 跨平台性。由于使用浏览器作为客户端，B/S 模式支持跨平台操作。用户可以在不同的操作系统（如 Windows、macOS、Linux）上使用相同的浏览器访问应用，提高了系统的灵活性和可移植性。

(3) 集中管理。业务逻辑、数据处理等主要由服务器端处理，因此整个系统的管理和维护更为集中。这有助于降低系统管理的复杂性，减轻客户端的负担。

(4) 简化更新。在 B/S 模式下，应用的更新主要发生在服务器端，用户无须手动更新客户端软件。这样可以确保所有用户都在访问时使用最新版本的应用，减少了版本管理和软件分发的难度。

(5) 易于维护。由于业务逻辑和数据处理都在服务器端进行，因此系统的维护更为集中，管理员可以更轻松地进行监控、维护和升级。

(6) 网络依赖性大。B/S模式对网络的依赖较大,因为用户需要通过网络与服务器通信。如果网络连接不稳定,可能会影响用户体验。

(7) 提高了安全性。由于关键的业务逻辑和数据都存储在服务器端,B/S模式相对于C/S模式更容易实施安全措施,以保护数据和系统的安全。

B/S模式与传统的C/S模式相比体现了集中式计算的优越性:具有良好的开放性,利用单一的访问点,用户可以在任何地点使用系统;用户可以跨平台以相同的浏览器界面访问系统;在客户端只需要安装浏览器,取消了客户端的维护工作,有效地降低了整个系统的运行和维护成本。

采用B/S模式构建的应用系统称为B/S模式应用系统。B/S模式应用系统又可分成基于Intranet的应用系统、基于Internet的应用系统和网站系统,它们统称为Web应用系统。网站系统就是我们平常所使用的电子商务网站、电子政务网站、各种门户网站等,它们既需要考虑尽可能多地被各种用户访问,又需要考虑所开发的网站兼容各种浏览器,还需要考虑网络带宽在有限和不稳定的情况下,仍然可以被快速访问,因此除了考虑互联网上使用的安全性外,其稳定性、可靠性、有效性等也是网站开发中必须重点考虑的问题。基于Internet的应用系统服务于某一企业或一类特定用户,在浏览器的兼容性方面的要求可适当降低。基于Intranet的应用系统因为运行在企业内联网上,内联网网络带宽至少在10Mb/s以上,且提供的网络带宽稳定、可靠,因此在软件开发过程中,需要防范和重点考虑的问题比前两个要少得多,在软件开发和运行成本方面会有所减少。另外,常见的移动APP虽然可用B/S模式,但大都采用C/S模式,是因为移动设备经常面临网络不稳定或断开的情况,C/S模式可以充分利用移动端的计算资源和存储资源执行一部分逻辑,甚至可使APP在没有网络连接的情况下仍能提供基本功能,可显著提高访问速度,增强用户体验。

视频讲解

1.4 Web访问的原理

下面的Web页面代码显示“Welcome to My Homepage!”的消息,这是一个很简单的HTML页面。

```
<html>
<head>
<title>MyHomepage</title>
</head>
<body>
<p align="center">Welcome to My Homepage! </p>
</body>
</html>
```

首先,想浏览这个页面的用户在浏览器里输入这个页面的URL地址(俗称网址)。假设URL是http://www.cqu.edu.cn。接受这个输入的Web浏览器以URL内的域名为基础,向DNS服务器询问这个IP地址。如果通过DNS找到了IP地址,就可根据此IP地址去访问客户所指定的Web服务器。接下来Web服务器接受客户端的请求把上述HTML文件发送给客户端。Web浏览器解析、显示这些信息,用户便可以看到最终的Web页面,具体过程如图1-5所示。

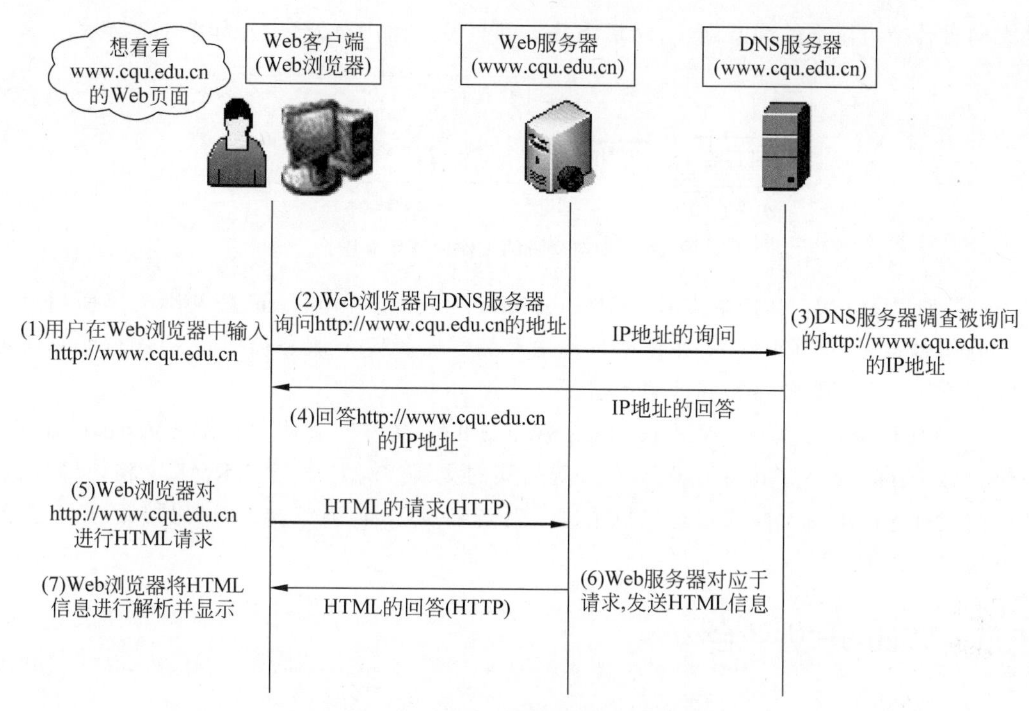

图 1-5 Web 页面显示前所进行的处理过程

在 Web 环境中,大致可以把 Web 服务器向浏览器提供服务的过程归纳为以下几个步骤。

(1) 用户打开计算机(客户机),启动浏览器(Microsoft Internet Explorer、Google Chrome、Mozilla Firefox 等),并在浏览器中指定一个 URL 地址,浏览器便向该 URL 所指向的 Web 服务器发出请求。

(2) Web 服务器(也称为 HTTP 服务器)接到浏览器的请求后,把 URL 转换为页面所在服务器上的文件路径名。

(3) 如果 URL 指向的是普通的 HTML 文档(即静态网页,就是说该网页文件里没有特殊程序代码,只有 HTML 标记,这种网页一般以扩展名为.htm 或.html 的文件存放),Web 服务器直接将它发送给浏览器。如果网页中包含图片、动画、声音等文件的链接地址,这些链接地址实际指向某个文件,则这些文件与网页一样要通过网络传输到客户机的浏览器缓冲区,原理如图 1-6 所示。

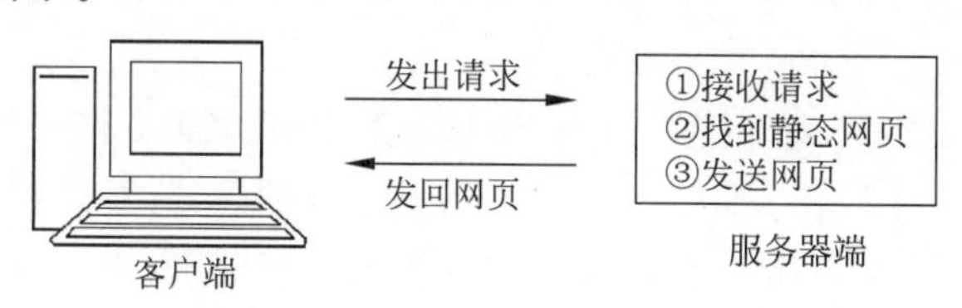

图 1-6 静态网页的工作原理示意图

(4) 如果 URL 指向的是动态网页文件,就是说网页文件不仅含有 HTML 标记,而且含有 Java、JavaScript、ActiveX 等编写的服务器端脚本程序(文件扩展名一般为 ASP、ASPX、JSP、PHP 等),Web 服务器就先执行网页文件中的服务器端脚本程序,将含有程序代码的动态网页转换为标准的静态网页,然后将静态网页发送给浏览器,原理如图1-7所示。

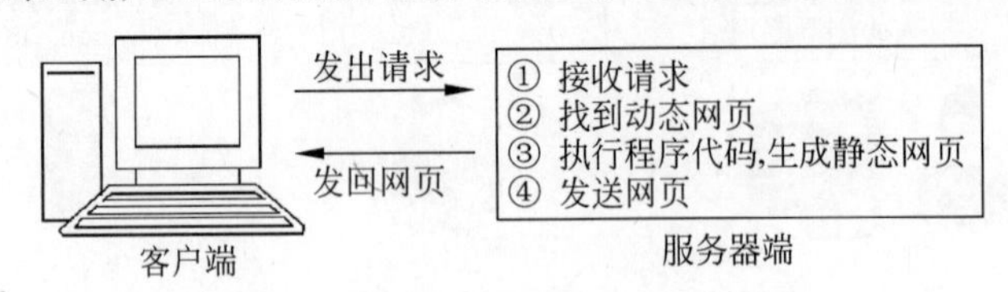

图1-7 动态网页的工作原理示意图

(5) 如果HTML文档中嵌有CGI(Common Gateway Interface,公共网关界面)程序,Web服务器就运行CGI程序,并将结果传送至浏览器。Web服务器运行CGI程序时还可能需要访问数据库服务器和其他服务器。

(6) URL也可以指向WMA、MP3、SWF(Flash文件)、RM、VRML(Virtual Reality Modeling Language,虚拟现实建模语言)等格式的文档。例如,对于VRML文档,只要浏览器中配置有VRML插件,或者客户机主机上已安装VRML浏览器,就可以接收Web服务器发送的VRML文档。

视频讲解

1.5 Web开发平台

Web服务端开发技术的完善使开发复杂的Web应用成为可能。在此起彼伏的电子商务大潮中,为了适应企业级应用开发的各种复杂需求,为了给最终用户提供更可靠、更完善的信息服务,在2001年前后两个最重要的企业级开发平台——Java EE和.NET诞生了,由此引发了在企业级Web开发平台领域的激烈竞争,也促使Web开发技术以前所未有的速度发展。

1. .NET开发平台

2000年6月,微软公司宣布其.NET战略。2001年,ECMA通过了微软公司提交的C#语言和CLI标准,这两个技术标准构成了.NET平台的基石。2002年,微软公司正式发布.NET Framework和Visual Studio.NET开发工具。

微软公司的.NET战略揭示了一个全新的境界,提供了一个新的软件开发模型。.NET战略的一个关键特性在于它独立于任何特定的语言或平台。它不要求程序员使用一种特定的程序语言。相反,开发者可使用多种.NET兼容语言的任意组合来创建一个.NET应用程序。多个程序员可致力于同一个软件项目,但分别采用自己最精通的.NET语言编写代码。

.NET平台及相关的开发环境不但为Web服务端应用提供了一个支持多种语言的、通用的运行平台,而且还引入了ASP.NET这样一种全新的Web开发技术。ASP.NET超越了ASP的局限,可以使用Visual Basic、C#、J#等编译型语言,支持Web窗体、.NET服务器控件、ADO.NET等高级特性。通过ASP.NET,开发者可快速创建基于Web的、数据库密集型的应用程序,同时利用.NET的面向对象语言的强大功能,开发者可充分利用ASP.NET的性能、测试和完全优化特性,开发出功能强大和性能可靠的Web应用程序。

2. Java EE开发平台

Java EE(Java Enterprise Edition)是纯粹基于Java的解决方案,之前的较低版本为

J2EE。1998 年，Sun 公司发布了 EJB 1.0 标准，EJB(Enterprise Java Bean)为企业级应用中必不可少的数据封装、事务处理、交易控制等功能提供了良好的技术基础。J2EE 平台的三大核心技术(Servlet、JSP 和 EJB)都已先后问世。1999 年，Sun 公司正式发布了 J2EE 的第一个版本。紧接着，遵循 J2EE 标准，为企业级应用提供支撑平台的各类应用服务软件争先恐后地涌现出来。IBM 公司的 WebSphere、BEA 公司的 WebLogic 是这一领域里最为成功的商业软件平台。随着开源运动的兴起，JBoss 等开源世界里的应用服务新秀也吸引了许多用户的注意。到 2003 年，Sun 公司的 J2EE 版本已经升级到 1.4 版，其中三个关键组件的版本也演进到 Servlet 2.4、JSP 2.0 和 EJB 2.1。随着 Java 技术的发展，J2EE 平台得到了迅速的发展，成为 Java 语言中非常活跃的体系之一。现如今，J2EE 不仅仅是指一种标准平台，它更多的表达着一种软件架构和设计思想，已经成为 Web 服务端开发的一个强有力的支撑环境。由于 Sun 公司已在 2009 年被 Oracle 公司收购，Java EE 已改称 Oracle Java EE。

3. 是选择 Java EE 还是.NET

究竟是选择 Java EE 还是.NET 来建立企业应用是一个永远无法了结的争论。从某种意义上说，也正是这种针锋相对的竞争关系促使了 Web 开发技术以前所未有的速度提高和跃进。对于新手来说，选择不同的平台进行开发意味着将付出不同的艰辛和努力。.NET 运行于 Windows 平台，易学好用，开发平台和 Windows 组件紧密结合，特别是微软提供的 Visual Studio 开发工具，对于新手来说入门非常容易，只要系统安装了 Web 服务器，不需要进行任何配置，即可进行 Web 应用程序开发，而且开发工具集成了大量控件和组件，自动生成大量代码，编程过程中提供人性化的界面提示和帮助，可以大大提高开发效率。而在 Java EE 开发平台中，还没有一种开发工具可以和 Visual Studio 的易用性相媲美。Java EE 架构中，要学习的内容似乎更多，例如 Java Servlets、Struts、JSF、Hibernate、JDBC、EJB 等，而在 Visual Studio 中拖动鼠标和简单学习也就完成了对应的功能。但 Java EE 可以实现跨操作系统平台运行，其 Web 服务器一般运行在 Linux 或 UNIX 操作系统上，有大量开源代码，其运行效率高、安全性好、可靠性高，一般认为 Java EE 更适合构建大型企业级应用，但开发费用、开发时间、维护成本有可能高于开发相同功能的.NET 应用系统。

从学习和掌握 Web 开发技术方面来说，建议对于大部分新手可选择.NET 平台作为自己的 Web 开发平台。而且一旦掌握了基本的 Web 开发技术后，可以为转向 Java EE 打下良好基础。

1.6 常用 Web 开发工具

视频讲解

早期的网站开发实际上就是制作网页，人们用记事本等简易工具手工编写 HTML 代码，既枯燥乏味、容易出错，又不直观。为了提高网页制作效率，人们不断推出一个又一个“所见即所得”(WYSIWYG)的可视化网页制作工具，用 WYSIWYG 制作工具编写网页，不需要与繁杂的 HTML 代码打交道，用户可以像使用 Word 一样只负责页面的编排，代码由软件自动生成，而编写的网页效果就是浏览器的实际浏览效果，编写过程简单、直观。过去的典型代表为美国 Sausage 公司的 HotDog、Adobe 公司的 Golive 以及网页制作三剑客 Dreamweaver、Fireworks、Flash 与微软公司的 FrontPage、Expression Web 等。伴随着开发B/S应用系统的大量需求,人们迫切需要使用Web集成开发环境来高效开发B/S应用系统,出现了集可视化网页生成、编码、数据操纵、调试、发布等为一体的Web专业开发工具,又称Web IDE开发工具。典型代表如Microsoft Interdev、Microsoft Visual Studio、Borland JBuilder、IBM Eclipse、IBM VisualAge for Java、IntelliJ IDEA等。前2个微软开发工具可以实现ASP/ASP.NET网站的开发;后4个工具可以进行Java EE平台的开发。新版本的Dreamweaver和Expression Web的功能已不可同日而语,它们的Web开发功能虽然比不上Web专业开发平台,但它们具备很多Web专业开发平台所没有的功能。如能熟悉各自的功能,互为利用,将可大大提高Web开发的效率。我们将这些工具分为两类:网页制作工具和Web开发工具。它们的主要区别是Web开发工具可以设置断点进行程序调试,可以和版本控制软件紧密结合,更适合于团队开发。下面对这些工具分别进行简单的介绍。

1. 常用网页制作工具

1) Sublime Text

Sublime Text是一款流行的文本编辑器,广泛用于编写代码和进行文本处理。它提供了简洁的用户界面和丰富的编辑功能,包括智能代码补全、语法高亮、代码折叠、多光标编辑等。Sublime Text支持多平台,具有跨平台的优势,可在Windows、macOS和Linux等操作系统上运行。它还具备强大的插件扩展性,用户可以根据自己的需求安装各种插件来扩展编辑器的功能。Sublime Text快速的文件导航和搜索功能,以及多语言支持,使得开发人员能够高效地处理不同类型的代码。总体来说,Sublime Text是一个受欢迎的编辑器,以其简洁、高效和灵活的特点受到开发人员的青睐。

2) Adobe Dreamweaver、Fireworks、Flash

Adobe Dreamweaver是最流行的开发工具之一,它原来由Macromedia公司开发,于2005年被Adobe公司收购,作为一个"所见即所得"的可视化网站开发工具,该软件同时适用于初学者和专业网页设计师。它具有友好的界面、功能强大、快捷的工具以及可视化特征,可以使初学者直接在页面上添加和编辑元素,而不用写源代码,软件会自动将结果转换为HTML源代码,而且它还集成了目前最流行的制作网页的多种功能,如可通过层叠样式表(CSS)格式化文本,通过表格定位网页元素,通过时间轴实现一些网页的动画,以及可进行源代码编写、修改功能等,大大方便了网页设计者。Dreamweaver提供了专业人员在一个集成、高效的环境中所需的工具。开发人员可以使用Dreamweaver及所选择的服务器技术来创建功能强大的Internet应用程序,从而使用户能连接到数据库、Web服务等。Dreamweaver除了可以用来开发静态网页外,还支持动态服务器网页JSP、PHP、ASP.NET等的开发。同时,该软件集网页制作和网站管理于一身,能轻松实现对本地网站及远程网站的管理及异地网页的编辑管理等功能。

Adobe Fireworks原来也是由Macromedia公司开发,后被Adobe公司收购的一款开发工具。它以处理网页图片为特长,并可以轻松创作GIF动画。它的出现使Web作图发生了革命性的变化。Fireworks是专为网络图像设计而开发,内建丰富的支持网络出版功能,如Fireworks能够自动切图、生成鼠标动态感应的JavaScript代码。而且Fireworks具有十分强大的动画功能和一个几乎完美的网络图像生成器(Export功能)。它增强了与Dreamweaver的联系,可以导出为配合CSS式样的网页及图片。

Adobe Flash曾经是Internet最流行的多媒体(如网上各种动感网页、LOGO、广告、

MTV、游戏和高质量的课件等)创作工具,并成为事实上的交互式矢量动画标准,就连软件巨头微软也不得不在其 Internet Explorer 中内嵌 Flash 播放器。

由于在 Flash 中采用了矢量作图技术,各元素均为矢量,因此只用少量的数据就可以描述一个复杂的对象,从而大幅减少动画文件的大小。而且矢量图像还有一个优点,可以真正做到任意放大和缩小,用户可以将一幅图像任意地缩放,而不会有任何失真。

Flash 之所以在网上广为流传,其块头小是一方面原因,还有一点就是采用了流控制技术。简单地说,也就是边下载边播放的技术,不用等整个动画下载完,就可以开始播放。

Flash 动画是由按时间先后顺序排列的一系列编辑帧组成的,在编辑过程中,除了传统的"帧—帧"动画变形以外,还支持过渡变形技术,包括移动变形和形状变形。"过渡变形"方法只需制作出动画序列中的第一帧和最后一帧(关键帧),中间的过渡帧可通过 Flash 计算自动生成。这样不但大幅减少了动画制作的工作量,缩减了动画文件的尺寸,而且过渡效果非常平滑。对帧序列中的关键帧的制作,可产生不同的动画和交互效果。播放时,也是以时间线上的帧序列为顺序依次进行的。

2013 年后,由于移动互联网的快速发展,Flash 对移动设备的支持较差,各大浏览器广泛支持可在客户端实现动画功能的 HTML 5 和 CSS3 等新技术,Flash 不再受欢迎。针对 Flash 动画的大行其道,2008 年微软公司推出 SilverLight 技术与 Flash 竞争,该技术也在 2013 年停止升级。

3) Microsoft FrontPage 和 Microsoft Expression Web

FrontPage 是一款由微软公司 1998 年推出的具有"所见即所得"特点的网页制作软件。FrontPage 的主要功能是设计、制作、管理网页或站点,它的操作对象主要是网页或网站。从单个网页到复杂网站的设计制作,以及本地或远程网站的管理,都可以使用 FrontPage 完成。FrontPage 存在生成代码冗余、不符合 HTML 规范及对数据库支持不足等众多缺陷,微软公司于 2006 年推出了和 Dreamweaver 抗衡的、脱胎于 FrontPage 2003 的 Microsoft Expression Web,2010 年发布了 Expression Web 4,2012 年 12 月宣布停止更新。Expression Web 4 仍可用于网页制作。

4) Visual Studio Code(简称 VS Code)

VS Code 是由 Microsoft 开发的一款免费、开源的轻量级 IDE。它是一款强大而灵活的开发工具,适用于各种不同类型的项目和编程语言。其开源的性质和丰富的扩展生态使得它成为许多开发者的首选编辑器。其主要特点如下。

(1) 跨平台。VS Code 支持多种操作系统,包括 Windows、macOS 和 Linux,使开发者能够在不同平台上使用相同的开发工具。

(2) 轻量级。VS Code 注重简洁性和性能,启动速度快,占用系统资源相对较少,使其成为一款轻量级的 IDE。

(3) 内置 Git 支持。VS Code 集成了 Git 版本控制工具,允许开发者直接在编辑器中管理和提交代码,查看版本历史等。

(4) 强大的扩展支持。VS Code 支持丰富的扩展,开发者可以根据自己的需求选择并安装各种插件,从而定制和扩展编辑器的功能。

(5) 智能代码补全。提供强大的代码智能补全功能,支持多种编程语言,提高开发效率。

(6) 集成调试器。内置调试器支持多种语言,使得开发者可以在编辑器中进行代码调试,检查变量、设置断点等。

(7) 多语言支持。VS Code 对多种编程语言提供良好的支持,包括但不限于 JavaScript、TypeScript、Python、Java、C# 等。

(8) 丰富的社区支持。由于是开源项目,VS Code 有一个庞大的社区,用户可以分享插件、主题、解决方案等,也能够得到来自社区的支持和反馈。

(9) 用户界面定制。允许用户根据自己的喜好自定义编辑器的主题、颜色方案等。

2. 常用 Web 开发工具

1) Microsoft Visual Studio 2022(简称 VS 2022)

VS 2022 是微软 2021 年 11 月发布的 64 位版的 IDE,用于生成 Web 应用程序、Web 服务、桌面应用程序和移动应用程序等。编程语言 Visual Basic、Visual C++、Visual C# 和 Visual J# 全都使用相同的 IDE,利用此 IDE 可以共享工具且有助于创建混合语言解决方案。VS 2022 还与微软的云计算平台 Azure 紧密集成,使开发人员能够轻松构建、部署和管理云应用程序。此外,VS 2022 可通过插件和扩展进行定制,满足开发人员不同的需求。另外,这些语言利用了.NET Framework 的功能,通过使用此框架可简化 Web 应用程序和 Web 服务的开发过程。由于 VS 2022 对操作系统的版本和硬件环境要求较高,对于初学者来说,VS 2019 工具已能很好地满足学习要求,本书第 2 章将以 VS 2019 为例详细介绍该工具的使用。

2) Borland JBuilder

有人说,Borland 公司的开发工具都是里程碑式的产品,从 Turbo C、Turbo Pascal 到 Delphi、C++ Builder 都是经典,JBuilder 是第一个可开发企业级应用的跨平台开发环境,支持最新的 Java 标准,它的可视化工具和向导使应用程序的快速开发得以轻松实现。

JBuilder 进入了 Java 集成开发环境的王国,支持最新的 Java 技术,包括 Applet、JSP/Servlet、JavaBean 以及 EJB(Enterprise JavaBeans)的应用。用户可以自动生成基于后端数据库表的 EJB Java 类,JBuilder 同时还简化了 EJB 的自动部署功能。此外它还支持 CORBA,相应的向导程序有助于用户全面地管理 IDL(Interface Definition Language,分布应用程序所必需的接口定义语言)和控制远程对象。同时,JBuilder 还支持各种应用服务器。JBuilder 与 Inprise Application Server 紧密集成,同时支持 WebLogic Server、EJB 1.1 和 EJB 2.0,可以快速开发 J2EE 的电子商务应用。JBuilder 能用 Servlet 和 JSP 开发并调试动态 Web 应用。利用 JBuilder 可创建没有专有代码和标记的纯 Java 应用。JBuilder 拥有专业化的图形调试界面,支持多线程调试,调试器支持各种 JDK 版本,包括 J2ME/J2SE/J2EE。JBuilder 环境开发程序方便,适合企业的 J2EE 开发,但对计算机硬件要求较高。

3) IBM Eclipse

Eclipse 是一种可扩展的开放源代码的 IDE,在 IBM 的支持下得以发展。Eclipse 允许在同一 IDE 中集成来自不同供应商的工具,并实现了工具之间的互操作性,从而显著改善了项目工作流程,使开发者可以专注在实际开发目标上。Eclipse 的最大特点是它能接受由 Java 开发者自己编写的开放源代码插件,这类似于微软公司的 Visual Studio 和 Sun 公司的 NetBeans 平台。Eclipse 为工具开发商提供了更好的灵活性,使他们能更好地控制自己的软件技术。Eclipse 框架灵活、扩展容易,因此很受开发人员的喜爱,目前它的支持者越来越多,大有成为 Java 第一开发工具之势。它的缺点是较复杂,初学者理解起来比较困难。

4) MyEclipse

MyEclipse 是由 Eclipse 基金会推出的一款基于 Eclipse 平台用于 Java 开发的 IDE,具有以下特点。

(1) 基于 Eclipse 平台。MyEclipse 建立在 Eclipse IDE 的基础上,提供了一系列专业化的插件和工具,使得 Java 开发更加便捷。

(2) 企业级支持。MyEclipse 专注于提供企业级开发支持,包括对 Java EE 的完整支持,使得开发人员能够构建和部署大型、复杂的企业级应用程序。

(3) 集成工具。MyEclipse 集成了许多开发工具,如代码编辑器、调试器、GUI 设计器、数据库工具等,以提高开发效率。

(4) Web 开发支持。MyEclipse 对 Web 开发提供了广泛的支持,包括对 Servlets、JSP、HTML、JavaScript 等的代码编辑和调试。

(5) 框架整合。MyEclipse 支持各种 Java 框架,如 Spring、Hibernate 等,使得开发人员能够更容易地集成这些框架到他们的项目中。

(6) 移动开发支持。MyEclipse 还提供了对移动应用开发的支持,包括 Android 和 iOS 平台的开发工具。

(7) 版本控制。MyEclipse 集成了版本控制系统,如 Git 和 Subversion,以便开发团队能够更好地协同工作。

5) IntelliJ IDEA

IntelliJ IDEA 是一款由 JetBrains 开发的 IDE,它提供了一个强大而灵活的开发环境,被广泛认可为一款优秀的 Java 开发工具。其主要特点如下。

(1) 智能代码完成。提供强大的代码补全功能,根据上下文和代码结构预测并推荐可能的代码,加速开发过程。

(2) 代码导航和重构。提供直观的导航功能,支持快速跳转到类、方法、变量等定义处。同时,支持多种智能重构操作,帮助改善代码质量和可维护性。

(3) 代码分析和检查。内置静态代码分析工具,可检测潜在的问题、错误和代码风格不一致,并提供即时反馈,帮助开发者编写更健壮、高质量的代码。

(4) 强大的调试器。提供高级的调试工具,支持在代码中设置断点、监视变量、表达式求值等,有助于定位和解决问题。

(5) 版本控制集成。支持多种版本控制系统,包括 Git、SVN、Mercurial 等,提供可视化的界面来管理和操作版本控制。

(6) 内置构建工具。集成了常见的构建工具,如 Maven 和 Gradle,使项目的构建和依赖管理更加便捷。

(7) 数据库工具。提供强大的数据库工具,支持多种数据库系统,包括 SQL 编辑器、数据库导航、表格查看等功能。

(8) Web 开发支持。对 Java EE、Spring、Servlet 等 Web 开发框架提供良好的支持,包括源代码生成、调试、模板引擎等功能。

(9) 框架集成。提供对多种流行框架的支持,如 Spring、Hibernate、JavaFX 等,简化框架的使用和整合。

(10) 源代码模板和自动生成。提供丰富的源代码模板,支持自定义模板,同时能够通过源代码生成器快速生成常见源代码结构。

(11) 插件生态系统。支持丰富的插件,可通过插件系统扩展 IDE 的功能,满足不同开发者的需求。

(12) 户界面友好。具有直观的用户界面,支持多窗口编辑、多屏幕布局等,提供了一系列的快捷键和工具以提高开发效率。

6) IBM VisualAge for Java

VisualAge for Java 是一个非常成熟的开发工具,它既适合初学者,又适合专业开发者。它提供对可视化编程的广泛支持,支持利用 CICS 连接遗传大型机应用,支持 EJB 的开发应用,支持与 WebSphere 的集成开发,方便的 Bean 创建和良好的快速应用开发(RAD)支持。VisualAge for Java Professional Edition 包含在 WebSphere Studio Advanced Edition 中。Studio 所提供的工具有 Web 站点管理、快速开发 JDBC 页向导程序、HTML 编辑器和 HTML 语法检查等。Studio 和 VisualAge 集成度很高,菜单中提供了在两种软件包之间快速移动源代码的选项。这就让使用 Studio 的 Web 页面设计人员和使用 VisualAge 的 Java 程序员可以相互交换文件、协同工作。

VisualAge for Java 支持团队开发,内置的源代码库可以自动地根据用户做出改动而修改程序源代码,这样就可以很方便地将目前源代码和早期版本做出比较。与 VisualAge 紧密结合的 WebSphere Studio 本身并不提供源源代码和版本管理的支持,它只是包含了一个内置文件锁定系统,当编辑项目时可以防止其他人对这些文件的错误修改,软件还支持诸如 Microsoft Visual SourceSafe 这样的第三方源源代码控制系统。VisualAge for Java 完全面向对象的程序设计思想,使得开发程序非常快速、高效。不用编写任何源代码就可以设计出一个典型的应用程序框架。VisualAge for Java 作为 IBM 电子商务解决方案中的产品之一,可以无缝地与其他 IBM 产品,如 WebSphere、DB2 融合,迅速完成从设计、开发到部署应用的整个过程。VisualAge for Java 独特的管理文件方式使其集成外部工具非常困难。

7) Oracle JDeveloper

Oracle JDeveloper 为构建具有 Java EE 功能、能提供 XML(eXtensible Markup Language,可扩展标记语言)和 Web Service 的、复杂的、多层的 Java 应用程序提供了一个完全集成的开发环境。它为运用 Oracle 数据库和应用服务器的开发人员提供特殊的功能和增强性能。

JDeveloper 不仅是 Java 编程工具,而且是 Oracle Web 服务的延伸。Oracle JDeveloper 完全利用 Java 编写,能够与以前的 Oracle 服务器软件以及其他厂商支持 Java EE 的应用服务器产品相兼容,而且在设计时着重针对 Oracle 数据库,能实现无缝跨平台应用开发,提供完整的、集成了 Java EE 和 XML 的开发环境;缺点就是对于初学者来说较复杂,也比较难。

前面介绍了几种常用的 Web 开发工具,对于初学 Web 的开发者,可能会自然地问如"我选择哪一个 Web 开发工具为好?"的问题。对于 Web 开发者,一般在.NET 平台上选择 VS 2022,在 Java EE 平台上选择 MyEclipse。采用 Web 开发平台,Web 开发者可以开发 B/S 模式的应用软件系统,而不是仅仅局限在生成网页、构建一个网站等方面。例如,利用 VS 2022,开发者可以像使用 Visual Basic、Visual C++ 等开发工具一样,用 VB 语言、C# 语言、J# 语言在 HTML 页面和后台代码分离的情况下编写复杂的业务处理逻辑。俗话说,"工欲善其事,必先利其器""磨刀不误砍柴工"。由于 Web 开发平台在网页制作上功能不是很强，掌握 FrontPage、Dreamweaver 或 VS Code 等工具的使用，利用它们强大的网页制作功能作为开发平台的辅助工具，可以大大提高开发效率。对于 Web 开发者来说，如果对多媒体制作工具比较熟悉，例如 Photoshop、Fireworks、Flash 等，用它们来制作网页素材和生成一些风格独特的网页，则定会使网站增色。

1.7 Web 前端开发技术

1.7.1 HTML

HTML 是一种用来制作超文本文档的简单标记语言，它实际上是标准通用标记语言(Standard Generalized Markup Language，SGML)的一个子集。SGML 是 1986 年发布的一个信息管理方面的国际标准(ISO 8879—1986)。

视频讲解

HTML 通过利用 120 多种标记来标识文档的结构以及标识超链接的信息。虽然 HTML 描述了文档的结构格式，但并不能精确地定义文档信息必须如何显示和排列，而只是建议 Web 浏览器应该如何显示和排列这些信息，最终在用户面前的显示结果取决于 Web 浏览器本身的显示风格及其对标记的解释能力。这就是为什么同一文档在不同的浏览器中展示的效果会不一样。

在互联网发展的开始阶段，人们通过浏览器浏览的页面一般都是 HTML 静态页面，即 Web 页面只包括单纯的 HTML 标记文本内容，浏览器也只能显示呆板的文字或图像等信息。静态页面是实际存在的，无须经过服务器的编译，直接加载到客户端浏览器上显示出来。用户使用客户机端的 Web 浏览器，访问 Internet 上各 Web 站点，在每个站点上都有一个主页(Home Page)作为进入某个 Web 站点的入口。每个 Web 页中都可以含有信息及超文本链接，超文本链接可以让用户链接到另一个 Web 站点或是其他的 Web 页。从服务器端来看，每个 Web 站点由一台主机、Web 服务器及许多 Web 页组成，以一个主页为首，其他的 Web 页为支点，形成一个树状的结构，每个 Web 页都是以 HTML 的格式编写的。Web 服务器使用 HTTP 将 HTML 文档从 Web 服务器传输到用户的 Web 浏览器上，就可以在用户的屏幕上显示出特定设计风格的 Web 页。

HTML 文件是一种纯文本文件，通常它带有 HTM 或 HTML 的文件扩展名(在 UNIX 中的扩展名为 HTML)。可以使用各种类型的工具来创建或者处理 HTML 文档，从简单的文本编辑器如“记事本”“写字板”等到复杂的具有“所见即所得”特性的可视化编辑工具，如 FrontPage、Dreamweaver 等都可用来创建或者处理 HTML 文档。

【例 1-1】 以下是一个简单的 HTML 文档 index.html，存放在 C:\Inetpub\wwwroot 下，在浏览器中显示效果如图 1-8 所示。将鼠标指针放在按钮上将会出现“I am a button”提示信息。这是由按钮标记中的 title 属性实现的。

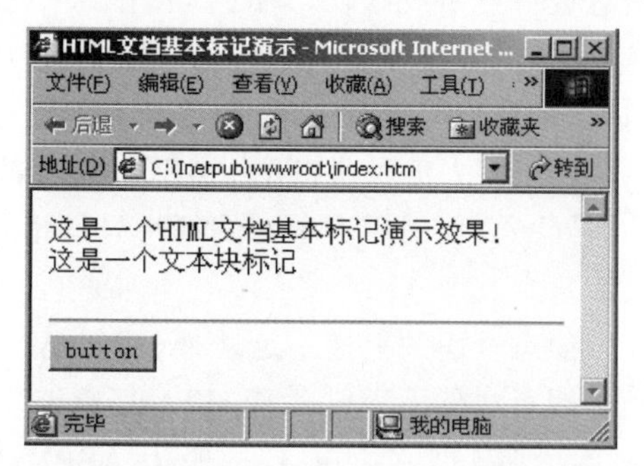

图 1-8 HTML 文档 index.htm 显示效果

```
<!DOCTYPE HTML>
<html>
<!-- 这是一个 HTML 文档基本标记演示-->
<head>
<meta http-equiv="Content-Type" content="text/html; charset=gb2312">
<title>HTML 文档基本标记演示</title>
</head>
<body bgcolor=#FFFFCC>
这是一个 HTML 文档基本标记演示效果!
    <div>这是一个文本块标记</div>
    <br>
    <hr>
    <input id=Button1 title="I am a button" type="button" value=button>
</body>
</html>
```

当前广泛使用 HTML 4.0 版本和 HTML 5 版本。本书第 3 章介绍 HTML 5。

以 HTML 编写的静态页面已不能够满足用户的浏览需求。用户除了浏览相关信息外,还需要在浏览器浏览的页面中进行交互操作,以便让浏览器能处理用户的请求。在这种需求下,1995 年后的浏览器发展成为支持 Web 页中加入 JavaScript 或 VBScript 脚本代码的网页,以便创建内容和表现力更加丰富的 HTML 页面,可以让用户实现浏览器中的动态交互操作。但此时的网页仍然是静态网页,它不需要 Web 服务器做任何工作,Web 服务器将网页传送到客户端后,由浏览器解释、执行带有脚本语言的网页。但这种静态页面已经让用户感受到网页的多姿多彩,已具有某种程度上的动态特性,而这种特性是基于客户端浏览器的。

随着互联网技术的不断发展以及网上信息呈几何级数的增加,人们逐渐发现手工编写包含所有信息和内容的页面对人力和物力都是一种极大的浪费,而且几乎变得难以实现。此外,采用静态页面方式建立起来的站点只能简单地根据用户的请求传送现有页面,而无法实现各种动态的交互功能。具体来说,静态页面在以下几方面都存在明显的不足。

(1) 无法支持后台数据库。随着网上信息量的增加,以及企业和个人希望通过网络发布产品和信息的需求的增强,人们越来越需要一种能够通过简单的 Web 页面访问服务端后台数据库的方式。这是静态页面所远远不能实现的。

(2) 无法有效地对站点信息进行及时的更新。用户如果需要对传统静态页面的内容和信息进行更新或修改,只能够采用逐一更改每个页面的方式。在互联网发展初期网上信息较少的时代,这种做法还是可以接受的。但现在即便是个人站点也包含着各种各样的丰富内容,因此如何及时、有效地更新页面信息已成为一个亟待解决的问题。

(3) 无法实现动态显示效果。所有的静态页面都是事先编写好的,是一成不变的,因此访问同一页面的用户看到的都将只是相同的内容,静态页面无法根据不同的用户做不同的页面显示。

静态页面的上述不足之处,促使 Web 技术进入了发展的第二阶段即动态网页的应用。动态网页文件中不仅含有 HTML 标记和客户端脚本代码,而且含有需要 Web 服务器进行处理的代码(文件扩展名一般为 ASPX、JSP、PHP 等)。用户登录、发布新闻、发布公司产品、交流互动、发布博客、网上调查等都需要动态网页来实现。

1.7.2 CSS

CSS 是一种用于定义网页元素的外观和布局的标记语言。它与 HTML 配合使用，通过选择器和属性来描述网页元素的样式。

CSS 技术的背景可以追溯到 Web 的早期发展阶段。在 Web 诞生初期，网页的样式和布局都是通过 HTML 标签的属性来实现的，但这种方式非常有限，无法满足对网页外观的灵活控制需求。为了解决这个问题，W3C(World Wide Web Consortium)组织于 1996 年提出了 CSS 标准，目的是将网页的内容和样式分离，使样式定义可以独立于内容进行管理。CSS 的出现使得网页开发人员可以通过样式表来统一定义网页的外观，而无须在每个 HTML 元素中指定具体的样式。

CSS 的背景主要有以下几方面。

(1) 样式和内容的分离。CSS 的核心思想是将网页的样式从内容中分离出来，使得样式可以独立于 HTML 标记进行管理。这样做的好处是使网页结构更清晰，方便维护和修改样式。

(2) 样式的复用性。通过使用 CSS，可以将样式定义为类、ID 或标签选择器，并在多个元素中重复使用。这样可以减少代码量，提高开发效率，并使得网页的样式保持一致性。

(3) 网页设计的灵活性。CSS 提供了丰富的样式属性和选择器，使得开发人员能够灵活地控制网页的外观和布局。通过调整 CSS 样式，可以轻松改变网页的颜色、字体、大小、间距等，从而实现个性化的设计效果。

(4) 响应式设计的需求。随着移动设备的普及，网页需要适应不同的屏幕尺寸和设备特性。CSS 提供了响应式设计的技术，通过媒体查询和弹性布局等方法，使得网页能够自适应不同的设备，提供更好的用户体验。

【例 1-2】 以下是一个简单的具有 CSS 样式的 HTML 文档 index.html，在浏览器中显示效果如图 1-9 所示。这段代码展示了 HTML 中加入 CSS 样式的演示效果。

图 1-9 HTML 文档中 CSS 显示效果

```
<! DOCTYPE html>
<html>
<head>
    <title>CSS 样式示例</title>
    <style>
        /* CSS 样式代码 */
        h1 {
            color: blue;
            font- size: 24px;
        }
         p {
            color: red;
            font-size: 16px;
            font-family: Arial, sans-serif;
        }
```

```
        .highlight {
            background-color: yellow;
        }
    </style>
</head>
<body>
    <h1>欢迎使用 CSS</h1>
    <p>这是一个示例段落。</p>
    <p class="highlight">这个段落使用了 highlight 类,具有黄色背景。</p>
</body>
</html>
```

总之,CSS 实现了样式和内容的分离,提供灵活的设计和布局方式,以及满足不同设备的需求。CSS 技术的引入和广泛应用,推动了 Web 设计和开发的发展,使得网页能够呈现出更丰富、美观和可访问的外观。

1.7.3 DHTML 及 JavaScript

1. DHTML

DHTML 即动态的 HTML(Dynamic HTML)。除了具有 HTML 的一切性质外,其最大的突破就是可以实现在下载网页后仍然能实时变换页面元素效果,使人们在浏览 Web 页面时看到五彩缤纷、绚丽夺目的动态效果。DHTML 并不是一门新的语言,它是以下技术、标准或规范的一种集成。

(1) HTML 4.0/5。

(2) CSS。

(3) CSSL(Client-Side Scripting Language,客户端脚本语言,例如 JavaScript 语言)。

(4) HTML DOM(HTML 文档对象模型,Document Object Model)。

CSS 是 HTML 的辅助设计规范,用来弥补 HTML 在页面布局和排版上受限制所导致的不足,它是 DOM 的一部分。通过 CSSL 可动态改变 CSS 属性以做出任何你想要的页面视觉效果。

CSSL 主要有 JavaScript(JS)和 VBScript(VBS)语言。VBS 是微软 Visual Basic 语言的子集;JS 并不是 Java 语言的子集,但 JS 与 Java 语法通用。由于大多数浏览器都支持 JS,因此 Web 开发者大多使用 JS 语言。

HTML DOM 是 W3C 极力推广的 Web 技术标准之一,它将网页中的所有 HTML 标记抽象成对象,每个对象拥有各自的属性(property)、方法(method)和事件(event),它们可以通过 CSSL 进行控制。所有 HTML 标记中的元素(包括文本和属性)都可以通过 DOM 访问,可以动态创建新的 HTML 元素,页面显示内容可以被删除或修改。采用 DHTML 可以实现如下功能。

(1) 动态交互功能,使用户的 Web 页面产生动态效果而显得光彩夺目、生机勃勃。

(2) 让用户的站点更容易维护。

(3) 可减轻服务器的负担,更大地发挥网络能力。

简单地说,要实现 DHTML,就是以 HTML 为基础(使用 HTML 来指定 Web 页面元素,如标题、段落和表格等),运用 DOM 将页面元素对象化(使用脚本语言来操作这些页面元素,真正使 Web 页面元素产生动态效果),利用 CSSL 控制这些对象的 CSS 属性(使用

CSS来确定浏览器如何绘制这些元素，如页面的大小、颜色、位置等）以达到网页的动态视觉效果。DHTML已经成为Web开发必须掌握的一种技术。

2. JavaScript

JavaScript是目前使用最广泛的脚本语言，它是基于对象的、事件驱动的编程语言。使用JavaScript，不需要Java编译器，而是直接在Web浏览器中解释、执行。

JavaScript源代码无须编译，嵌入HTML文档中的JavaScript源代码实际上是作为HTML页面的一部分存在的。浏览器浏览包含JavaScript源代码的HTML页面时，由浏览器自带的脚本引擎对该HTML文档进行分析、识别、解释，并执行用JavaScript编写的源代码。而Java则不同，Java源代码必须进行编译、连接后才能运行。

JavaScript与HTML和CSS一起构成了现代网页的核心技术。JavaScript可以直接嵌入HTML文档中，并在网页加载时自动执行。

VBScript脚本语言是Visual Basic Script的简称，有时也被缩写为VBS，它是Microsoft Visual Basic的一个子集，即可以视为VB语言的简化版。VBS和JavaScript一样都用于创建客户方的脚本程序，并处理页面上的事件及生成动态内容。VBScript的最大优点在于简单易学，它去掉了Visual Basic中使用的大多数关键字，而仅保留了其中少量的关键字，大大简化了Visual Basic的语法，使得这种脚本语言更加易学易用，也为原先熟悉VB语言的开发人员减轻了学习其他语言的负担。但很多浏览器不支持VBS，因此在Web开发中大都使用JavaScript。

1.7.4 ActiveX

ActiveX控件是由软件提供商开发的可重用的软件组件。它是微软公司提出的一种软件技术。ActiveX控件可用于拓展Web页面的功能，创建丰富的Internet应用程序。开发人员可直接使用已有大量商用或免费ActiveX控件，也可通过各种编程工具如VC、VB、Delphi等根据控件所要实现的功能进行组件开发。Web开发者无须知道这些组件是如何开发的，一般情况下不需要自己编程，就可完成使用ActiveX控件的网页设计。例如，ActiveX控件ActiveMovie可用于播放视频与动画，用户只需要在控件的属性中指定参数值，就可在Web页面中控制其播放。现在很多浏览器包括IE、Netscape、Firefox等都支持ActiveX技术。

当用户浏览的网页遇到含有ActiveX控件的网页时，首先检查用户的本地系统注册，查看该组件是否已经安装在本地机上。如果该组件已经在本地机上，浏览器显示该网页并激活控件；如果控件还未在用户本地安装，浏览器将自动根据开发者创建网页时的地址定义，从网上找到此控件，并将它安装到本地机上。当一个组件需要下载时，浏览器会默认显示一个消息框，通知用户将要开始下载，用户可以选择终止下载或继续下载。如果控件做过数字签名，会提供一份数字认证书，其中包括提供该控件的软件供应商名字，以及确认该控件未被破坏的有关信息。软件开发者在开发控件时可以做数字签名。签名信息由控件本身携带，因此在下载之前，会自动显示数字验证书，在网页上使用该控件的用户不需要做任何开发工作。如果希望创建复杂的程序（例如用户安全登录验证）令其在Web页面运行，便有必要考虑用ActiveX控件扩展其Web应用。

1.7.5 XML

SGML 和 HTML 都是非常成功的标记语言,但它们在某些方面存在着与生俱来的缺陷。SGML 为语法标记提供了异常强大的工具,同时具有极好的扩展性,在分类和索引数据中非常有用。但 SGML 非常复杂,且价格昂贵,几个主要的浏览器厂商都明确拒绝支持 SGML,使 SGML 在网上传播遇到了很大障碍。相反,HTML 免费、简单,在世界范围内得到了广泛的应用。它侧重于页面表现形式的描述,大大丰富了页面的视觉、听觉效果,对推动 Web 的蓬勃发展、推动信息和知识的网上交流发挥了不可取代的作用。但 HTML 也有如下几个致命的弱点。

(1) HTML 是专门为描述页面表现形式而设计的,它疏于对信息语义及其内部结构的描述,不能适应日益增多的信息检索要求和存档要求。

(2) HTML 对表现形式的描述能力实际上也还非常不够,它无法描述矢量图形、科技符号和一些其他特殊显示效果。

(3) HTML 的标记集日益臃肿,而其松散的语法要求使得文档结构混乱而缺乏条理,导致浏览器的设计越来越复杂,降低了浏览的时间效率与空间效率。

这些弱点逐渐成为 HTML 继续发展应用的障碍。1996 年,人们开始致力于构建一个标记语言,它既具有 SGML 的强大功能和可扩展性,同时又具有 HTML 的简单性。XML 就这样诞生了。

设计 XML 的动机就是要克服 HTML 的种种不足,将网络上传输的文档规范化,并赋予标记一定的含义,与此同时,还要保留其简捷、适于网上传输和浏览的优点。XML 不但是标记语言,而且提供了一个标准,利用这个标准,可以根据实际需要,自定义新的标记语言,并为这个标记语言规定它特有的一套标记。

XML 已在文件配置、数据存储、异构数据交换、基于 Web 的 B2B 交易(电子商务订单 ebXML、金融交易 IFX 等)、存储向量图形(VML)以及描述分子结构、编码并显示 DNA、RNA、蛋白质串接信息等众多方面得到广泛应用。本书第 5 章将详细介绍 XML 的相关技术及其应用开发。

【例 1-3】 以下是一个简单的 XML 文档 book.xml,存放在 C:\Inetpub\wwwroot 下,在浏览器中的显示效果如图 1-10 所示。

```
<?xml version="1.0" encoding="GB2312" ?>
<root>
    <book>
        <书名>基于 XML 的 ASP.NET 开发</书名>
        <定价>42</定价>
        <作者>Dan Wahlin/王宝良</作者>
    </book>
    <book>
        <书名>XML 应用的 UML 建模技术</书名>
        <定价>32</定价>
        <作者>David Carlson/周靖 侯奕萌 沈金河等</作者>
    </book>
    <book>
        <书名>极限编程研究</书名>
        <定价>70</定价>
```

```
        <作者>Giancarrio Succi/Michele Marchesi/张辉(译)</作者>
    </book>
    <book>
        <书名>Design Patterns</书名>
        <定价>38</定价>
        <作者>Erich Gamma/Richard Helm/Ralph Johnson/John Vlissides</作者>
    </book>
</root>
```

```
This XML file does not appear to have any style information associated with it. The document tree is shown below.

▼<root>
  ▼<book>
     <书名>基于XML 的 ASP.NET开发</书名>
     <定价>42</定价>
     <作者>Dan Wahlin/王宝良</作者>
   </book>
  ▼<book>
     <书名>XML应用的UML建模技术</书名>
     <定价>32</定价>
     <作者>David Carlson/周靖 侯奕萌 沈金河等</作者>
   </book>
  ▼<book>
     <书名>极限编程研究</书名>
     <定价>70</定价>
     <作者>Giancarrio Succi/Michele Marchesi/张辉(译)</作者>
   </book>
  ▼<book>
     <书名>Design Patterns</书名>
     <定价>38</定价>
     <作者>Erich Gamma/Richard Helm/Ralph Johnson/John Vlissides</作者>
   </book>
 </root>
```

图 1-10 book.xml 在浏览器中的显示效果

2000 年年底,国际 W3C 组织公布发行了 XHTML 1.0 版本。XHTML 是 Extensible HyperText Markup Language(可扩展超文本标记语言)的缩写。XHTML 1.0 是一种在 HTML 4.0 基础上优化和改进的新语言,目的是基于 XML 应用。XML 虽然数据转换能力强大,完全可以替代 HTML,但面对成千上万已有的基于 HTML 设计的网站,直接采用 XML 还为时过早。因此,在 HTML 4.0 的基础上,用 XML 的规则对其进行扩展,得到 XHTML,实现 HTML 向 XML 的过渡。在网站设计中,目前国际上推崇的 Web 标准就是基于 XHTML 的应用。HTML 是一种基于 Web 的网页设计语言,XHTML 是一种基于 XML 的标记语言,看起来与 HTML 有些相像,只有一些小的但重要的区别,就是所有标记必须配对,标记的属性放在引号中。XHTML 就是一个扮演着类似 HTML 的角色的 XML,所以,从本质上说,XHTML 是一个过渡技术,结合了部分 XML 的强大功能及大多数 HTML 的简单特性。VS 2022 开发工具默认建立的 HTML 网页为 XHTML 格式的网页。

1.8 Web 后端开发技术

视频讲解

1.8.1 CGI 技术

CGI(Common Gateway Interface,公共网关接口)是用于连接 Web 页面和应用程序的接口。本身 HTML 的功能是比较贫乏的,难以完成诸如访问数据库等一类的操作,而实际的情况则是经常需要先对数据库进行操作(如文件检索系统),然后把访问的结果动态地显示在主页上。此类需求只用 HTML 是无法做到的,所以 CGI 便应运而生。CGI 是在 Web

Server端运行的一个可执行程序,由主页的一个超链接激活进行调用,并对该程序的返回结果进行处理后显示在页面上。简而言之,CGI就是为了扩展页面的功能而设立的。CGI程序可以用VB、Delphi、C/C++或Perl(Practical Extraction and Report Language,文字分析报告语言)等来编写。CGI已得到了广泛的应用,例如NETEASE,SOHU等网站的搜索引擎用的就是CGI技术。但CGI编制方式比较困难而且效率低下,因为每次修改程序都必须重新将CGI程序编译成可执行文件。另外,每个网上客户在访问CGI程序时,服务器都要单独建立应用进程,加重了服务器的负荷,会大大影响服务器的工作性能。基于上述原因,此后,诸如IDC(Internet Database Connector)、ASP(Active Server Page)、ISAPI(Internet Server Application Programming Interface)、NSAPI(Netscape Server Application Programming Interface)等技术也发展起来了,它们的目的是相同的,只是编写起来更容易、性能更好、功能更丰富。

1.8.2 PHP

PHP(Hypertext Preprocessor,超文本预处理器,也称Professional Home Page)是利用服务器端脚本创建动态网站的技术,它包括了一个完整的编程语言、支持因特网的各种协议、提供与多种数据库直接互联的能力,包括MySQL、SQL Server、Sybase、Informix、Oracle等,还能支持ODBC数据库连接方式。它于1995年发布第一版本(http://www.php.net)。可采用HTML内嵌式语言编写PHP脚本程序。PHP语言独特的语法混合了C、Java、Perl以及PHP式的新语法,具备丰富的函数库、多种数据类型和复杂的文本处理功能,能处理XML等,支持面向对象技术,它可比CGI更快速地执行动态网页。

PHP也是一种跨平台的技术,在大多数UNIX平台、GUN/Linux和微软Windows平台上均可以运行。PHP脚本程序需要在Apache、Tomcat和JBoss等Web服务器上运行,因此一般认为"Linux操作系统+PHP+MySQL(数据库)+Tomcat+Apache+Dreamweaver"是开发和运行一个中小型企业网站系统的黄金组合,网站的运行效率佳,安全性高,可靠性和稳定性也非常好。

PHP的优点是安装方便、学习过程简单、数据库连接方便、兼容性强、扩展性强、可以进行面向对象编程。由于它的源代码完全公开,在开放源代码的大潮中,不断有新的函数库加入并持续更新,使得PHP无论是在UNIX/Linux还是Windows平台上都会受到更多用户的青睐。

1.8.3 JSP

JSP(Java Server Page)是由Sun公司于1999年推出的一项因特网应用开发技术,是基于Java Server以及整个Java体系的Web开发技术,利用这一技术可以建立先进、安全和跨平台的动态网站。JSP技术是以Java语言作为脚本语言的,使用JSP标识或者Java Servlet小脚本来生成页面上的动态内容。JSP页面看起来像普通HTML页面,但它允许嵌入服务器执行代码。服务器端的JSP引擎解释JSP标识和小脚本,生成所请求的内容,并且将结果以HTML页面形式发送回浏览器。在数据库操作上,JSP可通过JDBC技术连接数据库。

Java Servlet是一种开发Web应用的理想构架。JSP以Servlet技术为基础在许多方面进行了改进。利用跨平台运行的JavaBean组件,JSP为分离处理逻辑与显示样式提供了卓越的解决方案。JavaBean是一种基于Java的软件组件。JSP对于在Web应用中集成JavaBean组件提供了完善的支持。这种支持不仅能缩短开发时间,也为JSP应用带来了更多的可伸缩性。JavaBean组件可以用来执行复杂的计算任务,或负责与数据库的交互以及数据提取等。JSP可以通过JavaBean等技术实现内容的产生和显示相分离,并且JSP可以使用JavaBean或者EJB(Enterprise JavaBean)来执行应用程序所要求的更为复杂的处理,进而完成企业级的分布式的大型应用。

JSP本身虽然也是脚本语言,但是却和PHP、ASP有着本质的区别。PHP和ASP都是由语言引擎解释执行程序代码,而JSP代码却被编译成Servlet并由Java虚拟机执行,这种编译操作仅在对JSP页面的第一次请求时发生。因此普遍认为JSP的执行效率比PHP和ASP都高。

绝大多数JSP页面依赖于可重用的和跨平台的组件。跨平台应用是JSP的最大特色。作为Java平台的一部分,JSP拥有Java编程语言"一次编写,多处运行"的特点。随着越来越多的供应商将JSP支持添加到他们的产品中,开发人员可以自由选择服务器和开发工具。更改工具或服务器并不影响当前的应用。不少大型企业使用JSP技术构建相关业务系统。

1.8.4 ASP/ASP.NET

ASP(Active Server Page,动态服务器页面)是微软公司1996年11月推出的Web应用程序开发技术,它既不是一种程序语言,又不是一种开发工具,而是一种技术框架,它含有若干内建对象,用于Web服务器端的开发。利用它可以产生和执行动态的、互动的和高性能的Web应用程序。ASP使用VBScript、JavaScript等简单易懂的脚本语言,结合HTML代码,即可快速地完成网站的应用程序开发。它使用普通的文本编辑器,如Windows的记事本,即可进行编辑设计,ASP的程序编制比HTML更方便且更有灵活性。它是在Web服务器端运行的,运行后再将运行结果以HTML格式传送至客户端的浏览器。因此,ASP与一般的脚本语言相比要安全得多。客户端只要使用可执行HTML代码的浏览器,即可浏览ASP所设计的网页内容。此外,它可以通过内置的组件实现更强大的功能,如使用ADO(ActiveX Data Object)可以轻松地访问数据库。ASP技术局限于微软的操作系统平台,不能在跨平台的Web服务器上工作。

ASP.NET是ASP的更新版本,然而ASP.NET又并非从ASP 3.0自然演化而来,也不是ASP的简单升级,而是全新一代的动态网页实现系统,是微软发展的新体系结构.NET的一部分,是ASP和.NET技术的结合;提供基于组件、事件驱动的可编程Web窗体,大大简化了编程,还可以用ASP.NET建立Web服务。在许多方面,ASP.NET与ASP有着本质的不同。ASP.NET完全基于模块与组件,具有更好的可扩展性与可定制性,数据处理方面更是引入了许多激动人心的新技术,正是这些具有革命性意义的新特性,让ASP.NET远远超越了ASP,同时也提供给Web开发人员更好的灵活性,有效缩短了Web应用程序的开发周期。ASP.NET与Windows Server家族的完美组合为中小型乃至企业级的Web商业模型提供了一个更为稳定、高效、安全的运行环境。

ASP是解释运行的编程框架,不可编译运行,所以执行效率较低。用ASP开发的网站完成相同功能的页面需要编写多个页面,ASP脚本程序和HTML混杂在一起,做不到后台代码与页面显示代码的分离等,ASP已逐步被ASP.NET代替。ASP.NET是编译性的编程框架,允许用户选择并使用功能完善的编程语言,消除了ASP所存在的代码安全性问题,也允许使用潜力巨大的.NET Framework,其性能得到大幅提高。

表1-3列出了CGI、PHP、JSP、ASP、ASP.NET几种技术之间的对比。

表1-3　CGI、PHP、JSP、ASP、ASP.NET技术对比

评价指标	Web技术				
	CGI	PHP	JSP	ASP	ASP.NET
操作系统	均可	均可	均可	Windows	Windows
Web服务器	均可	数种	数种	IIS	IIS
执行效率	慢(编译后执行)	快(解释、执行)	快(一次编译)	较快(解释、执行)	快(编译后执行)
稳定性	最高	佳	中等	中等	很高
开发时间	中等	短	短	短	较短
修改时间	中等	短	短	短	较短
程序语言	不限	PHP	Java	VB/JScript	VB.NET/C#/J#
网页结合	差	佳	佳	佳	极佳
学习门槛	高	低	低	低	低
函数支持	不定	多	少	少	很多
系统安全	最好	好	好	差	很好
使用网站(大型)	很少	少	多	少	多
使用网站(中小型)	很少	多	多	多	多
改版速度	无	快	慢	快	很快

1.8.5　ADO/ADO.NET

Microsoft ActiveX Data Object(ADO)使得客户端应用程序能够通过ODBC(Open Database Connectivity)、OLE DB提供者等方式来访问和操作数据库服务器中的数据。它基于微软的COM技术,是实现C/S、B/S应用程序数据库操作的关键技术。ADO最主要的特点是易于使用、速度快、内存支出少和占用磁盘空间较少,但它是面向连接的数据访问方式,即在操作数据库时,必须连接数据库服务器进行联机操作。当同时有大量用户对数据库服务器进行数据操作时,会影响数据库服务器的性能。

ADO.NET是基于.NET的一种全新的数据访问方式,它是基于消息机制的数据访问方式。在ADO.NET中,数据源的数据可以作为XML文档进行传输和存储。在访问数据时ADO.NET会利用XML制作数据的一份副本,用户可断开与数据库服务器的连接直接在副本上进行操作,最后根据需要再将副本中的数据更新到数据库服务器。ADO.NET的这种新的数据访问接口大幅提高了数据访问的整体性能。XML这一特性决定了ADO.NET的更广泛适应性。

1.8.6　Web Service

Web Service(Web服务)是为实现"基于Web无缝集成"的目标而提出的,希望通过Web Service能够实现不同的系统之间用"软件-软件对话"的方式相互调用,打破软件应用、网站和各种设备之间格格不入的状态。

一个 Web Service 既可以是一个组件(小粒度),该组件必须和其他组件结合才能进行完整的业务处理;又可以是一个应用程序(大粒度),可以为其他应用程序提供支撑。不管 Web Service 作为一个组件还是一个应用程序,它都会向外界暴露一个能够通过 Web 进行调用的 API,这就是说,能够用编程的方法通过 Web 调用来实现某个功能的应用程序。试设想,很多公司可以将某一具有独立功能的软件形成 Web 服务放在 Web 上,当某用户需要开发一个大型软件时,很多功能不需要自己开发,这部分功能可直接通过某种方式连接相关提供 Web 服务的主机得到。这样一来,应用系统会在开发人力、开发周期、开发成本、维护成本等方面大大减少或降低。其实 Web 上已存在大量 Web 服务可供使用,例如发送和接收短消息功能、专业加密和解密功能、专业报表处理功能、微软的 MapPoint Web 服务等,当然或许需要为使用这些 Web 服务而付费。用户在调用这些 Web 服务时,只需要提供输入数据就可得到返回的结果,然后对返回的结果进行加工即可。软件开发的一种趋势就是 SaaS(Software as a Service,软件即服务)方式。

Web Service 是自包含、自描述、模块化的应用,可以在网络中被描述、发布、查找以及通过 Web 调用。Web Service 需要一套协议来实现分布式应用程序的创建。要实现互操作性,Web Service 还必须提供一套标准的类型系统,用于沟通不同的平台、编程语言和组建模型中的不同类型系统。Web Service 平台涉及的主要内容包括以下几方面。

(1) 采用与平台无关、厂商无关的 XML 表示数据的基本格式。

(2) 采用 W3C 制定的 XML Schema XSD 定义作为标准的数据类型。

(3) 采用 SOAP(Simple Object Access Protocol,简单对象访问协议)作为交换 XML 编码信息的轻量级协议。

(4) 采用基于 XML 的 WSDL(Web Service 描述语言)作为 Web Service 及其函数、参数和返回值的描述文档。

(5) 采用 UDDI(Universal Description,Discovery and Integration,统一描述、发现和集成)规范实现 Web 服务的相互操作,例如可用 UDDI 实现 Web Service 的注册、查找、调用等。

(6) 用远程过程调用 RPC 和消息传递实现和 Web Service 之间的通信。

虽然 Web Service 涉及的知识比较多,但要开发一个应用型 Web Service 并不是太难。

1.8.7 Ajax

Ajax(Asynchronous JavaScript and XML,异步 JavaScript 和 XML)最早由 Jesse James Garrett 提出。Ajax 技术既涉及前端开发又涉及后端开发,它是一种在 Web 应用中实现异步数据传输的技术。

(1) 前端开发。Ajax 主要在前端中使用,通过使用 JavaScript 和 XMLHttpRequest 对象,前端可以在不刷新整个页面的情况下与服务器进行异步通信。这使得在用户与页面交互的同时,可以动态地更新页面的部分内容,提升用户体验。

(2) 后端开发。尽管 Ajax 的核心是在前端使用 JavaScript,但它需要与后端进行协同工作,以处理异步请求并提供数据。后端通常会提供 API(Application Programming Interface,应用程序接口)或其他形式的服务来响应前端的请求,并返回所需的数据。

因此,Ajax技术是一种整合前后端的技术,通过在前端使用JavaScript发起异步请求,同时需要后端提供相应的服务来处理这些请求。区别于传统的Web应用,Ajax的应用使得Web应用能够更加灵活地实现动态加载和更新,提高用户体验。主要体现在以下几点。

(1) 不刷新整个页面,在页面内与服务器通信。

(2) 使用异步方式与服务器通信,不需要打断用户的操作,具有更加迅速的响应能力。

(3) 应用系统不需要由大量页面组成。大部分交互在页面内完成,不需要切换整个页面。

由此可见,Ajax使得Web应用更加动态,带来了更高的智能,并且可以提供表现能力丰富的Ajax UI组件,该技术常常被用于实现富互联网应用(Rich Internet Application, RIA)的核心技术。RIA的目标是提供类似于桌面应用程序的丰富用户体验,包括快速响应、交互性强、流畅的界面等。

视频讲解

1.9 Web发展历程

1.9.1 Web 1.0:早期Web

Web 1.0时代是一个群雄并起、逐鹿网络的时代,虽然各网站采用的手段和手法不同,但第一代互联网有以下共同特征。

(1) Web 1.0大都采用技术创新主导的模式,信息技术的变革和使用对于网站的新生与发展起到了关键作用。新浪起初就是以技术平台起家,搜狐以搜索技术起家,腾讯以即时通信技术起家,盛大以网络游戏起家。在这些网站的创始阶段,技术性的痕迹相当重。

(2) Web 1.0的盈利大都基于一个共同点,即巨大的点击流量。无论是早期融资还是后期获利,依托的都是为数众多的用户和点击率,以点击率为基础上市或开展增值服务,受众面是否广泛,决定了盈利的水平和速度,充分体现了互联网的眼球经济色彩。

(3) Web 1.0的发展出现了向综合门户合流现象,早期的新浪、搜狐、网易、腾讯、MSN等纷纷走向了门户网站,这是因为门户网站本身的盈利空间更加广阔,盈利方式更加多元化,占据网站平台可以更加有效地实现增值意图,并延伸由主营业务之外的各类服务。

(4) Web 1.0在合流的同时,还形成了主营与兼营结合的明晰产业结构。新浪以新闻+广告为主,网易拓展游戏,搜狐延伸门户矩阵,以主营作为突破口,以兼营作为补充点,形成拳头加肉掌的发展方式。

1.9.2 Web 2.0:全民共建的Web

Web 2.0是2003年之后互联网的热门概念之一,它是相对Web 1.0的互联网应用的统称。Web 1.0的主要特点在于用户通过浏览器获取信息,Web 2.0则更注重用户的交互作用,用户既是网站内容的浏览者,又是网站内容的制造者。所谓网站内容的制造者是说互联网上的每一个用户不再仅仅是互联网的读者,同时也成为互联网的作者;在模式上由单纯的"读"向"写"以及"共同建设"发展;由被动地接收互联网信息向主动创造互联网信息发展;由单纯通过网络浏览器浏览网页模式向内容更丰富、联系性更强、工具性更强的互联网模式发展,从而更加人性化。

Blogger Don 在他的“Web 2.0 概念诠释”一文中提到“Web 2.0 是以 Flickr、Craigslist、Linkedin、Tribes、Ryze、Friendster、Del. icio. us、43Things. com 等网站为代表,以 Blog、TAG、SNS、RSS、Wiki 等社会软件的应用为核心,依据六度分隔、XML、Ajax 等新理论和技术实现的互联网新一代模式。”

如果说 Web 1.0 是以数据为核心的网,那么 Web 2.0 则是以人为出发点的互联网。从知识生产的角度看,Web 1.0 的任务是将以前没有放在网上的人类知识,通过商业的力量,放到网上去。Web 2.0 的任务是将这些知识通过每个用户的浏览求知的力量,协作工作,把知识有机地组织起来,在这个过程中继续将知识深化,并产生新的思想火花。从内容产生者的角度看,Web 1.0 是商业公司为主体把内容往网上搬,而 Web 2.0 则是以用户为主,以简便随意的方式把新内容往网上搬,以实现信息共享。从交互性看,Web 1.0 是以网站对用户为主; Web 2.0 是以用户对用户为主。从技术上看,由于 Ajax 等技术的使用,Web 客户端工作效率越来越高。

下面简单介绍 Ajax、Blog(博客)、网摘、Wiki。

1. Ajax

Ajax 并不是一门新的语言或技术,它实际上是几项技术按一定的方式组合在一起共同协作,发挥各自的作用,它包括:

(1) 用 XHTML 和 CSS 实现网页显示。

(2) 用 DOM 实现动态显示和交互。

(3) 用 XML 和 XSLT 进行数据交换与处理。

(4) 用 XMLHttpRequest 进行异步数据读取。

(5) 用 JavaScript 绑定和处理所有数据。

Ajax 的工作原理相当于在用户和服务器之间加了一个中间层,使用户操作与服务器响应异步化。Ajax 是传统 Web 应用程序的一个转变。在旧的交互方式中,由用户触发一个 HTTP 请求到服务器,服务器对其进行处理后再返回一个新的 HTML 页到客户端,每当服务器处理客户端提交的请求时,客户都只能空闲等待,并且哪怕只是一次很小的交互、只需从服务器端得到很简单的一个数据,都要返回一个完整的 HTML 页,而用户每次都要浪费时间和带宽去重新读取整个页面。而使用 Ajax 后用户从感觉上几乎所有的操作都会很快响应而没有页面重载的等待。Ajax 可以作为客户端和服务器的中间层来处理客户端的请求,并根据需要向服务器端发送请求,用什么就取什么,用多少就取多少,不存在数据的冗余和浪费,减少了数据的下载总量,而且更新页面时不用重载全部内容,只更新需要更新的那部分即可,相对于纯后台处理并重载的方式缩短了用户等待时间,也把对资源的浪费降到最低。

2. Blog

Blog 的全名是 Web log,后来缩写为 Blog,中文意思是“网络日志”,一般人们喜欢称之为“博客”。Blog 是一个易于使用的网站,个人可以在其中迅速发布想法、与他人交流以及从事其他活动,所有这一切都是免费的。

在网络上发表博客的构想起于 1998 年,但到了 2000 年才真正开始流行。一个博客就是一组网页,它通常是由简短且经常更新的 Post(张贴的文章)所构成; 这些 Post 按照年份和日期排列。博客的内容和目的有很大的不同,从对其他网站的超链接和评论,有关公司、个人、构想的新闻到日记、照片、诗歌、散文,甚至科幻小说的发表或张贴,涉及各行各业。撰写这些博客的人称为 Blogger 或 Blog writer。其实博客的定义和认识可以说并没有统一的说法。博客是一种新的生活方式、新的工作方式、新的学习方式和交流方式,是“互联网的第四块里程碑”。

3. 网摘

网摘又名网页书签,英文原名是 Social Bookmark,直译就是“社会书签”。世界上第一个网摘站点 del.icio.us 的创始人 Joshua 在 2004 年发明了网摘。网摘是一种服务,它提供的是一种收藏、分类、排序、分享互联网信息资源的方式。使用它存储网址和相关信息列表,使用标签(tag)对网址进行索引,使网址资源有序分类和索引,使网址及相关信息的社会性分享成为可能。在分享人参与过程中,网址的价值被给予评估,通过群体的参与使人们挖掘有效信息的成本得到控制,通过知识分类机制使具有相同兴趣的用户更容易彼此分享信息和进行交流,网摘站点呈现出一种以知识分类的社群景象。

通俗地说,网摘就是一个放在网络上的海量收藏夹。网摘将网络上零散的信息资源有目的地进行汇聚整理后再展现出来。网摘可以提供很多本地收藏夹所不具有的功能,它的核心价值已经从保存浏览的网页发展成为新的信息共享中心,能够真正做到“共享中收藏,收藏中分享”。如果每日使用网摘的用户数量较大,用户每日提供的链接收藏数量足够,网摘网站就成了汇集各种新闻链接的门户网站。

4. Wiki

Wiki 一词来源于夏威夷语 wee kee wee kee,原本是“快点快点”的意思,中文译为“维客”或“维基”。它是一种多人协作的写作工具。Wiki 站点可以有多人,甚至任何访问者维护,每个人都可以发表自己的意见,或者对共同的主题进行扩展或者探讨。

Wiki 指一种超文本系统。这种超文本系统支持面向社群的协作式写作,同时也包括一组支持这种写作的辅助工具。有人认为,Wiki 系统属于一种人类知识网格系统,它允许对 Web 编程一无所知的人随意对 Wiki 文本进行浏览、创建和更改,为了防止 Wiki 中重要信息被修改或删除,系统管理员可以对某些特定的页面进行“保护”,使其不可修改;同时 Wiki 系统还支持面向社群的协作式写作,为协作式写作提供必要帮助;最后 Wiki 的写作者自然地构成了一个社群,Wiki 系统为这个社群提供简单的交流工具。与其他超文本系统相比,Wiki 有使用方便及开放的特点,Wiki 系统可以帮助人们在一个社群内共享某领域的知识。

Web 2.0 模式下的互联网应用具有以下主要特点。

(1) 用户参与网站内容制造。与 Web 1.0 网站单项信息发布的模式不同,Web 2.0 网站的内容通常是用户发布的,使得用户既是网站内容的浏览者也是网站内容的制造者,这也就意味着 Web 2.0 网站为用户提供了更多参与的机会,例如博客网站和 Wiki 就是典型的用户创造内容的指导思想,而 tag 技术(用户设置标签)将传统网站中的信息分类工作直接交给用户来完成。

(2) Web 2.0 更加注重交互性。用户可在发布内容过程中实现与网络服务器之间的交互,也可实现同一网站不同用户之间的交互,甚至不同网站之间信息的交互。

(3) 符合 Web 标准的网站设计。Web 标准是目前国际上正在推广的网站标准,通常所说的 Web 标准一般是指网站建设采用基于 XHTML 的网站设计语言,实际上,Web 标准并不是某一标准,而是一系列标准的集合。Web 标准中典型的应用模式是 CSS+XHTML,摈弃了 HTML 4.0 中的表格方位方式,其优点之一是网站设计代码规范,并且减少了大量代码,减少网络带宽资源浪费,加快了网站访问速度。更重要的一点是,符合 Web 标准的网站对用户和搜索引擎更加友好。

(4) Web 2.0 网站与 Web 1.0 没有绝对的界限。Web 2.0 技术可以成为 Web 1.0 网站的工具,一些在 Web 2.0 概念之前诞生的网站本身也具有 Web 2.0 特性,例如 B2B 电子商务网站的免费信息发布和网络社区类网站的内容也来源于用户。

(5) Web 2.0 的核心不是技术而在于思想。Web 2.0 有一些典型的技术,但技术是为了达到某种目的所采取的手段。与其说 Web 2.0 是互联网技术的创新,不如说是互联网应用指导思想的革命。

1.9.3 Web 3.0 时代

我们已进入 Web 3.0 时代,它代表了一种更智能、更个性化、更连接的互联网体验。相比 Web 2.0,Web 3.0 更注重数据的语义化和上下文理解,以实现更准确、更智能的搜索和服务。

Web 3.0 的背景是互联网技术的不断发展和创新。随着云计算、移动互联网、大数据、人工智能、物联网、区块链、元宇宙等技术的成熟和应用,Web 3.0 逐渐成为现实。它将数据赋予更多的含义和上下文,使得机器能够更好地理解和处理数据,为用户提供更个性化、更精确的互联网体验。

在 Web 3.0 中,人工智能和机器学习技术将起到重要作用。通过分析用户的行为模式、兴趣和需求,互联网应用能够提供个性化的推荐和服务。同时,物联网的发展将实现万物互联,通过智能设备和传感器的连接,实现设备之间的协同工作和数据交互。Web 3.0 融合了虚拟现实(VR)和增强现实(AR)技术,使得用户能够以更直观的方式与数字信息互动。

去中心化和区块链技术也是 Web 3.0 的重要特征。区块链的分布式特点使得数据更加安全可信,用户可以更好地掌握自己的数据主权。同时,Web 3.0 将支持跨平台和跨设备的无缝体验,用户可以在不同设备和平台上无缝切换和同步使用应用和数据。

Web 3.0 是对互联网发展的一种愿景和趋势,它旨在提供更智能、更个性化、更连接的互联网体验。与传统的 Web 2.0 相比,Web 3.0 更强调语义化数据、智能化应用和去中心化的特点。

(1) 语义化数据。Web 3.0 将数据赋予更多的含义和上下文,使得机器能够更好地理解和处理数据。通过使用标准化的数据格式(如 RDF、OWL 等),Web 3.0 实现了语义化的数据描述,使得机器能够根据数据之间的关联和含义进行更准确、更智能的搜索和分析。

(2) 智能化应用。Web 3.0 利用人工智能、机器学习和自然语言处理等技术,使互联网应用能够根据用户的需求和上下文提供个性化的服务。通过分析用户的行为模式、兴趣和需求,Web 3.0 应用可以提供更智能的推荐、个性化的广告和精准的搜索结果。

(3) 去中心化。Web 3.0 倡导去中心化的互联网架构,使得权力更加分散、数据更加安全可信。区块链技术是实现去中心化的重要手段之一,它通过分布式的数据存储和加密算法保证数据的安全性和不可篡改性。用户可以通过区块链保护自己的隐私和数据主权,同时也可以参与到去中心化应用和共识机制中。

(4) 跨平台和跨设备。Web 3.0 支持跨平台和跨设备的无缝体验,用户可以在不同的设备和平台上无缝切换和同步使用应用和数据。无论是在桌面计算机、移动设备还是物联网设备上,用户都可以享受到统一的、一致的互联网体验。

(5) 开放性和互操作性。Web 3.0 倡导开放的标准和协议,使得不同的系统和应用能够互相连接和交互。通过使用开放的 API 和数据格式,Web 3.0 应用能够实现跨平台和跨系统的集成,为用户提供更丰富、更灵活的功能和服务。

Web 3.0 的发展仍在进行中,目前还没有明确的技术标准和应用范式。它需要技术创新和行业共同努力来实现其全面的潜力和价值。然而,Web 3.0 的愿景和趋势已经引起了广泛的关注和探讨,它代表了互联网向着更智能、更个性化的方向发展的重要里程碑。

思考练习题

1. 什么是万维网?
2. 什么是 B/S 结构?它和 C/S 结构相比有什么优点?
3. 试比较 PHP、JSP、ASP、ASP.NET 各自的特点。
4. 简述 Web 访问的机制。
5. 浏览器的作用是什么?
6. Web 发展历程每个时期的特点是什么?分别包含哪些内容?

第2章

Web 开发环境的建立

学习要点

(1) 掌握 IIS Web 服务器的配置。

(2) 了解 Microsoft. NET Framework 及 VS 2019 开发工具。

(3) 熟悉 VS 2019 开发环境。

(4) 学会在 VS 2019 环境下使用源代码控制软件 Git。

(5) 掌握发布网站的三种主要方法。

Web 服务器是指驻留于因特网上某种类型的计算机程序。当 Web 浏览器(客户端)连到服务器上并请求页面文件时,服务器将处理该请求并将页面文件发送回浏览器上,附带的信息会告诉浏览器如何查看该文件(即文件类型)。服务器使用 HTTP 进行信息交流,这就是人们常把它们称为 HTTP 服务器的原因。

目前常用的 Web 服务器包括 IIS(Internet Information Server,因特网信息服务)、Apache、Tomcat、Sambar、JBoss、WebLogic、WebSphere 以及金蝶 Apusic 等。它们运行在不同的操作系统平台上。常用的 Web 服务器如 IIS、Tomcat、Apache 和 JBoss 等,通常以免费的方式供用户使用,支持的并发用户数有限,适合作为中小型网站系统的 Web 服务器,而 WebLogic、WebSphere 和金蝶 Apusic 等专业 Web 服务器,在并发用户大量增加的情况下,仍可保持较高的处理性能,适合作为大型网站系统的 Web 服务器。要进行 Web 应用系统的开发、部署和维护,有必要对 Web 服务器的配置进行深刻了解。不同的 Web 服务器具有不同的配置方法,本章将详细介绍 IIS 的配置过程,这对运行和维护网站是很重要的,也是构建 Web 开发环境的基础。此外,本书针对 VS 2019 开发工具讲解 Web 应用系统的开发,因此在 2.3 节介绍了 VS 2019 开发工具的使用。大型 Web 应用系统的开发一般会涉及多人共同开发,因此如何构建多人开发的环境,利用源代码版本控制软件是必需的,2.4 节将详细介绍在 VS 2019 环境中如何配置源代码版本控制环境。网站系统开发建好后,需要发布到 Internet 上,2.5 节将详细介绍 Web 应用系统的发布过程。

2.1 Web 站点的配置

视频讲解

IIS 是微软公司在 Internet 上发布信息的 Web 服务器。IIS 是构建和部署电子商务解决方案以及关键应用程序的安全平台,它通过 HTTP 传输信息。Web 服务器 IIS 可运行在 Windows Server、Windows 等操作系统上。IIS 6.0、IIS 7.5 和 IIS 10.0 可分别通过安装 Windows Server 2003、Windows 7、Windows 10 或 Windows Server 2016 得到。IIS 可创建

多个 Web 站点,即在一台计算机上可以配置多个网站。不同的 IIS 版本在安全性和服务性能等方面有所加强,但网站配置操作区别不大,本书主要以 IIS 10.0 为例进行说明,配置步骤如下。

(1) 依次按照"开始"|"Windows 管理工具"|"Internet Information Services(IIS)管理器"的顺序启动 IIS,如果读者的 IIS 没有添加到"开始"菜单中,则选择"控制面板"|"系统和安全"|"管理工具"|"Internet Information Services(IIS)管理器",启动 IIS,弹出"Internet Information Services(IIS)管理器"窗口。

如果找不到"Internet Information Services(IIS)管理器",说明所使用的操作系统还没有安装 IIS,可以选择"控制面板"|"程序"|"程序和功能"|"启用或关闭 Windows 功能"后,选中 Internet Information Services 并进行定制安装后(在"万维网服务"下的"应用程序开发功能",应记得全部勾选),Windows 将自动完成安装过程。

(2) 在"Internet Information Services(IIS)管理器"窗口中右击左侧的"网站",在弹出的快捷菜单中选择"添加网站",将弹出添加网站的对话框,可以给网站取一个名称,不妨为 Dianqi,输入网站所在的文件夹,再输入网站的 IP 地址和主机名等,一个新网站 Dianqi 就创建和启动起来了,如图 2-1 所示。若要更改 Dianqi 网站所在的文件夹,单击左侧"网站"下的 Dianqi 后,在右侧边栏中选择"高级设置"选项,弹出 Dianqi 网站的"高级设置"对话框,如图 2-2 所示,直接修改物理路径即可。

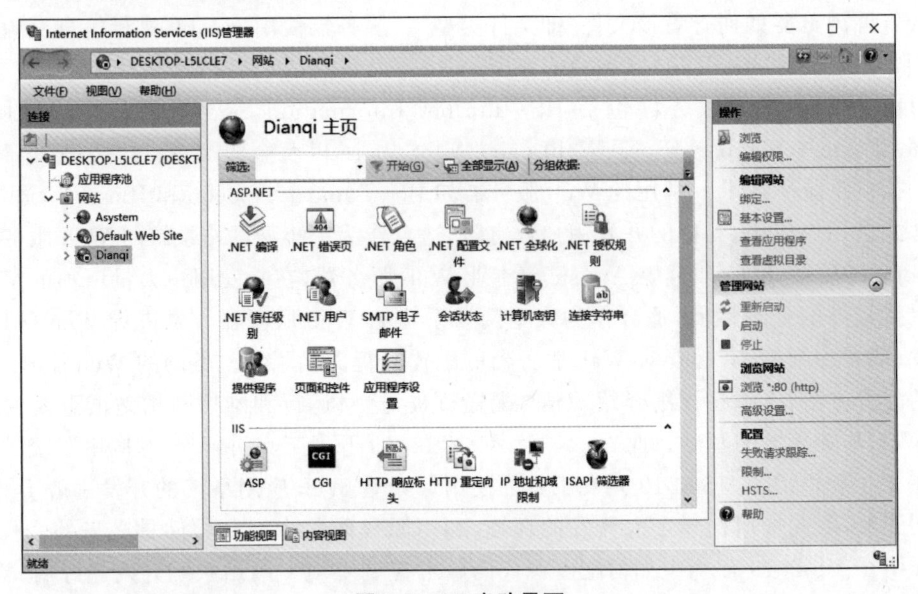

图 2-1　IIS 启动界面

(3) 单击左侧的 Dianqi 选项,在右边栏中选择"编辑网站"|"绑定…",弹出如图 2-3 所示的对话框,单击列表框中的 http 后,单击右侧的"编辑"按钮,则弹出如图 2-4 所示的对话框。在"IP 地址"框中输入本服务器的真实 IP 地址。IP 地址是网络上计算机通信的基础,网络上的计算机通过 IP 地址来寻找另一台计算机。若对本 Web 服务器的配置是作为测试用的,通常情况下可使用默认的设置"全部未分配"或输入"127.0.0.1",它映射本机的域名 localhost(在 C:\windows\system32\drivers\etc\hosts 中设定),也就是说用户在浏览器上输入 http://127.0.0.1 和 http://localhost 的效果是相同的。

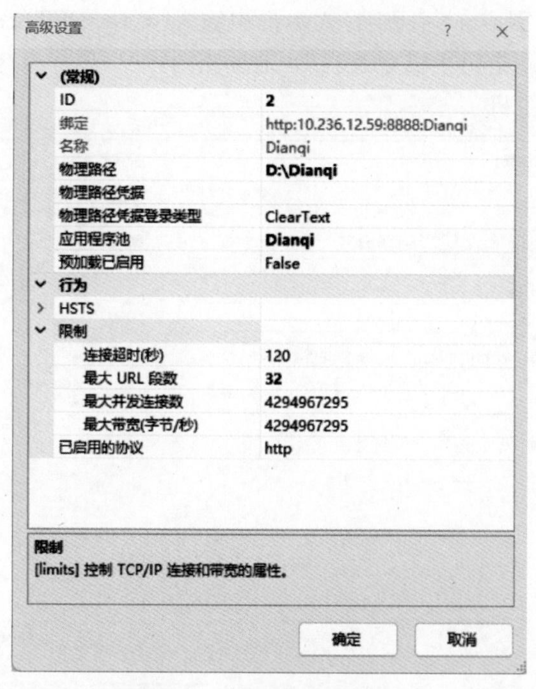

图 2-2 “高级设置”对话框

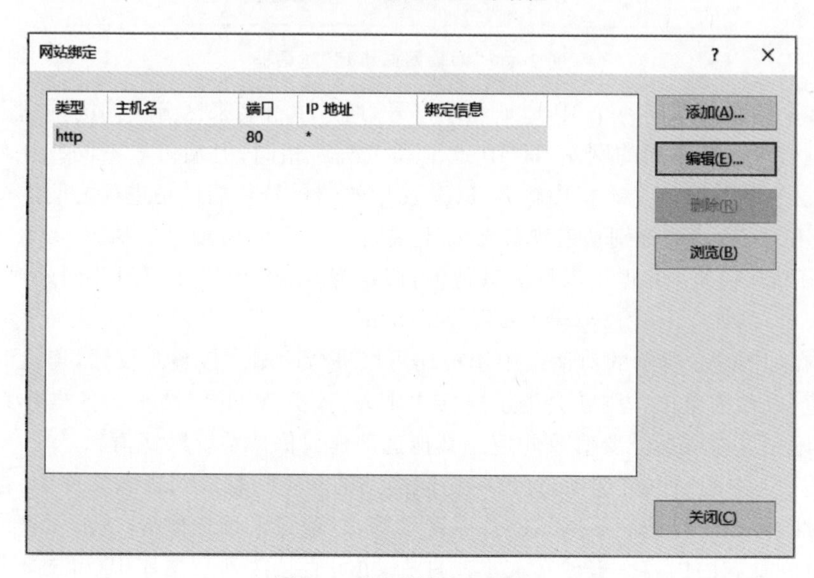

图 2-3 “网站绑定”对话框

如果服务器拥有多个 Web 站点但只有一个 IP 地址，就必须在所有的站点中共享同一个 IP 地址。通过这个共享的 IP 地址，在访问两个或两个以上站点时都能够成功地连接到站点所在的服务器。为了实现这一功能，需要让 IIS 知道每个站点所使用的域名。此时，用户只需单击“网站绑定”对话框右侧的“添加”按钮，出现如图 2-4 所示的对话框。

输入 IP 地址、TCP(Transfer Control Protocol，传输控制协议)端口号和主机名。因为只有一个 IP 地址，IP 地址保持不变，TCP 端口号都是 80，区别每个网站的唯一标志就只有“主机名”(网站的域名)。假设用户在多个网站中有一个网站的名称叫 CET，已经注册的域名是 www.CET.com，则应在"主机名"文本框中输入 www.CET.com，如图 2-4 所示。重复上述步骤，对每个网站指定主机名及其 IP 地址相同，端口号都是 80，这台提供 Web 服务的计算机就称为"虚拟主机"。

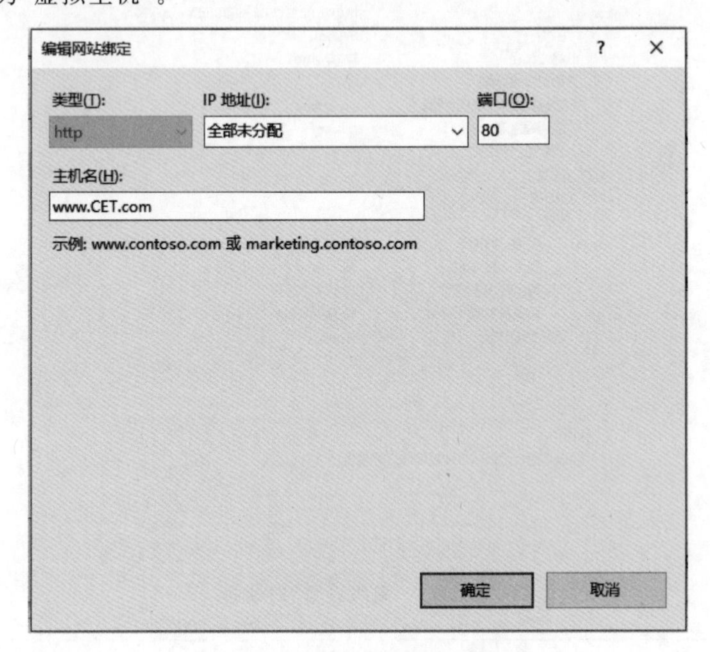

图 2-4 "编辑网站绑定"对话框

上述多个网站共享同一个 IP 地址和端口号，通过主机名来区分不同的网站。另外也可不通过主机名来区分不同的网站，即 IP 地址和主机名相同，但端口号不同。在如图 2-4 所示的对话框中，在"端口"文本框中输入 TCP 使用的端口号。端口是进程之间进行通信的基础，IP 地址和 TCP 端口分别从宏观和微观上决定了一个应用程序的执行。Web 服务器的 TCP 端口号默认值是 80，也可以设为其他值，假定为 8080，用户在访问此网站时，需要输入相应的端口号，例如 http://www.CET.com:8080。

此外，在如图 2-2 所示的对话框中用户还可以进行网站连接超时设置，连接时间一旦超过设置的值(以秒为单位)，则就会提示连接失败，打不开 Web 网站了。各操作系统的默认值不一样，用户可以根据需要修改此值。其他选项建议保持系统默认值。

双击图 2-1 中的"日志"选项，可以将访问网站的相关信息放到日志文件中，包括访问用户的 IP 地址、什么时候访问了网站的什么网页等，以备将来日志分析，例如可查询用户的非法访问信息。日志的内容一般放在文本文件中，也可直接放到数据库中(针对不同的 IIS 版本)。放在文本文件中时，可通过"选择字段"来确定日志文件的存放内容。

双击图 2-1 中的"默认文档"选项，出现如图 2-5 所示的界面。我们平常在访问某网站时，一般会在浏览器中直接输入网站的 URL 地址，例如 http://www.ccw.com.cn，实际上本来应该输入 http://www.ccw.com.cn/default.asp，那么为什么可以省略部分不输呢？答案就在于在 IIS 中启用了默认文档。当用户输入 http://www.ccw.com.cn 后，IIS 先查找 Default.htm 文档，找不到时再依次找第二个文档 Default.asp，若找到，则对之进行处理后发回给浏览器。因此如果想让用户更快地访问你的网站，不需要让它输入冗长的文件名，则可在"文档"中进行设置。注意，一般不需要设置很多默认文档，否则每次访问都要判断会影响 IIS 的服务性能。

图 2-5 “默认文档”选项卡

2.2 主目录和虚拟目录的建立

视频讲解

建好的 Web 站点会放在某个文件夹下，它由一系列文件夹和文件组成，一个典型的 Web 站点目录结构如图 2-6 所示。

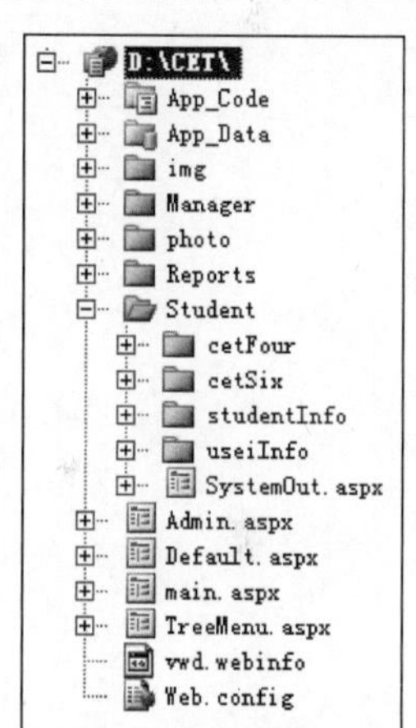

图 2-6 典型的 Web 站点目录结构

通常可以将图 2-6 中的文件夹“D:\CET”称为主目录(Home Directory)。主目录下可包含若干子目录，但在 Web 服务器管理中，允许主目录下的子目录可以不位于主目录下，可以在硬盘中任何位置，这样的子目录称为虚拟目录。例如，针对图 2-6 中的主目录“D:\CET”，目录“E:\myHTM”中存放着与该网站相关的其他网页，现需要将“E:\myHTM”纳入主目录中统一管理，那么就需要在该主目录下创建虚拟目录。下面分别介绍主目录和虚拟目录的建立过程。

1. 主目录的建立

每个 Web 站点都必须有一个主目录。一个站点所包含的所有网页和相关文件都放在主目录下。主目录的建立过程实际上就是设置网站所存放的物理路径。单击图 2-1 中左侧的 Dianqi 网站，在右侧边栏中选择“基本设置”选项，则出现如图 2-7 所示的对话框，输入物理路径即可。

可以对主目录进行访问权限的设置。在图 2-1 的右侧边栏中选择“编辑权限”选项，则出现如图 2-8 所示的对话框，其中 IIS_IUSERS 为匿名访问网站的用户组，可根据被管理网站的特点来选择权限配置。

“列出文件夹内容”就是让用户通过浏览器浏览在某个主目录或虚拟目录下的所有文件或文件夹，此时用户可以了解整个网站的目录结构。一般情况下不建议选择此项，但有时在内部网上，通过设定目录浏览可以实现文件共享，让用户下载文件。

“读取”权限就是允许访问网站的用户可以读取网站中的文件或目录，这个权限一般都是开放的，不然用户将无法浏览网页，一般网站维护时使用。

“写入”权限则是允许用户将本地文件上传到服务器的主目录中，或者可更改/重写文件的内容。考虑网站的安全性因素，这里不要随意设定目录的写入权限，只对需要存放上传文

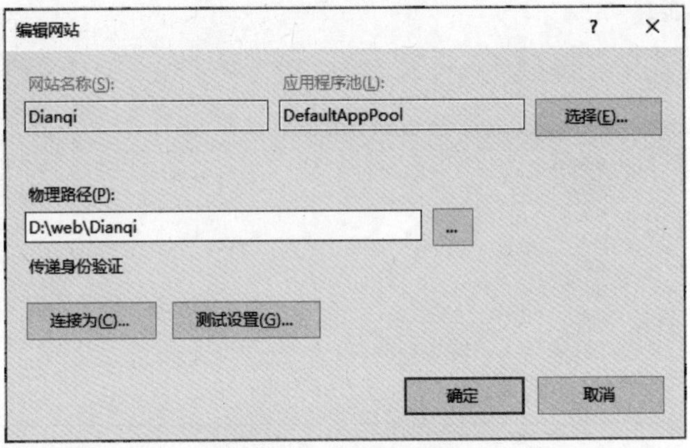

图 2-7　主目录设置

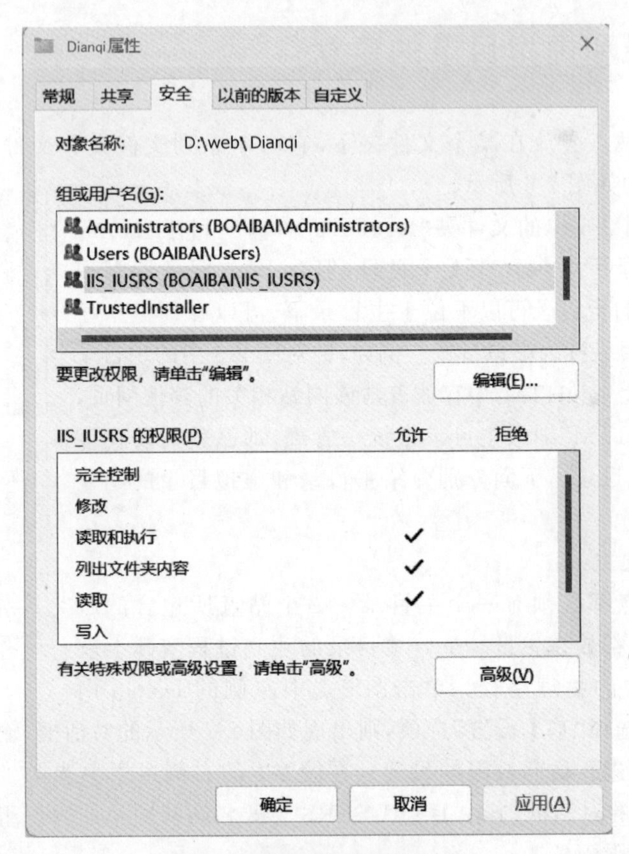

图 2-8　网站访问权限的设置

件的子目录或需要更改/重写内容的文件进行设置。

2．虚拟目录的建立

可以这样来理解：一个网站系统由许多页面文件和多媒体文件等组成，不一定非要将这些文件全部放在一个目录下，可以将存放上载图片的目录放到磁盘剩余空间比较大的 E 盘中，将网站中独立运行的子系统分别放在不同的目录中。例如图 2-9 中，出于某种需要，CET 网站的内容分别放在 D:\CET 和 E:\img、E:\Manager、E:\Student 中，此时该如何配置网站？可以将 D:\CET 设成主目录，将 E:\img、E:\Manager、E:\Student 分别设成虚拟目录，图 2-10 为 IIS 中实际查看效果，此时 E:\img、E:\Manager、E:\Student 在 IIS 的管理下看起来就如同 D:\CET 下的子目录，只是图标不一样。

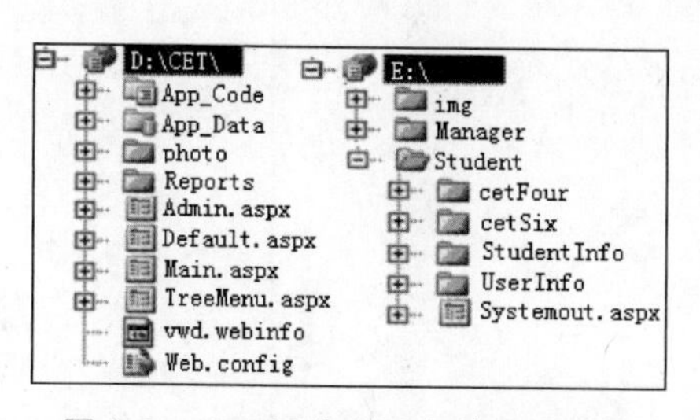

图 2-9 CET 网站实际存放目录结构

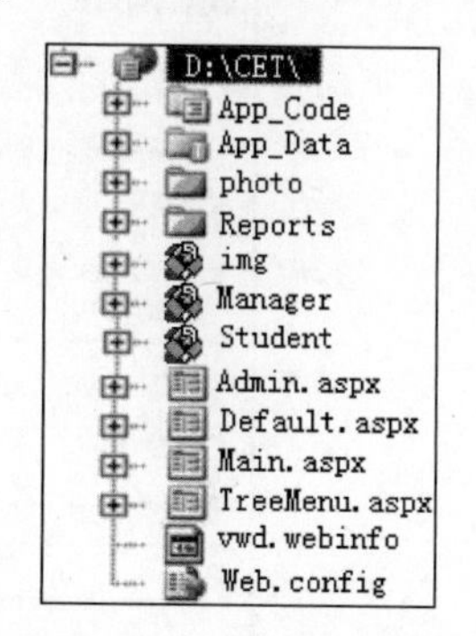

图 2-10 CET 网站 IIS 目录结构

从上可以看出，虚拟目录在物理上可以不属于主目录，即它是主目录以外的其他目录，但需要纳入主目录下进行 Web 页面管理。虚拟目录可以不包含在主目录中，它有一个别名供 Web 浏览器访问。虚拟目录的别名可以随意取定，一般就可按实际文件夹名取定。图 2-10 中虚拟目录的别名采用了和实际文件夹名相同的名称。使用别名有以下优点。

- 别名可比实际文件夹路径名短，便于用户输入。
- 使用别名较安全，因为虚拟目录的别名和实际路径之间是映射关系，用户很难知道文件所存放的实际位置。
- 虚拟目录所对应的实际路径可以随意移动，但用户访问虚拟目录的 URL 不变。

建立虚拟目录的步骤如下。

(1) 在“Internet Information Services(IIS)管理器”窗口中右击 Default Web Site，在弹出的快捷菜单中选择“添加虚拟目录”，弹出“添加虚拟目录”对话框，如图 2-11 所示。

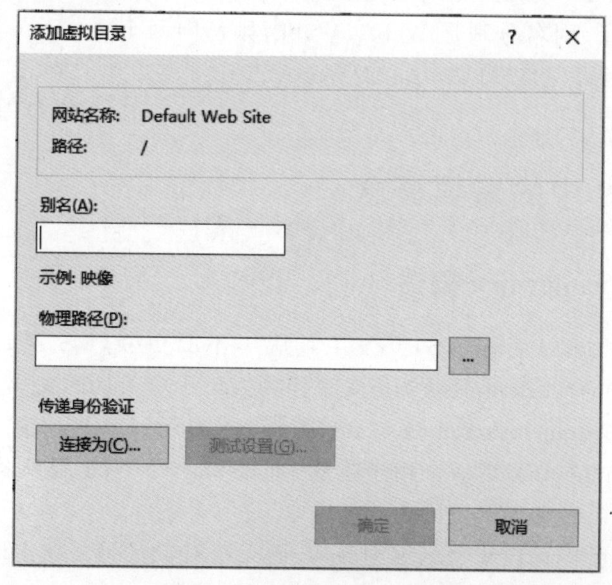

图 2-11 “添加虚拟目录”对话框

(2) 在“添加虚拟目录”对话框处输入相应的别名,如图 2-12 所示。别名不要随意取定,因为访问虚拟目录中的网页时要通过别名来访问。

图 2-12　输入别名

(3) 在网站“物理路径”对话框中输入网站内容所在的目录路径,或单击…按钮来选择。设置完毕后,单击“确定”按钮,虚拟目录被添加进连接中,如图 2-13 所示。

图 2-13　虚拟目录创建后的效果

虚拟目录除了可以实现将分散在各子目录下的网站内容通过 IIS 集中管理外,其另一种用法就是将构建的多个独立网站系统放到一个主站点(主目录)下运行。例如当前主站点是 http://219.153.14.22/,现在有两个独立网站系统,分别在主站点下建立虚拟目录,别名分别是 WebA、WebB,则访问两个独立网站可通过 http://219.153.14.22/WebA、http://219.153.14.22/WebB 进行。

视频讲解

2.3　VS 2019 中的重要概念

2.3.1　.NET Framework 概述

微软 Visual Studio(简称 VS)开发工具版本不断更新,VS 2002/2003/2005/2008/2010/2013/2015/2019/2022 是其版本历史。作为 VS 开发工具的支撑平台.NET,其版本也相应地从.NET Framework 2.0/3.5/4.0/4.6/4.8 更新到.NET 6。

微软.NET Framework 是一个用于构建、部署和运行 Web 服务及应用程序的平台。.NET Framework 旨在实现下列目标。

- 提供一个一致的面向对象的编程环境,而无论对象代码是在本地存储和执行,还是分布在 Internet 上在本地执行,或者是在远程执行。

- 提供一个将软件部署和版本控制冲突最小化的代码执行环境。
- 提供一个可提高代码(包括由未知的或不完全受信任的第三方创建的代码)执行安全性的代码执行环境。
- 提供一个可消除脚本环境或解释环境的性能问题的代码执行环境。
- 使开发人员的经验在面对类型大不相同的应用程序(如基于 Windows 的应用程序和基于 Web 的应用程序)时保持一致。
- 按照工业标准生成所有通信,以确保基于.NET Framework 的代码可与任何其他代码集成。

1. CLR

CLR(公共语言运行环境)的功能是负责管理内存、线程执行、代码执行、代码安全验证、编译和其他系统服务。代码管理是运行库的基本功能。需要以 CLR 来支撑运行的程序代码称为"托管代码",反之,无须 CLR 支撑运行的程序代码称为"非托管代码",例如用 Visual Basic、Visual C++等工具开发的程序在运行时无须 CLR 支撑,其程序代码就是"非托管代码"。

托管代码是可以使用 C#、J#、VB.NET 及 C++等 20 多种支持.NET Framework 的高级语言编写的代码。所有的语言共享统一的类库集合,并能被编码成中间语言 MSIL(Microsoft Intermediate Language)。托管代码在部署后运行时,运行库编译器在托管执行环境下编译中间语言(IL)使之成为本地可执行的代码,并使用数组边界、索引检查、异常处理和垃圾回收等手段确保类型的安全。这种编译过程被称为 JIT 实时编译(Just-In-Time 编译)。CLR 为所支持的每种 CPU 结构都提供了 JIT 编译器。IL 在某种程度上借鉴了 Java 程序先编译成 ByteCode(字节码)、运行时再转换为本地机器码的这种做法。

在托管执行环境中使用托管代码及其编译,可以避免许多典型的导致安全黑洞和不稳定程序的编程错误。此外,许多不可靠的设计也自动地被增强了安全性,例如类型安全检查、内存管理和释放无效对象。程序员可以花更多的精力关注程序的应用逻辑设计并可减少代码的编写量,这就意味着更短的开发时间和更健壮的程序。

2. .NET Framework 类库

.NET Framework 类库是一个综合的、面向对象的、可重复使用类的集合,它高度集成了公共语言运行库,提供了在应用程序中派生新类的功能,用户可在新类中附加新的功能。这使得.NET Framework 的类库使用方便,并节省了学习.NET Framework 新功能的时间。另外,第三方的组件可以与.NET Framework 的类紧密地集成。.NET Framework 类库能够完成很多的通用程序任务,例如字符串管理、数据集、数据库连接和文件访问等。开发人员可用.NET Framework 类库创建 ASP.NET 应用程序。

3. ASP.NET

ASP.NET 为开发人员能够使用.NET Framework 开发基于 Web 的应用程序提供了宿主环境,即在 ASP.NET 中,开发人员可使用托管代码来开发网站。

.NET Framework 的核心技术内容庞大而复杂,作为一般的 Web 开发人员,并不需要对它进行深入了解后才进行应用开发,但了解并熟悉其核心技术无疑将大大有助于 Web 应用程序的开发。

Windows 操作系统已附带.NET Framework 软件运行平台,但 Windows XP 本身并没有附带,因此在运行基于.NET 开发的应用程序或在 Web 服务器上部署 ASP.NET 应用程序时,必须首先安装.NET Framework 软件运行平台,文件名为 dotnetfx.exe,全名为“.NET Framework 2.0 版可再发行组件包(x86)”。

2.3.2 VS 2019 开发工具介绍

Web 应用程序的优点在于可以让企业间的业务数据及数据处理等行为,通过因特网的通信来彼此交换信息。这样不但可以节省数据交换的时间,而且可以简化流程。但是在.NET 开发平台还没有出现之前,要让因特网应用程序达到上述功能是一项浩大的工程,涉及的技术及程序开发语言可能包括 HTML、ASP、VBScript、JavaScript、C++、ADO、SQL、COM、MTS 等。这样的环境对于开发人员来说,想要快速地开发一个功能强大且稳定可靠的 Web 应用程序,不是一项轻松的工作。之前的 Microsoft Visual Studio 6.0 及 Windows 上的一些架构及服务,已经帮助程序设计师由单机平台的程序开发转为 C/S 和 B/S 的架构来开发应用程序。

为了让开发平台更容易开发以因特网为基础的应用程序,2002 年微软推出了基于.NET Framework 1.0 的 Visual Studio.NET 2002 开发工具,里面包含 Visual Basic.NET、C#、Visual C++、ASP.NET 以及 Visual FoxPro 等。2003 年,在对.NET Framework 升级为 1.1 版本后,微软发布了 Visual Studio.NET 的一个较小的升级版,称作 Visual Studio.NET 2003。之后推出了支持.NET Framework 2.0 的 VS 2005,及支持.NET Framework 2.0/3.0/3.5 的 VS 2008,后来推出了 VS 2010、VS 2013、VS 2015。为满足开发人员“构造客户需要的产品、降低开发复杂性、为合作伙伴提供增值空间、促进团队沟通能力”的需求;为了满足软件开发生命周期内的所有角色包括系统架构师、解决方案架构师、开发人员、测试人员、项目经理以及最终用户等都能参与到软件生产中来,在 2019 年,微软推出了支持.NET Framework 4.8 并且支持开发面向 Windows 10 应用程序的开发工具 VS 2019。微软新发布的 VS 2022 是一个完全 64 位版本、提供.NET 6 支持、可采用多种技术来开发 Web 应用系统。对于初学者,本书以 VS 2019 传统地创建基于.NET Framework 的 ASP.NET Web 应用程序为基础,其简单易学,易于上手。

在 VS 2019 中有两个重要概念:“项目”和“解决方案”。可以这样来理解:将要开发的一个完整的应用系统称为“解决方案”;一个完整的应用系统又由若干功能完全独立的程序(例如安装程序、类库程序)和源程序文件等组成,将各独立功能的程序和源程序文件分别放在不同的项目名称下进行管理,此时,一个“解决方案”就将由多个“项目”组成。因此一个“解决方案”至少包含一个“项目”。在 VS 2019 中新建一个“项目”时,就自动创建了一个包含此“项目”的“解决方案”,其他新建的“项目”可以添加到此“解决方案”中。在 VS 2019 工具中存盘时,“解决方案”相关信息存放在扩展名为 sln 的文件中;与“项目”相关的信息存放的文件扩展名根据“项目”类型有所变化,对于 ASP.NET 网站的 C#项目为 csproj,对于 Visual Basic 项目则为 vbproj。

项目文件包含的是单个编程任务特有的信息;解决方案文件则包含一个或多个项目的信息。解决方案适于管理多个相关的项目,双击解决方案文件(文件扩展名为 SLN)就能在 VS 2019 中正常打开。VS 2019 中“解决方案”和“项目”文件默认存放路径是“C:\Users\(计算机用户的名称)\source\repos”。当开发者需要作废新建的项目时,将上述文件夹下对应的项目文件夹删除即可。

以.NET Framework 4.8 为基础的 VS 2019 集成开发环境的界面被重新设计和组织，变得更加清晰和简单。.NET Framework 4.8 主要增加了并行支持，微软努力使 VS 2019 更适应团队开发，实现了生命周期管理和流程管理，整合了单元测试功能。在 VS 2005 中系统生成的代码和开发者的代码混合在一起，而在 VS 2019 中系统生成的代码几乎全部隐藏，提供了很多新的有用的 Web 控件，工具的自动化程度大大提高，即系统可自动根据开发者的配置为开发者生成大量源代码，大大提高了开发者的开发效率。VS 2019 可完成很多功能，例如可用 VB、C#、J# 和 C++等语言开发 C/S 结构的程序等，随着使用功能的不同，整个菜单和工具条等都会自动调整。

下面仅介绍 VS 2019 中与进行 Web 网站开发相关的操作界面。

2.3.3 VS 2019 开发环境主要操作界面说明

VS 2019 是一个非常强大的开发工具，很难做到将各种操作讲解透彻，需要读者阅读一些专门介绍 VS 2019 的使用手册，并怀着一种好奇的心理去尝试各种不同的操作，如此，才可以熟练地进行各项操作，大大提高工作效率。本书仅对 VS 2019 开发环境的主要操作界面进行说明。

1. 起始页(start page)

首次执行 VS 2019 时会显示起始页界面，如图 2-14 所示。此页“最近使用的项目”显示了用户在最近时间内利用 VS 2019 创建和修改的项目，单击则打开该项目。单击“打开项目或解决方案”可在弹出的对话框中选择需要在 VS 2019 中打开的项目文件。单击“创建新项目”可在如图 2-15 所示的对话框中选择一个 ASP.NET Web 类型的项目模板，建立一个新项目。

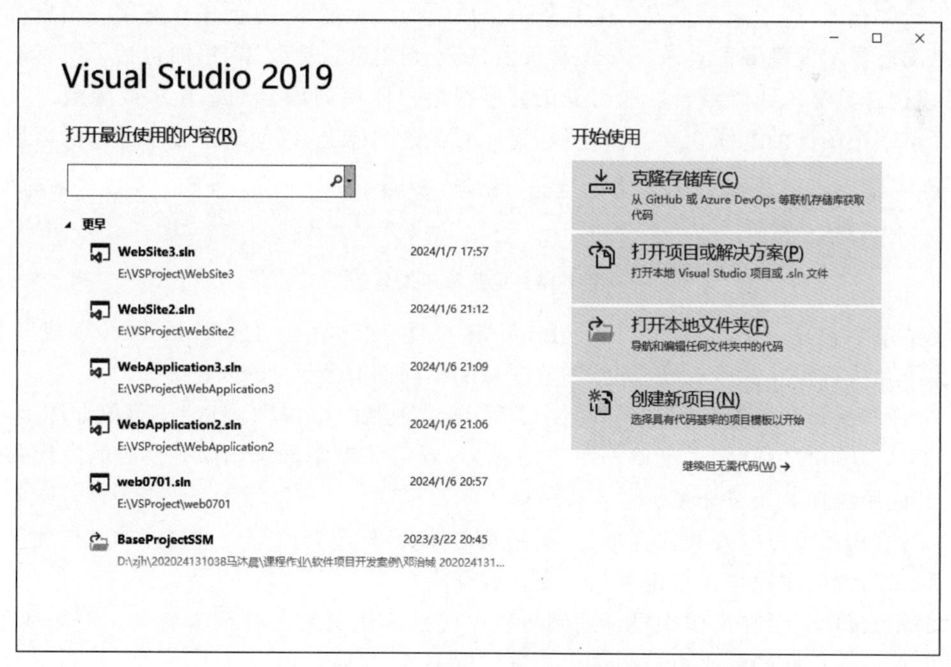

图 2-14 VS 2019 起始页界面

如果随便选择一个项目模板进入 VS 2019 开发环境后，对于利用 VS 2019 进行 Web 开发的用户，可选择“文件”|“新建”|“项目”，然后在搜索模板中输入 ASP.NET，选择需要的

模板,输入项目名称、存放位置后单击“创建”按钮,即可创建一个新的项目开发环境。

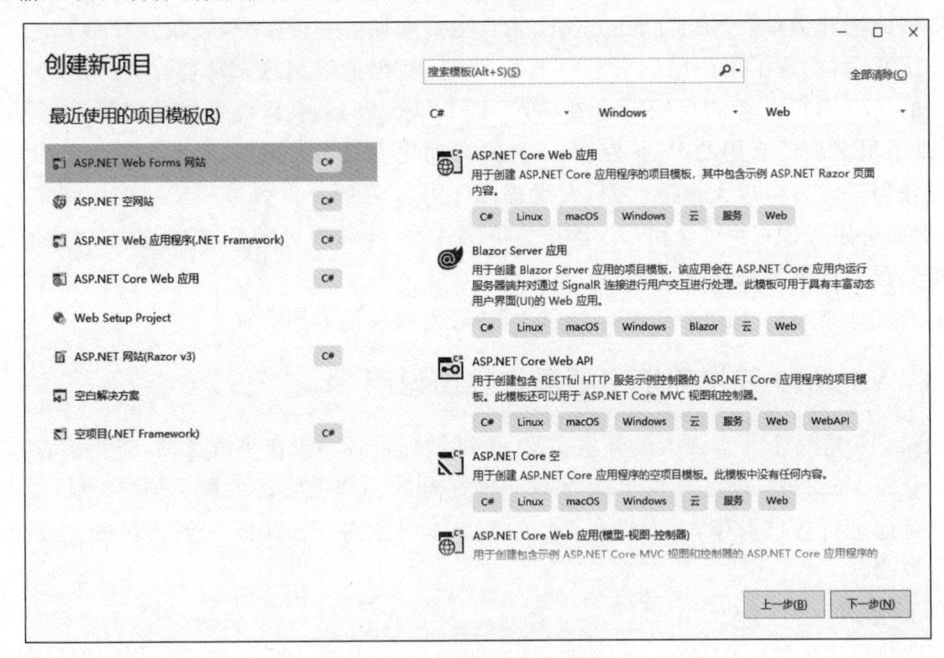

图 2-15 “创建新项目”对话框

2. 菜单栏和工具条(menu bar and tool strip)

图 2-16 所示的是 VS 2019 在新建一个网站后显示的主菜单和工具条。主菜单由“文件”“编辑”“视图”等子菜单组成。工具条是菜单项的图标显示,方便用户使用。用户可根据需要来动态显示或隐藏工具条。在工具条上右击,则出现快捷菜单,里面包括了所有的工具条,可以选择其显示或隐藏。一般工具条会根据用户使用的场合动态显示或隐藏。如果用户不知道某个图标的具体含义,可将鼠标指针放在该图标上,以便动态显示图标的用途。

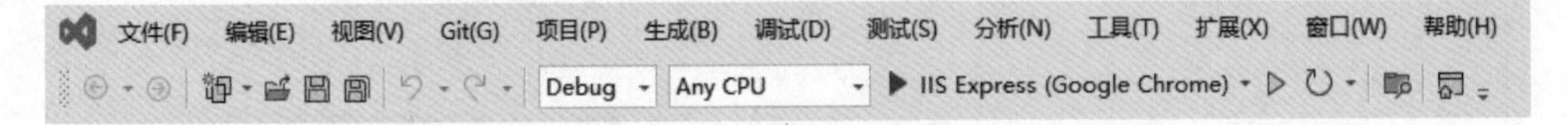

图 2-16 主菜单和工具条

主菜单中包含了用于管理 IDE(Integrated Development Environment,集成开发环境)、编译和执行程序的所有命令,并随着项目的不同而有所区别。

“文件”“编辑”“视图”子菜单如图 2-17 所示。“项目”“生成”“调试”子菜单如图 2-18 所示。“工具”“窗口”“帮助”子菜单如图 2-19 所示。Git 子菜单涉及团队开发时的源代码版本控制,其使用将在 2.4 节介绍。

“文件”菜单可以打开和保存项目、网站及文件,另外还列出了最近打开的文件和最近打开的项目等,方便用户快速选定项目或文件打开它。

“编辑”菜单包括在窗体中设计或编写程序代码时使用的各种编辑命令。例如利用“书签”功能可以在打开的代码窗口中多个位置设置书签,然后就可以在书签之间进行跳转；也可以在另一个代码窗口中设置书签,可实现多个代码窗口之间的书签跳转,大大方便了开发者对代码的编辑操作。读者应记住这些常用快捷键：按 Ctrl+KK 键设置或取消书签；按 Ctrl+Shift+KN 键转到上一个书签；按 Ctrl+Shift+KP 键转到下一个书签。

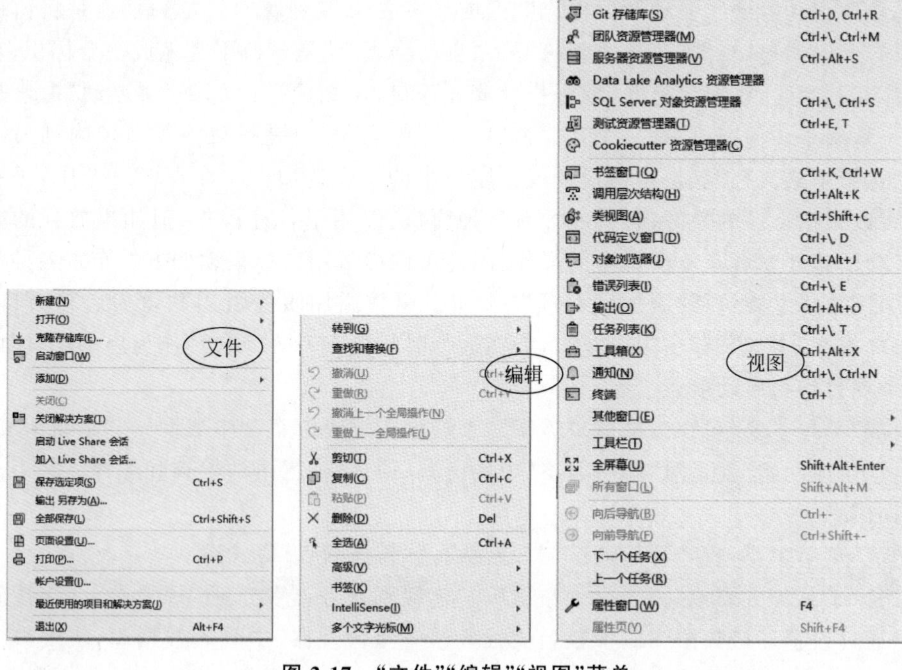

图 2-17 “文件”“编辑”“视图”菜单

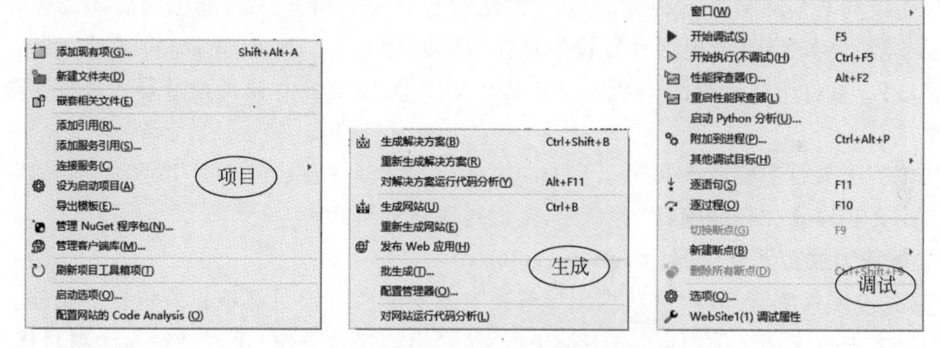

图 2-18 “项目”“生成”“调试”子菜单

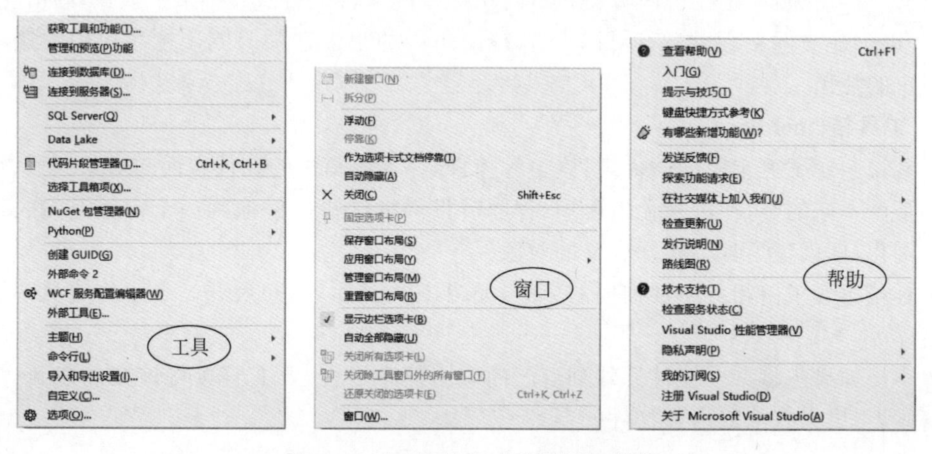

图 2-19 “工具”“窗口”“帮助”子菜单

“视图”菜单包括用于显示或隐藏集成开发环境中的各种窗口、工具栏等命令。这些窗口有“隐藏”“自动隐藏”“浮动”“可停靠”“选项卡式文档”5种属性。“隐藏”就是将窗口隐藏掉,需要打开时通过“视图”菜单重新打开。“自动隐藏”就是窗口平常缩成一个标识,当鼠标指针停靠在其上时,则窗口打开,鼠标指针离开窗口,又缩成一个标识。“浮动”窗口是指这个窗口不依附于任何窗口,是一个独立窗口。“可停靠”窗口是指可将窗口依附到另一个窗口上。“选项卡式文档”就是将窗口变成主窗口中的一个选项卡。在VS 2019中,每一个开发者都可以根据自己的爱好,打开和放置各种窗口,以便于各种操作,但如果放置的窗口太多,势必会干扰开发者在主窗口中的操作,因此可以尝试用鼠标拖动的方式布置各种窗口。

“项目”菜单主要包括“添加现有项”“添加引用”“添加服务引用”“设为启动项目”等命令。“解决方案”中如果存在多个“项目”,在运行时只能有一个“项目”作为启动项,因此需要选择某个项目作为启动项。

“生成”菜单主要包括“生成解决方案”“重新生成解决方案”“生成网站”“重新生成网站”等命令。“生成网站”就是对“解决方案”中的所有“项目”进行语法检查和编译。如果出错则显示错误信息。

“调试”菜单主要包括“开始调试”“开始执行”“新建断点”等命令。

“工具”子菜单主要包括“连接到数据库”“连接到服务器”“选项”等命令。“连接到数据库”可以通过设置连接数据库的参数,在“服务器资源管理器”中管理数据库,实现数据库系统客户端的操作功能,如建表、查看数据、添加或修改存储过程等。“连接到服务器”可以设置参数连接到某个网络服务器上,对某个网络服务器进行管理。例如可以启动或停止一个后台服务等。VS 2019的很多参数设置都在“选项”中进行,例如代码编辑区的文字大小和字体等,用户可将所有设置的参数导出到某个文件中,需要的时候可通过导入进行参数设置的恢复。

“窗口”子菜单主要用于布局工程中的窗体,包括“新建窗口”“拆分”“浮动”“停靠”“作为选项卡式文档停靠”“自动隐藏”等命令,实现对窗口的管理。

3. 解决方案资源管理器(solution explorer)

“解决方案资源管理器”窗口列出了解决方案中的所有项目及项目所包含的文件。当一个解决方案中包含多个项目时,右击解决方案,会出现快捷菜单,可以选择某个项目作为“启动项目”。“启动项目”是在解决方案执行时所运行的项目。右击其中某个项目,则出现快捷菜单,可以创建文件夹、添加新项目等。快捷菜单中的很多选项等同于主菜单中的选项,以方便用户的使用。

4. 工具箱(tool box)

工具箱包含了可重用的软件组件(也称控件)。工具箱中的控件在面向对象编程中可被视为一个个不同的类,在可视化编程中,程序员只需将这些控件拖到一个窗体上,就实现了类的实例化,即创建了具有实际含义的对象。

工具箱包含了由相关组件构成的分组,如图2-20所示,要想展开一个组的成员,只需单击组名即可。

程序员如果想将某个控件添加到自己的应用程序中去,要么直接将该控件拖到应用程序的窗体上,要么直接双击该控件。

5. “属性”窗口(properties windows)

“属性”窗口用于处理一个窗体或控件的属性。属性指定了同一个控件有关的信息。每个控件都有自己的一套属性。在“属性”窗口底部包含了对所选属性的说明,如图 2-21 所示。

图 2-20 “工具箱”的组件构成

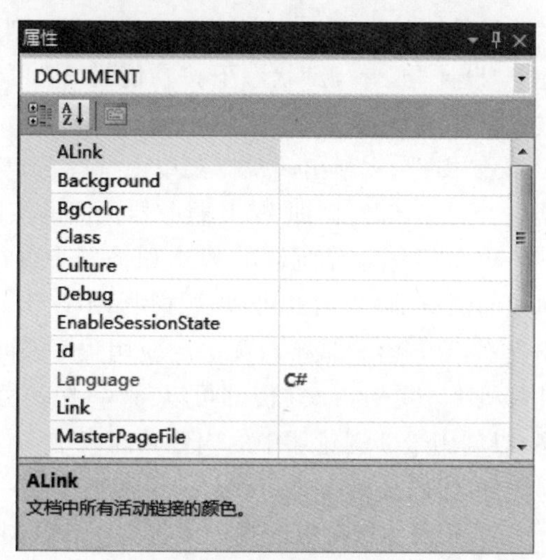

图 2-21 “属性”窗口

在“属性”窗口左侧列出了控件的属性,右边一列显示了不同属性的当前值。“属性”窗口同样包含一个工具栏。工具栏最左边的两个图标分别用于根据属性用途来对属性进行分组排列和按照属性的拼音字母顺序来排列。“属性”窗口顶部有一个对象下拉列表框,可以让开发者选定某个对象进行属性设置。

6. VS 2019 中的几个重要概念

1) HTML 页

该页面中只含有 HTML 控件,HTML 页所对应的代码中不包含 Web 服务器运行的代码。新建一个 HTML 页的方法:右击“解决方案资源管理器”中某个项目或文件夹,在弹出的快捷菜单中选择“添加新项”命令,在弹出的对话框中选择“HTML 页”,输入对应文件名,单击“添加”按钮后就生成了一个 HTML 页。此 HTML 文件又称 HTML 网页文件或 HTML 页面文件。如果要查看它在浏览器中的效果,右击此文件名,在弹出的快捷菜单中选择“设为起始页”命令,按下功能键 F5,就可以在浏览器中看到实际效果,也可在网页代码界面,在右键快捷菜单中选择“在浏览器中查看”命令。HTML 页面不需要 Web 服务器做任何处理。

2) Web 窗体

该窗体中可以放置工具箱中的各种控件,包括 Web 标准控件和 HTML 控件等,Web 窗体所对应的代码中不仅包含了 HTML 源代码,而且还包含了 Web 服务器运行的代码,也即是用户在浏览器中查看此页面时,需要 Web 服务器利用它的内存、CPU、硬盘等系统资源对 Web 窗体进行处理后生成新的 HTML 页面再传送给浏览器。新建一个 Web 窗体的方法:右击“解决方案资源管理器”中某个项目或文件夹,在弹出的快捷菜单中选择“添加新项”命令,在弹出的对话框中选择“Web 窗体”,选择编程语言为 C#,输入对应文件名(不妨输为 myWeb),单击“添加”按钮后就生成了一个 Web 窗体。在“解决方案”中会形成两个文件：myWeb.aspx 和 myWeb.aspx.cs，其中 myWeb.aspx 中存放的是 Web 窗体所对应的 HTML 源代码；myWeb.aspx.cs 中存放的是 Web 窗体中 Web 服务器运行的 C# 代码。单击 VS 2019 主窗口区域左下方的“设计”显示 Web 窗体，可以在其上放置工具箱中的所有各种控件。单击主窗口区域左下方的“源”则可以查看 Web 窗体对应的 HTML 源代码。在处于“设计”或者“源”状态下按功能键 F7 可以进入服务器后台代码编辑区，即在 VS 2019 主窗口中打开对应的 C# 代码。将“.aspx”文件称为 Web 服务器页面文件。右击此“.aspx”文件，在弹出的快捷菜单中选择“设为起始页”命令，按下功能键 F5，就可以在浏览器中看到 Web 窗体即 Web 服务器页面的实际效果。

Web 服务器页面是在 Web 服务器中进行处理，形成标准的 HTML 页面文件传送到客户端的浏览器中，因此可以这样说，用 Web 窗体开发的页面，或者说用 Web 窗体开发的应用程序，是与客户端平台无关的应用程序，即不论用户的浏览器类型是什么，也不论使用的计算机类型是什么，它们都可以与 Web 应用程序进行交互。同时可优化 Web 窗体应用程序，以利用最新浏览器中的内置功能来增强性能和提高响应能力。

3）代码分离(code behind)

Web 窗体所对应的代码中包含了 HTML 源代码和 Web 服务器运行的代码。原先的 ASP 技术是将这两种代码混合在一个扩展名为 ASP 的文件中。在 Web 窗体中仍然可以采用混合方式将两种代码混合在一个扩展名为 ASPX 的文件中。但这样不利于网页界面设计者和后台服务器运行代码编写者之间各司其职地进行代码编写，可能会造成相互干扰的现象，不利于开发者之间的分工协作。VS 2019 提供了一种“代码分离”技术来解决这个问题，即将 HTML 源代码和 Web 服务器运行的代码不放在单个 aspx 文件中，仅将 HTML 源代码放在 aspx 文件中，而将 Web 服务器运行的代码放在另一个文件中，其代码可用 VB、C#、J# 等任何一种语言来编写，若用 C# 来编写，则此文件的扩展名为 cs。在 aspx 文件中用如下 Page 语句将两个文件相互关联起来：

```
<%@ Page Language="C# " AutoEventWireup="true" CodeBehind="myWeb.aspx.cs"
Inherits="WebApplication8.myWeb" %>
```

这样一来，采用代码分离技术即解决了分工协作的问题，完美实现了 HTML 页面和后台代码编写的分离。

2.3.4 在 VS 2019 中开发 Web 应用系统的一般过程

下面具体介绍在 VS 2019 中开发 Web 应用系统的一般过程。本书后续章节的例子都将在这个环境下进行。在用 VS 2019 开发 Web 应用系统时，存在两种开发方式：个人开发方式和团队开发方式。个人开发方式是指对于一个小型应用系统，单人独马就可完成系统的开发；而团队开发方式是指完成一个 Web 应用项目需要多人合作、共同开发。因此团队开发方式相对个人开发方式要复杂得多。下面分别介绍在 VS 2019 中进行个人开发和团队开发的具体过程。

1. 个人开发过程

在打开 VS 2019 后，选择“文件”|“新建”|“项目”，弹出如图 2-15 所示的“创建新项目”对话框，选择“ASP.NET Web 应用程序(.NET Framework)”，单击“下一步”按钮。输入项目名称不妨为 WebApplication8，选择存放位置、框架后，单击“创建”按钮，选择 Web Forms

项目模板,再次单击“创建”按钮,VS 2019 将自动生成包含一个项目的解决方案。“解决方案资源管理器”如图 2-22 所示。

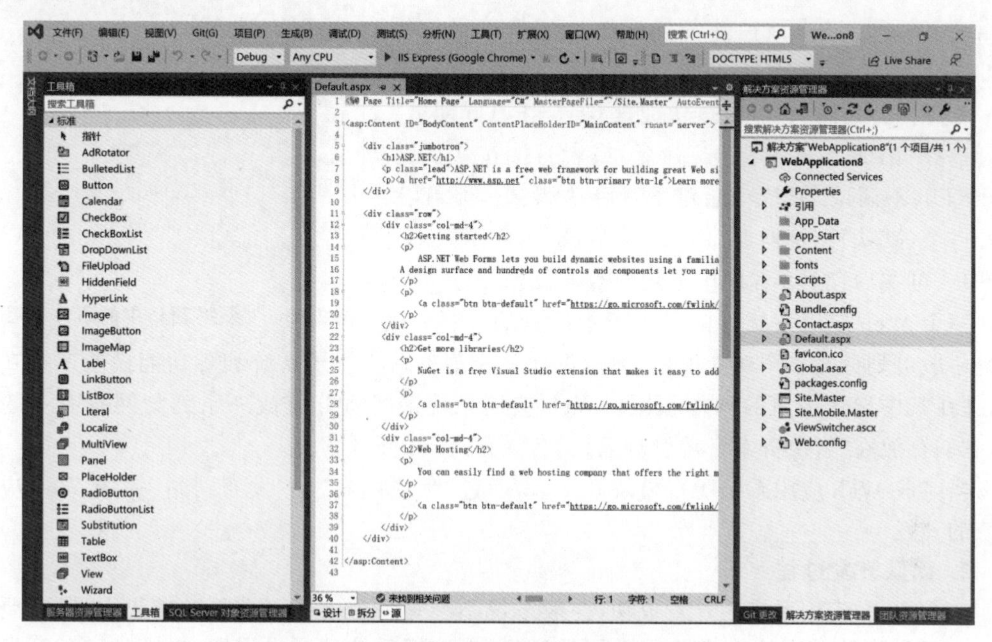

图 2-22　新建网站的“解决方案资源管理器”

如第 1 章所述,开发一个 Web 应用系统实质上就是建立一个 Web 网站,一个网站是由主目录和子目录以及页面文件、图片文件等组成的。在这里可以将图 2-22 中的“解决方案资源管理器”中的 WebApplication8 看成主目录,然后在下面就可以构建各子目录。

创建子目录的方法:右击 WebApplication8,在弹出的快捷菜单中选择“添加”|“新建文件夹”命令,输入文件夹名称即可。以同样的方式可新建多个文件夹以用于不同目的。

如果要将现有的图片文件或者用其他工具如 Dreamweaver 等已经做好的网页放到本项目的文件夹中来,有以下两种方法。

(1) 最小化 VS 2019 开发工具,然后找到这些文件用鼠标指针框选后,复制到剪贴板,再最大化 VS 2019,在“解决方案资源管理器”中选定某个文件夹,用快捷菜单中的“粘贴”就可以将已有的文件添加进来。也可以通过 Windows 系统的“拖拉”方式实现。

(2) 在“解决方案资源管理器”中选定某个文件夹,在右键快捷菜单中选择“添加”|“现有项”命令,找到这些文件后,就可以将已有的文件添加进来。

开发者可以重新命名“解决方案资源管理器”的文件夹名称或者文件名称,方法是选中该文件夹或文件,通过鼠标右键快捷菜单中的“重命名”完成换名工作;也可按下功能键 F2 来完成。文件夹和文件的名称一般不宜取得过长,原则是尽量短但又具有清楚的含义。因为文件夹或文件的名称将出现在网页中,在网络上传送网页时会占用一些带宽。

在 Web 窗体上加入控件时,只需要把工具箱上的控件拖到 Web 窗体,按功能键 F4 后在“属性”窗口中进行各项参数设置。如果要进行事件编程,对于 HTML 控件只要双击该控件,就会自动进入 HTML 页面代码生成的 JavaScript 脚本中;对于 Web 标准控件,则在如图 2-23 所示的“属性”窗口中单击“闪电”图标,选择该控件事件列表中某项,输入自定义的事件名称或者双击该事件,系统自动取定事件名,就可在 ASPX 的代码分离文件 C# 中进行事件编码。

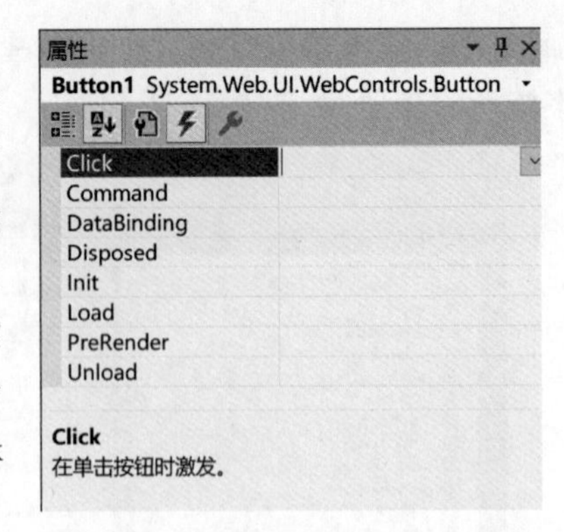

图 2-23 “属性”窗口中的事件设定

一般地,对于 Web 标准控件,在它获得焦点后直接双击它,就可以进入该控件的鼠标单击事件编程。要从 C# 代码状态转到 Web 窗体设计状态,按功能键 F7;若要再转到网页代码,按快捷键 Ctrl+PgDn 即可。

选择“调试”|“启动调试”命令,或者直接按快捷键 Ctrl+F5(不调试)或按功能键 F5(启动调试),系统会打开一个(默认)浏览器窗口并载入 Web 页面(即 aspx 文件)。可在后台 C# 程序中采用断点调试。

一个 Web 应用系统可由多个子系统构成,每个子系统一般可划分为多个功能模块,通过设计一个菜单系统将子系统和各功能模块串接在一起,并在其中设置用户的操作权限。Web 应用系统最终将分解成一系列与网页有关的文档,它们存放在“解决方案资源管理器”的各文件夹下。

当完成 Web 应用系统所有模块开发后,通过“生成网站”和“发布网站”完成 Web 应用系统的开发。

2. 团队开发过程

一个 Web 应用系统的开发成功,一般来说不会是一个人孤军奋战的结果,大都需要组建一个开发团队共同协助来完成系统的开发,以缩短系统的开发周期,提高软件的开发效率。在用 VS 2019 进行某个 Web 应用系统开发时,开发团队成员需要采用如图 2-24 所示的团队成员协作开发模型来完成系统的开发。团队成员在各自的计算机上共同协助来完成软件开发,这里就涉及源代码共享和源代码版本管理问题。

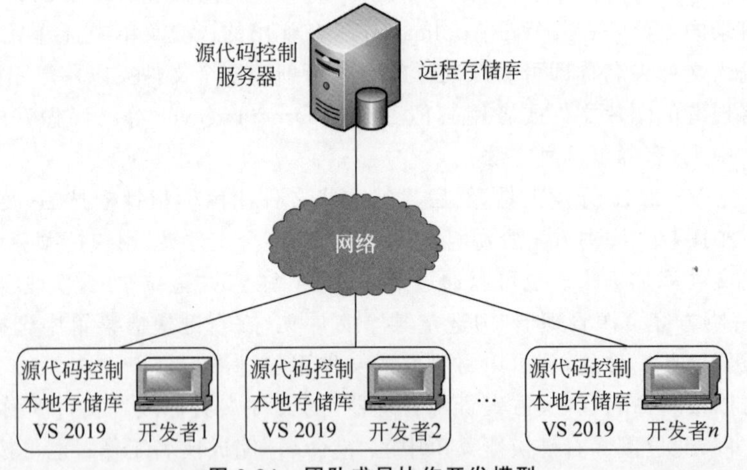

图 2-24 团队成员协作开发模型

开发者之间需要相互查看各自编写的源代码,但又不能随便修改别人的代码,这就叫源代码共享。开发者每开发一个模块或一个功能,可能由于 Bug(缺陷)而不断地进行修改,在此过程中需要保留不同的版本,以便日后的恢复或其他处理,这就是源代码版本管理。

在团队开发过程中,一般的方法是项目组长采用前述的个人开发过程,先生成一个解决方案。此解决方案中,已将各种目录建好,并分别规定每个目录的用途,例如哪些目录存放共享的图片文件、哪些目录存放用户上载的文件、哪一个开发者管理哪一个目录等,并将建好的开发框架放到源代码控制服务器上；然后“开发者 1”“开发者 2”……“开发者 n”通过源代码控制功能获取相同的“解决方案”，最后互相分工协作完成 Web 应用系统的开发。

当完成 Web 应用程序所有模块开发后，各个开发者将编写的最新程序放到源代码控制服务器上后，项目组长在他的客户端获取所有最新源代码后进行集成调试和测试。最后通过“生成网站”和“发布网站”完成 Web 应用系统的开发。要说明的是，独立开发人员也可在单机上使用源代码控制功能来管理自己不同的源代码版本历史。下面具体介绍如何进行源代码的控制，以及如何进行网站的发布。

2.4 源代码的版本控制

2.4.1 源码控制概述

视频讲解

源代码的版本控制简称为源码控制，它在协作开发环境中是非常重要的，它包含了对应用程序中每个源文件修改的历史记录，可对多个开发者的行为进行协调。在需要比较两种版本的文件或找回早期版本的文件时，源代码的控制是非常有用的。

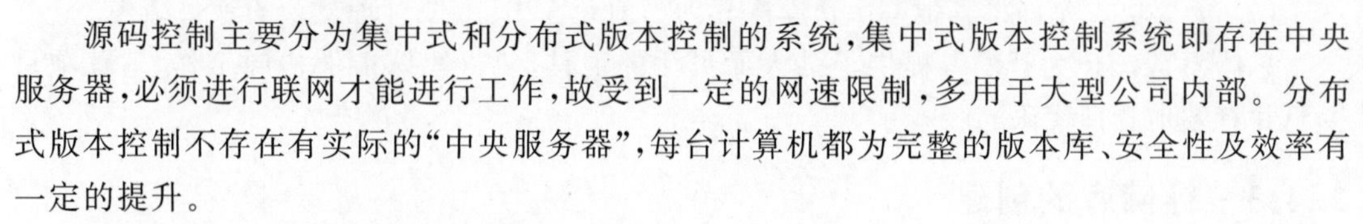

源码控制主要分为集中式和分布式版本控制的系统，集中式版本控制系统即存在中央服务器，必须进行联网才能进行工作，故受到一定的网速限制，多用于大型公司内部。分布式版本控制不存在有实际的“中央服务器”，每台计算机都为完整的版本库、安全性及效率有一定的提升。

常用的版本控制软件有微软的 Visual SourceSafe 2005（VSS 2005）、Visual Studio Team Foundation（VSTF），Dick Grune 开发的 CVS（Concurrent Versions System）开源软件，CollabNet 开发的 Subversion（SVN）开源软件以及由 Linus 开发的分布式 Git 等。

其中，CVS 作为最早的开源免费集中式版本控制系统，由于自身设计问题会导致文件提交的不完整性及版本库损坏情况。同样，开源免费的 SVN 修正了 CVS 一些问题，成为曾经使用最多的集中式版本控制系统；Git 是当今最流行也最易使用的分布式版本控制系统，2008 年，GitHub 网站上线，为开源项目免费提供 Git 存储，无数开源项目开始迁移至 GitHub，包括 jQuery、PHP、Ruby 等。

Git 是基于 Linux 内核开发的版本控制工具。与常用的版本控制工具 CVS、SVN 等不同，它采用了分布式版本库的方式，不必服务器端软件支持，使源代码的发布和交流极其方便。Git 的速度很快。Git 最为出色的是它的合并跟踪（merge tracing）功能。

Git 初始作为内核开发的版本控制系统时，由于其内部工作机制过于晦涩难懂，有一些反对的声音，而由于开发的深入，Git 的使用利用一定的脚本进行执行，使得 Git 成为众多公司及其项目所青睐的版本控制系统。Visual Studio 从 VS 2013 开始支持 Git，VS 2019 内部版本升级为 16.11 后，已很好地支持 Git 的集成使用，无须另外安装 Git 插件。

2.4.2 Git 的功能

Git 是一种开源的分布式版本控制系统，它提供了完善的版本和配置管理功能以及安全保护和跟踪检查功能，可用于跟踪文件和项目的变化，可轻松地回溯到以前版本，可有效、高速地处理从很小到非常大的项目版本管理。其主要功能如下。

(1) 版本控制。Git 跟踪项目中文件的变化,以便允许多人在同一项目上协同工作,而不会导致冲突或数据丢失。

(2) 分支管理。提供强大的分支管理功能,允许用户创建、合并和删除分支。可以同时处理多个并行的开发线,使得团队可以独立地开发新功能或修复错误。

(3) 远程仓库。允许在本地和远程之间传输代码,支持与远程仓库的交互。可以从远程仓库克隆项目,以及推送本地更改到远程仓库。

(4) 快照管理。Git 以快照的形式保存文件的状态,而不是保存文件的差异。这种方式效率高,同时也使得回溯历史变得更加容易。

(5) 撤销和修改。允许用户撤销之前的提交,回滚到历史版本。提供修改历史的能力,例如修改提交信息或合并冲突的解决。

(6) 标签。可以使用标签来标记特定的提交,方便版本发布或里程碑的标识。

(7) 高效的性能。Git 的设计优化使得它在处理大型项目和大量文件时仍能保持高效性能。

(8) 灵活的配置。允许用户配置各种参数,以满足不同项目和团队的需求。

(9) 子模块。允许将其他 Git 仓库嵌套到当前仓库中,方便管理复杂的项目结构。

总体而言,Git 为开发者提供了强大而灵活的工具,使得团队能够协同工作、追踪项目变更并有效地管理代码的版本。

2.4.3 存储库的创建

要用 Git 进行源代码管理,就必须在服务器端创建代码存储库。存储库(repository)是 Git 进行管理文件的仓库,可以被抽象地理解为一个目录,目录中所有的文件都可以被 Git 管理,其中每个文件的增加、删除、修改都可以被跟踪记录,以便后续可以查看文件历史记录,达到代码版本控制的效用。

可以通过 GitHub 网站(https://github.com/)、微软的 Azure DevOps 来创建源代码控制存储库,但这两个服务器均部署在海外,国内用户难以使用,甚至需要通过申请 VPN 来使用,本书将以国产的基于 Git 的代码托管和研发协作平台 Gitee(https://gitee.com/)来创建代码存储库。其步骤如下。

(1) 在 Gitee 官方网站中注册一个账号,用户名不妨设为 aceelong,然后从官方网站利用用户名和密码登录到 aceelong 账号下,单击右侧带圈的"+"图标,出现如图 2-25 所示的

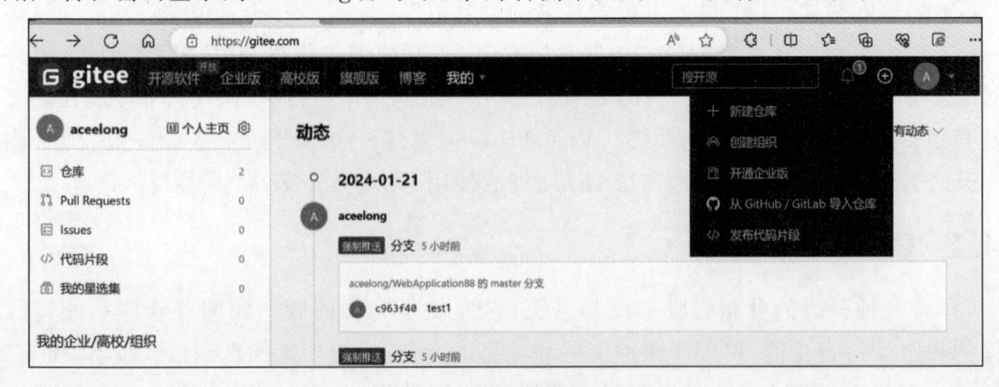

图 2-25 登录后新建仓库

菜单，选择“新建仓库”，出现“新建仓库”界面，输入仓库名称，不妨为 WebApplication8，选择“私有”单选按钮，单击“创建”按钮，如图 2-26 所示。已建好的仓库如图 2-27 所示，其访问网址为 https://gitee.com/aceelong/web-application8。

图 2-26 新建仓库

（2）在图 2-27 中，单击右侧的“管理”后，在左侧的菜单中选择“仓库成员管理”后，出现如图 2-28 所示的界面。单击“开发者”和“添加仓库成员”后，出现如图 2-29 所示的界面，可以邀请该仓库的开发者成员共享创建的源代码仓库，进行源代码版本管理。

图 2-27 已建好的仓库及网址

必须明确，所有的版本控制系统只能跟踪文本文件的改动，例如 TXT 文件、程序代码等，而对于图片及其视频等二进制文件，只能知道文件的结果变化，并不能知道修改的内容。

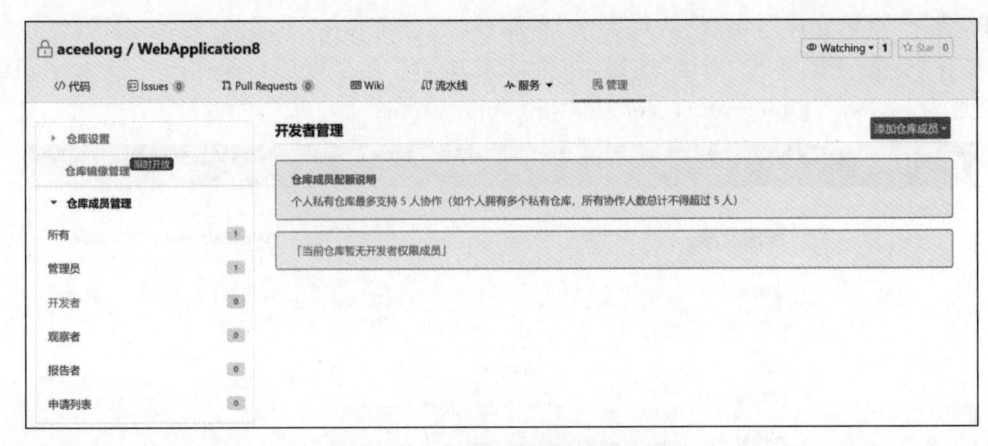

图 2-28　添加存储库的开发者账号

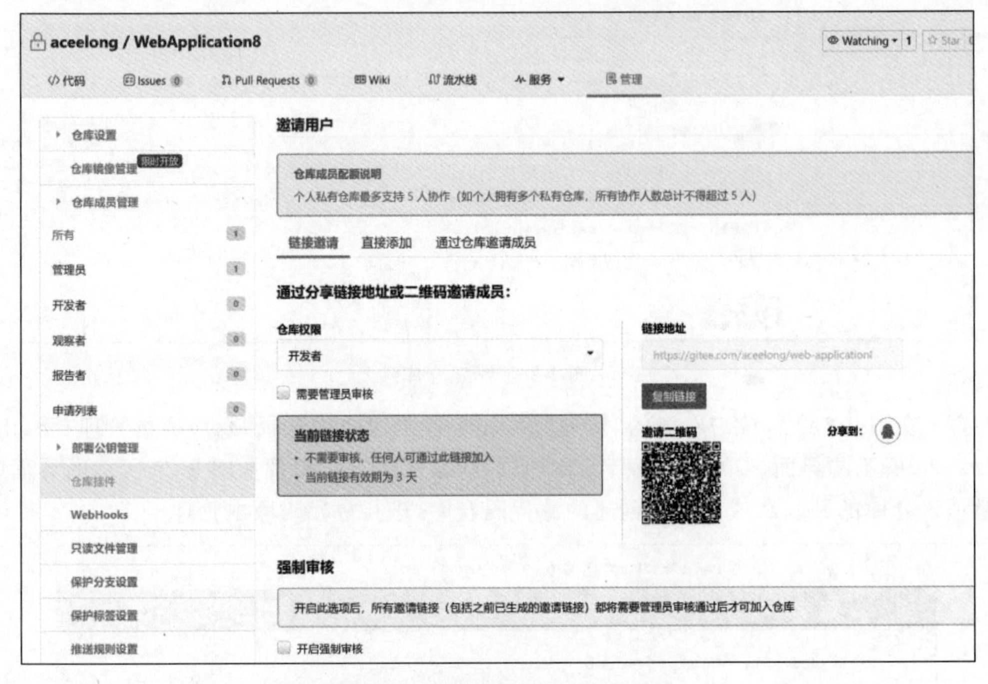

图 2-29　邀请该仓库的开发者成员

同时，在 Windows 系统中，由于系统自带记事本保存 UTF-8 文件时会自动加入 0xefbbbf 字符，对后续开发会带来一些问题，故不建议使用记事本进行编辑文本文件。

2.4.4　在 VS 2019 中使用 Git

VS 2019 中已集成了 Git，无须安装另外的 Git 插件。VS 2019 提供了直观的用户界面来处理 Git 操作，如图 2-30 所示，同时也支持通过命令行使用 Git。可以在 VS 2019 的“视图”菜单下找到“团队资源管理器”或“团队资源管理器-Git”窗口，这些窗口提供了可视化的 Git 操作界面。

在项目版本控制时，一般要在本地建一个存储库，同时与远程存储库进行连接，如图 2-24 所示。这样在多人协作开发项目时，彼此都可以在本地进行项目代码编写，保存后推送到远

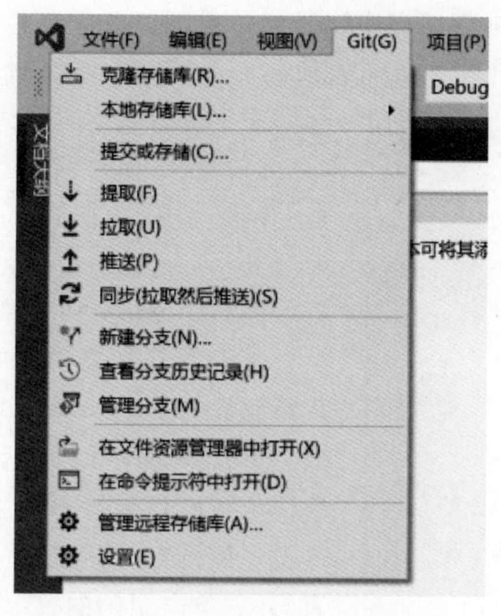

图 2-30　VS 2019 的 Git 菜单

程存储库中，这样即达到了多人协作开发的效果。

1. 获取远程存储库的源代码——克隆存储库

如果项目已经存在于远程 Git 存储库中，可以在如图 2-14 所示的起始页界面选择“克隆存储库”或者在 VS 2019 IDE 中选择“文件”|“克隆存储库”命令，出现“克隆存储库”界面。

如图 2-31 所示，在“存储库位置”文本框中输入远程 Git 存储库的 URL 为“https://gitee.com/aceelong/web-application8”，在“路径”文本框中输入本地存储库的位置，可取为默认值，单击“克隆”按钮后，远程存储库的文件将全部克隆到本地存储库，在“解决方案资源管理器”中双击文件夹视图，即可看到克隆到本地存储库的全部文件，就可在 VS 2019 中进行程序文件的各种操作。

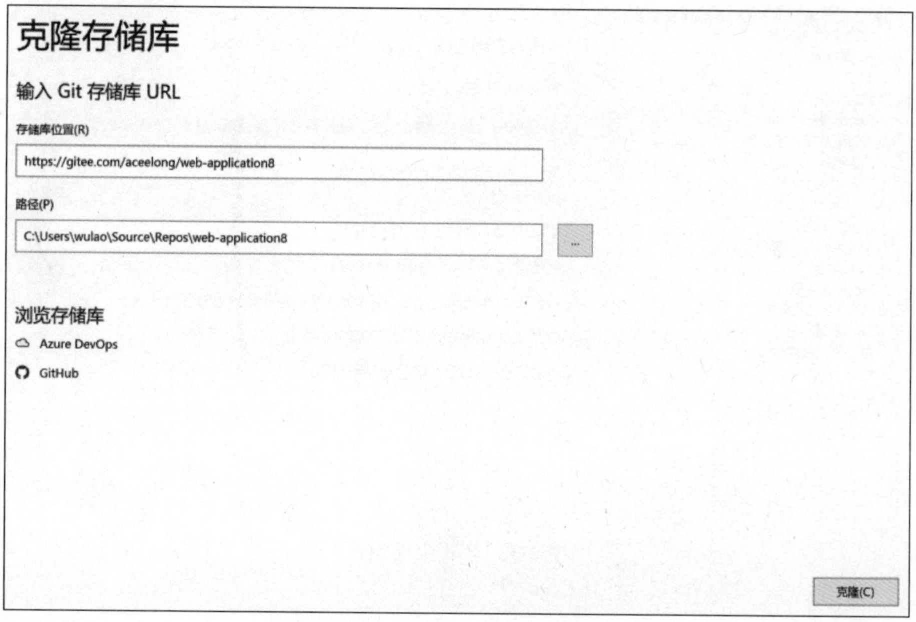

图 2-31　“克隆存储库”界面

2. 将源程序添加到远程存储库中进行代码管理

如果你的新建项目或已建项目尚未使用 Git 进行版本控制,如何将源程序添加到远程存储库中进行代码管理呢?其步骤如下。

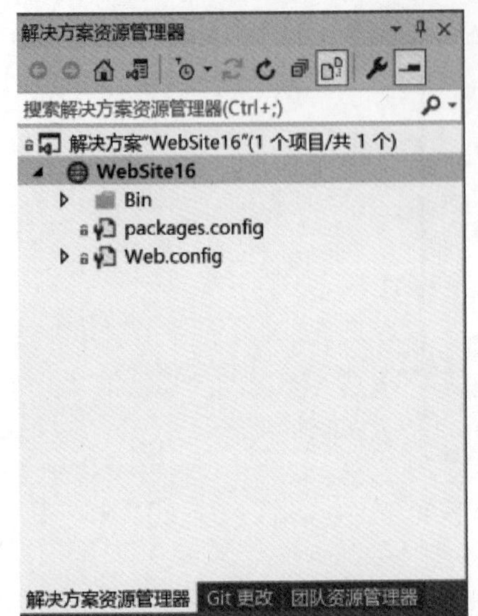

图 2-32 解决方案资源管理器

(1) 假如项目名称为 Website16,先登录 Gitee 官方网站新建一个 Website16 远程存储库,其 URL 为 https://gitee.com/aceelong/website16。

(2) 在 VS 2019 中打开 Website16 项目后,"解决方案资源管理器"窗口如图 2-32 所示。单击"团队资源管理器"后,单击"全局设置",在"选项"对话框中进行如图 2-33 所示的设置,填写自己的邮箱,默认位置建议保持不变。另外,在"选项"对话框中,单击左侧的"插件选择",选择当前源代码管理插件为 Git;单击左侧的"Git 存储库设置",输入个人的用户名和邮箱作为提交者的标识;单击左侧的"远程",输入远程存储库的 URL 为"https://gitee.com/aceelong/website16",如图 2-34 所示。最后在"选项"对话框中单击"确定"按钮,保存相关配置。"选项"对话框也可以通过选择 VS 2019 主菜单"工具"|"选项"命令打开。

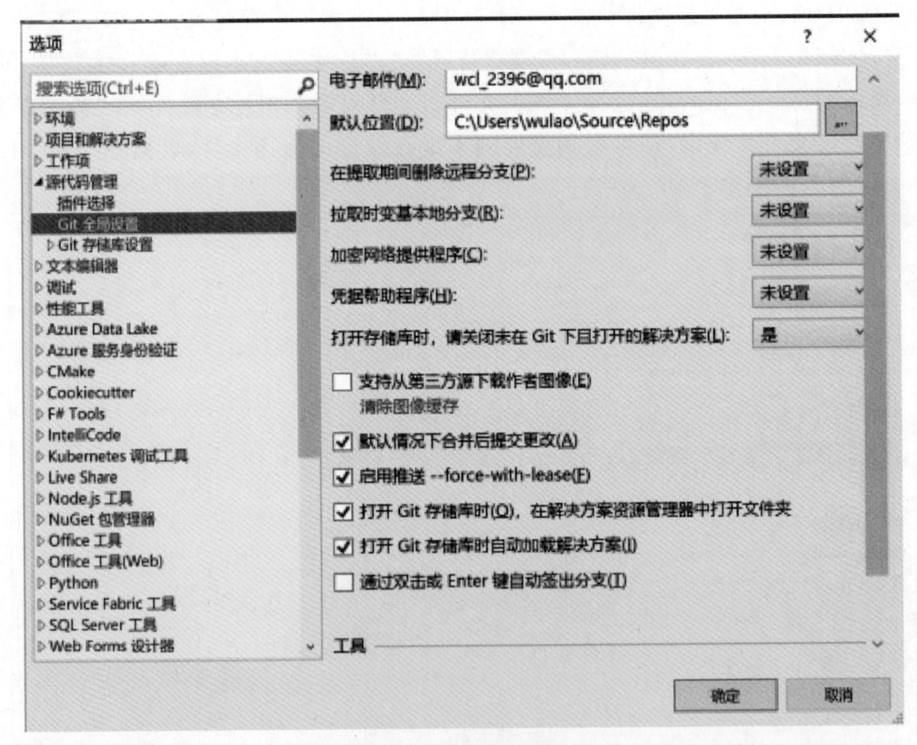

图 2-33 Git 全局设置

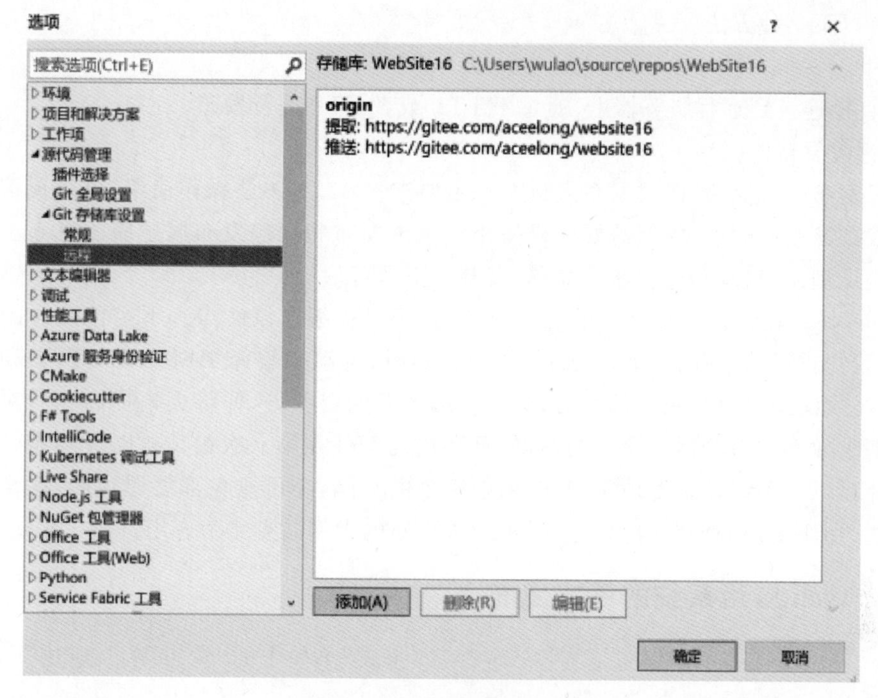

图 2-34 Git 远程存储库设置

(3) 单击 VS 2019 主菜单中的 Git 菜单,出现如图 2-30 所示的菜单,单击“提交或存储”后再单击“推送”,即可将新建或已建的项目推送到 Git 远程存储库中。在推送前有对话框需要输入登录远程存储库的账号和密码。在浏览器中输入“https://gitee.com/aceelong/website16”就可看到已推送到远程存储库中的内容。

在图 2-30 所示的 Git 菜单中,“提取”就是从远程存储库获取最新的文件更改并将其合并到本地存储库中,“拉取”就是将远程存储库中的文件下载到本地存储库,“同步”就是将先“拉取”再“推送”。在多人协作同一个项目时,需要成员各自在自己的本地库进行项目的修改调整,修改完毕后多人推送到同一个远程存储库,同时其他人也可以克隆远程存储库到本地进行项目查看。将开发项目通过 Git 管理后,团队成员 A、B、C、D 从远程存储库都提取了同一个文件 F 进行查看和修改,最后推送到远程存储库后,就会看到 F 文件中存在合并修改后的内容。

在对项目进行操作时,每次提交会创建生成一个默认 Master 分支。对代码进行修改操作后,单击“Git 更改”视图栏中的“全部提交”,然后单击“推送”,就可以将修改的后的代码在本分支推送到远程存储库。推送完毕后可查看所有提交和拉取的全部记录,双击记录同时可以看到修改的具体信息。应始终先拉取后推送,如果本地存储库内容落后于远程存储库内容,VS 2019 不允许推送提交以保护安全,如果尝试推送,会出现一个对话框,提示在推送之前拉取。关于 Git 的详细应用可参考相关专门书籍。

2.5 Web 站点的发布

视频讲解

当一个 Web 应用系统开发完成后,需要部署到服务器上,让最终用户通过浏览器进行操作,因此必须先将该 Web 应用系统发布,也称 Web 应用系统的部署。发布 Web 应用系统主要有以下三种方法。

- 手工发布。
- 直接连接到远程服务器上,通过 HTTP 或者 FTP 进行发布。
- 打包发布。

手工发布非常灵活,但对发布人员有一定要求;第二种方法操作简单,可以覆盖所有网页或只发布更改后的网页,但需要联机操作。手工发布和打包发布属于脱机发布。打包发布属于傻瓜型发布,发布过程非常简单,安装一下即可。

ASP. NET 在将整个站点提供给用户之前,可以预编译该站点。不经预编译的站点发布后,在用户首次请求资源(如网站的一个页面)时,将动态编译 ASP. NET 网页和代码文件,在第一次编译页和代码文件之后,会缓存编译后的资源,这样将大幅提高随后对同一页的页面请求效率。对于预编译后的站点,页和代码文件在第一次被请求时无须编译。对站点预编译可以在预编译时发现 Web 应用系统中的缺陷,还可避免部署源代码,提高站点的运行性能,加快用户的响应时间。这对于经常更新的大型站点尤为有用。

2.5.1 Web 应用系统的手工发布

Web 应用系统的手工发布是利用 VS 2019“生成”菜单中的“发布 Web 应用”命令和前面提到的 IIS 的有关配置来完成的。

Web 应用系统的手工发布步骤如下。

(1) 在 VS 2019 中打开开发的 Web 项目,选择“生成”菜单中的“生成解决方案”和“生成网站”命令,此过程会检查代码错误等,如有警告或错误则要消除,不可等闲视之。

(2) 选择“生成”菜单中的“发布 Web 应用”命令,弹出如图 2-35 所示的“发布”对话框,单击“文件夹”后出现如图 2-36 所示的对话框,在“文件夹位置”处输入站点编译后的存放位

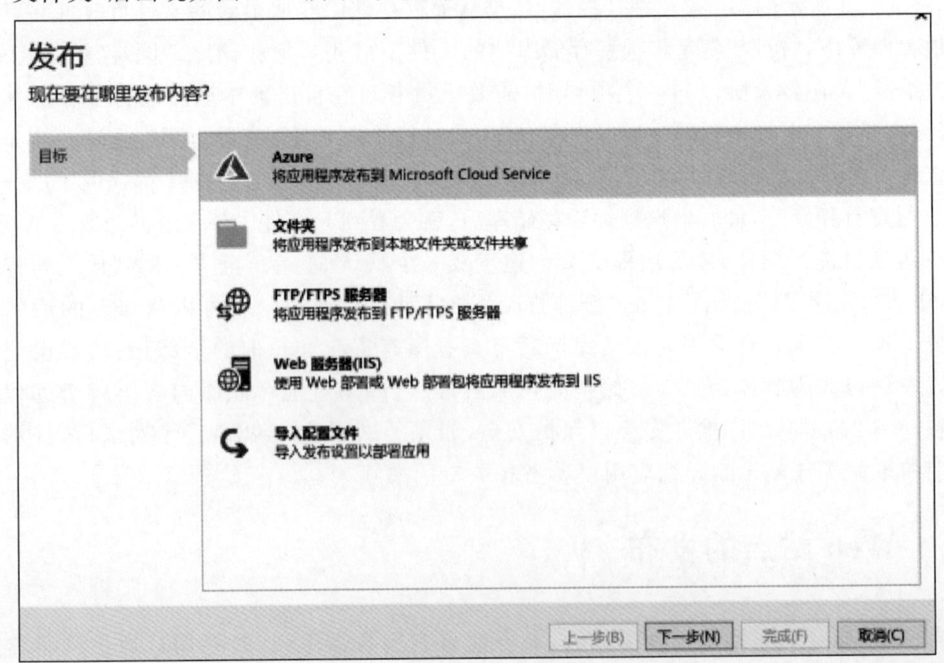

图 2-35 “发布”对话框(Web 应用)

置，假设为 C:\MyWebsite。单击“完成”按钮后，再单击“发布”按钮，系统自动编译站点，将所有发布的文件放在文件夹 C:\MyWebsite 中。

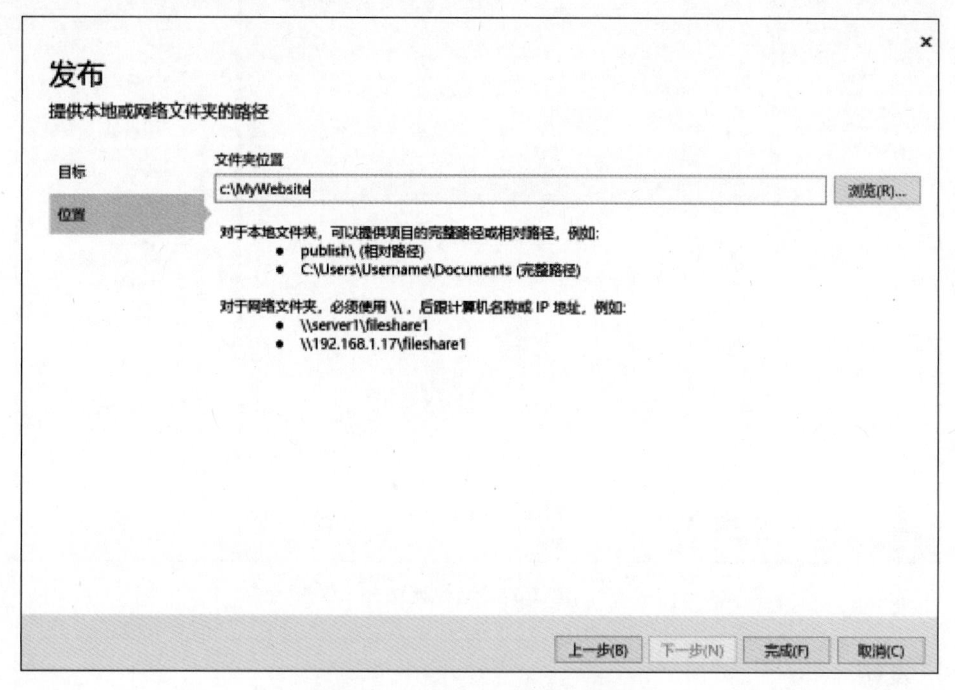

图 2-36 “发布”对话框(文件夹)

(3) 将 C:\MyWebsite 中的内容复制到 IIS 服务器中的某个目录下，假设为“D:\工资管理系统”。然后进入“控制面板”|“管理工具”，运行“Internet 信息服务”，进入 IIS 服务管理器。

(4) 在打开的 IIS 管理器中右击左侧的“网站”，在弹出的快捷菜单中选择“添加网站”，弹出“添加网站”对话框，网站名称可输入“工资管理系统”，选择 IP 地址，保持 TCP 端口不变，输入网站的主机名即域名(如果没有，可以不输)，输入网站“物理路径”为“D:\工资管理系统”，如图 2-37 所示。单击“确定”按钮后表明网站创建成功，用户在浏览器 URL 地址栏输入“http://IP 地址”或域名就可访问网站了。另外，也可将需手工发布的网站创建为虚拟目录来发布。

2.5.2 Web 应用系统的联机发布

Web 应用系统的联机发布过程如下。

(1) 在如图 2-35 所示的“发布”对话框中选择“Web 服务器”，再选择“Web 部署”，出现如图 2-38 所示的对话框。在“服务器”文本框中输入 Web 服务器名称或输入 IP 地址，“站点名称”文本框中输入上述的“工资管理系统”，“目标 URL”文本框中输入 Web 应用访问的网址，再输入登录 Web 服务器的账号，一般为管理员账号，单击“完成”按钮，即可实现 Web 应用系统的联机发布。

(2) 在如图 2-35 所示的“发布”对话框中选择“FTP/FTPS 服务器”，可以按照 FTP 方式进行站点发布。

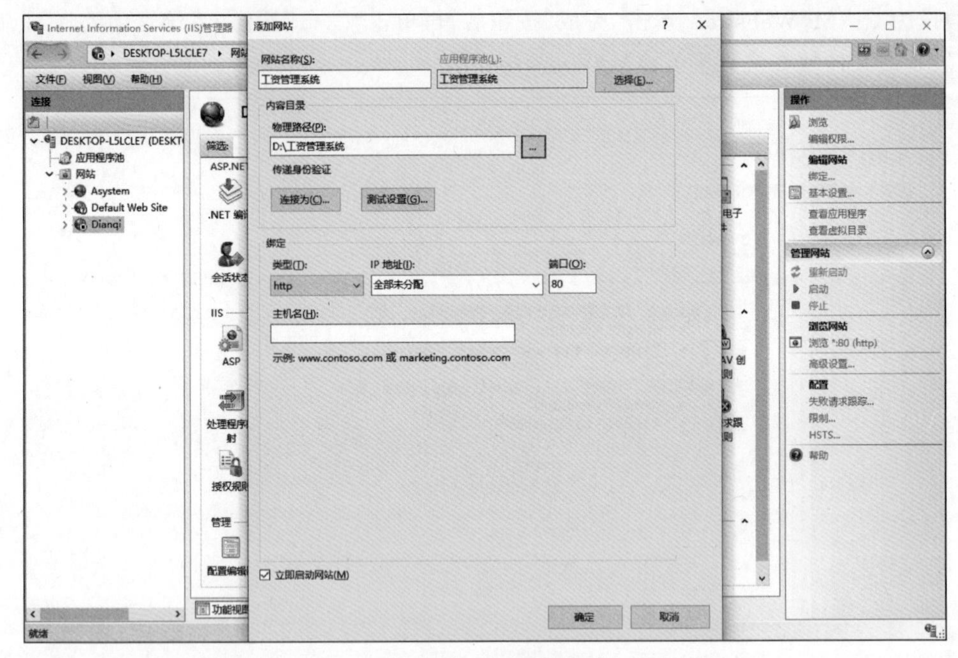

图 2-37　新建网站

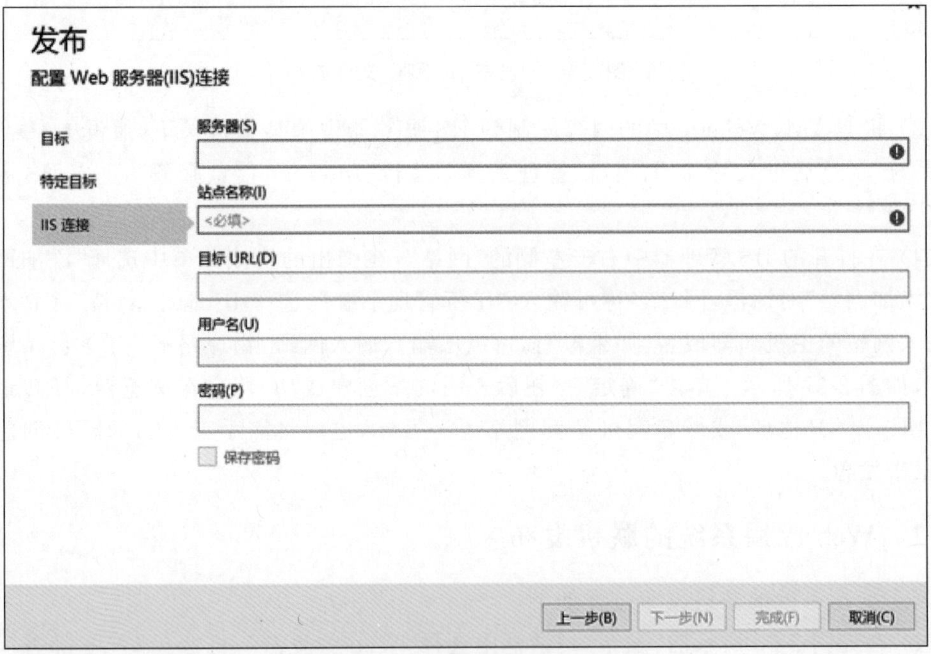

发布

配置 Web 服务器(IIS)连接

目标

特定目标

IIS 连接

服务器(S)

站点名称(I)

<必填>

目标 URL(D)

用户名(U)

密码(P)

保存密码

上一步(B)　下一步(N)　完成(F)　取消(C)

图 2-38　“发布”对话框(联机)

2.5.3　Web 应用系统的打包发布

所谓 Web 应用系统的打包发布是指 Web 应用系统开发完成后,将它做成一个安装程序,以方便 Web 应用系统的部署。在 VS 2019 中制作 Web 应用系统安装程序的步骤描述如下。

(1) 在 VS 2019 中打开需要制作安装程序的、已经完成的 Web 项目。

(2) 在“文件”菜单上选择“添加”|“新建项目”命令,如图 2-39 所示。

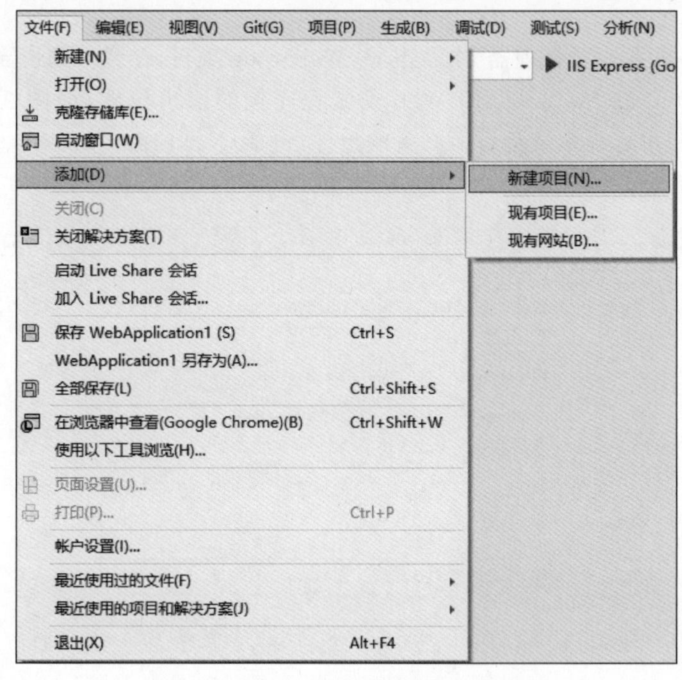

图 2-39 选择“添加”|“新建项目”命令

(3) 在如图 2-40 所示的“添加新项目”对话框中搜索并选择 Web Setup Project,输入安装项目名称和安装程序的存放地址后单击“确定”按钮。不妨将项目名称输为 myWebSetup。如果在图 2-40 中找不到 Web Setup Project 项目,则需要单击 VS 2019 的“扩展”菜单,选择“管理扩展”后,在弹出的对话框中选择 Microsoft Visual Studio Installer

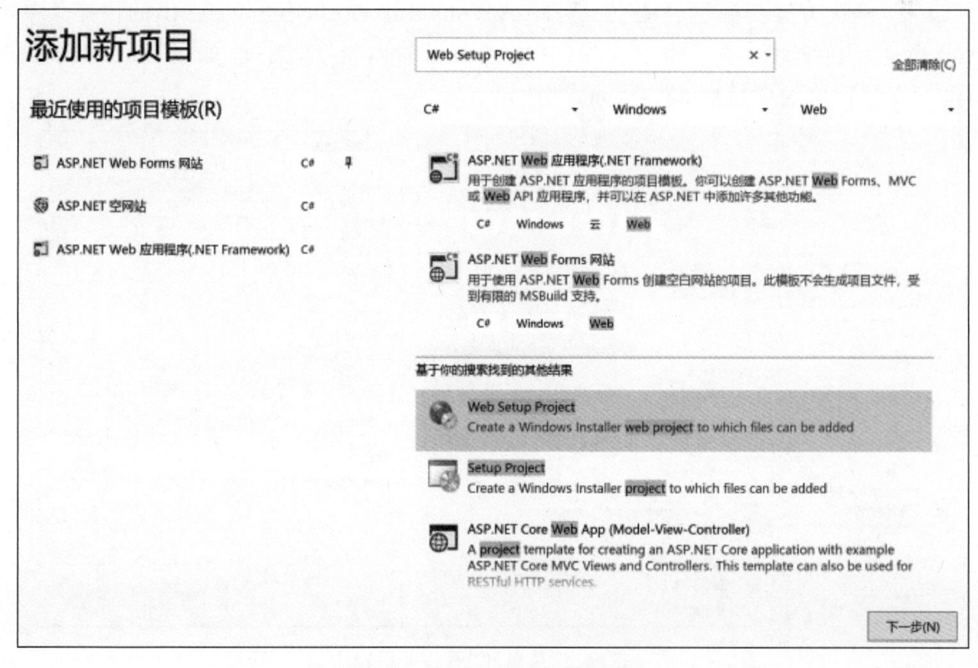

图 2-40 “添加新项目”对话框

Projects,单击“下载”按钮后会自动安装。退出 VS 2019 后,再打开项目,重复本步骤就会出现 Web Setup Project。

(4) 在“解决方案资源管理器”中右击 myWebSetup 项目,在弹出的快捷菜单中选择“属性”命令,输入 Output file name 即 Web 安装程序包的输出位置,如图 2-41 所示。单击 Prerequisites 按钮可选择系统运行所必备的组件,包括.Net Framework 4.0 等。

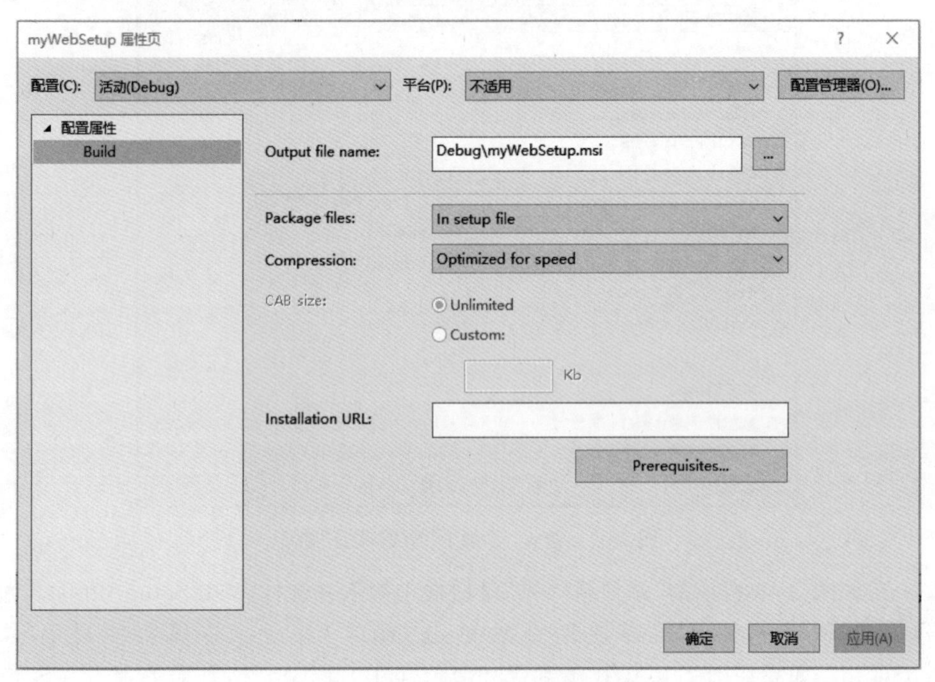

图 2-41 “myWebSetup 属性页”对话框

(5) 在“解决方案资源管理器”中选择 myWebSetup 项目,右击,在弹出的快捷菜单中选择 Add 命令,然后选择“项目输出”,弹出“添加项目输出组”对话框,如图 2-42 所示。选择需要生成安装程序的项目后,单击“确定”按钮。

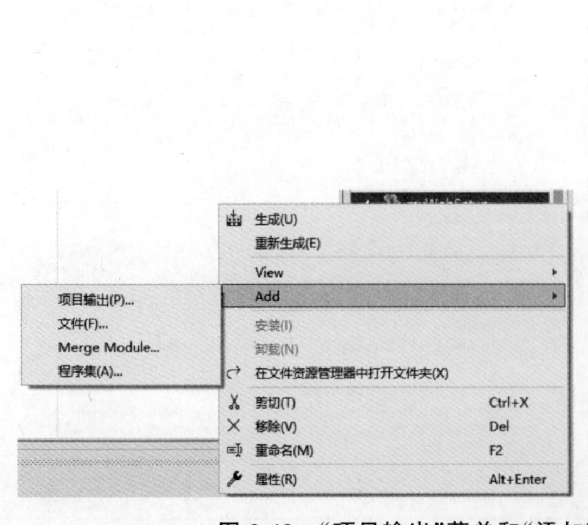

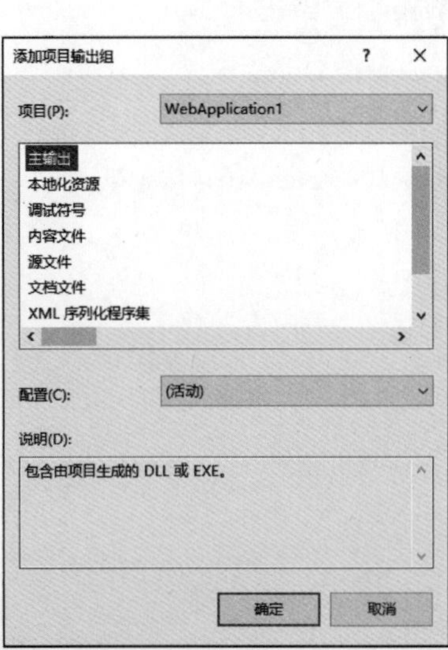

图 2-42 “项目输出”菜单和“添加项目输出组”对话框

(6) 在“解决方案资源管理器”中选择 myWebSetup 项目，右击，在弹出的快捷菜单中选择 View 命令，然后选择“用户界面”后，就会出现“用户界面”树形菜单，如图 2-43 所示。用鼠标单击树形菜单中各项进行属性设置(若没有出现属性对话框，则按 F4 功能键)。例如，“欢迎使用”中可指定安装程序的背景图片、版权警告文本和欢迎文本。

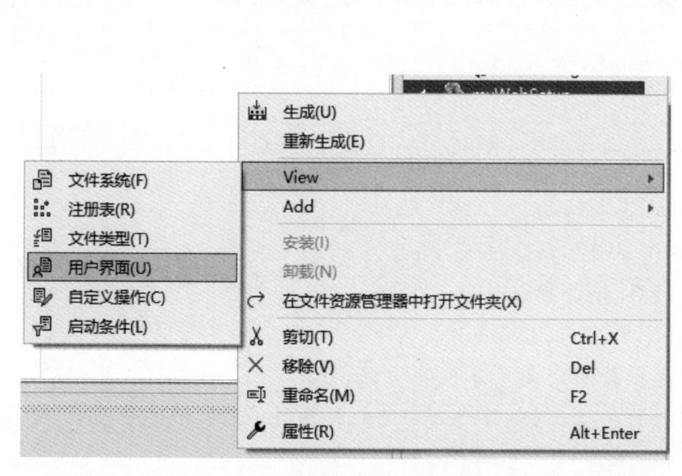

图 2-43　安装程序“用户界面”设置

(7) 设置 Web 安装项目的虚拟目录等重要属性。ASP. NET 打包项目中可以设置虚拟目录、默认首页等属性，方法是选择“视图”|“文件系统”|Web Application Folder 命令，然后按 F4 功能键在属性对话框中设定相应的 VirtualDirecoty 和 DefaultDocument 属性。ASP. NET 安装项目还提供“注册表”等设置，可以在安装过程中自动添加注册表对话框，方法是选择“视图”|“注册表”命令后，右击某个注册表分支后在弹出的快捷菜单中选择“新建对话框”命令，然后在属性对话框中输入相关的值等。

(8) 在“解决方案资源管理器”中选择 myWebSetup 项目，右击，在弹出的快捷菜单中选择“生成”或者“重新生成”命令，生成安装文件。生成完成后，在第(4)步指定的路径下，即可发现有一个 setup. exe 和一个 myWebSetup. msi 文件。

(9) 将这两个安装文件复制至需要部署 Web 应用的服务器上，双击 setup. exe 文件，即进行自动安装和配置。安装程序会将 Web 应用系统默认放在 C:\Inetpub\wwwroot 文件夹下，也可放在指定的其他地方，可在 IIS 中进一步对它进行配置。

对于用其他开发工具开发的网站，也可利用 VS 2019 进行打包发布。在启动 VS 2019 后，选择创建一个 Web 安装项目，然后通过右击“Web 应用程序文件夹”，添加“Web 文件夹”和“文件”，将网站的所有文件包括进来，进行和上面步骤相同的属性设定后，即可生成安装程序。

上机实践题

1. 熟悉 IIS Web 服务器配置过程。
2. 熟悉 VS 2019 开发环境。
3. 新建一个空网站，并通过代码控制软件管理，熟悉 Git 的常用功能。
4. 新建一个空网站，试着用三种方式发布网站。

第3章

HTML 技术与 CSS

学习要点

(1) 了解 HTML 文档的基本结构。

(2) 掌握 HTML 的各种常用标记。

(3) 熟练使用各种 HTML 控件标记。

(4) 了解 CSS 的特点。

(5) 掌握 CSS 中各种选择符的定义及其使用方法。

(6) 掌握 CSS 样式常用的属性,例如字体属性、文本属性、颜色和背景属性、边框属性等。

(7) 掌握在 HTML 中使用 CSS 的几种方式。

1989 年,在瑞士日内瓦 CERN 实验室主任 Tim Berners-Lee 的带领下开始实施的信息全球网,其目的在于设计和开发出一系列的概念、通信协议和系统,以支持各种类型信息之间的相互链接。其中发布了基于超文本和超媒体技术的 HTML,该语言属于 1986 年发布的一个信息管理方面的国际标准 SGML 的子集。

这种语言因在 NCSA 的 Mosaic 浏览器中使用而广为流传。在 20 世纪 90 年代,由于互联网的迅速兴起,使得 HTML 空前繁荣。在当时,HTML 被发展成为许多不同的版本。只有那些网页设计者和用户都共有的 HTML 部分才可以被正确浏览。出于这种混乱局面的考虑,合作制定一个公认的 HTML 规范成为当务之急。1995 年 11 月,当时的 Internet Engineering Task Force(IETF)在对 1994 年的常用实践进行编纂整理的基础上,倡导开发了 HTML 2.0 规范。同时,HTML+和 HTML 3.0 为 HTML 提供了更为丰富的内容。这些 HTML 规范的可贵之处在于它们并不在意这些标准的讨论从未取得过一致,而是致力于吸收接纳广泛的新特性。1996 年,W3C 组织的 HTML Working Group 开始编纂新的规范,1997 年 1 月推出了 HTML 3.2,并在其中做了许多重要的改动。

许多人同意的一种观点就是 HTML 文档应该在不同的浏览器和操作平台之间都表现良好。人们希望只设计一种文档的版本,就可以被所有的人看懂。如果不是这样,网络这个无国界的空间就会成为一个混乱不堪的地方,对于所有人来说都需要一个统一的标准。1998 年 4 月 24 日,W3C 组织发布了 HTML 4.0 版本,将原来 HTML 3.2 扩展到了一些全新的领域,例如样式表单、Script 语言、框架结构、内嵌对象、丰富的表格以及增强的表单功能、支持从右到左的文本等。

HTML 5 全称是 HyperText Markup Language 5,用于取代 1999 年所制定的 HTML 4.01 和 XHTML 1.0 标准的 HTML 标准版本。2014 年,W3C 发布了 HTML 5 的最终版,

从那时起，各个网站都开始从 Flash 转向 HTML 5，以期能在互联网应用迅速发展时使网络标准达到符合当代的网络需求。

学习 Web 开发技术，必须首先熟悉 HTML 的常用标记，熟悉其含义和作用。另外，每一个 HTML 标记或者称为 HTML 元素(有时也称 HTML 标签)都可看成一个在浏览器中显示的对象。层叠样式单(Cascading Style Sheets，CSS)的作用就是为网页上的 HTML 元素精确地定位，控制 HTML 元素的外观显示，可以把网页上的显示内容和显示外观相分离。

注意，HTML 标记(tag)和 HTML 元素(element)是两个不同的概念，在 HTML 文档对象编程模型中把 HTML 标记称为元素。实际使用中常常不加区分，本书有时会混用这两种术语。

3.1 HTML 文档基本结构

视频讲解

HTML 文件的结构包括头部(head)、主体(body)两大部分，头部描述浏览器所需的信息，主体包含所要说明的具体内容。HTML 文件通常使用"<标记名>"和"</标记名>"来表示标记的开始和结束，因此在 HTML 文件中标记一般是配对使用的。不配对使用的标记占少数。一个 HTML 页面文件的最基本结构为：

```
<html>
<head>   <title>  浏览器窗口显示的窗口标题 </title>   </head>
<body>  … Web 页面内容   </body>
</html>
```

首先文件中各个标记必须包含在< html >和</html >之间，< head >和</head >标记是网页头部标识，其中的浏览器窗口标题放在< title >和</title >之间。所有需要在浏览器中显示的标记内容放在< body >和</body >之间。

【例 3-1】 在浏览器中显示下面的 HTML 文档。

```
<! DOCTYPE HTML PUBLIC "- //W3C//DTD HTML 4.01 Transitional//EN" "http://www. w3.
org/TR/html4/loose.dtd">
<html>
<!-- 这是一个 HTML 文档基本标记演示-->
<head>
<meta http-equiv= "Content-Type" content= "text/html; charset=utf-8">
<title>HTML 文档基本标记演示</title>
</head>
<body>
这是一个 HTML 文档基本标记演示效果!
</body>
</html>
```

该文档的显示效果如图 3-1 所示。

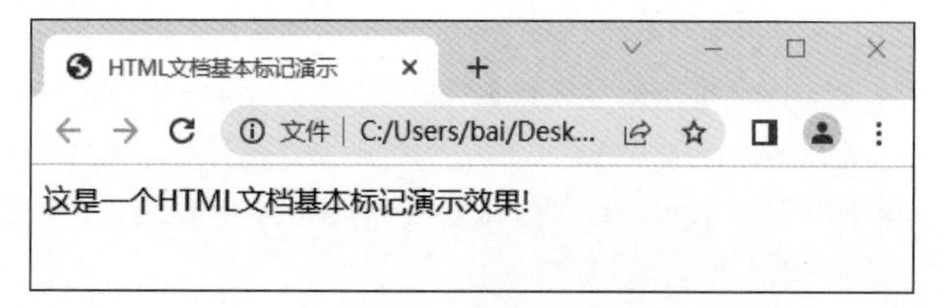

图 3-1 HTML 文档的基本标记显示效果

从例 3-1 可以看出,一个完整的 HTML 文档是由文档类型、HTML 标记、头元素标记、网页标题标记、主体元素标记、标记的属性、注释标记组成。HTML 文档基本结构如表 3-1 所示。

表 3-1 HTML 文档基本结构

序号	标记类型	说　明

1	文档类型	HTML 文档中的文档类型标记 DOCTYPE 指定了文档中使用了哪个版本的 HTML,并可以和哪个验证工具一起使用,以保证此 HTML 文档与 HTML 推荐标准的一致。例如:
		`<! DOCTYPE HTML PUBLIC "-//W3C//DTD HTML 4.01 Transitional//EN" "http://www.w3.org/TR/html4/loose.dtd">`
		表明此文档应符合 W3C 制定的 HTML 4.01 规范。又如在 VS 2019 中新建的 HTML 文档中第一行为:
		`<! DOCTYPE html PUBLIC "-//W3C//DTD XHTML 1.0 Transitional//EN" "http://www.w3.org/TR/xhtml1/DTD/xhtml1-transitional.dtd">`
		表明此文档应符合 W3C 制定的 XHTML 1.0 规范,也就是要求此文档应按照 XML 文档规范来配对所有标记。
		文档类型是每个 HTML 文档必需的,如果 HTML 文档中没有文档类型标记,浏览器会采用默认的方式即 W3C 推荐的 HTML 4.0 来处理此 HTML 文档

2	HTML 标记	在编写 HTML 源代码时以< html >来标记一个 HTML 文档的开始,以</html >标记整个文档的结束
3	头元素标记	每个 HTML 文档都包含一个头元素。头元素中的内容一般不会在显示窗口中显示出来。HTML 文档的头元素是以< head >开头,以</head >结束
4	网页标题标记	标题是头元素的一部分,因此,< title >…</title >必须包含在< head >…</head >之内。标题会出现在浏览器窗口标题栏上。用户将该网页添加到收藏夹或书签时,其名称默认为网页标题;另外,搜索引擎在进行分类搜索时也会按网页标题搜索

5	主体元素标记	HTML 文档的主体部分是一个区域,用来放置文档的内容,例如文本、图像等。主体以< body >开始,以</body >结束。页面背景颜色与图像在该标记中设置方法如下。
		(1) 用图像填充背景。
		`<body background=url>`
		其中,background 表示背景图像文件所在的 URL 地址。例如:
		`<body background="file:///C:/windows/Bubbles.bmp">`
		(2) 用某种颜色填充背景。
		`<body bgcolor=颜色名>`
		其中,bgcolor 表示背景颜色。例如:
		`<body bgcolor=Red>`
		颜色可用颜色名称如"green"、十六进制 # RRGGBB 如"#00FFEE"、函数 rgb(r,g,b)如"rgb(20,20,50)"、函数 rgb(r%,g%,b%)如" rgb(20%,20%,50%)"来表示。红、绿、蓝颜色分量取值为 0～255。颜色分量百分数是相对 255 而言的。例如:
		`<body bgcolor="rgb(20,20,50)">`

续表

序号	标记类型	说　明
6	标记的属性	HTML 标记中,可用属性来描述标记的外观和行为方式以及内在表现。上面主体元素中 bgcolor 就是 body 的属性。可根据实际情况给标记设置属性。例如: `<a id="mylink" href="aa.htm" title="It's me">我是超链接</a>` 上述超链接标记中,id 为超链接定义了一个标识,因为 HTML 页面文档中可能有很多个超链接,通过 ID 可以确定是哪个超链接,也可通过 name 属性来指定。title 属性实现了将鼠标指针放在该超链接标记上时,会显示一个动态文本提示框"It's me"。title 属性是为大多数标记所具有的属性。每个标记有很多属性,但有许多是共同属性
7	注释标记	HTML 中的注释始终以"<!--"开始,以"-->"结尾。注释可以帮助人们理解代码。浏览器会忽略注释内部的所有文本和标记

下面介绍 HTML 页面 head 元素中 meta 标签。

meta 标签是 HTML head 区的一个辅助性标签,它位于 HTML 文档头部的<head>标记和<title>标记之间,它提供用户不可见的信息。meta 标签通常用来为搜索引擎 Robots 定义页面主题,或者是定义用户浏览器上的 cookie;它可以用于鉴别作者,设定页面格式,标注内容提要和关键字;还可以设置页面使其可以根据定义的时间间隔刷新本页面的显示等。下面介绍一些实用的 meta 标签。meta 标签分两大部分:HTTP 标题信息(HTTP-EQUIV)和页面描述信息(NAME)。

1. HTTP-EQUIV

HTTP-EQUIV 类似于 HTTP 的头部协议,它回应给浏览器一些有用的信息,以帮助正确和精确地显示网页内容。常用的 HTTP-EQUIV 类型有以下几种。

1) Content-Type 和 Content-Language(显示字符集的设定)

设定页面使用的字符集,用于说明页面制作所使用的文字以及语言,浏览器会根据此来调用相应的字符集显示 page 内容。例如:

```
<meta http-equiv="Content-Type" content="text/html; charset=gb2312">
<meta http-equiv="Content-Language" content="zh-CN">
```

注意,该 meta 标签定义了 HTML 页面所使用的字符集为 GB2132,就是国标汉字码。如果将其中的"charset=GB2312"替换成"charset=Big5",则该页面所用的字符集就是繁体中文 Big5 码。当浏览一些国外的站点时,IE 浏览器会提示要正确显示该页面需要下载该种语言支持。这个功能就是通过读取 HTML 页面 meta 标签的 content-Type 属性而得知需要使用哪种字符集显示该页面的。如果系统中没有装相应的字符集,则 IE 就提示下载。不同的语言对应不同的 charset,如日文的字符集是 iso-2022-jp,韩文的是 ks_c_5601。目前 charset 一般取为 UTF-8(Unicode Transformation Format-8),它是一种通用字符集。

2) Refresh(刷新)

让网页多长时间(秒)刷新自己,或在多长时间后让网页自动链接到其他网页。例如:

```
<meta http-equiv="Refresh" content="30">
<meta http-equiv="Refresh" content="5; url=http://www.xia8.net">
```

注意,其中的 5 是指停留 5 秒后自动刷新到 URL 网址。

3) Expires(网页失效期限)

指定网页在缓存中的过期时间,一旦网页过期,必须到服务器上重新下载。例如:

```
<meta http-equiv="Expires" content="0">
<meta http-equiv="Expires" content="Wed, 26 Feb 1997 08:21:57 GMT">
```

注意,必须使用 GMT 的时间格式表示多少时间后过期或直接设为数字 0 表示本次调用后就过期。

4) Pragma(Cache 模式)

禁止浏览器从本地机的缓存中调阅页面内容。例如:

```
<meta http-equiv="Pragma" content="No-cache">
```

注意,网页不保存在缓存中,每次访问都刷新页面。这样设定,访问者将无法脱机浏览。

5) Set-Cookie(cookie 设定)

浏览器访问某个页面时会将它保存在缓存中,下次再次访问时就可从缓存中读取,以提高速度。当希望访问者每次都刷新广告的图标,或每次都刷新计数器时,就要禁用缓存了。通常 HTML 文件没有必要禁用缓存,对于 ASP 等页面,就可以使用禁用缓存,因为每次看到的页面都是在服务器动态生成的,缓存就失去意义。如果网页过期,那么存盘的 cookie 将被删除。注意,必须使用 GMT 的时间格式。例如:

```
<meta http-equiv="Set-Cookie" content="cookievalue=xxx;
              expires=Wednesday,21-Oct-98 16:14:21 GMT; path=/">
```

6) Content-Script-Type(设置默认脚本语言)

通过 content 属性为整个页面设置默认脚本语言。例如设为 JavaScript 语言:

```
<meta http-equiv="Content-Script-Type" content="text/javascript">
```

2. name 属性

使用 name 属性的一般格式是:< meta name="…" content="…">

name 属性用于指定网页参数类型,常用的有 keywords、description 等。content 用于指定该参数的实际内容,以便于搜索引擎机器人查找、分类该网页。

1) keywords(关键字)

为搜索引擎提供搜索关键字列表。用法:

```
<meta name="keywords" content="关键字 1,关键字 2,关键字 3,关键字 4,…">
```

注意,各关键字间用英文逗号隔开。

2) description(简介)

description 用来告诉搜索引擎网站的主要内容。例如:

```
<meta name="description" content="你网站的简介">
```

注意,根据现在流行搜索引擎(Google、Lycos、AltaVista 等)的工作原理,搜索引擎先派机器人自动在 Web 上搜索,当发现新的网站时,便检索页面中的 keywords 和 description,并将其加入自己的数据库,再根据关键字的密度将网站排序。

3) Robots(机器人向导)

Robots 用来告诉搜索机器人哪些页面需要索引,哪些页面不需要索引。content 的参数有 all、none、index、noindex、follow、nofollow，默认是 all。用法：

```
<meta name="Robots" content="all|none|index|noindex|follow|nofollow">
```

注意，all 表示文件将被检索，且页面上的链接可以被查询；index 表示文件仅被检索；follow 表示页面上的链接可以被查询。

4）Author（作者）、Copyright（版权）、Generator（编辑器）

说明：分别标注网页的作者或制作组、标注版权、编辑器的说明。

用法：

```
<meta name="Author" content="张三,abc@sohu.com">
<meta name="Copyright" content="本页版权归 Tim 所有。">
<meta name="Generator" content="PCDATA|FrontPage|">
```

【例 3-2】 一个 meta 标签应用的例子。

```
<head>
<title>文件头,显示在浏览器标题区</title>
<meta http-equiv="Content-Language" content="zh- cn">
<meta http-equiv="Content-Type" content="text/html; charset=gb2312">
<meta name="GENERATOR" content="Microsoft FrontPage 4.0">
<meta name="ProgId" content="FrontPage.Editor.Document">
<meta name="制作人" content="Simonzy">
<meta name="主题词" content="HTML 网页制作 C#.NET JavaScript JS">
<meta name="description" content="网站的简介">
<meta name="keywords" content="Web,DHTML,软件开发">
</head>
```

3.2 文本和格式标记

视频讲解

丰富多彩的 HTML 网页需要修饰和衬托其内容，文本和格式标记是标记语言中的最基本的标记。文本和格式标记如表 3-2 所示。

表 3-2 文本和格式标记

序号	标　记	说　明
1	字体加粗、斜体和下画线标记	<b>…</b>用来使文本以黑体字的形式输出，也可用<strong>…</strong>标记；<i>…</i>用来使文本以斜体字的形式输出；<u>…</u>用来使文本以加下画线的形式输出
2	标题字体大小标记	描绘网页的新的小节和子小节的 7 个标题，依次为<h1>…</h1>、…、<h7>…</h7>。这些标题的字体大小依次从大到小
3	段落标记	段落标记的作用是将<p>…</p>标记之间的文本内容自动组成一个完整的段落。一个段落是有格式的，因此段落标记往往与 align（对齐方式）属性共同使用。使用的语法是<p align=""></p>，其中，属性 align 的值可以取 left（左对齐）、center（居中）和 right（右对齐）
4	文本换行标记	 用来创建一个软回车换行，没有结束标记。在<p>…</p>标记后输入 ，会在该段落后创建一个较大行距的回车换行；如果在段落标记之间输入 ，则会导致行距较小。<wbr>…</wbr>标记可将其中的文本段自动换行显示

续表

序号	标　　记	说　　明
5	文本缩进标记	在文本缩进标记(< blockquote >…</blockquote >)之间加入的文本将会在浏览器中按两边缩进的方式显示出来
6	文本居中	< center >…</center >标记可将其中的文本居中显示
7	列表标记	(1) < dl >…</dl >、< dt >…</dt >和< dd >…</dd >。 < dl >…</dl >用来创建一个普通的列表,< dt >…</dt >用来创建列表中的上层项目,< dd >…</dd >用来创建列表中最下层项目,< dt >…</dt >和< dd >…</dd >都必须放在< dl >…</dl >标记对之间。 (2) < ol >…</ol >、< ul >…</ul >和< li >…</li >。 < ol >…</ol >标记对用来创建一个标有顺序的列表;< ul >…</ul >标记对用来创建无顺序的列表;< li >…</li >(li 是 list item 的缩写,即列表项目)标记对只能在< ol >…</ol >或< ul >…</ul >标记对之间使用,此标记对用来创建一个列表项,若< li >…</li >放在< ol >…</ol >之间则每个列表项加上一个数字,若在< ul >…</ul >之间则每个列表项加上一个圆点。无序列表和有序列表分别与 Microsoft Word 中项目符号和编号相对应。它们的含义是一样的
8	文本块标记	< div >…</div >标记对用来排版大块段落,此标记的用法与< p >…</p >标记非常相似,同样可以使用 align 属性。< span >…</span >此处也是文本块标记,用法和 div 标记类似,但该文本块起始和结束不换行(称为行内元素 inline)。div 和 span 标记除可用作文本编辑块功能外还可用作容器标记,也即按钮、文本框等各种标记放在 div 或 span 里面将作为它的子对象元素处理。< address >…</address >标记与< div >标记作用相同,就是显示一块文本,但里面的字体只能是斜体,主要用来在网页上放置署名信息
9	特殊符号的表示	< hr >标记在网页中可画一条指定粗细和长短的水平线。例如,< hr color=red noshade width=200 size=4 align=right > 表示画一条右对齐的粗红线。 " "、"©"、"®"、"&"、"<"、">"、"&123;"等显示在浏览器中分别表示为空格、"©"、"®"、"&"、"<"、">"、"}"符号

【例 3-3】 体验 HTML 文档格式标记的应用。

该文档的显示效果如图 3-2 所示。

```
<html><head>
<title>HTML 文档格式标记的演示效果</title></head>
<body>
<p align="left"><blockquote>组成一个计算机系统的各种设备称为硬件。可将一台计算机划分为六个逻辑部件或部分。具体划分如下:</blockquote></p><br>
<ol type=A><li><p align="left">输入部件。</p></li>
<li>  <p align="left">输出部件。</p></li>
<li>  <p align="left">存储器。</p></li>
</ol>
<ul type=circle><li><p align="left">算术逻辑部件(ALU)。</p></li>
<li><p align="left">辅助存储器。      </p></li>
<li><p align="left">中央处理器(CPU)。</p></li>
<li><p align="left">辅助存储器。      </p></li>
</ul>
<div>此处是文本块标记,该文本块起始和结束自动加了软回车功能,起始和结束都换行</div>
<span>此处也是文本块标记,该文本块起始和结束不换行</span>
</body></html>
```

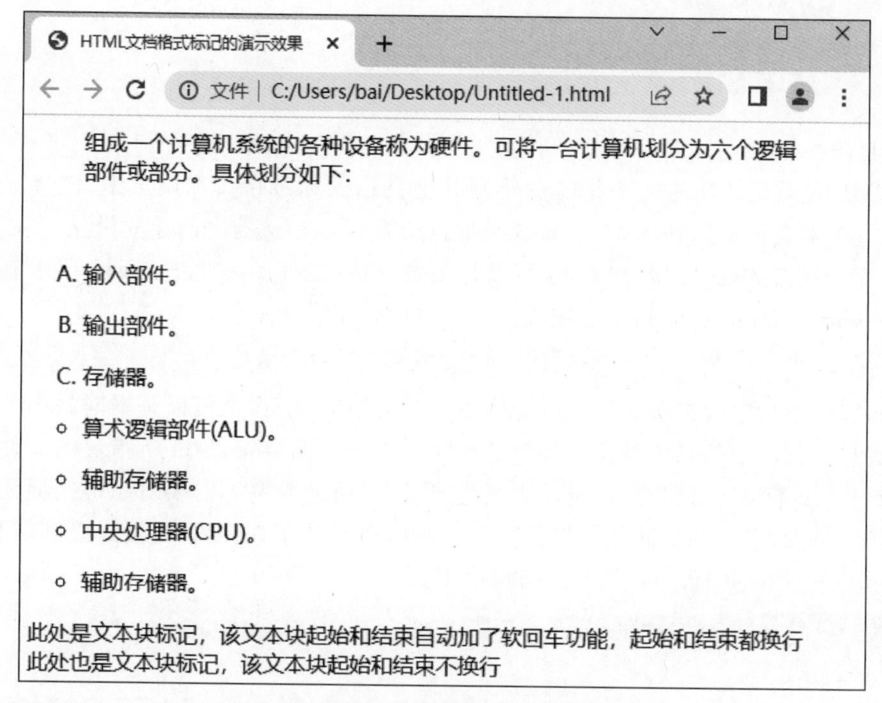

图 3-2　HTML 文档格式标记显示效果

【例 3-4】 HTML 文档常用文本标记。

```
<html>
<head>
<meta http-equiv= "Content-Type" content= "text/html; charset=utf-8">
<title>HTML 文档格式标记的演示效果</title>
</head>
<body>
    <h2>这是一本专业的 Dreamweaver MX 2004 的图书</h2>
    <h3><i>What we are doing is just what you need. </i></h3>
    <center><h4><font color="blue"><u>www.cqu.edu.cn</u></font></h4>
</center>
</body>
</html>
```

该文档的显示效果如图 3-3 所示。

图 3-3　HTML 文档常用标记显示效果

3.3 超链接和表格标记

1. 超链接标记

HTML 最重要的功能之一是能创建到其他文档的超链接。在网页中，链接标记是用< a >…</a >来表示的。利用< a >(anchor，锚点)就可以在文档之间建立链接。在 HTML 中，可以充当锚点的既可以是文本，也可以是图像、声音文件。因此锚点元素要求有特定的属性 href(hot reference)来指定超链接。href 属性放在锚点元素< a >内，例如：

```
<a href="http://www.cqu.edu.cn">重庆大学</a>
```

href 属性所指定的链接文件可以是另外一个网站的页面，也可以是本网站中的某一个页面或者是本页面中的某个部位。如果是本网站内的页面链接，href 所指定的文件名应该用相对路径，而不用绝对路径，避免因为域名或者 IP 地址变更等需要对超链接标记进行修改的问题。例如，当前的页面位于根目录下的 files 子目录下，需要超链接到根目录下的 asp 子目录中的 b. htm 页面，超链接标记写法如下：

视频讲解

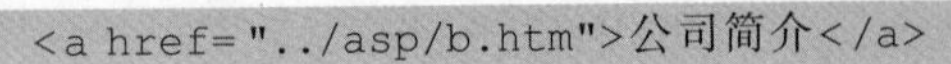

```
<a href="../asp/b.htm">公司简介</a>
```

也可写成：

```
<a href="/asp/b.htm">公司简介</a>
```

a 标记有一个 target 属性，其取值可为_blank、_top、_self、_parent 等，其中，_blank 是链接文件在新的窗口中打开；_parent 是链接文件将在当前窗口的父级窗口中打开；_self 是链接文件在当前窗口(帧)中打开；_top 是链接文件全屏显示。下例表示在新打开的浏览器窗口中显示重庆大学的主页：

```
<a href="http://www.cqu.edu.cn" target="_blank">重庆大学</a>
```

另外，也可在同一个文件中建立链接，方法是先在 href 中声明链接名称(必须带有 # 号)，再用 name 属性说明被链接的名称，这样单击超链接就会转向本页中其他位置。例如：

```
<a href="# myAnchor">跳转到本页尾部 </a>
…
<a name="myAnchor">此处为本页尾部信息 </a>
```

如果要在一个页面 A. htm 中直接跳转到另外一个页面 B. htm 的某个部位，在 A. htm 页面中建立超链接：

```
<a href="b.htm# myAnchor">查看软件工程专业介绍</a>
```

注意页面 A. htm 中 href 属性的书写格式。

2. 表格标记

与文本相比，表格的主要优点是简洁，给人一目了然的感觉。应用到表格的所有标记和文本都包含在< table >…</table >内。表格主要有三个属性，即 border、width 和 height。border 属性用于设置表格边框的宽度，以像素点为单位。如果想显示边框，可指定 border="1"，反之则设置为 border="0"。而 width 和 height 属性分别设置表格的宽度和高度。可将表格的宽度/高度设置为一个像素值，或所占屏幕宽度/高度的百分比值。通过下面的方法定义表格：

```
<table border=1 width=80%>
<tr><th>Heading 1</th><TH>Heading 2</th></tr>
<tr><td>Row 1, Column 1 text.</td><td>Row 1, Column 2 text.</td></tr>
<tr><td>Row 2, Column 1 text.</td><td>Row 2, Column 2 text.</td></tr>
</table>
```

表格样式结构如图 3-4 所示。

Heading 1	Heading 2
Row 1, Column 1 text.	Row 1, Column 2 text.
Row 2, Column 1 text.	Row 2, Column 2 text.

图 3-4　表格显示页面

其中，<table>…</table>定义表格；<tr>…</tr>定义表的行；<th>…</th>定义列标题；<td>…</td>定义表格数据单元。图 3-4 所示表格的另外一种定义方法是：

```
<table border="1" width="500">
<thead><tr><th>Heading 1</th><th>Heading 2</th></tr></thead>
<tbody>
<tr><td>row 1, Column 1 text.</td><td>Row 1, Column 2 text.</td></tr>
</tbody>  <tbody>
<tr><td>Row 2, Column 1 text.</td><td>Row 2, Column 2 text.</td></tr>
</tbody>  </table>
```

其中，<thead>…</thead>定义表格的表头；<tbody>…</tbody>用于格式化和分组表格，可将表格按行进行分组，以便进行分组色彩指定或用于其他目的。

很多网站在页面布局时喜欢采用表格来布局。一个网页要尽量避免用整个一张大表格，所有的内容都嵌套在这个大表格之内。因为浏览器在解释页面的元素时，是以表格为单位逐一显示，如果一张网页是嵌套在一个大表格之内，那么其后果很可能是，当浏览者访问页面时，必须等待所有页面信息下载完毕后网页内容才出现。在这种情况下，应使用<tbody>标记，以便能够使这个大表格分块显示，减少用户等待时间。

【例 3-5】　体会用<tbody>将表格的行进行分组的过程。

```
<table border=" " bgcolor="lightslategray">
<thead bgcolor="lightskyblue">
  <tr><th>Stock symbol</th><th>High</th><th>Low</th><th>Close</th></tr>
</thead>
<tbody bgcolor="lemonchiffon">
  <tr><td>ABCD</td><td>88.625</td><td>85.50</td><td>85.81</td></tr>
  <tr><td>EFGH</td><td>102.75</td><td>97.50</td><td>100.063</td></tr>
</tbody>
<tbody bgcolor="goldenrod">
  <tr><td>IJKL</td><td>56.125</td><td>54.50</td><td>55.688</td></tr>
  <tr><td>MNOP</td><td>71.75</td><td>69.00</td><td>69.00</td></tr>
</tbody>
<tfoot bgcolor="lightskyblue">
  <tr><td colspan="4">Quotes are delayed by 20 minutes.</td></tr>
</tfoot>
<caption valign="BOTTOM" style="font-size=12;">
  Created using HTML
</caption>
</table>
```

该文档的显示效果如图 3-5 所示。<tfoot>…</tfoot>定义了表格的脚注。<caption>…</caption>提供表格的简要信息描述。

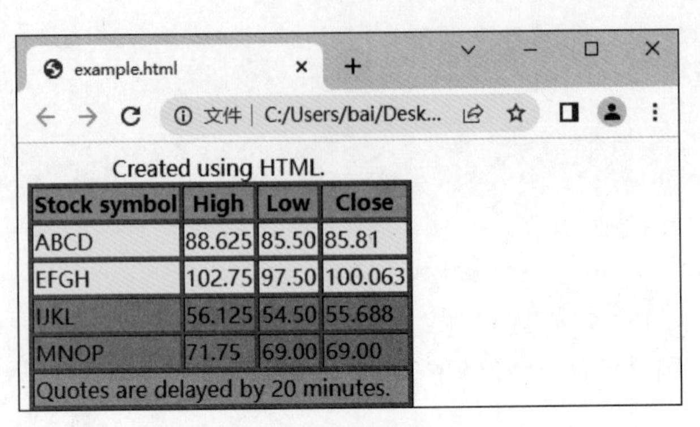

图 3-5 带 tbody 的表格显示效果

3.4 图像、视频、声音处理标记

视频讲解

图像、视频与动画、声音处理标记如表 3-3 所示。

表 3-3 图像、视频与动画、声音处理标记

序号	标 记	说 明
1	图像标记	标记格式为： <img src=url alt=text_1 border=n_1 height=n_2 width=n_3 align=mode hspace=n_3 vspace=n_4> 其中，src 表示图像来源（source）文件所在的 URL 地址，alt 表示将鼠标移到该图像上出现的文字提示 text_1，border 表示图像对象的边界厚度为 n_1，height 和 width 表示图像的高度和宽度分别为 n_2 和 n_3，hspace 和 vspace 表示图像横向和纵向的空白边幅分别为 n_3 和 n_4。align 表示图像的放置方式，mode＝absbottom|absmiddle|baseline|bottom|left|middle|right|texttop|top。例如： <img src= "http://202.202.0.35/images/1.jpg" height=200 width=300>
2	视频标记	标记格式为： <video src=url_1 width=n_1 height=n_2 poster=url_2 preload=auto autoplay loop controls> 其中，src 用于指定视频的地址。width 和 height 分别用于设置播放器的宽度和高度。poster 用于指定一张图片，在当前视频数据无效时显示。preload 定义视频是否预加载，none 表示不进行预加载，metadata 表示部分预加载，auto 表示全部预加载。添加 autoplay 则视频就绪后会马上播放。添加 loop 则视频会循环播放。添加 controls 则播放器会向用户显示控件。例如： <video src= "avideo.mp4" height=200 width=300 Loop > <video src= "animation.webm" height=20 width=30 controls >
3	音频标记	标记格式为： <audio src=url controls loop muted preload= "auto"> 其中，src 用于指定音频的地址。添加 controls 会显示默认的音乐面板。添加 loop 会开启循环播放。添加 muted 会静音。preload 用于控制音频的预加载方式，none 表示不进行预加载，metadata 表示部分预加载，auto 表示全部预加载。例如： <video src= " ieeec.mp3" loop preload= "auto">

续表

序号	标　记	说　明
4	插件标记	用浏览器插件来播放声音的方法如下： <embed width="128" height="128" src="file:///C:/windows/media/canyon.mid" loop=false autostart=true mastersound hidden=true> 其中，autostart 表示页面一装入即开始播放，hidden 表示无任何播放界面出现。要求必须事先装入 ActiveMovie 多媒体插件才可播放

【例 3-6】 在一个 3×3 的表格中间显示一张图片。

```
<! DOCTYPE HTML PUBLIC "-//W3C//DTD HTML 4.01 Transitional//EN"
"http://www.w3.org/TR/html4/loose.dtd">
<html><head>
<meta http-equiv="Content-Type" content="text/html; charset=gb2312">
<title>HTML 文档图像、表格标记的演示效果</title></head>
<body>
   <table border=1 style="border-collapse: collapse" ><caption >表格显示图片
</caption>
      <tr><td>公司名称</td><td>图片</td><td>备注</td></tr>
      <tr><td>company1</td><td><img src="ad1.jpg"></td><td>半年</td></tr>
<tr><td>company2</td><td>无</td><td>未签约</td></tr></table>
</body></html>
```

该文档的显示效果如图 3-6 所示。

图 3-6　在表格中间显示图片

3.5　控件标记

视频讲解

控件标记包括表单标记、按钮标记、文本框、文本区域、复选框、选项按钮、选项菜单、文件域、分组框等标记。它们的介绍如下。

1. 表单

表单(form)用于从用户(站点访问者)收集信息，然后将这些信息提交给服务器进行处理。表单中可以包含允许用户进行交互的各种控件，例如文本框、列表框、复选框和单选按钮等。用户在表单中输入或选择数据之后将其提交，该数据就会送交给表单处理程序进行处理。表单的使用包括两部分：一是用户界面，提供用户输入数据的元件；二是处理程序，可以是客户端程序，在浏览器中执行，也可以是服务器处理程序，处理用户提交的数据，返回结果。表单通过form标记来定义：

```
<form 属性="值"… 事件="代码">…</form>
```

1）属性

name：表单的名称。命名表单后，可以使用脚本语言来引用或控制该表单。

method：表单数据传输到服务器的方法。其取值如下：post，在HTTP请求中嵌入表单数据；get，将表单数据附加到请求该页的URL中。注意，若要使用get方法发送，URL的长度应限制在8192个字符以内。如果发送的数据量太大，数据将被截断，从而导致意外的或失败的处理结果。此外，在发送用户名和密码、信用卡号或其他机密信息时，不要使用get方法，而应使用post方法。

action：接收表单数据的服务器端程序或动态网页的URL地址。

target：目标窗口。其取值如下：_blank，在未命名的新窗口中打开目标文档；_parent，在显示当前文档的窗口的父窗口中打开目标文档；_self，在提交表单所使用的窗口中打开目标文档；_top，在当前窗口内打开目标文档，确保目标文档占用整个窗口。

在一个网页中可以创建多个表单，每个表单都可以包含各种各样的控件，例如文本框、单选按钮、复选框、下拉菜单以及按钮等。表单不能嵌套使用。

2）事件

onsubmit：提交表单时调用的事件处理程序。

onrest：重置表单时调用的事件处理程序。

2. 普通按钮、提交按钮、复位按钮

使用input标记可以在表单中添加三种类型的按钮：提交按钮、重置按钮和自定义按钮。创建按钮的方法如下：

```
<input type="submit | reset | button" 属性="值"… onclick="代码">
```

1）属性

type＝submit：创建一个提交按钮。在表单中添加提交按钮后，站点访问者就可以在提交表单时，将表单数据（包括提交按钮的名称和值）以ASCII文本形式传送到由表单的action属性指定的表单处理程序。一般来说，表单中必须有一个提交按钮。

type＝reset：创建一个重置按钮。单击该按钮时，将删除任何已经输入到域中的文本并清除所做的任何选择。但是，如果框中含有默认文本或选项为默认，单击重置按钮将会恢复这些设置值。

type＝button：创建一个自定义按钮。在表单中添加自定义按钮时，为了赋予按钮某种操作，必须为该按钮编写脚本。

name：按钮的名称。

value：显示在按钮上的标题文本。

2）事件

onclick：单击按钮执行的脚本代码。

3. 文本框

在表单中添加文本框可以获取站点访问者提供的一行信息。创建文本框的方法如下：

```
<input type="text" 属性="值"…事件="代码"…>
```

1）属性

name：单行文本框的名称，通过它可以在脚本中引用该文本框控件；value：文本框的值；defaultvalue：文本框的初始值；size：文本框的宽度（字符数）；maxlength：允许在文本框内输入的最大字符数，用户输入的字符数可以超过文本框的宽度，这时系统会将其滚动显示，但输入的字符数不能超过输入的最大字符数；form：所属的表单（只读）。当 type="password"时，用户输入的文本以 * 呈现，可用于输入用户密码。

2）方法

click：单击该文本框；focus：得到焦点；blur：失去焦点；select：选择文本框的内容。

3）事件

onclick：单击该文本框执行的代码；onblur：失去焦点执行的代码；onchange：内容变化执行的代码；onfocus：得到焦点执行的代码；onselect：选择内容执行的代码。

例如：

```
<input type=text name="nm" value="">
```

4. 文本区域

在表单中添加文本区域可以接受站点访问者输入多于一行的文本。创建文本区域方法如下：

```
<textarea 属性="值"… 事件="代码"…>初始值</textarea >
```

属性介绍如下。

name：滚动文本框控件的名称；rows：控件的高度（以行为单位）；cols：控件的宽度（以字符为单位）；readonly：滚动文本框的内容不被用户修改。

创建多行文本框时，在< textarea >和</textarea >标记之间输入的文本将作为该控件的初始值。它的其他属性、方法和相关事件与单行文本框基本相同。当提交表单时，该域名称和内容都会包含在表单结果中。

5. 复选框

在表单中添加复选框可以让站点访问者去选择一个或多个选项或不选项。创建复选框的方法如下：

```
<input type="checkbox" 属性="值"… 事件="代码"…>选项文本
```

1）属性

name：复选框的名称。

value：选中时提交的值。

checked：设置当第一次打开表单时该复选框处于选中状态。该复选框被选中时，值为 true，否则为 false。该属性是可选的。

defaultchecked：判断复选框是否定义了 checked 属性。若定义了 checked 属性，则 defaultchecked 为 true，否则为 false。

2）方法

focus：得到焦点；blur：失去焦点；click：单击该复选框。

3）事件

onfocus：得到焦点执行的代码；onblur：失去焦点执行的代码；onclick：单击该复选框

执行的代码。

当提交表单时,假如复选框被选中,它的内部名称和值都会包含在表单结果中。否则,只有名称会被纳入表单结果中,值则为空白。

例如:

```
签字笔<input type=checkbox name="ch1" checked>
钢笔<input type=checkbox name="ch2">
圆珠笔<input type=checkbox name="ch3">
```

6. 选项按钮

在表单中添加选项按钮可以让站点访问者从一组选项中选择其中之一。在一组单选按钮中,一次只能选择一个。创建选项按钮方法如下:

```
<input type="radio" 属性="值"… 事件="代码"…>选项文本
```

属性介绍如下。

name:单选按钮的名称,若干名称相同的单选按钮构成一个控件组,在该组中只能选中一个选项;value:提交时的值;checked:设置当第一次打开表单时该单选按钮处于选中状态,该属性是可选的。

单选按钮的方法和事件与复选框基本相同。当提交表单时,该单选按钮组名称和所选取的单选按钮指定值都会包含在表单结果中,如果没有任何单选按钮被选取,组名称会被纳入表单结果中,值则为空白。

例如:

```
<input type=radio checked name=kd value="教师">教师
<input type=radio name=kd value="学生">学生
<input type=radio name=kd value="公务员">公务员
<input type=radio name=kd value="医生">医生
```

7. 选项菜单

表单中的选项菜单让站点访问者从列表或菜单中选择选项。菜单中可以选择一个选项,也可以设置为允许进行多重选择。创建选项菜单方法如下:

```
<select name="值" size="值" [multiple]>
<option [selected] value="值">选项 1</option>
<option [selected] value="值">选项 2</option>
…
</select>
```

属性介绍如下。

name:选项菜单控件的名称;size:在列表中一次可以看到的选项数目(默认为 1),若大于则相当于列表框;multiple:允许作多项选择;selected:该选项的初始状态为选中。

当提交表单时,菜单的名称会被包含在表单结果中,并且其后有一份所有选项值的列表。

例如:

```
<html><head><title>文件域示例</title></head>
<body>
<form action="Getcourse.asp" method="post">
<select name="课程">
```

```
<option value="计算机基础" selected>计算机基础</option>
<option value="C语言程序设计">c语言程序设计</option>
<option value="数据结构">数据结构</option>
<option value="数据库原理">数据库原理</option>
<option value="C++程序设计">C++程序设计</option>
</select>
</form>
</body></html>
```

8. 文件域

文件域由一个文本框和一个“浏览”按钮组成,用户既可以在文本框中输入文件的路径和文件名,也可以通过单击“浏览”按钮从磁盘上查找和选择所需文件。文件域一般用于选择文件上载到服务器。创建文件域方法如下:

```
<input type="file" 属性="值"…>
```

属性介绍如下。

name:文件域的名称;value:初始文件名;size:文件名输入框的宽度。

一个文件域如图3-7所示。

源代码如下:

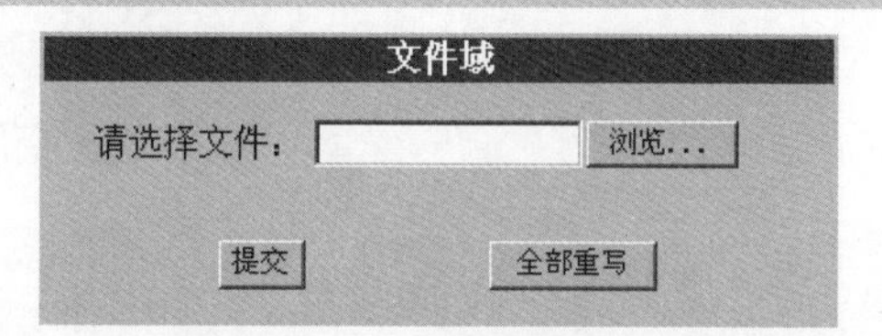

图 3-7 一个文件域

```
<html><head><title>文件域示例</title></head>
<body>
<form action="GetCourse.asp" method="post" enctype="multipart/ form-data">
<table align=center bgcolor=#D6D3CE width=368>
<tr><th colspan=2 bgcolor=#0034FF><font color=#FFFFFF>文件域</font></th>
</tr>
<tr><td height=52 align=right>请选择文件:</td>
<td height=52><input type=file name=F1 size=16></td></tr>
<tr align=center>
<td height=52 align=right><input type=submit value=提交 name=btnSubmit></td>
<td height=52><input type=reset value=全部重写 name=btnReset></td></tr>
</table></form></body></html>
```

为了能使服务器接收到选择的文件,表单中应包含 enctype 属性值指定提交数据的格式。

9. 分组框

可以使用 fieldset 标记对表单控件进行分组,从而将表单细分为更小、更易于管理的部分。fieldset 标记必须以 legend 标记开头,以指定控件组的标题,在 legend 标记之后可以跟其他表单控件,也可以嵌套 fieldset。创建表单控件分组的方法如下:

```
<fieldset>
<legend>控件组标题</legend>
组内表单控件
</fieldset>
```

例如:

```
<html><head><title>文件域示例</title></head><body>
<center> 
<fieldset style="width: 300px; z-index: 103; left: 115px; position: absolute;
top: 260px; background-color: #ff99cc;">
```

```
<legend>用户登录</legend>
<form name="login.asp" method="post">
账号:<input name="UserName"></input><br><br>
密码:<input type="password" name="UserPassword"></input><br><br>
<input type="submit" value="登录" name="Submit"></input>   
<input type="reset" value="重填" name="Reset"></input>
</form>
</fieldset>
</body></html>
```

显示效果如图 3-8 所示。

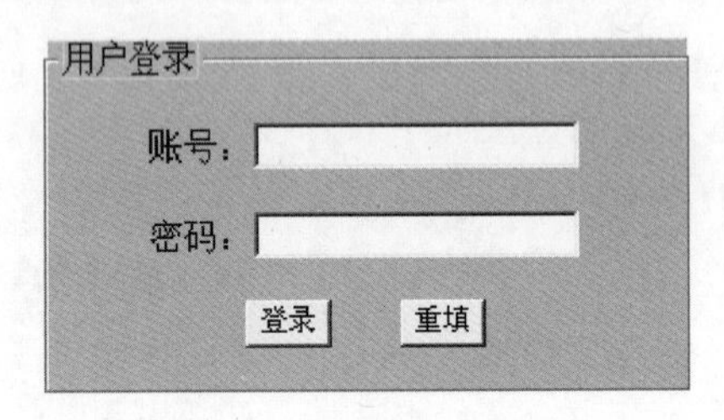

图 3-8　分组框显示效果

视频讲解

3.6　HTML 5 介绍

2014 年,W3C 发布了 HTML 5 的最终版。广义论及 HTML 5 时,实际指的是包括 HTML、CSS 和 JavaScript 在内的一套技术组合。它希望能够减少浏览器对于插件和富互联网应用(Plug-in-based Rich Internet Application,RIA),如 Adobe Flash、Microsoft Silverlight,与 Oracle JavaFX 等的需求,并且提供更多能有效增加网络应用的标准集。

具体来说,HTML 5 添加了许多新的语法特性,其中包括< video >、< audio >和< canvas >元素,同时整合了 SVG 内容。这些元素是为了更容易地在网页中添加和处理多媒体与图片内容而添加的。其他新的元素包括< section >、< article >、< header >和< nav >,是为了丰富文档的数据内容。新属性的添加也是为了同样的目的。同时也有一些属性和元素被移除掉了。一些元素,像< a >、< cite >和< menu >被修改,重新定义或标准化。同时应用程序接口(API)和文档对象模型(DOM)已成为 HTML 5 中的基础部分。HTML 5 还定义了处理非法文档的具体细节,使得所有浏览器和客户端程序能够一致地处理语法错误。

HTML 5 具有以下特性。

1. 语义特性

HTML 5 赋予网页更好的意义和结构。更加丰富的标签可构建对程序和用户都更有价值的数据驱动。

2. 本地存储特性

基于 HTML 5 开发的网页将拥有更短的启动时间和更快的联网速度,这些全得益于 HTML 5 APP Cache,以及本地存储功能。

3. 设备兼容特性

HTML 5 为网页应用开发者们提供了更多功能上的优化选择,带来了更多体验功能的优势。HTML 5 提供了前所未有的数据与应用接入开放接口,使外部应用可以直接与浏览器内部的数据直接相连，例如视频影音可直接与麦克风及摄像头相连。

4. 连接特性

更有效的连接工作效率，使得基于页面的实时聊天、更快速的网页游戏体验、更优化的在线交流得以实现。HTML 5 拥有更有效的服务器推送技术，Server-Sent Event 和 WebSockets 就是其中的两个特性，这两个特性能够帮助实现服务器将数据“推送”到客户端的功能。

5. 网页多媒体特性

支持网页端的 Audio、Video 等多媒体功能。

6. 三维、图形及特效特性

基于 SVG、Canvas、WebGL 及 CSS3 的 3D 功能，用户会惊叹于在浏览器中所呈现的惊人视觉效果。

7. 性能与集成特性

没有用户会永远等待你的网页加载，HTML 5 会通过 XMLHttpRequest2 等技术，帮助 Web 应用和网站在多样化的环境中更快速地工作。

8. CSS3 特性

在不牺牲性能和语义结构的前提下，CSS3 中提供了更多的风格和更强的效果。此外，较之以前的 Web 排版，Web 的开放字体格式也提供了更高的灵活性和控制性。

目前，支持 HTML 5 的浏览器众多，包括 EDGE、IE 10、Mozilla Firefox 16、Opera 12、Safari 6、Google Chrome 等。

除了之前提到的标签外，HTML 5 还添加了新的标签，介绍如下。

（1）视频与音频。

HTML 5 规定了一种通过 video 标记来播放视频。video 标记支持 Ogg、MP4、WebM、M4V、3GPP、QuickTime 等多种视频格式。Ogg：带有 Theora 视频编码和 vorbis 音频编码的文件。MP4：带有 H.264 视频编码和 AAC 音频编码的文件。WebM：带有 VP8 视频编码和 Vorbis 音频编码的文件。video 标记提供了播放、暂停和音量控件来控制视频。其基本语法为：

```
<video src="movie.ogg" width="320"height="240" controls="controls" >
您的浏览器不支持 video 标记。
</video>
```

可通过 audio 标记来播放音频，例如：

```
<audio src="movie.mp4" width="320" height="240" controls="controls">
</audio>
```

（2）画布。

画布(canvas)用于位图的绘制，通过脚本完成，通常使用 JavaScript 语言。画布通过 canvas 标记来定义：

```
<canvas 属性="值">…</canvas>
```

属性介绍如下。

id：画布标记的编号，用来在脚本中获取标记。

width：画布的宽度。

height：画布的高度。

在脚本中，先使用 DOM 获取位图标记，再调用 CanvasRenderingContext2D 对象，使用 CanvasRenderingContext2D 对象的方法即可进行绘图，代码如下：

```
var canvas=document.getElementById("canvas 标记的 id");
var ctx=canvas.getContext('2d');
```

CanvasRenderingContext2D 对象的绘图方法有很多，如以下几种。

绘制填充的矩形：fillRect(x,y,width,height)。

绘制矩形的边框：strokeRect(x,y,width,height)。

绘制字符串：fillText(text,x,y[,maxWidth]),strokeText(text,x,y[,maxWidth]),[]中的内容为可选内容。

完整例子如下：

```
<! DOCTYPE html>
<html><head><title>canvas 例子</title></head>
   <body><canvas id= "myCanvas" width= "400" height= "500"></canvas></body>
</html>
<script type= "text/javascript">
   var canvas=document.getElementById("myCanvas");
   var ctx=canvas.getContext('2d');
   ctx.fillStyle='#f00';
   ctx.strokeRect(0,0,220,50);
   ctx.fillStyle='#f0f';
   ctx.font='bold 40px 宋体';
   ctx.fillText('canvas 例子',2,40);
</script>
```

绘图效果如 3-9 所示。

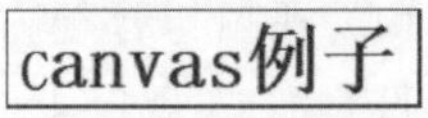

canvas例子

图 3-9　canvas 标记绘制效果

(3) 矢量图。

矢量图标记 svg 可以直接在 HTML 页面中绘制可伸缩矢量图形。svg 使用 XML 格式定义图形，改变尺寸的情况下其图形质量不会有损失。创建 svg 标记的方法如下：

```
<svg>  绘图标记  </svg>
```

绘图标记如下。

circle：用来绘制圆形。属性 cx、cy 定义圆的坐标，r 定义半径，stroke 定义边的颜色，fill 定义圆内填充的颜色。

polygon：用来画多边形。属性 points 中填写所有点的坐标，style 定义多边形样式。

例如：

```
<svg height= "190">
  <polygon points= "100,10 40,180 190,60 10,60 160,180" style= "fill:red;stroke:
purple;stroke-width:5;fill-rule:evenodd;">
</svg>
```

效果如图 3-10 所示。

(4) 计算。

output 标记用来显示计算或用户操作的结果。创建 output 标记的方法如下：

```
<output 属性= "值">…</output>
```

属性介绍如下。

name：output 标记的唯一名称，用于表单提交。

for：描述计算中使用的元素与计算结果之间的关系。

form：定义输入字段所属的一个或多个表单。

例如：

```
<form method="get" oninput="num.value=parseInt(num1.value)+parseInt(num2.
value)">
<input type="number" id="num1">+
<input type="number" id="num2">=
<output name="num" for="num1 num2"></output>
</form>
```

效果如图 3-11 所示。

图 3-10　svg 绘图效果

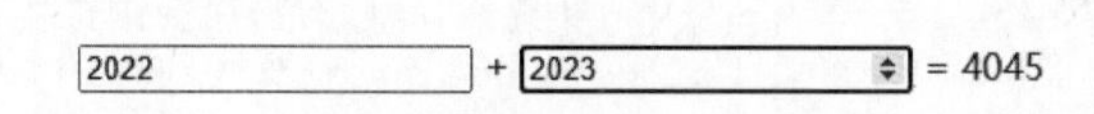

图 3-11　output 标记效果

(5) 预定义选项。

预定义选项标记 datalist 被用来为 input 标记提供“自动完成”的特性。用户能看到一个下拉列表，里边的选项是预定义好的，将作为用户的输入数据。需要使用 input 标记的 list 属性来绑定 datalist 标记。

例如：

```
<input list="browsers">
      <datalist id="browsers">
      <option value="Internet Explorer"></option>
      <option value="Firefox"></option>
      <option value="Chrome"></option>
      <option value="Opera"></option>
      <option value="Safari"></option>
      </datalist>
```

效果如图 3-12 所示。

图 3-12　datalist 标记效果

(6) 块级标签。

块级标签总是独占一行，表现为另起一行开始，其后元素也必须另起一行显示，并且宽度、高度、内边距和外边距都可以控制。为了使代码更具语义性，HTML 5 新加了许多块级标签。

① <header>：标签定义文档的页眉(介绍信息)。

② <section>：标签定义文档中的节，如章节、页眉、页脚或文档中的其他部分。

③ <footer>：标签定义文档或节的页脚，通常包含文档的作者、版权信息、使用条款链接、联系信息等。

④ <aside>：标签定义其所处内容之外的内容，其内容应该与附近的内容相关，可做侧栏。

⑤ <nav>：标签定义导航链接的部分。

⑥ <article>：标签规定独立的自包含内容，元素的潜在来源有论坛帖子、报纸文章、博客条目、用户评论等。

⑦ <figure>：标签规定独立的流内容，如图像、图表、照片、代码等。

⑧ <main>：标签规定文档的主要内容，其标签中的内容对于文档来说应当是唯一的，不应包含在文档中重复出现的内容。

(7) 新的输入类型。

新增 input 标记的输入类型是 color(选择颜色)、tel(电话)、email(邮箱)、number(数值)、range(数值范围内的滑动条)、search(站点搜索)、url(URL 地址)和可供选取日期和时间的日期选择器。即 color：颜色选择器；date：选取日、月、年；month：选取月、年；week：选取周和年；time：选取时间(小时和分钟)；datetime：选取时间、日、月、年(UTC 时间)；datetime-local：选取时间、日、月、年(本地时间)。例如，颜色选择如下：

```
<label for="bgColor">选择背景颜色,改变浏览器背景色:</label>
<input type="color" id="bgColor" name="bgColor" onchange="document.body.
style.backgroundColor=this.value;">
```

上述代码在浏览器中的显示效果如图 3-13 所示。其他输入类型如下：

```
开学日期:<input type="date"/><br/>
开学起始周:<input type="week" name="userdate"/><br/>
起始月:<input type="month" name="userdate"/><br/>
交费时间:<input type="time" name="userdate"/><br/>
日期与时间:<input type="datetime" name="userdate"/><br/>
本地日期时间:<input type="datetime- local" name="mydate"/><br/>
输入邮箱:<input type="email" name="myemail"/><br/>
站内搜索:<input type="search" name="insidesearch"/><br/>
电话号码:<input type="tel" name="usrtel"/><br/>
个人主页:<input type="url" name="homepage"/><br/>
年龄:<input type="range" name="age" min="1" max="120"/><br/>
期望薪酬:<input type="number" name="quantity" min="2500" max="10000" step=
"100" value="2500"/><br/>
```

上述代码在浏览器中显示效果如图 3-14 所示。

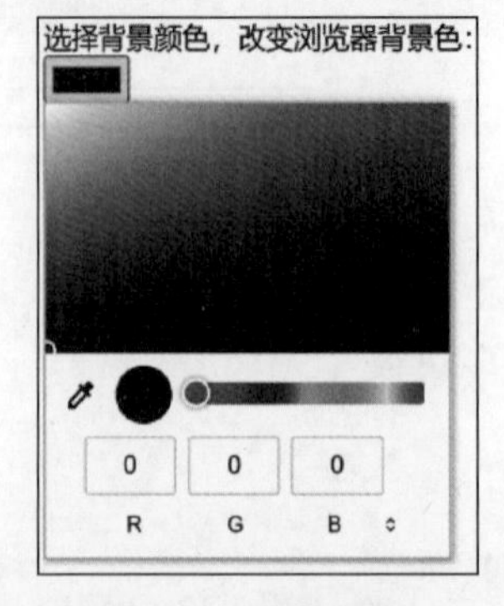

图 3-13　颜色选择

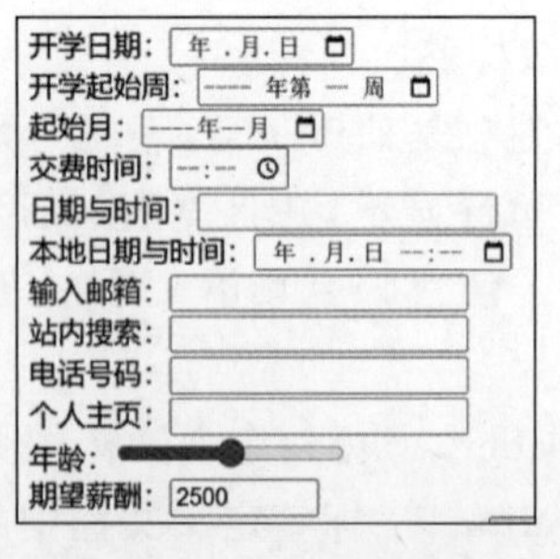

图 3-14　新的输入类型

(8) 本地存储。

Web Storage是HTML 5引入的一个非常重要的功能,可以在客户端本地存储数据,类似HTML 4.0的cookie,但它是为了更大容量存储而设计的,可实现的功能要比cookie强大得多。cookie的大小是受限的,被限制在4KB,并且每次请求新的页面时,cookie都会被发送过去。Web Storage中提供了localStorage和sessionStorage对象以"键-值对"实现本地存储,网站在页面加载完毕后可以通过JavaScript来获取这些本地数据。localStorage:用于长期存储数据,即使在浏览器关闭和重新打开后,数据仍然存在。存储限制通常为每个域名5~10MB。sessionStorage:用于短期存储数据,只在单个浏览器会话期间有效。存储限制通常与localStorage相同。例如:

```
<script type="text/javascript">
    sessionStorage.setItem("姓名", "张三");              //保存姓名
    alert(sessionStorage.getItem("姓名"));              //获取姓名,输出张三
    sessionStorage.removeItem("姓名");                  //删除姓名
    sessionStorage.clear();                            //删除所有数据
</script>
```

localStorage和sessionStorage只能提供存储简单数据结构的数据,对于复杂的Web应用数据却无能为力。于是HTML 5还提供了IndexedDB对象,一个轻量级的NoSQL浏览器端的数据库,允许用户直接通过JavaScript的API在浏览器端创建一个本地的数据库,而且支持增、删、改、查操作,让离线的Web应用能更加方便地存储数据。原本必须要保存在服务器数据库中的内容,现在可以直接保存在客户端本地了,这将大幅减轻服务器端的负担,同时加快访问数据的速度。本地存储类似于比较老的技术——cookie和客户端数据库的融合,但由于支持多个Windows存储,因而拥有更好的安全性和更强的性能,即使在浏览器关闭后也可以进行保存。

能够保存数据到用户浏览器中意味着可以简单创建一些应用特性,例如,保存用户信息、缓存数据、加载用户上一次的应用状态。

关于HTML 5其他标志,限于篇幅,可参看相关书籍。

3.7 CSS基础

视频讲解

CSS是W3C协会为弥补HTML在显示属性设定上的不足而制定的一套扩展样式标准。早在1996年W3C便提出了一个定义CSS的草案,很快这个草案就成为一个被广泛采纳的标准。1998年,W3C在原有草案的基础上进行了扩展,建立了CSS2规范。2001年,W3C继续进行扩展,完成了CSS3的草案规范,它不仅包括原有的表现形式标准,还有许多增强功能。

CSS重新定义了HTML中原来的文字显示样式,并增加了一些新概念,如类、层等,还可以处理文字重叠、定位等,它提供了更丰富的样式。同时CSS可集中进行样式管理,允许将样式定义单独存储于样式文件中,把显示的内容和样式定义分离,便于多个HTML文件共享。一个HTML文件也可以应用多个CSS样式文件。

CSS是一种制作网页的新技术,现在已经成为网页设计必不可少的工具之一。W3C将CSS3分成了一系列模块,浏览器厂商按CSS节奏快速更新,因此通过采用模块方法,CSS3

规范中的元素以不同的速度向前发展。CSS4 仍在开发过程中。本书将介绍 CSS3 标准的部分内容。

3.7.1 CSS 的特点

前面学习了 HTML 以及编写网页的基本方法,已经注意到 HTML 注重的是内容本身,而不是显示方式。但实际上,网页作者不得不考虑很多关于网页布局、排版方面的问题,以提供给用户尽量美观、易读的网页。

HTML 中标记和文档内容是混写在一起的,标记只是以特有的“<”和“>”记号来区分的,这给用户编写、管理和维护网页带来了很大不便。假如有 100 个网页,每个网页都包含了一段特定格式的文字(如字体为宋体、绿色),一旦需要对显示格式进行修改(如将绿色改为红色),可能需要对这 100 个网页都进行一遍相同的修改,这是让人无法忍受的。

使用 CSS 可以很方便地管理显示格式方面的工作,首先,它能够为网页上的元素精确地定位,让网页设计者自由控制文字、图片在网页上按要求显示;其次,它能够实现把网页上的内容结构和格式控制相分离。浏览者想要看的是网页上的内容结构,而为了让浏览者更好地看到这些信息,就要通过格式控制来帮忙。内容结构和格式控制相分离,使得网页可以仅由内容构成,而将所有网页的格式控制指向某个 CSS 样式表文件。这样就带来以下两方面的好处。

(1) 简化了网页的格式代码,外部的样式表还会被浏览器保存在缓存里,加快了下载显示的速度。

(2) 只要修改保存着网站格式的 CSS 样式文件就可以改变整个站点的风格特色,在修改页面数量庞大的站点时,显得格外有用,避免了一个一个网页地修改,大大减少了重复劳动的工作量。

CSS 中层叠的意思是多种样式可应用于一个单一的 HTML 页或应用于在该页中一个单一的 HTML 标记,当多种样式应用于同一 HTML 标记时,浏览器便会根据 CSS 标准中定义的层叠规则来决定哪一种样式优先。不同类型的样式设置将共同应用,而相同类型的样式设置将根据优先顺序覆盖,这就是层叠样式表的由来。在网页制作时采用 CSS 技术,可以有效地对页面的布局、字体、颜色、背景和其他效果实现更加精确的控制。只要对相应的代码做一些简单的修改,就可以改变同一页面的不同部分或者页数不同的网页的外观和格式。

3.7.2 CSS 的定义

CSS 是一种格式化网页的标准方法,它就颜色、字体、间隔、定位以及边距等格式提供了几十种属性,这些属性可通过 style 应用于 HTML 标记中。

一个样式表是由许多样式规则组成的,用来控制网页元素的显示方式。其规则的形式为:

```
选择符{属性 1:值 1; 属性 2:值 2; …}
```

规则由选择符以及紧跟其后的一系列“属性:值”对组成,所有“属性:值”对用“{}”将其包括在内,各“属性:值”对之间用分号“;”分隔。如 p{color:red; font-size:20pt}就是一个规则,其中 p 是选择符,color:red、font-size:20pt 是“属性:值”对。本规则表示所有<p>标记中的文字颜色为红色、大小为20磅。如果属性的值由多个单词组成，则必须在值上加引号，如字体的名称经常是几个单词的组合：p {font-family："sans serif"}。

选择符是指要引用样式的对象，可以是一个或多个HTML标记(各标记之间用逗号分开)，也可以是类选择符(如.text)、id选择符或上下文选择符。如果使用HTML中的标记名，称此规则为重置定义，也就是说重新定义了某些标记的显示样式(如标记p的默认文字颜色为黑色，在上面的规则中重新定义为红色，那么以后<p>中的文字就显示为红色)。可以把相同属性和值的选择符组合起来书写，用逗号将选择符分开，这样可以减少样式重复定义。如p,table{font-size:9pt}效果完全等效于：

```
p{font-size:9pt}
table{font-size:9pt}
```

对字体而言，9pt相当于Word中小5号字体，10pt相当于Word中5号字体。CSS中常用描述长度的单位有cm(厘米)、in(英寸)、mm(毫米)、pc(picas,1pc=12pt)、pt(点，1pt=1/72in)、px(像素)、%(百分比，例如150%表示1.5倍)、em(当前字体中字母M的宽度)、ex(当前字体中字母X的高度)。

样式定义中还可以加入注释来说明代码的意思，注释有利于自己或别人以后编辑和更改代码时理解代码的含义。在浏览器中，注释是不显示的。格式为：

```
/*字符串*/
```

【例3-7】 CSS定义。

```
<html>
<head>
<title>CSS示例</title>
<meta http-equiv="Content-Type" content="text/html;charset=utf-8">
<!-- 样式定义开始-->
<style type="text/css">
h1{font-family:"隶书","宋体";color:# ff8800}
.text{font-family:"宋体";font- size:14pt;color:red}
</style>
<!-- 样式定义结束-->
</head>
<body topmargin=4>
<h1>一个CSS示例！</h1>
<span class="text">这行文字应是红色的。</span>
</body>
</html>
```

在浏览器中显示结果如图3-15所示。

图3-15　一个CSS示例

3.7.3 CSS中的选择符

CSS中有六种选择符，分别是HTML标记、具有上下文关系的HTML标记、用户定义的类选择符、用户定义的ID选择符、虚类、虚元素，分别说明如下。

1. HTML标记类选择符

直接用HTML标记或HTML元素名称作为CSS选择符，例如：

```
td,input,select,body {font-family:Verdana;font-size:12px;}
form,body {margin:0;padding:0;}
select,body,textarea {background:#fff;font-size:12px;}
select {font-size:13px;}
textarea {width:540px;border:1px solid #718da6;}
img {border:none}
a {text-decoration:underline;cursor:pointer;}
h1 {color: #ff0000}
```

2. 具有上下文关系的HTML标记类选择符

如果定义了这样的样式规则 body {color: blue}，则网页中所有的文字都以蓝色显示，除非另外指定样式或格式来更改这一设定，这是因为body标记包含了所有其他的标记符和内容。如果要为位于某个元素内的元素设置特定的样式规则，则应将选择符指定为具有上下文关系的HTML标记。例如，如果只想使位于h1标记符的b标记符具有特定的属性，应使用的格式为：

```
h1 b {color: blue} <!-- 注意:元素之间以空格分隔-->
```

这表示只有位于h1标记内的b元素具有蓝色属性，其他任何b元素保持原有颜色。

【例3-8】 该例中，包含在div内有一个input，div和input之间就有上下文关系；div内有span，span内有B，它们之间也构成了上下文关系。实际上这种上下文关系可以嵌套任意层次。用div span b {color:yellow}表示了div标记中的span标记中的b元素用黄颜色显示。

```
<html><head><title>CSS选择符问题 </title>
<style type=text/css>
    input {color: white;}
    div input {color:red}
    div span b {color:yellow}
</style>
</head><body>
    <input type="text" value="change me"><br>
<div>
      <input type="text" value="change me"><br>
      <span>I'm a <b>good </b>  student </span>
</div>
</body></html>
```

3. 用户定义的类选择符

使用类选择符能够把相同的标记分类定义成不同的样式。定义类选择符时，在自定义类的名称前面加一个点号。假如想要两个不同的段落，一个段落向右对齐，一个段落居中，可以先定义两个类：

```
p.right {text-align: right}
p.center {text-align: center}
```

“.”符号后面的 right 和 center 为类名。类的名称可以是用户自定义的任意英文单词或以英文开头的与数字的组合，一般以其功能和效果简要命名。如果要用在不同的段落中，只要在 HTML 标记中加入前面定义的类：

```
<p class="right">这个段落向右对齐的</p>
<p class="center">这个段落是居中排列的</p>
```

用户定义的类选择符的一般格式为：

```
selector.classname { property: value; …}
```

类选择符还有一种用法，在选择符中省略 HTML 标记名，这样可以把几个不同的元素定义成相同的样式。例如，.center {text-align: center}，自定义 center 类选择符为文字居中排列。这样不限定某一个 HTML 标记，可以被应用到任何元素上。下面将 h1 元素（标题 1）和 p 元素（段落）都设为 center 类，使这两个元素的文字居中显示：

```
<h1 class="center">这个标题是居中排列的  </h1>
<p class="center">  这个段落也是居中排列的 </p>
```

这种省略 HTML 标记的类选择符是最常用的 CSS 方法，使用这种方法，可以很方便地在任意元素上套用预先定义好的类样式，但是要注意，前面的“.”号不能省略。

【例 3-9】 CSS 类选择符示例。

```
<html><head><title>CSS 类选择符示例</title>
<style type="text/css">
<!--
p.English{font-family:"Times New Roman";color:blue}
p.Chinese{font-family:"幼圆";font-size:20pt}
.phone{color:blue}
-->
</style></head>
<body>
<p class=English>www.cqu.edu.cn</p>
<p class=Chinese>重庆大学</p>
<p class=phone>20824812 </p>
</body>
</html>
```

在浏览器中显示结果如图 3-16 所示。

4. 用户定义的 ID 选择符

用户定义的 ID 选择符的一般格式为：

```
#IDname { property: value; …}
```

其中，IDname 为某个标记 ID 属性值。ID 选择符的用途及概念和类选择符相似，不同之处在于同一个 ID 选择符样式只能在 HTML 文件内被应用一次，而类选择符样式则可以被多次应用。也就是说，如果有些较特别的标记需要应用较为特殊的样式，则建议使用 ID 选择符。在定义 ID 选择符时以“#”号开头而不是“.”号。

【例 3-10】 ID 选择符示例。

```
<html>
<head><title>CSS ID 使用示例</title>
<style type="text/css">
<!--
  #English {font-family:"Times New Roman";color:blue}
```

```
  #Chinese {font-family:"幼圆"}
-->
</style></head>
<body>
<h1 id="English">www.cqu.edu.cn</h1>
<h2 id="H2_1">www.cqu.edu.cn</h2>
<h1 id="Chinese">重庆大学</h1>
<h2 id="H2_2">重庆大学</h2>
</body></html>
```

在浏览器中显示结果如图 3-17 所示。

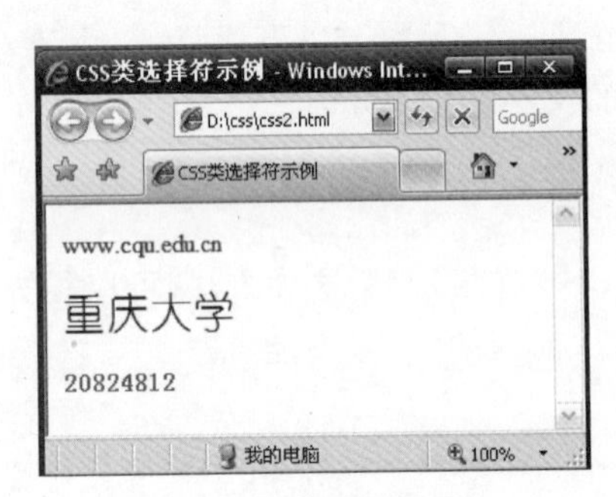

图 3-16　类选择符示例

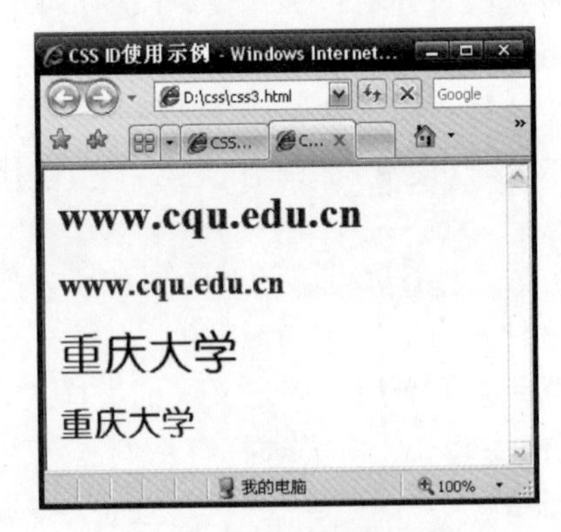

图 3-17　ID 选择符示例

例 3-10 中 HTML 标记若引用相同的 ID 属性，则会给用脚本语言操控该元素带来麻烦。同一个 #English 选择符同时应用到<h1>及<h2>标记，可以正常显示，这是因为浏览器在 ID 选择符这部分并没有完全遵循 W3C 的规格建议书，结果 ID 选择符和类选择符的用法几乎相同。

5. 虚类

虚类可以看作一种特殊的类选择符，是能被支持 CSS 的浏览器自动识别的特殊选择符。虚类主要针对超链接 a 标记符，可以为超链接定义不同状态下的不同样式效果。

虚类的形式如下：

```
选择符:虚类 { property: value; …}
```

定义虚类的方法和常规类很相似，但有两点不同：一是连接符是冒号而不是句点号；二是它们有预先定义好的名称，不能随便取名。这里仅以虚类中最常见的 a 虚类为例，a 虚类可以指定超链接标记 a 以不同的方式显示链接，表示链接处在以下四种不同的状态下：link、visited、active、hover（未访问的链接、已访问的链接、活动链接（即单击链接后）、鼠标指针停留在链接上）。可以把它们分别定义为不同的效果，如例 3-11 所示。

【例 3-11】 CSS 虚类示例。

```
<html><head><title>CSS 虚类示例</title>
<style type="text/css">
a:link {font-size: 18pt; font-family:隶书; text-decoration:none}
                                                        /*未访问的链接*/
a:visited {font-size: 18pt;font-family:宋体;text-decoration:line-through}
                                                        /*已访问的链接*/
```

```
a:hover {font-size: 18pt; font-family:黑体;text-decoration:overline}
                                                    /*鼠标指针停留在链接上*/
a:active {font-size:18pt; font-family:幼圆; text-decoration:underline}
/*活动链接*/
</style></head>
<body>
<a href="#">软件学院</a>
</body></html>
```

在浏览器中显示结果如图 3-18 所示。

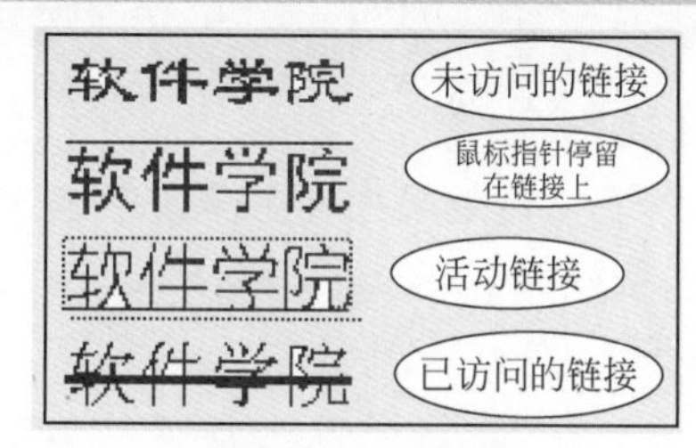

图 3-18 虚类示例

在例 3-11 中,这个链接未访问时的字体是隶书,无下画线,访问后是宋体,打上了删除线,单击链接后变成活动链接时字体为幼圆并有下画线,鼠标指针在链接上时为黑体,有上画线。

值得注意的是,有时这个链接访问前鼠标指针指向链接时有效果,而链接访问后鼠标指针再次指向链接时却无效果了。这是因为把 a:hover 放在了 a:visited 的前面,这样由于后面的优先级高,当访问链接后就忽略了 a:hover 的效果。所以根据层叠顺序,在定义这些链接样式时,一定要按照 a:link、a:visited、a:hover、a:active 的顺序书写。

还可以将虚类和类选择符及其他选择符组合起来使用,其形式如下:

```
选择符.类:虚类 { property: value; …}
```

这样就可以在同一个页面中做几组不同的链接效果了。

【例 3-12】 CSS 虚类和类选择符组合使用。可以定义一组链接为红色、访问后为蓝色,另一组为绿色、访问后为黄色。

```
<html><head>
<style type="text/css">
a.myred:link {color: #FF0000; text-decoration: underline:}
a.myred:visited {color: #0000FF; text-decoration: none:}
a.myblue:link {color: #00FF00; text-decoration: none; }
a.myblue:visited {color: #FF00FF; text-decoration: underline;}
</style></head>
<body>
<a class="myred" href="#">这是第一组链接</a>
<a class="myblue" href="#">这是第二组链接</a>
</body></html>
```

6. 虚元素

在 CSS 中有两个特殊的选择符,用于 p、div、span 等块级元素的首字母和首行效果,它们是 first-letter 和 first-line。有些浏览器不支持这两个虚元素。其格式为:

```
选择符: first-letter { property: value; …}
选择符: first-line { property: value; …}
选择符.类: first-letter { property: value; …}
选择符.类: first-line { property: value; …}
```

【例 3-13】 CSS 虚元素示例。显示效果如图 3-19 所示。

```
<html><head>
<style type="text/css">
```

```
p:first-letter {font-size:200%;float:left;}
p:first-line {color:blue;}
div.odd:first-letter {font-family: 黑体;font-size:30pt;}
</style></head>
<body><p>
在 CSS 中有两个特殊的选择符,<br>用于文本段的首字母和首行效果<br>
有些浏览器不支持这两个虚元素</p>
<Div class="odd">
前面我们了解了 CSS 的语法,但要想在浏览器中显示出效果,<br>
就要让浏览器识别并调用样式表,当浏览器读取样式表时,</Div>
</body></html>
```

首字母效果也可在样式中定义 span {font-size: 200%},然后在需要的位置应用该样式,例如"< p >< span >前</span >面我们了解了 CSS 的语法</p >"可以达到图 3-19 中的效果。

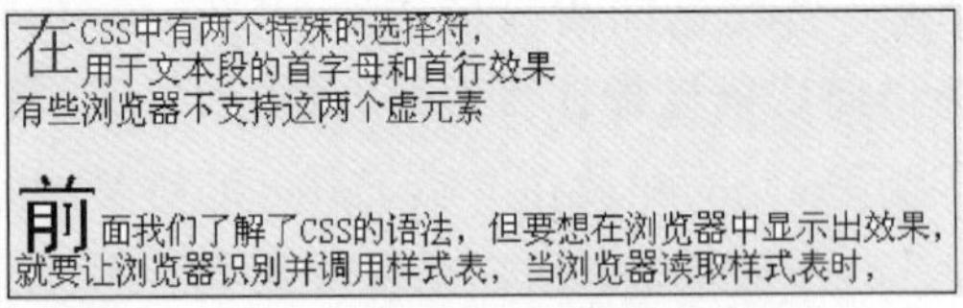

在CSS中有两个特殊的选择符,
用于文本段的首字母和首行效果
有些浏览器不支持这两个虚元素

前面我们了解了CSS的语法，但要想在浏览器中显示出效果，
就要让浏览器识别并调用样式表，当浏览器读取样式表时，

图 3-19　CSS 虚元素示例效果

3.7.4　CSS 的使用方法

前面介绍了 CSS 的语法,但要在浏览器中显示出效果,就要让浏览器识别并调用样式表。当浏览器读取样式表时,要依照文本格式来读。为网页添加样式表的方法有四种:链入外部样式表、导入外部样式表、联入样式表和内联样式。其中,联入样式表和内联样式是将 CSS 的功能组合于 HTML 文件之内,而链接及导入外部样式表则是将 CSS 功能以文件方式独立于 HTML 文件之外,然后通过链接或导入的方式将 HTML 文件和 CSS 文件链接在一起。

1. 链入外部样式表

链入外部样式表是把样式表保存为一个 CSS 文件,在 HTML 的头信息标识符< head >中添加< link >标记链接到这个 CSS 文件即可使用。

【例 3-14】 链入外部样式表示例。

先将样式定义存放在文件 mystyle. css 中,包含如下内容:

```
h1{font-family:"隶书","宋体";color:# ff8800}
p{background-color:yellow;color:# 000000}
.mytext{font-family:"宋体";font-size:14pt;color:red}
```

css5. htm 引用该样式表:

```
<html>
<head><title>链接样式表 CSS 示例</title>
<link rel="stylesheet" type="text/css" href=mystyle.css" media=screen></head>
<body topmargin=4>
<h1>这是一个链接样式表 CSS 示例!</h1>
<span class="mytext">这行文字应是红色的。</span>
<p>这一段底色应是黄色。</p>
</body></html>
```

在浏览器中显示结果如图 3-20 所示。

外部样式表不能含有任何像<head>或<style>这样的 HTML 标记，其仅仅由样式规则或声明组成，并且只能以 CSS 为扩展名。

<link>标记放置在 HTML 文档头部，其属性主要有 rel、href、type、media。

rel 属性表示样式表将以何种方式与 HTML 文档结合。一般取值为 stylesheet，指定一个外部的样式表。href 属性指出 CSS 文件的地址，如果样式文件和 HTML 文件不是放在同一路径下，则要在 href 里加上完整路径。type 属性指出样式类别，通常取值为 text/css。media 是可选的属性，表示使用样式表的网页将用什么媒体输出，取值范围：screen（默认），输出到计算机屏幕；print，输出到打印机；projection，输出到投影仪等。

图 3-20　链接样式表示例

一个外部样式表文件可以应用于多个页面。当改变这个样式表文件时，所有页面的样式都随之而改变。在制作大量相同样式页面的网站时，非常有用，不仅减少了重复的工作量，而且有利于以后的修改、编辑。同时，大多数浏览器会保存外部样式表在缓冲区，从而浏览时也减少了重复下载代码，避免了在展示网页时的延迟。

2. 导入外部样式表

导入外部样式表是指在 HTML 文件头部的<style>…</style>标记之间，利用 CSS 的@import 声明引入外部样式表。

【例 3-15】 导入外部样式表示例。

```
<html>
<head><title>导入外部样式表 CSS 示例</title>
<style type="text/css">
      <!-- @import  "mystyle.css";-->
h2 {font-family:"隶书","宋体";color:blue}
</style>
<head>
<body topmargin=4>
<h1>这是一个导入外部样式表 CSS 示例！</h1>
<span class="text">这行文字应是红色的。</span>
<h2>这行文字应是蓝色的。</h2>
<p>这一段底色应是黄色。</p>
</body></html>
```

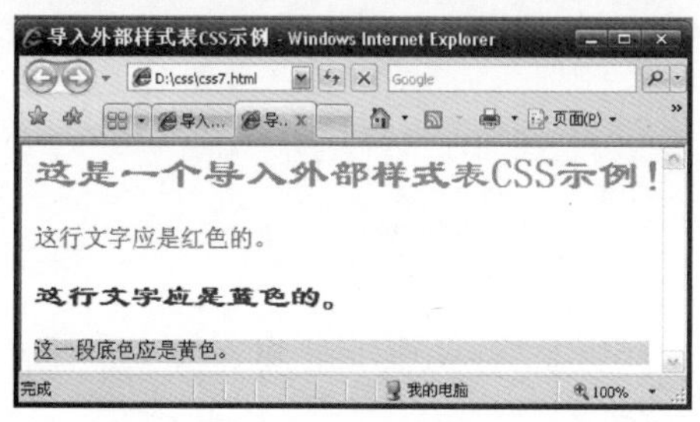

图 3-21　导入外部样式表示例

在浏览器中显示结果如图 3-21 所示。

@import "mystyle.css"表示导入 mystyle.css 样式表，注意使用时外部样式表的路径。方法和链入样式表的方法很相似，但导入外部样式表输入方式更有优势。因为除了导入外部样式外，还可添加本页面的其他样式。注意，@import 声明必须放在样式表的开始部分，其他的 CSS 规则应仍然包括在 style 元素中。

3. 联入样式表

利用<style>标记将样式表联入 HTML 文件的头部。前面的例子大都采用这种方法。

【例 3-16】 联入样式表示例。

```
<head>
<style type="text/css">
<!--
hr {color: sienna}
p {margin-left: 20px}
body {background-image: url("images/back40.gif")}
-->
</style>
</head>
```

style 元素放在文档的 head 部分。必需的 type 属性用于指出样式类别，通常取值为 text/css。有些低版本的浏览器不能识别 style 标记，这意味着低版本的浏览器会忽略 style 标记中的内容，直接以源代码的方式在网页上显示设置的样式表。为了避免这样的情况发生，用加 HTML 注释的方式(<!--注释 -->)隐藏内容而不让它显示，像上述例子那样。联入样式表的作用范围是本 HTML 文件。

4. 内联样式

内联样式是混合在 HTML 标记中使用的，用这种方法，可以很简单地对某个元素单独定义样式。这是连接样式和 HTML 标记的最简单的方法。内联样式的使用是直接在 HTML 标记中加入 style 参数。而 style 参数的内容就是 CSS 的属性和值。

【例 3-17】 内联样式表示例。

```
<h1 style="font-family: '隶书', '宋体';color:# ff8800>这是一个 CSS 示例!</h1>
<p style="color:red;background-color:yellow" >这一段底色应是黄色。</p>
<body style="font-family: '宋体';font-size:14pt" >
```

此时，样式定义的作用范围仅限于此标记范围内。style 属性是随 CSS 扩展出来的。它可以应用于任意 body 元素(包括 body 本身)，除了 basefont、param 和 script。还应注意，若要在一个 HTML 文件中使用内联样式，可以在文件头部对整个文档进行单独的样式表语言声明，即

```
<META HTTP-EQUIV="CONTENT-TYPE" CONTENT="TEXT/CSS">
```

内联样式会向标记中添加更多属性及内容，因此对于网页设计者来说很难维护，更难阅读。而且由于它只对局部起作用，因此必须对所有需要的标签都进行设置，这样就失去了 CSS 在控制页面布局方面的优势。所以，内联样式主要用于样式仅适用于单个页面的情况，应尽量减少使用内联样式，而采用其他样式。

5. 多重样式表的叠加

如果在同一个选择器上使用几个不同的样式表时，这个属性值将会叠加几个样式表，遇到冲突的地方会以最后定义的为准。下面是一个多重样式表的叠加示例。

首先链入一个外部样式表，其中定义了 h3 选择符的 color、text-align 和 font-size 属性：

```
h3 {color: red;text-align: left;font-size: 8pt;}
```

然后在内部样式表中也定义了 h3 选择符的 text-align 和 font-size 属性：

```
h3 {text-align: right; font-size: 20pt;}
```

那么这个页面叠加后的样式为：

```
color: red; text-align: right; font-size: 20pt;
```

即标题 3 的文字颜色为红色，向右对齐，尺寸为 20 号字。字体颜色从外部样式表中保留下来，而对齐方式和字体尺寸都有定义时，按照后定义优先的原则。

因此，依照后定义优先的原则，优先级最高的是内联样式，联入样式表高于导入外部样式表，链入的外部样式表和联入的样式表之间，最后定义的样式优先级高。

3.8 用 CSS 控制 Web 元素的显示外观

CSS 可以通过字体属性、颜色及背景属性、文本属性、方框属性、分类属性和定位属性等方式控制 Web 元素的显示外观。在 Web 开发中可以通过很多工具来自动生成样式表，不需要记忆复杂的样式名称，但必须对样式名称有所了解，只有这样才可以在自动生成的样式单上进行修改。

视频讲解

1. 字体属性

字体属性包括字体(font-family)、字号(font-size)、字体风格(font-style)、字体加粗(font-weight)、字体变化(font-variant)及字体综合设置(font)属性。

2. 文本属性

文本属性设置文字之间的显示特性，包括字符间隔(letter-spacing)、文本修饰(text-decoration)、大小写转换(text-transform)、文本横向排列(text-align)、文本纵向排列(vertical-align)、文本缩排(text-indent)、行高(line-height)。

1) 字符间隔

设定字符之间的间距。其基本格式为：

```
letter-spacing: 参数
```

2) 文本修饰

文字修饰的主要用途是改变浏览器显示文字链接时的下画线。

基本格式如下：

```
text-decoration: 参数
```

参数取值：underline，为文字加下画线；overline，为文字加上画线；line-through，为文字加删除线；blink，使文字闪烁；none，不显示上述任何效果。

【例 3-18】 用 CSS 控制文本显示示例。

```
<html>
<head><title>文本修饰</title>
<style type="text/css">
<!--
.style1{text-decoration: underline overline line-through blink}
-->
</style></head>
<body><span class="style1">给文字加上画线、下画线、删除线和闪烁。</span>
</body></html>
```

在浏览器中显示结果如图 3-22 所示。

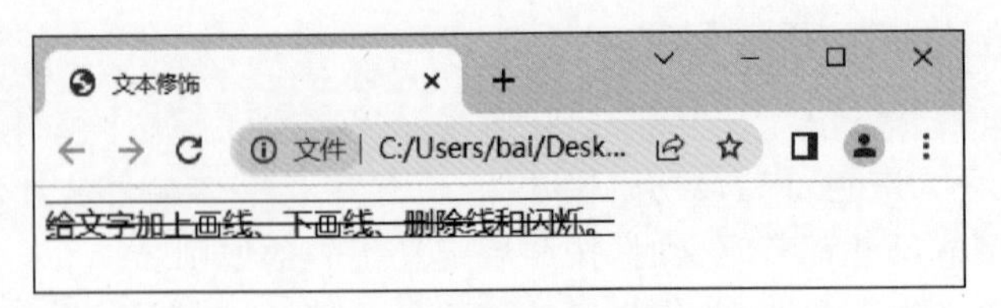

图 3-22 用 CSS 控制文本显示示例

3）大小写转换

文字大小写转换使网页的设计者不用在输入文字时就完成文字的大小写，而可以在 输入完毕后，再根据需要对局部的文字设置大小写。

基本格式如下：

```
text-transform: 参数
```

参数取值：uppercase，所有文字大写显示；lowercase，所有文字小写显示；capitalize，每个单词的头字母大写显示；none，不继承母体的文字变形参数。

注意，继承是指 HTML 的标识符对于包含自己的标识符的参数会继承下来。

4）文本横向排列

文本的水平对齐可以控制文本的水平对齐，而且并不仅仅指文字内容，也包括设置图片、影像资料的对齐方式。

基本格式如下：

```
text-align: 参数
```

参数的取值：left，左对齐；right，右对齐；center，居中对齐；justify，相对左右对齐。

但需要注意的是，text-align 是块级属性，只能用于< p >、< blockquote >、< ul >、< h1 >～< h7 >等标识符中。

5）文本纵向排列

文本的垂直对齐是相对于文本母体的位置而言的，不是指文本在网页中垂直对齐。例如，在表格的单元格中一段文本设置为垂直居中，文本将在单元格的正中显示，而不是整个网页的正中。

基本格式如下：

```
vertical-align: 参数
```

参数取值：top，顶对齐；bottom，底对齐；text-top，相对文本顶对齐；text-bottom，相对文本底对齐；baseline，基准线对齐；middle，中心对齐；sub，以下标的形式显示；super，以上标的形式显示。

6）文本缩排

文本缩进可以使文本在相对默认值较窄的区域中显示，主要用于中文版式的首行缩进，或是为大段的引用文本和备注做成缩进的格式。

基本格式如下：

```
text-indent: 缩进距离
```

缩进距离取值：带长度单位的数字；比例关系。

需要注意的是，text-indent 是块级属性，只能用于< p >、< blockquote >、< ul >、< h1 >～

<h7>等标识符中。

7）行高

行高是指上下两行基准线之间的垂直距离。

基本格式如下：

```
line-height: 行间距离
```

行间距离取值：①不带单位的数字，以1为基数，相当于比例关系的100%。②带长度单位的数字，以具体的单位为准。③比例关系。

注意，如果文字字体很大，而行距相对较小，可能会发生上下两行文字互相重叠的现象。

3. 控制颜色和背景属性

控制颜色和背景属性包括颜色(color)、背景颜色(background-color)、背景图片(background-image)、背景图片重复(background-repeat)、背景图片固定(background-attachment)、背景图片定位(background-position)六部分。

1）颜色

基本格式如下：

```
color: 参数
```

2）背景颜色

基本格式如下：

```
background-color: 参数
```

其参数取值和颜色属性一样。

3）背景图片

基本格式如下：

```
background-image: url(URL)
```

URL就是背景图片的存放路径。如果用none来代替背景图片的存放路径，将什么也不显示。

4）背景图片重复

背景图片重复控制的是背景图片平铺与否，也就是说，结合背景定位的控制可以在网页上的某处单独显示一幅背景图片。

基本格式如下：

```
background-repeat: 参数
```

参数取值：no-repeat，不重复平铺背景图片；repeat-x，使图片只在水平方向上平铺；repeat-y，使图片只在垂直方向上平铺。

如果不指定背景图片重复属性，则浏览器默认的是背景图片在水平、垂直两个方向上平铺。

5）背景图片固定

背景图片固定控制背景图片是否随网页的滚动而滚动。如果不设置背景图片固定属性，则浏览器默认背景图片随网页的滚动而滚动。为了避免过于花哨的背景图片在滚动时伤害浏览者的视力，可以解除背景图片和文字内容的捆绑，改为和浏览器窗口捆绑。

基本格式如下：

```
background-attachment: 参数
```

参数取值：fixed,网页滚动时,背景图片相对于浏览器的窗口而言固定不动；scroll,网页滚动时,背景图片相对于浏览器的窗口而言一起滚动。

6）背景图片定位

背景图片定位用于控制背景图片在网页中显示的位置。

基本格式如下：

```
background-position: 参数表
```

参数取值：①带长度单位的数字参数；top,相对前景对象顶对齐；bottom,相对前景对象底对齐；left,相对前景对象左对齐；right,相对前景对象右对齐；center,相对前景对象中心对齐。②比例关系。

参数中的 center 如果用于另外一个参数的前面,则表示水平居中；如果用于另外一个参数的后面,则表示垂直居中。

【例 3-19】 用 CSS 控制图片显示示例。

```
<! DOCTYPE html PUBLIC "-//W3C//DTD XHTML 1.0 Transitional//EN"
"http://www. w3.org/TR/xhtml1/DTD/xhtml1-transitional.dtd">
<html xmlns="http://www.w3.org/1999/xhtml">
<head>
<meta http-equiv="Content-Type" content="text/html; charset=gb2312" />
<title>无标题文档</title>
<style type="text/css">
<!--
.list{position:relative;}
.list span img{ /* CSS for enlarged image */
border-width: 0;
padding: 2px; width:300px;
}
.list span{
position: absolute;
padding: 3px;
border: 1px solid gray;
visibility: hidden;
background-color:# FFFFFF;
}
.list:hover{background-color:transparent;}
.list:hover span{visibility: visible;top:0; left:60px;}
-->
</style></head>
<body>
<p> </p>
<div><a class="list" href="# "><img src="img1.jpg" width="156" height="122"
border="0" /><span><img src="img1.jpg" alt="big" /></span></a></div>
</body></html>
```

在浏览器中显示结果如图 3-23 所示。

4. 方框属性

方框属性用于设置元素的边界(margin)、边界补白(padding)、边框(border)等属性值。使用方框属性的大多是块元素。

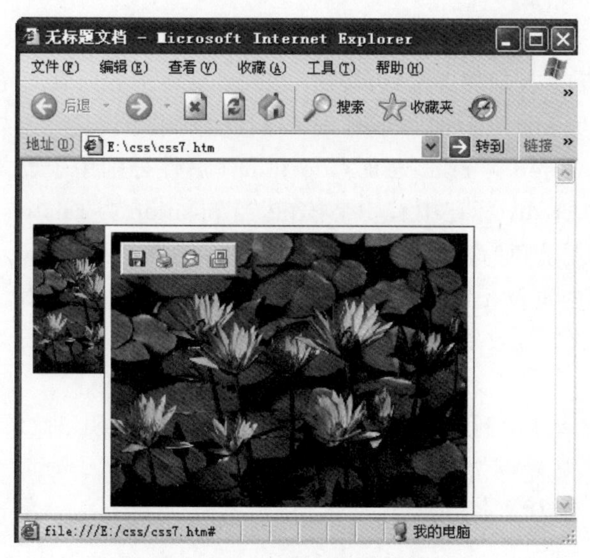

图 3-23 用 CSS 控制图片显示示例

5. 列表属性

列表属性用于设置列表标记(< ol >和< ul >)的显示特性,包括 list-style-type、list-style-image、list-style-position、list-style 等。

(1) list-style-type: 表示项目符号。

具体格式如下:

```
list-style-type: 参数
```

参数取值: ①无序列表值,disc——实心圆点; circle——空心圆; square——实心方形。②有序列表值,decimal——阿拉伯数字; lower-roman——小写罗马数字; upper-roman——大写罗马数字; lower-alpha——小写英文字母; upper-alpha——大写英文字母; none——不设定。

(2) list-style-image: 使用图像作为项目符号。

具体格式如下:

```
list-style-image:url(URL)
```

(3) list-style-position: 设定项目符号是否在文字里面与文字对齐。

具体格式如下:

```
list-style-position:outside/inside
```

(4) list-style: 综合设置项目属性。

具体格式如下:

```
list-style:type,position
```

6. 定位属性

CSS 提供 position、top、left 和 z-index 属性用于在二维或三维空间定位某个元素相对于其他元素的相对位置或绝对位置。

(1) position 属性用于设置元素位置的模式,有以下三种取值。

① absolute: 表示绝对定位,原点在所属窗口或框架页面文档显示区域的左上角。

② relative：表示相对位置，相对本元素的父元素的位置。

③ static(默认值)：表示静态位置，按照 HTML 文件中各元素的先后顺序显示。

(2) 当 position 为 absolute 时，top 和 left 属性分别用于设置元素与窗口或框架上端以及左端的距离；当 position 为 relative 时，top 和 left 属性分别用于设置元素与父元素上端以及左端的距离。例如，div 标记中有一个按钮，当 position 为 relative 时，按钮位置的 top 和 left 是以 div 标记左上角为坐标原点。

(3) 在三维空间中定位元素时，与之相关的属性是 z-index。它将页面中的元素分成多个"层"，形成"堆叠"的三维效果。z-index 的取值为整数，可为正，也可为负。值较高的元素覆盖较低的元素。

【例 3-20】 定位属性示例：立体效果的"三维空间定位"和阴影效果的"Web 开发技术"。

```
<html><head><title>三维空间定位</title>
<style type="text/css">
span{font-size:18pt}
span.level2{position:absolute;z-index:2;left:100;top:100;color:red;}
span.level1{position:absolute;z-index:1;left:101;top:101;color:green;}
span.level0{position:absolute;z-index:0;left:102;top:102;color:yellow;}
p.lev1{position:absolute;top:200;left:220;z-index:2;font-size:36pt;color:
blue;}
p.lev2{position:absolute;top:220;left:250;z-index:-2;font-size:30pt;color:
darked;}
</style></head>
<body>
<span class="level2">三维空间定位</span>
<span class="level1">三维空间定位</span>
<span class="level0">三维空间定位</span>
<p class="lev1">Web 开发技术</p>
<p class="lev2">Web 开发技术</p>
</body></html>
```

在浏览器中显示结果如图 3-24 所示。

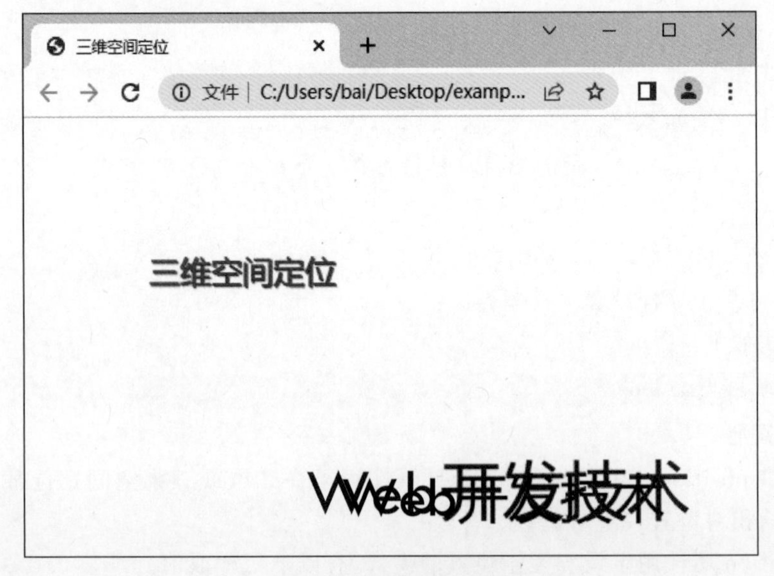

图 3-24 定位属性示例

7. 控制鼠标指针形状

在网页上,鼠标指针平时呈箭头形,指向链接时成为手形,等待网页下载时成为圆圈转动形(程序正忙)……虽然这样的设计能使我们知道浏览器现在的状态或是可以做什么,但这些还不能完全满足我们的需要。以链接为列,可以是指向一个帮助文件,也可以是向前进一页或是向后退一页,针对如此多的功能,光靠千篇一律的手形鼠标是不能说明问题的。CSS提供了十多种鼠标指针形状供选择,如表3-4所示。

表3-4 鼠标指针形状的样式定义

基本格式(cursor)	鼠标指针形状参数	基本格式(cursor)	鼠标指针形状参数
style="cursor:pointer"	手形	style="cursor:crosshair"	十字形
style="cursor:wait"	圆圈转动形	style="cursor:move"	十字箭头形
style="cursor:e-resize"	右箭头形	style="cursor:n-resize"	上箭头形
style="cursor:text"	文本形	style="cursor:w-resize"	左箭头形
style="cursor:help"	问号形	style="cursor:s-resize"	下箭头形
style="cursor:nw-resize"	左上箭头形	style="cursor:ne-resize"	右上箭头形
style="cursor:sw-resize"	左下箭头形	style="cursor:se-resize"	右下箭头形

8. CSS中的float、clear、display及visibility属性

CSS中的float(浮动)、clear(清除浮动)和display及visibility(指定元素的显示方式)属性通常用于控制元素在页面中的布局和显示。综合使用这些属性,可以创建复杂的布局和设计,但要小心使用浮动,因为它可能引起一些问题,如清除浮动和产生不必要的间隙。在现代网页设计中,推荐使用Flexbox和Grid等新的布局技术。

1) float属性

该样式属性用于指定元素在其包含块中的浮动方向,使其脱离顺序输出页面内容的文档流并沿着包含块的左侧或右侧浮动。常见值包括none(默认值,不浮动)、left(左浮动)和right(右浮动)等,其功能类似于在Word中插入图片后的布局选项设置,即浮于文字上方、嵌入型、四周型、紧密型等。例如:

```
<div style="border-style:solid; border-width:2px; float:right">此文本显示在右
侧</div>
```

浮动的元素会影响其周围的布局,可能导致其他元素环绕在其周围。为了避免出现这种情况,可以使用clear属性。

2) clear属性

该属性用于指定元素周围不允许有浮动元素的一侧。它防止浮动元素的影响,确保在指定方向上没有浮动元素。常见值包括left(在左侧不允许浮动元素)、right(在右侧不允许浮动元素)、both(在左右两侧均不允许浮动元素)、none(默认值,允许浮动元素出现在两侧)、inherit(规定从父元素继承clear属性的值)。

以下代码实现三个手写签名在右侧竖向排列,若去掉样式,则三个签名会呈现在一行。

```
<html><head>
<style type="text/css">
img { float:right;  clear:both; }
</style>
</head>
```

```
<body>
<img src="手写签名1.jpg" width="238" height="95"/>
<img src="手写签名2.jpg" width="238" height="95"/>
<img src="手写签名3.jpg" width="238" height="95"/>
</body></html>
```

3) display 及 visibility 属性

两者都用于指定元素的显示方式。display 属性常见的值包括 none(不显示元素)、block(块级元素)、inline(行内元素)、inline-block(行内块级元素)。visibility 属性常见的值包括 visible(默认值,在页面上显示元素)、hidden(在页面上隐藏元素)、collapse(仅针对表格有效,隐藏表格的行和列,若用于其他元素,会呈现为 hidden)。

样式 display: none 和 visibility: hidden 都用于在页面中隐藏元素,但前者会将元素完全从文档流中移除,不占据任何空间,对布局没有影响,用户无法与其交互,也无法通过脚本访问,而后者元素仍然占据文档流中的空间,但它变得不可见,对布局有影响,即使元素不可见,但它仍会占据相应的空间,可以通过脚本访问,并与其交互。

display 属性常用于改变元素的默认显示方式,从而实现更灵活的页面布局,例如将行内元素变为块级元素或相反。

display: block 用于指定元素的显示方式为块级元素。块级元素会在页面上独占一行,并且会在其前后创建新的行,形成一个块。display: inline 用于指定元素的显示方式为行内元素。行内元素不会在页面上独占一行,而是在同一行上排列,不会强制换行。display: inline-block 结合了行内元素和块级元素的特性。它使元素在同一行内水平排列,同时保留块级元素的特性,可以设置宽度、高度以及垂直方向的一些属性。行内块级元素具有块级元素的特性,但在水平方向上仍保留行内元素的特性。

visibility: collapse 通常用于隐藏表格的行。以下代码就隐藏了该表格的行:

```
<tr style="visibility: collapse;"><td>John Doe</td><td>25</td><td>New York
</td></tr>
```

一个 3 行 3 列的表格通过合理设置该属性就会显示为 1 行 3 列(但通过脚本代码访问还会是 3 行)。例如,把属性改为 hidden,表格还是 3 行 3 列,但数据被隐藏,不显示在表格中。若要隐藏表格的某列,对该列的所有单元格建议用 display: none 样式属性。

下面代码中可改变 display 的不同属性值,在浏览器中可查看其实际效果。

```
<html lang="en">
<head>
  <meta charset="UTF-8">
  <title>Display Inline-Block Example</title>
  <style>
    /* 将 div 元素设置为行内块级元素 */
    .inline-block-element {
      display: inline-block;
      width: 150px;
      height: 100px;
      background-color: #2ecc71;
      color: #fff;
      text-align: center;
      line-height: 100px;
      margin: 10px;
```

```
    }
  </style>
</head>
<body>
  <!-- 行内块级元素 -->
  <div class="inline-block-element">Inline Block1111</div>
  <div class="inline-block-element">Example1111</div>
  <!-- 其他内容 -->
  <p>This is some other content on the page.</p>
</body>
</html>
```

3.9 CSS3 介绍

视频讲解

CSS3 是 CSS 技术的升级版本,CSS3 语言开发是朝着模块化发展的。以前的规范作为一个模块实在是太庞大而且比较复杂,所以,把它分解为一些小的模块,更多的模块也被加入进来。这些模块包括盒子模型、列表模型、超链接方式、语言模块、背景和边框、文字特效、多栏布局等。

CSS3 具有以下特性。

(1) 圆角矩形。对应属性:border-radius。

(2) 以往对网页上的文字加特效职能用 filter 属性,在 CSS3 中专门制定了一个加文字特效的属性,而且不止加阴影一种特效效果。对应属性:font-effect。

(3) 丰富了对链接下画线的样式,以往的下画线都是直线,在 CSS3 中出现了波浪线、点线、虚线等,更可对下画线的颜色和位置进行任意改变。还有对应上画线和中横线的样式,效果与下画线类似。对应属性:text-underline-style、text-underline-color、text-underline-mode、text-underline-position。

(4) 在文字下加几个点或打个圈以示重点,CSS3 也开始加入了这项功能,在显示某些特定网页上很有用。对应属性:font-emphasize-style 和 font-emphasize-position。

还有一些对边框、背景、文字效果、颜色等进行修改的新属性出现,进一步丰富和发展了 CSS 的功能。

CSS3 的原理与 CSS 相同,是在网页中自定义样式表的选择符,然后在网页中大量引用这些选择符。CSS3 将完全向后兼容,所以没有必要修改现在的设计来让它们继续运作。网络浏览器也还将继续支持 CSS2。CSS3 主要的影响是将可以使用新的可用的选择器和属性,这些会允许实现新的设计效果,而且可以很简单地实现出所需要的设计效果。

CSS3 新增属性比较多,下面介绍一些常用的属性。

1. 颜色属性

CSS3 颜色模块的引入,让制作 Web 效果时不再局限于 RGB 和十六进制两种模式。CSS3 增加了 RGBA、HSL、HSLA 几种新的颜色模式。RGBA 是 CSS3 中定义颜色的函数,语法为 rgba(R,G,B,A),代表由红(R)、绿(G)、蓝(B)和透明度(A)的变化以及相互叠加来得到各种各样的颜色。参数 R、G、B 的取值范围为 0~255,A 的取值范围为 0~1。

2. 圆角矩形

一个矩形有四个角,可分别定义四个角的圆角半径,其样式大都用于 div 标记。每个矩形的角还可定义为椭圆形圆角,也即每个角可定义水平半径和垂直半径。

"style="border-radius:20px;""表示四个角的圆角半径都是20px。

"style="border-radius:5px 6px 7px 8px;""表示从矩形左上角开始,顺时针方向四个角的圆角半径分别是5px、6px、7px、8px。

"style="border-top-left-radius:5px; border-top-right-radius:6px; border-bottom-right-radius:7px; border-bottom-left-radius:8px;""含义和上面相同,可以单独指定四个角的半径。

"style="border-radius:10px 20px 30px 40px/20px 30px 40px 10px;""表示从矩形左上角开始,顺时针方向四个角的水平半径分别是10px、20px、30px、40px,垂直半径分别是20px 30px 40px 10px,形成椭圆形圆角。

3. 背景属性

CSS3允许使用多个属性在一个元素上添加多层背景图片,如background-image、background-clip、background-size、background-repeat、background-break等。该属性的应用大大改善以往面对多层次设计需要多层布局的问题,方便Web前端开发者对页面背景进行设计,简化背景图片的维护成本。其主要属性如下。

(1) background-image。

在CSS3中,可以在一个标签元素中应用多个背景图片。第一个图片是定位在最上面的背景,后面的图片依次在其下面显示。

格式:

```
background-image: url(图片地址)[,url(图片地址) …]
```

(2) background-size。

background-size属性可以用来设置背景图片的大小,属性如下。

① background-size:contain,缩小背景图片使其适应标签元素。

② background-size:cover,让背景图片放大延伸到整个标签元素。

③ background-size:宽度 高度,标注背景图片缩放的尺寸,可以是具体数值,也可以是百分比,例如background-size:100px 100px、background-size:50% 90%。

(3) background-repeat。

CSS3为了解决背景图片被标签元素截取而显示不全的问题,对background-repeat进行修改,增加了以下两个属性值。

① background-repeat:space,图片以相同的间距平铺且填充整个标签元素。

② background-repeat:round,图片自动缩放直到适应且填充整个标签元素。

(4) background-break。

CSS3中标签元素能够分在不同区域,background-break属性能够控制背景图片在不同区域的显示,属性如下。

① background-break:continuous,默认值,忽视区域之间的间隔空隙。

② background-break:bounding-box,重新考虑区域之间的间隔。

③ background-break:each-box,对每一个独立的标签区域进行背景的重新划分。

4. 多列布局属性

CSS3多列布局属性可以不使用多个div标签就能实现多列布局,可以通过对应属性将一个简单的区块拆成多列,主要属性如下。

① column-width：列的宽度。

② column-count：列的数量。

③ column-gap：列之间的间隔。

④ column-rule：定义每列之间边框的宽度、样式和颜色。

⑤ column-span：设置跨列显示。取值：none，只在本列显示；all，横跨所有列。

⑥ column-fill：定义列的高度是否统一。取值：auto，各列高度随其内容的变化而变化；balance，各列的高度根据最高列进行统一。例如，以下代码实现的效果如图 3-25 所示。

```
<h2 style="column-span:all; text-align:center;">CSS3 的使用</h2>
<p style="text-indent:2em; column-count:3; column-gap:50px; column-rule:
4px outset blue;text-align:justify;">CSS3 渐变(gradients)可以让你在两个或多个指定的颜色之间显示平稳的过渡。以前,你必须使用图像来实现这些效果。但是,通过使用 CSS3 渐变(gradient),你可以减少下载的时间和宽带的使用。此外,渐变效果的元素在放大时看起来效果更好,因为渐变(gradient)是由浏览器生成的。CSS3 定义了两种类型的渐变(gradient):线性渐变(linear gradient)- 向下/向上/向左/向右/对角方向; 径向渐变(radial gradient)- 由它们的中心定义。线性渐变相关属性:background-image。</p>
```

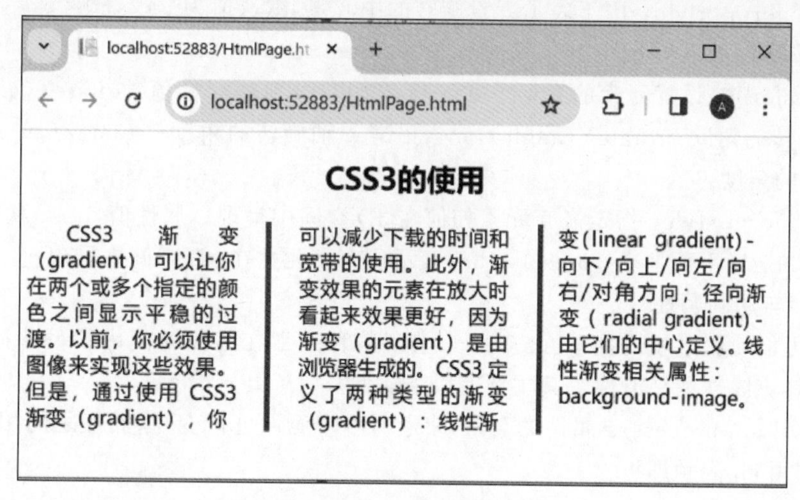

图 3-25　定位属性示例

5. 弹性盒模型布局属性

弹性盒模型布局属性可以根据复杂的前端分辨率进行弹性布局，让开发者轻松实现页面中某一区块在水平、垂直方向的对齐。属性如下。

① flex-direction：决定主轴方向，即子标签排列的方向。取值有 row（从左往右）、row-reverse（从右往左）、column（垂直向下）、column-reverse（垂直向上）。

② flex-wrap：是否允许子项目换行。取值有 nowrap（默认不换行）、wrap（允许换行）、wrap-reverse（反向换行）。

③ justify-content：定义子标签在主轴（x 轴）上的对齐方式。取值有 flex-start（默认居左对齐）、flex-end（居右对齐）、center（居中对齐）、space-around（环绕对齐）、space-between（两端对齐）、space-evenly（等距离对齐）。

④ align-items：定义子标签在 y 轴上的对齐方式。取值有 stretch（当子标签不设置高度时，默认拉伸为最大可承受高度）、flex-start（与当前行中的 x 轴的顶端对齐）、flex-end（与

当前行中的 x 轴的底端对齐)、center(在当前行中居中对齐)。

⑤ align-content：所有的行在容器中的对齐方式。取值有 flex-start(排在容器顶端)、flex-end(排在容器底端)、center(排在容器中间)、space-around(多个行环绕对齐)、space-between(多个行上下两端对齐)、space-evenly(多个行等距离对齐)。

6. 变形属性

在 CSS 2.1 中,想要让某个元素变形需要借助 JavaScript 写大量的代码实现。在 CSS3 中加入了变形属性,该属性在 2D 或 3D 空间里操作元素的位置和形状来实现旋转、扭曲、缩放、位移等操作。2D 变形属性如下。

① transform：设置元素的变形方式,可以将元素旋转、缩放、移动、倾斜等。属性值：translate(x,y),水平方向移动 x,垂直方向移动 y；rotate(angle),元素顺时针旋转 angle 角度；scale(x,y),元素水平方向缩放比为 x,垂直方向缩放比为 y；skew(angleX,angleY),元素沿着 x 轴倾斜 angleX 角度,沿着 y 轴倾斜 angleY 角度；matrix(a,b,c,d,e,f),将所有 2D 变形函数(旋转、缩放、移动及倾斜)组合在一起。

② transform-origin：用于表示元素旋转的中心点,默认值为 50% 50%。

3D 变形属性如下。

① transform：设置元素的变形方式。与 2D 相比,新增属性值：rotateX(angle),元素沿着 x 轴旋转的角度；rotateY(angle),元素沿着 y 轴旋转的角度；rotateZ(angle),元素沿着 z 轴旋转的角度。

② transform-style：指定嵌套元素如何在 3D 空间中呈现。属性值：flat,默认值；表示所有子元素在 2D 平面呈现；preserve-3d,表示所有子元素在 3D 空间中呈现。

7. 过渡与动画属性

CSS3 可以使用过渡属性 transition 来实现某种元素在某段时间内的一些简单动画效果,使其更具流线性和平滑性。其主要有以下属性。

① transition-property：属性的名字,表示对哪个属性进行变化,属性之间用逗号隔开,所有属性则用 all 表示即可。

② transition-duration：变化持续的时间。

③ transition-timing-function：实现过渡的方式。取值：linear,匀速；ease,先慢后快再慢；ease-in,先慢后快；ease-out,先快后慢；ease-in-out,开头慢结尾慢,中间快。

④ transition-delay：过渡开始前等待的时间。例如：

```
transition:all 1s linear 0s
```

CSS3 可以使用动画属性 animation 实现更复杂的样式变化以及一些交互效果,不需要使用任何 Flash 或 JavaScript 脚本代码。其主要有以下属性。

① @keyframes：规定动画。

② animation：所有动画属性的简写属性,除了 animation-play-state 属性。

③ animation-name：规定@keyframes 动画名称。

④ animation-timing-function：规定动画的速度曲线,取值与 transition-timing-function 相同。

⑤ animation-delay：动画开始前等待的时间,取值可为负,如－2s 指动画跳过 2s 进入动画周期。

⑥ animation-iteration-count：规定动画播放次数，默认值为1。

⑦ animation-direction：规定动画是否在下一周期逆向地播放，默认值为normal。

⑧ animation-play-state：规定动画是否正在运行或暂停，默认值为running。

⑨ animation-fill-mocd：规定对象动画时间之外的状态。

8. 阴影属性

CSS3中的阴影属性可以分为text-shadow(文本阴影)和box-shadow(盒子阴影)，该属性提供了一种新的跨浏览器的解决方案，让文本看起来更加醒目，也可以轻易地为任何元素添加盒子阴影。文本阴影的属性如下。

① w-shadow：水平方向的距离，必须有，可为负值。

② h-shadow：垂直方向的距离，必须有，可为负值。

③ blur：阴影的模糊程度，可选，不支持负值。

④ color：阴影的颜色。

⑤ 特殊效果属性：stroke，空心效果；outset，阳文效果；inset，阴文效果。

盒子阴影的属性和文本阴影的大致相同，有差异的属性如下。

① spread：阴影的大小，可为负值。

② inset：内阴影，阴影在元素里面。

关于CSS3的详细使用可参考https://www.runoob.com/css3/css3-tutorial.html或http://www.w3school.com.cn/css/index.asp。

思考练习题

1. 简要说明什么是HTML。

2. 创建一个页面，该页面由两段不同的文字组成，第一段文字全部是黑体，颜色为红色，字体大小为4；第二段文字的第一个字大小为5，颜色为蓝色，字体为隶书，其他文字全部是宋体，大小为3，颜色为黑色。

3. 简要说明框架在网页布局中的作用。

4. 什么是CSS？与传统的HTML文档相比较，使用CSS的HTML文档有什么优点？

5. 为网页添加样式表的方法有哪几种？它们之间有什么区别？

6. 创建一个包含10个页面左右的网站。要求所有页面中的标题、正文、图像和链接具有相同的样式，所有的样式定义都位于单独的样式文件中，所有HTML文件都使用链接的方法将样式文件链接到当前文件中。要求合理使用文字、图像并用表格进行适当排版，导航结构清晰，具有一定的站点风格。

7. 上网浏览，查看源代码，分析优秀网站是如何使用CSS技术的。

第4章

DHTML 技术

学习要点

(1) 掌握 JavaScript 语言的语法结构和流程控制。

(2) 掌握 JavaScript 语言的事件和对象编程方法。

(3) 学会使用 JavaScript 内置对象编程。

(4) 了解 HTML DOM 主要对象、jQuery 选择器，掌握 HTML DOM、jQuery 编程技术。

通过第3章介绍的 HTML 常用的标记和 CSS 技术，可以创建出具有复杂格式的网页，但这些页面是静态的，用户只能静态地查看所显示的内容，而无法和网页进行交互。一旦静态页面上需要改变某个内容，就必须在原来的页面上修改，甚至会发生很大的布局变化。这往往会给设计人员带来许多不便，尤其是对大型网站，其信息呈现的方式不断变化，如果采用静态页面技术，对设计人员来说可能是一种灾难。

每个 HTML 标记(或者称为 HTML 元素，有时也称 HTML 标签)都可看成一个在浏览器中显示的对象。可以利用脚本语言例如 JavaScript 来操控这些对象，使它们的行为和外观在浏览器中动态改变。这就是所谓的 DHTML(Dynamic HTML)技术。

DHTML 并不是一门新的语言，它只是 HTML、CSS 和一种脚本程序的集成。其中：

- HTML 元素，也即页面中的各种标记对象，它们是被动态操纵的内容。
- CSS 属性，也可被动态操纵，从而获得动态的格式效果。
- 脚本程序(如 JavaScript、VBScript)，它实际操纵 Web 页上的 HTML 和 CSS。

脚本程序区分为客户端脚本程序(通过客户端浏览器解释执行)和服务器端脚本程序(在服务器端解释或编译后执行，例如 ASP/ASP. NET、JSP、PHP 等)。客户端脚本比服务器端脚本程序在执行任务上有明显的优越性，由于客户端脚本程序随网页同时下载到客户机浏览器缓存中，通过浏览器解释执行，因此在对网页进行验证或响应用户动作时无须使用网络与 Web 服务器进行通信，从而降低了网络的传输量和 Web 服务器的负荷，改善了系统的整体性能。但客户端脚本程序并不能解决所有问题，例如数据库操作、访问计数器等，必须使用服务器端脚本程序来实现。本章仅讨论客户端脚本程序。

DHTML 使网页设计者可以动态操纵网页上的所有元素。利用 DHTML，网页设计者可以动态地隐藏或显示内容、修改样式定义、激活元素以及为元素定位。此外，网页设计者还可利用 DHTML 在网页上显示外部信息，方法是将元素捆绑到外部数据源(如文件和数据库)上。所有这些功能均可用浏览器完成而无须请求 Web 服务器，同时也无须重新装载网页。

某些浏览器对微软公司推出的脚本语言 VBScript 支持不力，微软公司又推出了脚本语言 JScript，它和早期 Netscape 公司推出的 JavaScript 语言在用法上几乎完全相同。根据微软官方 2023 年 10 月文档页面，VBScript 脚本语言将在未来的 Windows 版本中弃用。本章着重介绍 JavaScript 语言及其相关动态网页的制作技术。

4.1 JavaScript 编程基础

4.1.1 JavaScript 语言简述

视频讲解

JavaScript 是一种嵌入 HTML 文件中的脚本语言，它是基于对象驱动的，能对单击、表单输入、页面浏览等用户事件做出反应并进行处理。JavaScript 具有以下特点。

1. 简单性

JavaScript 是简化的编程语言，不像高级语言有严格的使用限制，使用简洁灵活。例如，在 JavaScript 中可直接使用变量，不必事先声明，变量类型规定也不十分严格。

2. 基于对象

JavaScript 是一种基于对象(object-based)的语言，允许用户自定义对象，同时浏览器还提供大量的内建对象，可以将浏览器中不同的元素作为对象处理，体现了面向对象编程的思想。但 JavaScript 并不完全面向对象，不支持类和继承。

3. 可移植性

JavaScript 可在大多数浏览器上不经修改直接运行。

4. 动态性

JavaScript 是 DHTML 的重要组成部分，是设计交互式动态特别是客户端动态页面的重要工具。

5. 安全性

JavaScript 是一种安全性语言，它不允许访问本地的硬盘，并不能将数据存入服务器上，不允许对网络文档进行修改和删除，只能通过浏览器实现信息浏览或动态交互，从而有效地防止数据的丢失。

JavaScript 与 Java 在命名、结构和语言上都很相似，两者存在以下几方面重要差别。

(1) Java 是 Sun 公司推出的新一代面向对象的程序设计语言，支持类和继承，主要应用于网络编程；JavaScript 只是基于对象的，主要用于 Web 页面编写脚本，是 Netscape 公司的产品。

(2) Java 程序编译后以类的形式存放在服务器上，由浏览器下载用 Java 虚拟机去执行它。JavaScript 源代码嵌入 HTML 文件中，使用时由浏览器对它进行识别、解释并执行。

(3) Java 采用强变量检查，即所有变量在编译之前必须声明。JavaScript 中变量声明采用弱变量，在使用前不需做声明，而是解释器在运行时检查其数据类型。

(4) Java 程序可单独执行，而 JavaScript 程序只能嵌入 HTML 中，不能单独执行。

(5) Java 程序的编写、编译需要专门的开发工具，如 JDK(Java Development Kit)、Visual J++等；而 JavaScript 程序只是作为网页的一部分嵌入 HTML 中，编写 JavaScript 程序只要用一般的文本编辑器即可。

4.1.2 JavaScript 编程基础

1. 将 JavaScript 程序嵌入 HTML 文件的方法

(1) 在 HTML 文件中使用< script >、</script >标记加入 JavaScript 语句,可位于 HTML 文件的任何位置。最好是将所有脚本程序放在 head 标记内,以确保容易维护。在 script 标记之间加上<! --和//-->表示如果浏览器不支持 JavaScript 语言,这段代码不执行。

【例 4-1】 HTML 文件中使用脚本语言示例 1。

```
<html>
<head>
<meta http-equiv="Content-Type" content="text/html; charset=gb2312">
<title>HTML 中如何使用 JavaScript 语言-- 设置收藏夹实例</title>
</head>
<script language="javascript">
<!--
alert('Hello'); //显示消息对话框
 function Add_Favorite(url,title)
{
    window.external.AddFavorite(url,title); //放到收藏夹
 }
-->
</script>
<body>
<a HREF="javascript:Add_Favorite('http://cqu.edu.cn','重庆大学');">收藏本站</a>
</body></html>
```

代码可以放在函数中,也可以不放在函数中。不放在函数中的代码在浏览器加载 HTML 页面后还没有呈现 HTML 显示效果前就执行一次,以后不再执行,除非重新加载页面。而函数则可根据用户需要在页面中多次调用,完成多次执行操作,可实现页面级的代码共享。例如,例 4-1 中 alert 仅执行一次。HTML 页面中可有多个< script ></script >程序段,程序段的前后关系以及程序段与 HTML 标记之前的前后关系应有逻辑关系。下例中第一程序段不能放到< a >标记后,想想为什么。

```
<html><head><title>脚本位置的问题</title></head>
<script type="text/javascript">
var Num=9;           //此处定义的变量 Num 将直接传递给单击超链接的事件处理函数 ClacMe
var Str="How much ? ";                //此处的 Str 将传递给后面的脚本程序使用
 </script>
<body>
<a  id="myAlink" HREF="# " onclick="CalcMe(Num);">计算</a>
</body>
<script type="text/javascript">
function CalcMe(n)
   { n=Num * 90; alert(Str+ n) }       //最终显示"How much ? 810"
</script>
</html>
```

W3C 建议在 HTML 4.0 版本中指定脚本语言用 type 属性替代 language 属性,例如上例中的< script type="text/javascript"> 。

(2) 将 JavaScript 程序以扩展名 js 单独存放,再使用< script src= * . js >嵌入 HTML

文件中，有利于实现代码共享。

【例 4-2】 HTML 文件中使用脚本语言示例 2。

```
<html><head>
<meta http-equiv="Content-Type" content="text/html; charset=gb2312">
<title>HTML 中如何使用 JavaScript 语言-- 设置主页实例</title>
</head>
<script src="sethomepage.js" language="javascript"></script>
<body>
<a  id="myAlink" HREF="# " onclick="Set_HomePage();">设为主页</a>
</body>
</html>
```

sethomepage.js 文件内容如下：

```
function Set_HomePage()
   {
      myAlink.style.behavior='url(# default# homepage)';
      myAlink.setHomePage('http://www.cqu.edu.cn/');
      return false;
   }
```

(3) 直接在 HTML 标记内添加脚本。例如，例 4-2 可改成：

```
<html>
<head>
<meta http-equiv="Content-Type" content="text/html; charset=gb2312">
<title>HTML 中如何使用 JavaScript 语言-- 设置主页实例</title></head>
<body>
<a HREF="# " onclick="javascript:this.style.behavior='url(# default# home
page)';this.setHomePage('http://www.cqu.edu.cn/'); return false;;">设为主页</a>
</body></html>
```

其中，this 指代当前标记元素对象。当实现功能较为简单，而且代码不需要共享时，可采用此种方法书写脚本程序。

2. 数据类型

JavaScript 有三种数据类型：字符型、数值型和布尔型。

1) 字符型

字符串数据类型用来表示 JavaScript 中的文本。脚本中的字符串文本放在一对匹配的单引号或双引号中。字符串中可以包含双引号，该双引号两边需加单引号，例如'4"5'，也可以包含单引号，该单引号两边需加双引号，例如"1'5"。

【例 4-3】 下面是字符串的示例。

```
"Happy am I; from care I'm free!"
'"Avast, ye lubbers!" roared the technician.'
"42"
'c'
```

JavaScript 中没有表示单个字符的类型(如 C++的 char)。要表示 JavaScript 中的单个字符，应创建一个只包含一个字符的字符串。包含 0 个字符("")的字符串是空(0 长度)字符串。

2) 数值型

在 JavaScript 中，整数和浮点值没有差别；JavaScript 数值可以是其中任意一种

(JavaScript 内部将所有的数值表示为浮点值)。

整型值可以是正整数、负整数和 0。可以用十进制、八进制和十六进制来表示。在 JavaScript 中数字大多是用十进制表示的。浮点值为带小数部分的数,也可以用科学记数法来表示。相关示例如表 4-1 所示。

表 4-1 JavaScript 中数据类型示例

数 字	描 述	等价十进制数
3.45e2	浮点数	345
42	整数	42
378	十进制整数	378
0377	八进制整数(以 0 开头)	255
0.0001	浮点数	0.0001
0xff	十六进制整数(以 0 和 x 开头)	255
0x3.45e2	错误。十六进制数不能有小数部分	N/A(编译错误)

3) 布尔型

Boolean(布尔)数据类型只有两个值：true 和 false。Boolean 值是一个真值,它表示一个状态的有效性(说明该状态为真或假)。

脚本中的比较通常得到一个 Boolean 结果。考虑以下 JavaScript 代码：

```
y=(x==2000);
```

这里要比较变量 x 的值是否与数字 2000 相等。如果相等,比较的结果为 Boolean 值 true,并将其赋给变量 y。如果 x 与 2000 不等,则比较的结果为 Boolean 值 false。

另外,在 JavaScript 中数据类型 null 只有一个值：null,其含义是"无值"或"无对象"。当某个变量返回 undefined 值时表示对象属性不存在或声明了变量但从未赋值。

3. 常量和变量

1) 常量

JavaScript 中的常量以直接量的形式出现,即在程序中直接引用,如"欢迎"、26 等。常量值可以为整型、实型、逻辑型及字符串型。

2) 变量

(1) 变量声明。使用变量之前先进行声明。可以使用 var 关键字来进行变量声明。

```
var count;                  //单个变量声明
var count, amount, level;   //多个变量声明
var count=0, amount=100;    //变量声明和初始化
```

如果在 var 语句中没有初始化变量,变量自动取 JavaScript 值 undefined。

(2) 变量命名。JavaScript 是一种区分大小写的语言。因此变量名称 myCounter 和变量名称 mYCounter 是不一样的。变量的名称可以是任意长度。创建合法的变量名称应遵循如下规则：第一个字符必须是一个 ASCII 码(大小写均可),或一个下画线(_)。注意,第一个字符不能是数字；后续的字符必须是字母、数字或下画线；变量名称一定不能是保留字。

【例 4-4】 合法变量名称示例。

```
_pagecount
Part9
Number_Items
```

【例 4-5】 无效变量名称示例。

```
99Balloons              //不能以数字开头
Smith&Wesson            //& 符号不能用于变量名
```

当要声明一个变量并进行初始化,但又不想指定任何特殊值时,可以将其赋值为 JavaScript 值 null。

【例 4-6】 null 赋值示例。

```
<script language="javascript">
var bestAge=null;
var muchTooOld=3 * bestAge;
//alert 实现了在浏览器中弹出消息对话框的功能
alert(bestAge);           //消息框显示 bestAge 为 null
alert(muchTooOld);        //消息框显示 muchTooOld 的值为 0
</script>
```

如果声明了一个变量但没有对其赋值,该变量存在,其值为 JavaScript 值 undefined。

【例 4-7】 undefined 赋值示例。

```
<script language="javascript">
var currentCount;
var finalCount=1 * currentCount;
alert(currentCount);     //消息框显示 currentCount 为 undefined
alert(finalCount);       //消息框显示 finalCount 的值为 NaN (Not a Number)
</script>
```

对比例 4-6 和例 4-7 可以看出,JavaScript 中 null 和 undefined 的主要区别是 null 的操作如同数字 0,而 undefined 的操作如同特殊值 NaN(不是一个数字)。对 null 值和 undefined 值进行比较,其结果总是相等的。

JavaScript 支持隐式声明,即可以不用 var 关键字声明变量。例如:

```
noStringAtAll="";        //隐式声明变量 noStringAtAll
```

不能使用未经过声明的变量。例如:

```
var volume=length * width;     //错误!length 和 width 不存在
```

4. 运算符和表达式

1) 运算符

JavaScript 运算符包括算术、逻辑、位、赋值以及其他运算符。运算符描述如表 4-2 所示。

表 4-2 运算符描述

算术运算符		逻辑运算符		位运算符		赋值运算符		其他运算符	
描 述	符号	描 述	符号	描 述	符号	描 述	符号	描 述	符号
负值	-	逻辑非	!	按位取反	~	赋值	=	删除	delete
递增	++	小于	<	按位左移	<<	运算赋值	op=	typeof	typeof
递减	--	大于	>	按位右移	>>			void	void
乘法	*	小于或等于	<=	无符号右移	>>>			instance of	instance of
除法	/	大于或等于	>=	按位与	&			new	new

续表

算术运算符		逻辑运算符		位运算符		赋值运算符		其他运算符	
描　述	符号	描　述	符号	描　述	符号	描　述	符号	描　述	符号
取模运算	%	等于(恒等)	==	按位异或	^			in	in
加法	+	不等于	!=	按位或	|				
减法	−	逻辑与	&&						
		逻辑或	||						
		条件运算符	?:						
		逗号	,						
		严格相等	===						
		非严格相等	!==						

相等(恒等)“==”与严格相等“===”的区别在于恒等运算符在比较前强制转换不同类型的值。例如,恒等对字符串"1"与数值1的比较结果将为true。而严格相等不强制转换不同类型的值,因此它认为字符串"1"与数值1不相同。

字符串、数值和布尔值是按值比较的。如果它们的值相同,则比较结果为相等。对象(包括Array、Function、String、Number、Boolean、Error、Date以及RegExp)按引用比较。即使这些类型的两个变量具有相同的值,只有在它们正好为同一对象时比较结果才为true。

【例4-8】 比较运算符示例。

```
<script language="javascript">
//具有相同值的两个基本字符串
var string1="Hello", string2="Hello";
//具有相同值的两个String对象
var StringObject1=new String(string1),  StringObject2=new String(string2);
var myBool=(string1==string2);
alert(myBool);    //消息框显示比较结果为true
var myBool=(StringObject1==StringObject2);
alert(myBool);    //消息框显示比较结果为false
//要比较String对象的值,用toString或者valueOf方法
var myBool=(StringObject1.valueOf()==StringObject2);
alert(myBool);    //消息框显示比较结果为true
</script>
```

2) 表达式

JavaScript的表达式由常量、变量、运算符和表达式组成。有以下三类表达式。

- 算术表达式。值为一个数值型值,例如:5+a−x。
- 字符串表达式。值为一个字符串,例如:"字符串1"+str。
- 布尔表达式。值为一个布尔值,例如:(x==y)&&(y>=5)。

JavaScript解释器具有数据类型强制转换功能。对于强类型语言,如C++、C#等,如果表达式不经过强制转换就试图对两个不同的数据类型(如一个为数字,另一个为字符串)执行运算,将产生错误结果。但在JavaScript中情况就不同了。

JavaScript是一种自由类型的语言。它的变量没有预定义类型。JavaScript变量的类型取决于它所包含值的类型,即赋给变量的值为小数,则变量为浮点型。在JavaScript中,可以对不同类型的值执行运算,不必担心JavaScript解释器产生异常。JavaScript解释器自动将数据类型强制转换为另一种数据类型,然后执行运算。数据类型转换过程如表4-3所示。

表 4-3 数据类型转换过程

运 算	结 果	例 子
数值与字符串相加	将数值强制转换为字符串	55 ＋ "45" → "5545"
布尔值与字符串相加	将布尔值强制转换为字符串	true ＋ "45"→ " true45"
数值与布尔值相加	将布尔值强制转换为数值。true＝1；false＝0	55 * true → 55

要想显式地将字符串转换为整数，使用 parseInt 方法。要想显式地将字符串转换为数字，使用 parseFloat 方法。

【例 4-9】 显式地将字符串转换为数值。

```
55 +parseInt("45") → 100  55 +parseInt("45AB") → 100
55 +parseInt("A45B") → NaN  55 +parseInt("0xFF") → 310
55 +parseFloat("45.05") → 100.05  (55=='55') → true
```

5. 函数

函数为程序设计人员提供了实现模块化的工具。通常根据所要完成的功能，将程序划分为一些相对独立的部分，每一部分编写一个函数，从而使各部分充分独立，任务单一，结构清晰。JavaScript 函数定义的语法格式为：

```
function 函数名(形式参数表){
//函数体
}
```

函数调用语法格式如下：

```
函数名(实参表);
```

当函数没有返回值时，可以不使用 return 语句，若使用 return 语句，也只能使用不带参数的形式；当函数有返回值时，使用 return 语句返回函数值。其格式为：

```
return 表达式   或   return (表达式)
```

JavaScript 支持两种函数：语言内部函数和自定义函数。

JavaScript 语言包含很多内部函数，例如数学函数 sin、cos、tan、sqrt、floor 等，字符串处理函数如 indexOf、lastIndexOf、length、replace、split、substring、toUpperCase、toLowerCase 等。某些函数可以操作表达式和特殊字符，例如非常有用的内部函数是 eval。该函数可以对以字符串形式表示的任意有效的 JavaScript 代码求值。eval 函数有一个参数，该参数就是想要求值的代码。

【例 4-10】 一个使用内部函数 eval 的示例。

```
<script language="javascript">
var iNumber="100";
var anExpression="(16 * 9%7)";
var total=eval(anExpression +"/" +iNumber);   //等同于求(16*9%7)/100 的值
alert(total);                                 //将变量 total 赋值为 0.04
</script>
```

在必要时，可以创建自定义函数。一个函数的定义中包含了一个函数语句和一个 JavaScript 语句块。

【例 4-11】 设计一个显示指定数的阶乘值的程序。

```
<html><head><title>函数示例</title></head>
```

```
<script language="javascript">
 function factor(num)
 {  var i,fact=1;
    for (i=1;i<num+1;i++) fact=i * fact;
    return fact;
 }
 </script>
 <body>
 <script language="javascript">
 //调用 factor 函数
 alert("5 的阶乘="+factor(5));   //显示"的阶乘=120"
 </script>
 </body></html>
```

使用函数要注意：①函数定义位置。语法上允许在 HTML 文件的任意位置定义和调用函数，建议在文件头部定义所有的函数，可以保证函数定义先于其调用语句载入浏览器，避免出现调用函数时由于函数定义尚未载入浏览器而引起的未定义错误。②函数参数。在定义函数时，可以给出一个或多个形式参数；调用函数时，却不一定要给出同样多个参数。在 JavaScript 中，系统变量 arguments. length 中保存了调用者给出的实参个数。③变量的作用域。在函数内用 var 保留声名的变量是局部变量，作用域仅局限于该函数；在函数外用 var 声明的变量是全局变量，作用域是整个 HTML 文件。函数内未用 var 声明的变量也是全局变量。局部变量与全局变量同名时，其操作互不影响。

【例 4-12】 默认求 1＋2＋…＋1000，否则按指定开始值、结束值求和。

```
<html><head>
<script language="javascript">
function sum(StartVal,EndVal){
var ArgNum=sum.arguments.length;
var i,s=0;
if (ArgNum==0) { StartVal=1;EndVal=1000;}
else if (ArgNum==1) EndVal=1000;
for (i=StartVal;i<=EndVal;i++) s+=i;
return s;
}
</script>
</head>
<body>
<script language="javascript">
//document.write 表示在浏览器中输出文本
document.write("不给出参数调用函数 sum:",sum(),"<br>");
document.write("给出一个参数调用函数 sum:",sum(500),"<br>");
document.write("给出两个参数调用函数 sum:",sum(1,50),"<br>");
</script>
</body></html>
```

在浏览器中显示结果如图 4-1 所示。

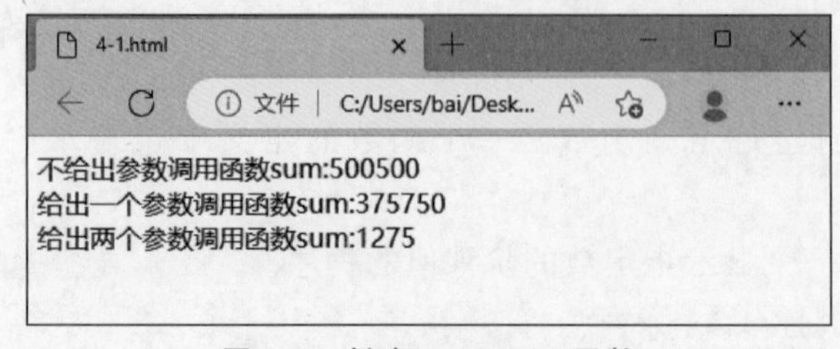

图 4-1　创建 JavaScript 函数

6. 流程控制

1）if 条件语句

语法格式为：

```
if(条件){
执行语句 1
}
else{
执行语句 2
}
```

其中，条件可以是逻辑或关系表达式，若为 true，则执行语句 1；否则执行语句 2。若 if 后的语句有多行，则必须使用花括号将其括起来。

if 语句可以嵌套，格式为：

```
if(条件 1)执行语句 1;
else if(条件 2)执行语句 2;
else if(条件 3)执行语句 3;
⋮
else 执行语句;
```

在这种情况下，每一级的条件表述式都会被计算，若为真，则执行其相应的语句，否则执行 else 后的语句。

2）for 循环语句

语法格式为：

```
for(初始设置；循环条件；更新部分){
语句集
}
```

初始设置告诉循环的开始位置，必须赋予变量的初值；循环条件用于判别循环停止时的条件。若条件满足，则执行循环体，否则跳出循环。更新部分定义循环控制变量在每次循环时按什么方式变化。初始设置、循环条件、更新部分之间，必须使用分号分隔。

for 循环的另一种用法是针对某对象集合中的每个对象或某数组中的每个元素，执行一个或多个语句。语法格式为：

```
for (变量 in 对象或数组) {
语句集
}
```

3）while 循环语句

语法格式为：

```
while(条件){
语句集
}
```

当条件为真时，反复执行循环体语句，否则跳出循环体。循环体中必须设置改变循环条件的操作，使之离循环终止更近一步。

for 与 while 两种语句都是循环语句，使用 for 语句在处理有关数字时更易看懂，也较紧凑；而 while 循环更适合复杂的语句。

4) break 和 continue 语句

与 C++语言相同,使用 break 语句使得循环从 for 或 while 中强制跳出,continue 使得跳过循环内剩余的语句,并没有跳出循环体。

5) try…catch…finally 语句

该语句实现 JavaScript 错误处理。语法格式为:

```
try {
测试语句集 }
catch(exception) {
错误处理语句集 }
finally {
无错误处理语句集 }
```

7. 事件驱动及事件处理

事件(event)是指对计算机进行一定的操作而得到的结果,例如将鼠标指针移到某个超链接上、单击鼠标按钮等都是事件。由鼠标或热键引发的一连串程序的动作,称为事件驱动(event driver)。对事件进行处理的程序或函数,称为事件处理(event handler)程序。

在 HTML 文件中,可用支持事件驱动的 JavaScript 语言编写事件处理程序。用 JavaScript 进行事件编程主要用于两个目的:

- 验证用户输入窗体的数据。
- 增加页面的动感效果。

一个 HTML 元素响应鼠标的事件和键盘的事件如表 4-4 所示。某些鼠标事件虽事件名称不一样,但响应效果几乎一样,用户可根据实际需要选择某个事件进行编程。

表 4-4 鼠标事件和键盘事件列表

事件名称	说明	事件名称	说明	事件名称	说明
onclick	鼠标左键单击	ondblclick	鼠标左键双击	onmouseup	松开鼠标左键或右键
onmousedown	按下鼠标左键或右键	onmouseover	鼠标指针在该 HTML 元素经过	onmouseout	鼠标指针离开该 HTML 元素
onmousemove	鼠标指针在其上移动时	onmousewheel	滚动鼠标滚轮	onfocus	当用鼠标或键盘使该 HTML 元素得到焦点时
onkeypress	击键操作发生时	onkeyup	松开某个键时	onkeydown	按下某个键时
onchange	当文本框的内容发生改变时	onselect	当用鼠标或键盘选中文本时	onblur	HTML 元素失去焦点时

【例 4-13】 鼠标单击事件。

```
<html><body>
<form>
<Input type="button" Value="鼠标响应" onclick="alert(这是一个例子')">
</form>
</body></html>
```

当鼠标单击"鼠标响应"按钮时,自动弹出一个 alert(警告)对话框。试着将 onclick 事件名称换成其他事件名称,查看对应事件响应结果。从该例可知,事件编程的语法格式为:

事件名称=函数名 或 处理语句 或 函数

例 4-14、例 4-15 和例 4-16 分别是 JavaScript 事件编程的三种方法，它们的执行效果完全相同，用户在文本框中输入数字或字符后，单击"检查"按钮检查输入的字符串是否全由数字组成，显示 true 或 false。注意，为文本框设置属性 id 为 mytext，要取到文本框用户输入的内容，用 mytext.value 即可。

例 4-15 的事件编程用于执行代码较少的情况。当执行代码较多情况下采用例 4-14 的事件编程方式，可读性好，便于程序维护和代码重用。注意，在例 4-16 中，鼠标单击不能用 onclick，只能用 onmousedown 或 onmouseup，且 JavaScript 脚本程序必须放在按钮和文本框定义之后，否则就会出现没有事先定义而在脚本程序中引用的错误。例 4-14 中的脚本程序放在按钮和文本框定义前或后均可。

【例 4-14】 鼠标单击(函数名)。

```
<html>
<head><title>检查输入的字符串是否全由数字组成</title></head>
<script language="javascript">
  function checkNum(str)
  { var TestResult=! /\D/.test(str); //使用正则表达式测试字符串是否全由数字组成
    alert(TestResult);
  }
</script>
<body>
<input id="mytext" type="text" value='12332'>
<input id="mybut" type="button" value="检查"  onclick="checkNum(mytext.
value)">
</body></html>
```

【例 4-15】 鼠标单击(处理语句)。

```
<html>
<head><title>检查输入的字符串是否全由数字组成</title></head>
<body>
<input id="mytext" type="text" value='12332'>
<input id="mybut" type="button" value="检查" onclick="javascript:var
TestResult=! /\D/.test(mytext.value); /*使用正则表达式测试字符串*/
alert (TestResult);">
</body></html>
```

【例 4-16】 鼠标单击(函数)。

```
<html>
<head><title>检查输入的字符串是否全由数字组成</title></head>
<body>
<input id="mytext" type="text" value='12332'>
<input id="mybut" type="button" value="检查">
<script language="javascript">
mybut.onmousedown=function() {            /*mybut 为按钮的 id*/
  var TestResult=! /\D/.test(mytext.value); /*使用正则表达式测试字符串是否全是数字*/
   alert(TestResult);
}
</script>
</body></html>
```

【例 4-17】 onchange、onselect、onfocus 事件例子。

onchange 事件是当某个 HTML 元素(例如文本框)的内容改变时发生的事件；onselect 事件就是当某个 HTML 元素(例如文本框)的文本内容被选中时发生的事件；onfocus 事件就

是当光标落在某个 HTML 元素,使它得到焦点时发生的事件。

此例中,当在文本框 Text1 中输入内容或删除某个字符后,一旦失去焦点就会自动弹出一个"文本发生变化!"的 alert 框。当在文本框 Text2 中用键盘或鼠标选中文本时就会自动弹出"我被选中!"的 alert 框。当用鼠标选中文本框 Text3 时,触发 onfocus 事件,弹出"Test3 得到焦点!"的 alert 框。

```
<html><body>
<form>
<input id="Test1" type="text" value="Test" onChange='alert("文本发生变化!")'>
<input id="Test2" type="text" value="Test" onSelect='alert("我被选中!")'>
<input id="Test3" type="text" value="Test1" onFocus='alert("Test3 得到焦点!")'>
<br>
<input id="Test4" type="text" value="Test2" onFocus='alert("Test4 得到焦点!")'>
</form>
</body></html>
```

视频讲解

4.2 JavaScript 对象编程技术

4.2.1 JavaScript 的对象

JavaScript 并不完全支持面向对象的程序设计方法,例如它没有提供抽象、继承、封装等面向对象的基本属性。但它支持开发对象类型及根据对象产生一定数量的实例,同时还支持开发对象的可重用性,实现一次开发、多次使用的目的。

JavaScript 中的对象是由属性(property)和方法(method)两个基本的元素构成的。在 JavaScript 中使用一个对象可采用以下三种方式获得:

- 引用 JavaScript 内置对象,如 Date、Math、String 等。
- 用户自定义对象。
- 引用浏览器对象,4.3 节将专门介绍。

4.2.2 JavaScript 常用的内置对象

1. Array 对象

可用 Array 对象创建数组。数组是若干元素的集合,每个数组都用一个名字作为标识。JavaScript 中没有提供明显的数组类型,可通过 JavaScript 内建对象 Array 和使用自定义对象的方式创建数组对象。

【例 4-18】 使用 JavaScript 内建对象 Array 生成一个新的数组。通过 new 保留字来创建数组对象,其语法格式为:

```
var 数组名=new Array(数组长度值)
var theMonths=new Array(6); //创建数组对象 theMonths,具有 6 个数组元素
theMonths[0]="Jan";
theMonths[1]="Feb";
theMonths[2]="Mar";
theMonths[3]="Apr";
theMonths[4]="May";
theMonths[5]="Jun";
```

下面的示例与上一个示例是等价的:

```
var theMonths=new Array("Jan", "Feb", "Mar", "Apr", "May", "Jun");
```

数组创建后,可通过[ ]来访问数组元素,用数组对象的属性 length 可获取数组元素的个数。当向用关键字 Array 生成的数组中添加元素时,JavaScript 自动改变属性 length 的值。JavaScript 中的数组索引总是以 0 开始,而不是 1。例如:

```
var my_array=new Array();          //创建动态数组
for (i=0; i <10; i++)
  {
  my_array[i]=i;
  }
x=my_array[4];
alert("x= "+x);                    //输出 4
alert(my_array.length);            //输出数组的元素个数为 10
```

【例 4-19】 使用自定义对象的方式创建数组对象。通过 function 定义一个数组,并使用 new 对象操作符创建一个具有指定长度的数组。其中,arrayName 是数组名,size 是数组长度,通过 this[i]为数组赋值。定义对象后还不能马上使用,还必须使用 new 操作符创建一个数组实例 MyArray。一旦给数组赋予了初值后,数组中就具有真正意义的数据了,以后就可以在程序设计过程中直接引用。

```
<script language="javascript">
function arrayName(size){
this.length=size;
for(var i=0; i<=size;i++) this[i]=0;
return this;
}
var  MyArray=new arrayName(10);
MyArray[0]=1; MyArray[1]=2;MyArray[2]=3;
MyArray[3]=4;MyArray[4]=5;MyArray[5]=6;
MyArray[6]=7;MyArray[7]=8;MyArray[8]=9;
MyArray[9]=10;
alert(MyArray[7]); //输出 8
</script>
```

2. String 对象

在 JavaScript 中,可以将字符串当作对象来处理。创建 String 对象实例,格式为:

```
[var] String 对象实例名=字符串值;
```

String 对象只有一个属性,即 length 属性,包含了字符串中的字符数(空字符串为 0),它是一个数值,可以直接在计算中使用。

String 对象内置方法有三十多种,例如 anchor、link、substring、indexOf、replace 等。

【例 4-20】 String 对象的建立和使用。

```
<script language="javascript">
//设置变量 howLong 为 11
var howLong="Hello World".length;
//锚点方法 anchor。使用 anchor 的作用与 Html 中(A Name="")的一样
//格式为:string.anchor(anchorName)
//创建一个名为 start 的锚点,该处显示文字"开始"
var astr="开始";
var aname=astr.anchor("start");
```

```
document.write(aname);

//超链接方法 link。用于创建一个超链接，与 HTML 中(A href="")的作用相同
//格式为:string.link(URL)
var hstr="重庆大学";
var hname=hstr.link("http://www.cqu.edu.cn");
document.write(hname);

// substring 方法: substring(start,end)。它返回字符串的一部分,该字符串包含从 start
//直到 end(不包含 end)的子字符串
//substring 方法使用 start 和 end 两者中的较小值作为子字符串的起始点。例如
//strvar.substring(0, 3) 和 strvar.substring(3, 0) 将返回相同的子字符串
//如果 start 或 end 为 NaN 或负数,那么它将被替换为 0
//子字符串的长度等于 start 和 end 之差的绝对值。例如,在 strvar.substring(0, 3) 和
//strvar.substring(3, 0) 中,返回的子字符串的长度为 3

//字符搜索:indexOf[str,fromIndex]
Str1="0123456789";                    //创建一个 string 对象 Str1
Str2="2345";                          //创建一个 string 对象 Str2
var aChunk=Str1.substring(4, 7);  //将 aChunk 设为"456"
document.write("aChunk="+aChunk);
found=Str1.indexOf(Str2);             //返回 Str2 在 Str1 中的起始位置

//创建字符串对象的另外一种方法是用 new
var mystr=new  String("<br>重庆大学<br>");
document.write(mystr.link("http://www.cqu.edu.cn"));
</script>
```

3. Math 对象

Math 对象提供了常用的数学函数和运算，如三角函数、对数函数、指数函数等。Math 中提供了 6 个属性，它们是：常数 E；以 10 为底的自然对数 LN10；以 2 为底的自然对数 LN2；圆周率 PI，近似值为 3.142；1/2 的平方根 SQRT1-2；2 的平方根为 SQRT2；以 10 为底，E 为对数的 LOG10E；以 2 为底，E 为对数的 LOG2E。主要方法有绝对值 abs、正弦 sin、余弦 cos、反正弦 asin、反余弦 acos、正切 tan、反正切 atan、四舍五入 round、平方根 sqrt、乘幂值 pow(base,exponent)、返回 0 与 1 之间的随机数 random 等。

【例 4-21】 Math 对象的使用。

```
<script language="javascript">
var radius=5;                                        //声明一个半径变量并赋数值
var circleArea=Math.PI * radius * radius;  // 注意 PI 需大写
//本公式计算给定半径的球体的体积。
volume=(4/3) * (Math.PI * Math.pow(radius,3));
alert(volume);                                       //输出 0.5987

//也可用 with 保留字来简化程序的写法
with (Math){
var circleArea=PI * radius * radius;          //注意 PI 需大写
//本公式计算给定半径的球体的体积。
volume=(4/3) * (PI * pow(radius,3));
}
alert(volume);                                       //输出 0.5987
</script>
```

4. Date 对象

Date 对象可以用来表示任意的日期和时间，获取当前系统日期以及计算两个日期的间隔等。常用的方法有 getFullYear、getMonth、getDate 等。通常 Date 对象给出星期、月份、天数和年份以及以小时、分钟和秒表示的时间。该信息是基于 1970 年 1 月 1 日 00:00:00.000 GMT 开始的毫秒数，其中 GMT 是格林尼治标准时间(首选术语是 UTC(Universal Coordinated Time)，或者"全球标准时间"，它引用的信号是由"世界时间标准"发布的)。JavaScript 可以处理 250 000 B. C 到 255 000 A. D 范围内的日期。可使用 new 运算符创建一个新的 Date 对象。

【例 4-22】 Date 对象的使用。

```
<script language="javascript">
/*
本示例使用前面定义的月份名称数组。
第一条语句以"Day Month Date 00:00:00 Year"格式对 Today 变量赋值 */
var Today=new Date();                  //获取今天的日期
//提取年,月,日
thisYear=Today.getFullYear(); thisMonth=Today.getMonth(); thisDay=Today
.getDate();
//提取时,分,秒
thisHour=Today.getHours(); thisMinutes=Today.getMinutes();thisSeconds=Today.
getSeconds();

//提取星期几
thisWeek=Today.getDay();
var x=new Array("日", "一", "二"); x=x.concat("三","四", "五", "六");
thisWeek=x[thisWeek];

nowDateTime="现在是"+thisYear+"年"+thisMonth +"月"+thisDay+"日";
nowDateTime+=thisHour+"时"+thisMinutes+"分"+thisSeconds+"秒";
nowDateTime+="星期"+thisWeek;

document.write(nowDateTime+"<br>");//输出:现在是年月日时分秒

//计算两个日期相差的天数
var datestring1="November 1, 1997 10:15 AM";
var datestring2="December 1, 2007 10:15 AM";
var DayMilliseconds=24*60*60*1000;//1天的毫秒数
var t1=Date.parse(datestring1);      //换算成自年月日到年月日的毫秒数
var t2=Date.parse(datestring2);      //换算成自年月日到年月日的毫秒数
  s="There are "
  s+=Math.round(Math.abs((t2-t1)/DayMilliseconds)) +" days "
  s+="between " +datestring1 +" and " +datestring2 ;

document.write(s); //输出:There are 3682 days between November 1, 1997 10:15
                                  //AM and December 1, 2007 10:15 AM
</script>
```

5. Number 对象

除了 Math 对象中可用的特殊数值属性(例如 PI)外，Number 对象有几个其他的数值属性，如表 4-5 所示。

表 4-5 Number 对象的数值属性

属　性	描　述	属　性	描　述
MAX_VALUE	数值最大数	POSITIVE_INFINITY	代表正无穷
MIN_VALUE	数值最小数	NEGATIVE_INFINITY	代表负无穷
NaN	特殊非数量值		

Number.NaN 是一个特殊的属性,被定义为"不是数值"。例如被 0 除返回 NaN。试图解析一个无法被解析为数字的字符串同样返回 Number.NaN。把 NaN 与任何数值或本身进行比较的结果都是不相等。不能通过与 Number.NaN 比较来测试 NaN 结果,而应该使用 isNaN 函数。

6. JavaScript 中的预定义函数

它提供了与任何对象无关的系统函数,使用这些函数不需要创建任何实例,可直接用。例如:

(1) 返回字符串表达式中的值。

```
eval(字符串表达式)                    //例如:test=eval("8+9+5/2")
```

(2) 返回字符的编码。

```
escape(string)                       //用%xx 十六进制形式编码
```

(3) 返回字符串 ASCII 码。

```
unescape(string)                     //将用 escape 编码过的字符串复原
```

(4) 返回实数。

```
parseFloat(floatstring)              //字符数字变成实数
```

(5) 返回不同进制的数。

```
parseInt(numbestring,radix)          //radix 是数的进制,numbestring 字符串数。字符数字
                                     //按进制变成整数
```

4.2.3 用户自定义对象

使用 JavaScript 可以创建自己的对象。虽然 JavaScript 内部和浏览器本身的功能已十分强大,但 JavaScript 本身还提供了创建新对象的方法,可以完成许多复杂的工作。

要创建一个对象,必须首先为其定义一个构造函数,赋予对象属性和方法。其基本格式如下:

```
function ObjectName(属性表){
this.property1=property1;        //属性的定义
this.property2=property2;        //属性的定义
⋮
this.method1=FunctionName1;      //方法的定义
this.method2=FunctionName2;      //方法的定义
⋮
}
```

【例 4-23】 创建对象 pasta。

```
<script language="javascript">
//定义 pasta 对象
```

```
function pasta(grain, width, shape, hasEgg) {
  this.grain=grain;
  this.width=width;
  this.shape=shape;
this.hasEgg=hasEgg;
}
//使用对象时,用 new 进行实例化,下面建立了两个对象实例
var spaghetti=new pasta("wheat", 0.2, "circle", true);
var linguine=new pasta("wheat", 0.3, "oval", true);
document.write(spaghetti.shape)   //输出 circle
document.write(linguine.shape)    //输出 oval
</script>
```

【例 4-24】 扩充上例中定义的 pasta 构造函数以包含 toString 方法。

```
<script language="javascript">
//定义 pasta 对象
function pasta(grain, width, shape, hasEgg) {
   this.grain=grain;
   this.width=width;
   this.shape=shape;
   this.hasEgg=hasEgg;
   this.toString=pastaToString;
}
function pastaToString(){
    return "Grain: " +this.grain +"\n" +"Width: " +this.width +"\n" +
        "Shape: " +this.shape +"\n" +"Egg?: " +Boolean(this.hasEgg);
}
//用 new 建立 pasta 对象的实例 spaghetti
var spaghetti=new pasta("wheat", 0.2, "circle", true);

//可以给对象实例 spaghetti 添加属性,以改变该实例
spaghetti.color="pale straw";
spaghetti.drycook=7;
spaghetti.freshcook=0.5;

alert(spaghetti); //输出:Grain: wheat Width: 0.2 Shape: circle Egg?: true
alert(spaghetti.freshcook)  //输出:0.5

//用 new 建立 pasta 对象的实例 chowFun
var chowFun=new pasta("rice", 3, "flat", false);

/* chowFun 实例中并不包括实例 spaghetti 添加的 color 属性。可以为 pasta 对象添加一个
color 属性,以后所有 pasta 的对象实例均可使用此属性 */
pasta.prototype.color="yellow";

alert(spaghetti.color);       //输出:pale straw
alert(chowFun.color);         //输出:yellow (chowFun 已经具有 color 属性了)
</script>
```

4.3 HTML DOM 基础

视频讲解

4.3.1 HTML 文档对象模型

HTML 文档对象模型(HTML Document Object Model,HTML DOM)是一个能够让

程序和脚本动态访问和更新 HTML 文档内容、结构和样式的语言平台。HTML DOM 是一个跨平台、可适应于不同程序语言的文件对象模型，它采用直观一致的方式，将 HTML 或 XHTML 文件进行模型化处理，提供存取和更新文档内容、结构和样式的编程接口。使用 DOM 技术，不仅能够访问和更新页面的内容及结构，而且还能操纵文档的风格样式。可以将 HTML DOM 理解为网页的 API。它将网页中的各个 HTML 元素看作一个个对象，从而使网页中的元素可以被 JavaScript 等语言获取或者编辑。

因为 DOM 规范在不断发展，各种浏览器对 DOM 的支持情况会有所变化，在使用时应参照最新的 DOM 文档。我们经常看到在某个浏览器下工作正常的页面在另外一种浏览器下却显示不正常，这就是浏览器对 DOM 的支持不尽相同。对于某些专业的大型网站，开发人员采用了识别浏览器类型，针对浏览器的不同而进行相应代码的处理，以尽量使生成的网页在各种浏览器上工作正常。

微软 IE 浏览器的文档对象模型如图 4-2 所示。

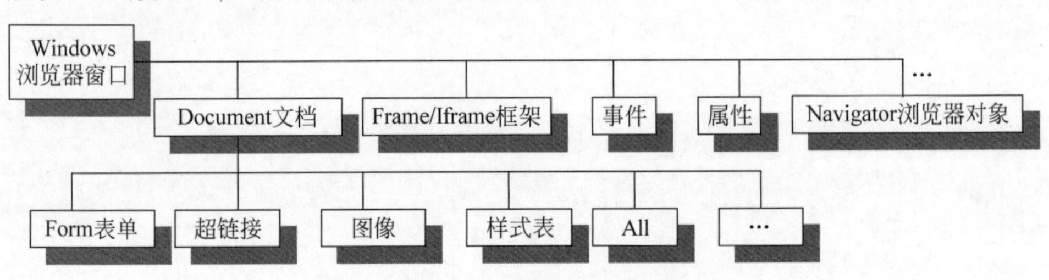

图 4-2　微软 IE 浏览器的文档对象模型

HTML DOM 定义了一种访问并操作 HTML 文档的标准方法。HTML DOM 将 HTML 文档视为嵌套其他元素的树形结构元素。所有的元素，它们包含的文字以及它们的树形都可以被 DOM 树所访问到。它们的内容可以被修改和删除，并且可以通过 DOM 建立新的元素。

HTML DOM 所包含的内容实在太多，很难在短时间内掌握和学好 HTML DOM 编程，掌握 HTML DOM 编程最简单的方法就是多读别人的程序。当你访问某个网站时，如果你觉得网页上的某些功能不错，在 IE 浏览器中，可通过快捷菜单中的“查看源”或通过主菜单中的“查看”|“源”在文本编辑器中查看 HTML 页面文件，从中可以发现很多有用的代码。但很多客户端脚本程序通过<script src="myjsfile.js"></script>这样的方式引用，无法在文本编辑器中看到，实际上这些文件全部放在浏览器的缓存中(Web 服务器传回的各类文件，包括图片、页面文档等都放在缓存中)。可通过以下方法查看脚本程序源代码。

(1) 在微软 IE 浏览器主菜单中，选择“工具”|“Internet 选项”，弹出“Internet 选项”对话框，单击“删除文件”按钮后选择“临时 lnternet 文件和网站文件”，单击“删除”按钮后退出该对话框。这样做的目的就是可以方便地找到所需要的 JavaScript 文件。

(2) 在浏览器中输入网址后，通过上述查看源文件的方法，找到引用的 JavaScript 文件，不妨假设为 myjsfile.js。

(3) 选择“工具”|“Internet 选项”，弹出“Internet 选项”对话框，单击“设置”按钮后出现“设置”对话框，单击“查看文件”按钮后，就会显示缓存文件夹 INetCache，如图 4-3 所示。在右上角搜索栏中输入在缓存文件夹中要搜索的文件名 myjsfile*.js(或输入*.js，注意文件名后需加上*)，即可搜索出 myjsfile[1].js、myjsfile[2].js 等文件。浏览器缓存中存放了

许多被访问网站的文件，很可能文件名有相同的，因此缓存中采取了在文件名后加上数字标识来区分不同网站的相同文件名。

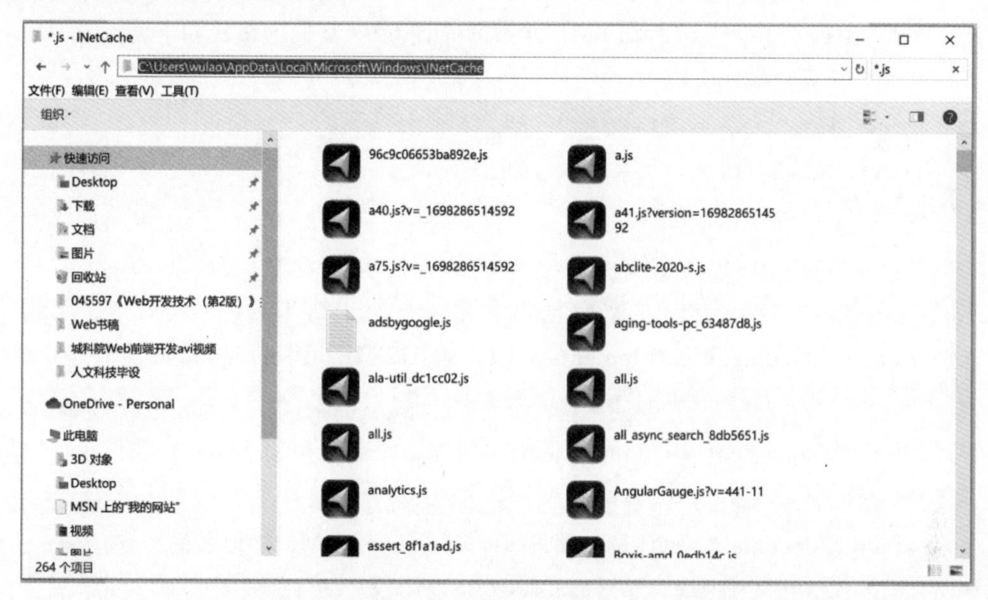

图 4-3　搜索 IE 浏览器缓存中的 JavaScript 文件

(4) 打开这个 JavaScript 文件就可看到相应的源代码。

利用此方法可以找到很多有用的文件，可以将它从缓存中取出存放到另外一个文件夹作长期保存。

本节主要通过实例的方式让读者领悟 HTML DOM 编程过程。

4.3.2　通过 DOM 操纵 HTML 元素

可以这样来理解图 4-2 所示对象模型：在 HTML DOM 中，打开的浏览器窗口可看成 window 对象，浏览器显示页面的区域可看成 document 对象，各种 HTML 元素就是 document 的子对象。

要对某个 HTML 元素进行操控，必须为它设置 id 属性或 name 属性。我们可以把某 HTML 元素的 id 属性看成该控件的名称，DOM 中通过 id 属性或 name 属性来操控 HTML 元素。建议全部用 id 属性，而不用 name 属性，name 属性只是为了兼容低版本浏览器。例如：

指定 id 属性：<input **id="myColor"** type="text" value="red">

指定 name 属性：<input **name="myColor"** type="text" value="red">

例 4-25 中，用户在文本框 myColor 和 myTitle 中分别输入颜色和新的窗口标题，单击各自的按钮就会看到浏览器中背景颜色和窗口标题发生的变化。注意，在 JavaScript 程序中，用 window.myColor.value 取 id 为 myColor 文本框的值，用 window.mybut1.onmousedown 表示 id 为 mybut1 按钮的单击事件。

例 4-26 中，将例 4-25 中的 HTML 控件放在 id 为 myForm 的表单标记中，在 JavaScript 程序中，用 window.MyForm.myColor.value 取 id 为 myColor 文本框的值，用 window.MyForm.mybut1.onmousedown 表示 id 为 mybut1 按钮的单击事件。

这样就产生了一个问题，即在有表单和无表单标记对象的 HTML 文档中，对某个 HTML 元素对象的访问方式有很大变化，这对程序员来说会带来很大的麻烦。因此，HTML DOM 中提供了统一访问 HTML 元素的 6 种方法，它们的格式如下。

（1）window. document. all. item("HTML 元素的 id")。例如：

```
window.document.all.item("myColor")
```

（2）document. all. HTML 元素的 id。例如：

```
window.document.all.myColor
```

（3）window. document. getElementById("HTML 元素的 id")。例如：

```
window.document.getElementById("myColor")
```

（4）window. document. getElementsByName("HTML 元素的 name 属性值")。例如：

```
window.document.getElementsByName("firstName")
```

（5）window. document. all. namedItem("HTML 元素的 id 或 name 属性值")。例如：

```
window.document.all.namedItem ("myColor")
```

（6）window. document. getElementsByTagName("HTML 标记名称")。例如：

```
window.document.getElementsByTagName("div")
```

getElementsByTagName 方法可实现当标记在没有定义 id 或 name 属性的情况下仍然可以被访问。例如：

```
<script language='javascript' >
      for(i=0;i<document.getElementsByTagName("div").length;i++) {
      var pp=document.getElementsByTagName("div")[i].innerText;
      alert(pp); } //显示所有文本块中的内容
</script>
```

注意，由于 HTML DOM 中默认根对象为 window，因此在 window 子对象和它的方法引用中可以省略 window。例如 window. document 可缩写成 document。

将例 4-25 和例 4-26 中的脚本程序分别换成例 4-27、例 4-28、例 4-29 中的脚本程序，可以看出，访问 HTML 元素的方法不同，而得到的结果相同。其中，getElementById 方法是 W3C 倡导的标准方法，各种浏览器均支持它。如果要设计兼容各种浏览器的网页，建议采用 getElementById 方法来访问 HTML 元素对象。

【例 4-25】 动态改变浏览器背景颜色和浏览器窗口标题 1。

```
<html>
<head><title>无标题页</title>
</head>
<body>
<input id="myColor" type="text" value="red" >
<input id="myTitle" type="text" value="新的窗口标题" >
<input id="mybut1" type="button" value="改变页面背景颜色">
<input id="mybut2" type="button" value="改变浏览器窗口标题">
<script language="javascript">
    window.mybut1.onmousedown=function() {window.document.bgColor=window
.myColor.value; }
    window.mybut2.onmousedown=function() {window.document.title=window
.myTitle.value; }
```

```
</script>
</body></html>
```

【例 4-26】 动态改变浏览器背景颜色和浏览器窗口标题 2。

```
<html>
<head><title>无标题页</title>
</head>
<body>
<form id="myForm" action="" method="post" >
<input id="myColor" type="text" value="red" >
<input id="myTitle" type="text" value="新的窗口标题" >
<input id="mybut1" type="button" value="改变页面背景颜色">
<input id="mybut2" type="button" value="改变浏览器窗口标题">
</form>
<script language="javascript">
  window.myForm.mybut1.onmousedown=function() {
     window.document.bgColor=window.myForm.myColor.value;}
  window.myForm.mybut2.onmousedown=function(){
     window.document.title=window.myForm.myTitle.value;}
</script>
</body>
</html>
```

【例 4-27】 脚本程序 1——动态改变浏览器背景颜色和浏览器窗口标题。

```
<script language="javascript">
    var b1=window.document.all.item("mybut1");
    var b2=window.document.all.item("mybut2");
    var t1=window.document.all.item("myColor");
    var t2=window.document.all.item("myTitle");
    b1.onmousedown=function() {window.document.bgColor=t1.value;}
    b2.onmousedown=function() {window.document.title=t2.value;}
</script>
```

【例 4-28】 脚本程序 2——动态改变浏览器背景颜色和浏览器窗口标题。

```
<script language="javascript">
    var b1=window.document.all.mybut1;
    var b2=window.document.all.mybut2;
    var t1=window.document.all.myColor;
    var t2=window.document.all.myTitle;
    b1.onmousedown=function() { window.document.bgColor=t1.value;}
    b2.onmousedown=function() { window.document.title=t2.value;}
</script>
```

【例 4-29】 脚本程序 3——动态改变浏览器背景颜色和浏览器窗口标题。

```
<script language="javascript">
    var b1=document.getElementById("mybut1");
    var b2=document.getElementById("mybut2");
    var t1=document.getElementById("myColor");
    var t2=document.getElementById("myTitle");
    b1.onmousedown=function() {document.bgColor=t1.value;}
    b2.onmousedown=function() {document.title=t2.value;}
</script>
```

4.4 窗口对象

window 对象处于对象层次的最顶端,每个对象代表一个浏览器窗口,封装了窗口的方法和属性。window 对象所包含的常用属性、方法、事件、子对象如图 4-4 所示。

视频讲解

图 4-4　window 对象所包含的属性、事件、子对象和方法

编程人员可以利用 window 对象控制浏览器窗口显示的各方面,如对话框、框架等。主要内容包括以下几点。

(1) onload 和 onunload 都是窗口对象事件,在加载 Web 页面到内存和从内存卸载 Web 页面时发生。

(2) close 方法可用来关闭浏览器窗口。open 方法可以打开一个新的浏览器窗口并加载指定的 Web 页,例如以下脚本实现了这样的功能:新打开一个浏览器窗口,窗口左上角相对屏幕左上角的坐标位置为(75,20)像素,窗口宽 480 像素、高 420 像素,在窗口加载 QQ 首页。其中,sName 可以取值为"replace"(用 QQ 首页替换当前页面)、"_blank"(新打开一个浏览器窗口显示 QQ 首页)、"_parent"(在当前页的父窗口中打开 QQ 首页)、"_search"(在搜索窗口中打开 QQ 首页)、"_self"(用 QQ 首页替换当前页面)、"_top"(用 QQ 首页替换框架页面,无框架时和_self 相同)。

```
var  sName='_blank'
window.open('http://www.qq.com',sName,'scrollbars=no,width=480,
height=420,left=75,top=20,status=no,resizable=yes');
```

(3) setInterval、clearInterval 方法以及 setTimeout、clearTimeout 方法均可实现定时器功能。前者可实现以指定的间隔时间(毫秒)重复执行某一功能操作；后者只能在指定的时间执行一次。例如 var id=setInterval("code",1000) 表示 1000ms 执行一次代码。代码可以为一段 JavaScript 代码或一个 JavaScript 函数名。

(4) prompt、alert、confirm 方法实现对话框功能，其中 prompt 为接受用户输入字符串的对话框；alert 为输出文本对话框，confirm 实现具有“确定”和“取消”按钮的对话框。具体用法可看例 4-30。

(5) showModalDialog、showModelessDialog 方法用于从父窗口中弹出模态和无模态对话框。模态对话框是指只能用鼠标或键盘在该对话框中操作，而不能在弹出对话框的父窗口中进行任何操作。它们的用法和 open 方法类似，不过它们可以接受父窗口传递过来的参数。例如以下脚本实现了这样的功能：新打开一个居中显示的模态对话框，对话框左上角相对屏幕左上角的坐标位置为(75,20)，窗口宽 480 像素、高 420 像素，在对话框加载 sample.htm 页面，父窗口的标题作为参数传递到对话框，对话框的边框呈 sunken 效果。在 sample.htm 中可用 window 对象的属性 window.dialogArguments 得到传递的参数值。

```
showModalDialog("sample.htm",document.title,"dialogWidth:480px;dialogHeight:420px;
dialogLeft:75px;dialogTop:20px;center:yes;edge:sunken;");
```

(6) navigate 方法实现了类似超链接的功能，但只能在本窗口中打开另外一个 Web 页面。例如单击按钮后，从当前页面跳转为另外一个页面 sample2.htm：

```
<input type="button" value="Navigate"
onclick="javascript:window.navigate('sample2.htm');">
```

(7) status 属性可以在浏览器窗口状态栏显示给定的文本；screenLeft 和 screenTop 为浏览器窗口页面显示区域左上角相对屏幕左上角的横坐标和纵坐标；closed 属性可以返回窗口是否打开或者关闭的布尔值。

(8) window 对象的 frame 集合对象实现了在浏览器脚本程序中对框架的处理。frames(帧，又称框架)可以实现窗口的分隔操作。可以把一个窗口分割成多个部分，每个部分称为一个帧，每个帧本身已是一类窗口，继承了窗口对象所有的属性和方法。frames 集合对象是通过 HTML 标记<frame>、<frameset>来创建的，它包含了一个窗口中的全部帧数。用 parent 或 top 指定当前帧的父窗口，例如要得到窗口中所有帧对象集合，用 window.parent.frames 或 window.top.frames 即可。用 self 指定当前帧，例如指定当前帧跳转到另一个 Web 页，用 window.self.navigate("new.htm")即可。具体用法如下：

```
<script language="javascript">
var frm=window.parent.frames;
for (i=0; i<frm.length; i++)  alert(frm(i).name);   //对每个帧进行循环
  alert(window.parent.frames.length);               //显示一个窗口被分成几个帧
var frm=document.frames;
//显示每个帧的 URL 地址
for (i=0; i<frm.length; i++) alert(frm(i).location);
window.self.navigate("new.htm");                    //当前帧跳转到新的页
</script>
```

【例 4-30】 window 对象对话框演示。

```
<script language="javascript">
```

```
var test=window.prompt("请输入数据:");
var YorN=confirm("你输入的数据是"+test+", 确定吗?");
if (YorN) alert("输入正确!");
else  alert("输入不正确!");
</script>
```

【例 4-31】 模态对话框演示。演示效果如图 4-5 所示。

```
<html><head><title>无标题页</title></head>
<script language="JavaScript" >
function fnRandom(iModifier){
  return parseInt(Math.random() * iModifier); //形成随机数
}
function fnSetValues(){
  var iHeight=oForm.oHeight.options[oForm.oHeight.selectedIndex].text;
  if(iHeight.indexOf("Random")>-1){
    iHeight=fnRandom(document.body.clientHeight); /* 随机数小于浏览器页面显示
区域的高度 */ }
  var sFeatures="dialogHeight: " +iHeight +"px;";
  return sFeatures;
}
function fnOpen(){
  var sFeatures="dialogWidth:200px;"+fnSetValues();
  showModalDialog("showModalDialog_target.htm", "", sFeatures)
}
</script>
<body onmouseover="self.status='我是浏览器窗口状态栏,欢迎您! '"
 onload="alert('开始加载页面! ') ">
<form name=oForm>
对话框高度<select name="oHeight">
   <option>--  Random --  </option>
   <option>120          </option>
   <option>200          </option>
   <option>250          </option>
   <option>300          </option>
</select><br>建立模态对话框
<input type="button" value="Push To Create" onclick="fnOpen()">
</form>
</body></html>
```

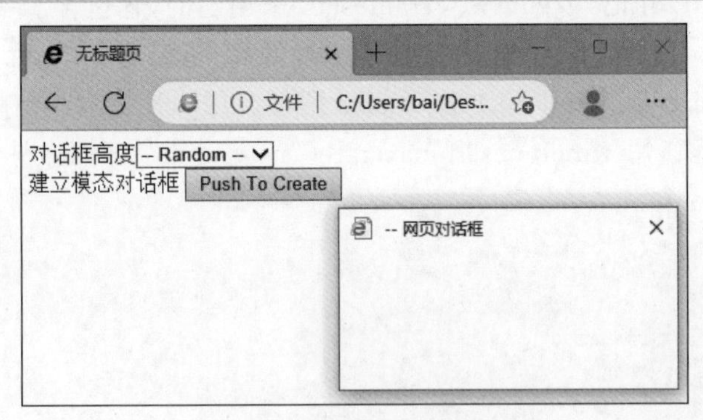

图 4-5　模态对话框演示

【例 4-32】 该例子实现了动态创建按钮和超链接 HTML 元素标记,并且用户双击鼠标后浏览器页面开始往下滚动。运行此页面程序后注意将浏览器窗口收缩到足够小,以便出现滚动条,否则看不到效果。span 标记是容器标记,用来放置新创建的 HTML 元素,也可用 div 标记替代 span 标记。本例中创建了一个按钮和超链接标记。window 对象有两个很重要的方法 window. setInterval 和 window. clearInterval,可以实现定时操作。window. scroll(x,y)方法可实现针对浏览器窗口页面显示区域左上角位置的屏幕滚动。

```
<html>
<head><title>无标题页</title>
</head>
<body>
<input type="button" value="click  me to add button" onclick="AddElement();">
<SPAN ID="mySpan"></SPAN>
<br><br><br><br><br><br><br><br><br><br><br><br><br><br><br><br><br>
<br><br><br>

<script language="javascript">
function AddElement() {
    mySpan.innerHTML="";
       //添加一个按钮标记
       //创建按钮元素
    var aElement=document.createElement("<input type='button'>");
    eval("aElement.value='请点击我'");       //指定按钮上的文字
    mySpan.appendChild(aElement);   //将建立的按钮放到 Span 容器标记中呈现出来
     aElement=document.createElement("A"); //添加一个超链接标记
     aElement.innerText='我是超链接';        //指定超链接中的文字
     aElement.href="javascript:alert('A link.')";  //指定超链接的链接地址
     mySpan.appendChild(aElement);   //将建立的超链接放到 Span 容器标记中呈现出来
}

//双击鼠标滚动屏幕的代码
  var currentpos,timer;

  function initialize(){
    //每隔 30ms 执行一次 scrollwindow 函数
    timer=setInterval ("scrollwindow()",30);
  }
  function sc(){
    clearInterval(timer);                      //定时器停止工作
  }
  function scrollwindow(){
   currentpos=document.body.scrollTop;      //获取顶端的 y 坐标值(像素)
   window.scroll(0,++ currentpos);          //沿 y 方向滚动一个像素单位
   if (currentpos !=document.body.scrollTop) sc();
  }
  document.onmousedown=sc;  //调用鼠标单击事件处理函数, 实现单击鼠标则停止屏幕滚动
  document.ondblclick=initialize;//调用鼠标双击事件处理函数, 实现双击鼠标开始屏幕滚动
</script>
</body></html>
```

4.5 浏览器对象、位置对象、历史对象、事件对象

视频讲解

1. 浏览器对象 navigator

navigator 对象是 window 的子对象。它提供浏览器名称、版本、客户端支持的 MIME

类型属性等环境信息。navigator 对象常用的方法和属性如图 4-6 所示。

【例 4-33】 使用 navigator 对象获取浏览器相关信息。在浏览器中显示结果如图 4-7 所示。

window 对象 — navigator

方法	描述
javaEnabled()	判定浏览器是否可用 Java

属性	描述
appCodeName	返回浏览器代码名称
appMinorVersion	返回浏览器的简短说明
appName	返回浏览器的名称
appVersion	返回浏览器的版本信息
browserLanguage	返回当前浏览器使用的语言
cookieEnabled	判断浏览器是否支持 cookies
cpuClass	返回浏览器使用的 CPU 类型
onLine	判定系统是否处于离线模式
platform	返回系统的操作系统平台
systemLanguage	返回操作系统的默认语言

图 4-6 navigator 对象常用的方法和属性

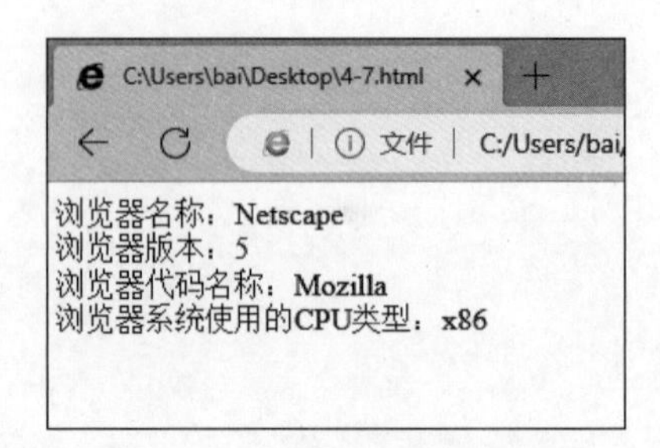

图 4-7 navigator 对象演示效果

```
<html>
<head>
<meta http-equiv="Content-Type"content="text/html;charset=utf-8"></head>
<body><script type="text/javascript">
var browser=navigator.appName
var b_version=navigator.appVersion
var version=parseFloat(b_version)
var codeName=navigator.appCodeName
var cpu=navigator.cpuClass
document.write("浏览器名称:"+browser)
document.write("<br />")
document.write("浏览器版本:"+version)
document.write("<br />")
document.write("浏览器代码名称:"+codeName)
document.write("<br />")
document.write("浏览器系统使用的 CPU 类型:"+cpu)
</script>
</body></html>
```

2. 位置对象 location

location 对象是 window 的子对象。location 对象提供了与当前打开页面的 URL 一起工作的方法和属性。location 对象常用的方法和属性如图 4-8 所示。

location 对象中 href 属性与 assign 和 replace 方法实现的功能与前述 window 对象的 navigate 方法相似，实现了在当前窗口中打开一个新的页面的功能。但用 replace 方法后，浏览器的前进、后退历史记录将丧失。试比较四者的用法。

```
window.location.href="http://www.qq.com";
window.location.assign("http://www.qq.com");
window.location.replace("http://www.qq.com");
window.navigate("http://www.qq.com");
```

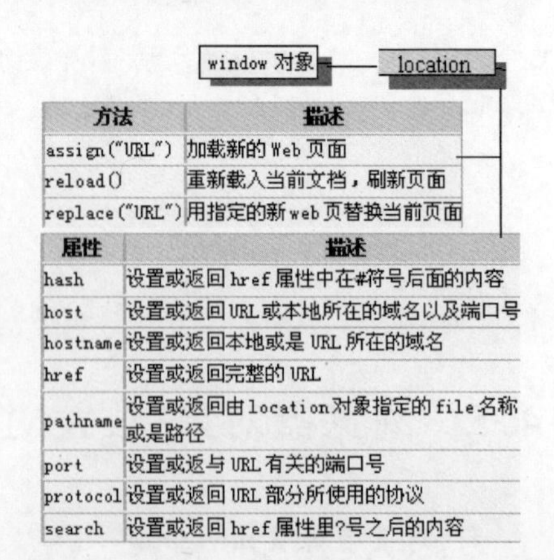

window 对象 — location

方法	描述
assign("URL")	加载新的 Web 页面
reload()	重新载入当前文档，刷新页面
replace("URL")	用指定的新 web 页替换当前页面

属性	描述
hash	设置或返回 href 属性中在#符号后面的内容
host	设置或返回 URL 或本地所在的域名以及端口号
hostname	设置或返回本地或是 URL 所在的域名
href	设置或返回完整的 URL
pathname	设置或返回由 location 对象指定的 file 名称或是路径
port	设置或返与 URL 有关的端口号
protocol	设置或返回 URL 部分所使用的协议
search	设置或返回 href 属性里?号之后的内容

图 4-8 location 对象常用的方法和属性

当用户在程序中通过 href 或 url 传递参数时，例如 window. navigate("http://sample. htm? x=5; y=6; z=7")语句中，传递了参数 x、y、z 的值，如何取到呢？用 location. search 就可以取到问号后的“x=5; y=6; z=7”字符串，然后再用 String 对象的 split 方法分解字符串后即可得到参数 x、y、z 的值。

【例 4-34】 显示当前页面的 URL，并刷新当前页面。

```
<html><head></head>
<body>
<input type="button" value="重新载入" onclick="alert(location.href);location.
reload();">
<select onchange="window.location.href=this.options[this.selectedIndex].
value">
<option value="http://www.microsoft.com/ie">Internet Explorer</option>
<option value="http://www.microsoft.com">Microsoft Home</option>
<option value="http://msdn.microsoft.com">Developer Network</option>
</select>
</body>
</html>
```

3. 历史对象 history

history 对象包含浏览器的浏览历史信息。history 对象的属性和方法如图 4-9 所示。用户在浏览器中通过点击超链接或其他方式不断跳转到新的页面，如果要后退看前面已经访问过的网页历史，可以在浏览器工具条单击“后退”。我们可以在程序中控制页面转向某一个网页历史记录。例如 history.go(−4)用来显示后退 4 步后的网页历史，history.go(4)用来显示前进 4 个页面后的网页历史。如果当前页面后的历史记录只有 2 步，虽然设定了前进 4 步，没有那么多，则显示最后一个网页历史。back 和 forward 方法的实现后退和前进一步的功能，等同于 history. go(−1)和 history. go(1)。

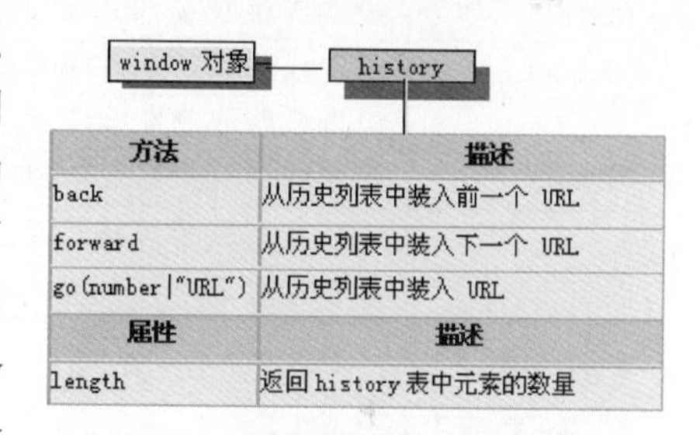

方法	描述
back	从历史列表中装入前一个 URL
forward	从历史列表中装入下一个 URL
go (number|"URL")	从历史列表中装入 URL
属性	**描述**
length	返回 history 表中元素的数量

图 4-9 history 对象的属性和方法

【例 4-35】 使用 history 对象设置页面链接。

```
<html>
<head>
<title>history 对象示例</title>
</head>
<body>
<ul>
<li onclick="history.go(-1)">后退一页</li>
<li onclick="history.go(1)">前进一页</li>
</ul>
<a onClick="history.back()"><u>上一页</u></a>
<a onClick="history.forward()"><u>下一页</u></a>
</body>
</html>
```

4. 事件对象 event

event 对象是 window 对象的子对象，主要作用就是获取或者设置产生事件的对象是哪个对象、键盘按键的状态、当前鼠标指针的位置、鼠标按键的状态等。其常用的属性如表 4-6 所示。

表 4-6　event 事件对象的常用属性

属　性	描　述
altKey	设置或获取 Alt 键的按键状态值
altLeft	设置或获取左 Alt 键的按键状态值
button	设置或获取用户按下鼠标键的方式：未按键取值 0，按下左键取值 1，按下右键取值 2，按下左右键取值 3，按下中间键取值 4
clientX，clientY	设置或获取相对文档显示区域的鼠标指针坐标位置
ctrlKey	设置或获取 Ctrl 键的按键状态值
ctrlLeft	设置或获取左 Ctrl 键的按键状态值
keyCode	设置或获取产生按键事件的 Unicode 键盘代码
offsetX，offsetY	设置或获取相对产生事件对象左上角的鼠标指针位置
returnValue	设置或获取事件的返回值
screenX，screenY	获取相对用户屏幕左上角的鼠标指针坐标位置
shiftKey	设置或获取 Shift 键的按键状态值
shiftLeft	设置或获取左 Shift 键的按键状态值
srcElement	设置或获取产生事件的对象
type	设置或获取产生事件对象的事件名称
wheelDelta	设置或获取鼠标滚轮的方向和距离
x，y	设置或获取相对父元素左上角的鼠标指针坐标位置。例如，鼠标在文本块标志 div 在移动时，event. x 和 event. y 将返回相对 div 左上角的坐标位置

【例 4-36】 使用 srcElement 属性，判断用鼠标单击了哪个元素。

```
<html><head><title>srcElement 演示</title></head>
<body  bgcolor=#FFFFCC >
<UL ID=oUL onclick="fnGetTags()" style="cursor:hand">
<LI>Item 1
    <UL>
    <LI>Sub Item 1.1
    <OL>
    <LI>Super Sub Item 1.1
    <LI>Super Sub Item 1.2
    </OL>
    <LI>Sub Item 1.2
    <LI>Sub Item 1.3
    </UL>
<LI>Item 2
    <UL>
    <LI>Sub Item 2.1
    <LI>Sub Item 2.3
    </UL>
<LI>Item 3
</UL>
<script Language="JavaScript">
function fnGetTags(){
    var oWorkItem=event.srcElement;    //获取被用鼠标单击了的对象
    alert(oWorkItem.innerText); }      //显示该对象所包含的文本
</script>
</body></html>
```

4.6 文档对象

document(文档)对象是浏览器对象的核心,主要作用就是把基本的 HTML 元素作为对象封装起来,提供给编程人员使用。编程人员利用这些对象,可以对 Web 浏览器环境中的事件进行控制并做出处理。document 对象对实现 Web 页面信息交互起关键作用。document 对象所包含的属性、方法、事件、对象如图 4-10 所示。

图 4-10 document 对象所包含的属性、方法、事件和子对象

对 document 对象的详尽介绍可参阅其他资料。下面介绍其常用的属性、方法、事件和对象。

(1) document 对象的常用属性如表 4-7 所示。

下面重点介绍 document 对象的 cookie 属性的使用。

cookie 是放在浏览器缓存中的一个文件,里面存放着各参数名以及对应的参数值。cookie 中的参数是以分号相隔的,例如“name=20; sex=male; color=red; expires=Sun

May 27 22:04:25 UTC+0800 2008”。用户在打开同一个网站时,通过超链接方式可能打开了多个浏览器窗口,这些窗口间需要共享信息时,cookie 就可以完成这项工作。cookie 存放的内容可以设置失效期限,既可以永久保留,又可以关闭网站后删除,也可以在指定时间内失效,通过 expires 指定 cookie 的失效日期,当没有失效日期时,关闭浏览器即失效。我们可以保存用户输入的参数到 cookie 中,以后可以恢复显示。例如在登录一个系统时,需要用户从学生、任课教师、班主任、辅导员中选择一种用户类型登录,通过 cookie 保存选定的用户类型后,以后再次登录系统,就不再让用户选择用户类型,可从 cookie 中取出设定的用户类型作为默认值。

表 4-7 document 对象的常用属性

属　性	描　述
alinkColor	设置或获取文档中所有活动超链接对象的颜色(将鼠标指针在其上移动时)
bgColor	设置或获取页面的背景颜色,例如背景颜色设为红色:document. bgColor="red"
cookie	设置或获取 cookie
documentElement	获取 HTML 文档的根节点,例如,用 document. documentElement. innerHTML 可返回页面的源代码
fgColor	设置或获取页面的前景色
fileCreatedDate	获取 HTML 文档创建的日期
fileModifiedDate	获取 HTML 文档最后修改日期。例如:alert(document. fileModifiedDate);
fileSize	获取 HTML 文档所占磁盘空间大小
lastModified	获取 HTML 文档最后修改日期和时间
linkColor	设置或获取文档中所有超链接标记的颜色
parentWindow	该文档的父窗口
protocol	设置或获取 URL 地址中协议部分内容
referrer	假定当前页是从另外一个页面的超链接跳转的,该属性可以获取上一个页面的 URL 地址
uniqueID	获取为对象自动生成的一个唯一标识号
URL	设置或获取当前文档的 URL 地址。例如,document. URL="11. htm" 可实现页面的跳转
URLUnencoded	将 URL 地址中的特殊字符代码变成 ASCII 码。例如,alert(document. URL)返回“file://C:\Documents%20and%20Settings\aa. htm”,alert(document. URLUnencoded)将返回“file://C:\Documents and Settings\aa. htm”
vlinkColor	设置或获取文档中所有被访问过的超链接标记的颜色

【例 4-37】 设置 cookie 和获取 cookie 的例子。该例子有两个通用的函数 setCookie 和 getCookie 分别设置和获取 cookie。用户在文本框中输入姓名,单击按钮“姓名保存到 cookie”后,再单击“从 cookie 中得到姓名”按钮,在第二个文本框中显示取到的姓名。

```
<html><head><title>First Document</title>
<script type="text/javascript">
function getCookie(sName)  //从 cookie 中获取参数 name 的值
{  //cookie 中的参数是以分号相隔的,例如"name=20;sex=male;color=red;"
  var aCookie=document.cookie.split("; ");
  for (var i=0; i<aCookie.length; i++)
  {//对存放在数组 aCookie 中的每一个"参数名=参数值"进行循环,找到要获取参数值的参数名
    var aCrumb=aCookie[i].split("=");
    if (sName==aCrumb[0])
```

```
        return unescape(aCrumb[1]); //如果找到则返回参数值
    }
    return null;                    //cookie中请求的参数名不存在时返回null
}
//name: 参数, value: 参数值, expires: 失效日期
//功能:将参数name的值value和失效日期expires写入一个cookie中
function setCookie(name, value, expires)
{   var expStr    =( (expires==null) ? "" : ("; expires=" +expires) );
    window.document.cookie=name +"=" +escape(value)+expStr;
}
</script>
</head>

<body bgcolor=# FFFFCC>
<input id="yourName" type="text" value="Tim">
<input type="button" value="姓名保存到 cookie" onclick="setCookie('name',
yourName. value,'Sun May 27 22:04:25 UTC+0800 2008');">
<input id="GetName" type="text" value="">
<input type="button" value="从 cookie 中得到姓名" onclick="GetName.value=
getCookie('name');">
</body></html>
```

（2）document 对象的常用方法如表 4-8 所示。

表 4-8　document 对象的常用方法

方　法	描　述
attachEvent	可以为某个对象动态绑定一个事件处理程序
close	和 write 或 writeln 配对使用，关闭输出 HTML 文本流，立即在浏览器中显示
createAttribute	动态创建一个指定属性名的属性
createElement	创建一个指定标签的元素实例
createStyleSheet	为文档创建样式单
detachEvent	将事件与对象分离，对象的事件不再起作用
elementFromPoint	获取放在(x,y)坐标处的 HTML 元素对象
execCommand	在当前文档中执行命令
focus	使元素对象得到焦点，执行 onfocus 事件
getElementById	通过 id 属性返回第一个元素对象
getElementsByName	通过 name 属性返回元素对象集合
getElementsByTagName	通过标记元素名称返回元素对象集合
hasFocus	判断当前对象是否得到焦点
open	当只指定 url 和 name 参数时，在当前文档中输出 HTML 文本流，用 close 关闭；当指定其他附加参数时，其作用与 window. open 相同
write	在当前页面中输出 HTML 形式的文本串
writeln	在当前页面中输出 HTML 形式的文本串，文本串末尾追加一个换行键

文档对象的方法 write 和 writeln 主要用来实现在 Web 页面上显示输出信息。在实际使用中，writeln 与 write 的唯一不同之处在于在尾部加了一个换行符。open 方法有以下两种用法。

① 与 window. open 用法完全一致，用来创建一个新的窗口或在指定的命令窗口内打开文档。

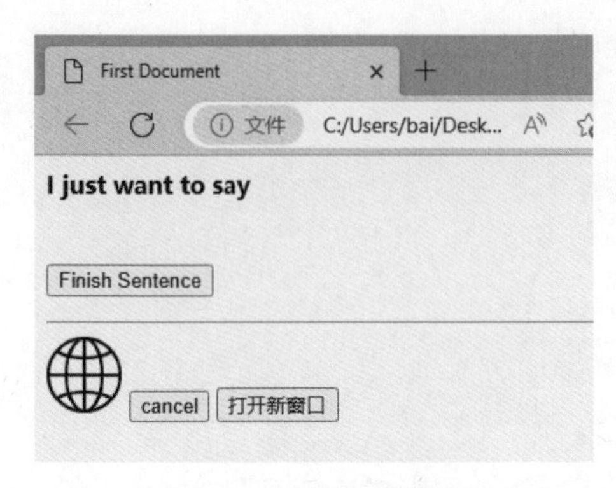

图 4-11　页面初始效果

② 在一个已存在文件中写入内容或创建一个新文件来写入内容。在完成对 Web 文档的写操作后，要使用 close 方法来实现对输出流的关闭。在使用 open 方法打开一个新流时，可为文档指定一个有效的文档类型，有效文档类型包括 text/html、text/gif、text/xim、text/plugin 等。

【例 4-38】 文档对象 write、open、close 方法示例。单击 Finish Sentence 按钮原地输出另外一个页面。单击“打开新窗口”按钮打开 QQ 首页。初始效果如图 4-11 所示。

```
<html><head><title>First Document</title>
<script type="text/javascript">
function replace(){
   var oNewDoc=document.open("text/html", "replace");
   var sMarkup="<html><head><title>New Document</title><body>Hello, world </
body></html>";
   oNewDoc.write(sMarkup);
oNewDoc.close();
}
function openwin() {
document.open('http://www.qq.com','_blank','scrollbars=no,width=480,height=
420,left=75,top=20,status=no,resizable=yes');  //新打开一个窗口 }
</script>
</head>
<body bgcolor=# FFFFCC>
<h4>I just want to say</h4><br>
<!-- Button will call the replace function and replace the current page with a
new one-->
<input type="button" value="Finish Sentence" onclick="replace();">

<script type="text/javascript">
//在当前页面显示一个图片和一个 cancel 按钮
document.writeln("<p></p><hr><img src='web.gif'>");
document.writeln("<Input type='button' value='cancel'>");
</script>
<input type="button" value="打开新窗口" onclick="openwin();">
</body>
</html>
```

(3) document 对象的事件。

文档对象的事件除了响应键盘、鼠标常规操作事件外，还增加了其他大量事件，例如鼠标的拖拉操作事件(ondrag、ondragend、ondragenter、ondragleave、ondragover、ondragstart、ondrop)、快捷菜单事件 oncontextmenu 等。例如以下代码实现了在浏览器窗口文本块 span 区域，按下鼠标右键(右击)时将不出现快捷菜单。

```
<span style="width:300; background-color:blue; color:white;" oncontextmenu=
"return false">
<p>The context menu never displays when you right-click in this box.</p>
</span>
```

(4) document 的对象。

document 所包含的对象主要是集合对象,包括 all、anchors、applets、childNodes、embeds、forms、frames、images、links、namespaces、scripts、styleSheets 等。例如,以下代码演示了 all 的用法:

```
var oItem=document.all; //得到页面中的所有对象,并显示每个对象对应的标记名称
if (oItem!=null)  for (i=0; i<oItem.length; i++) alert(oItem.item(i).tagName);
//得到 id 为 Sample 的所有元素并显示出标记名称
var oItem=document.all.item("Sample");
If (oItem!=null) for (i=0; i<oItem.length; i++) alert(oItem.item(i).tagName);
```

要详细介绍各个对象的使用超出了本书范围。为方便读者查阅,表 4-9 列出了 DHTML 常用对象名称。

表 4-9 DHTML 常用对象名称

对　象	描　述
window	当出现<body>或是<frameset>标签时,这个对象就会自动建立起来
location	含有当前 URL 的信息
screen	由脚本工作环境引擎自动建立,它包含了有关客户显示屏幕的信息
event	代表事件的状态,如哪个元素的事件发生了、键盘按键的状态、鼠标的位置、鼠标按钮的状态等
navigator	获取客户端信息,包括浏览器类型、操作系统类型、CPU 类型等
history	通过 window 对象的 history 属性所访问的预先确定对象。这个对象由一组 URL 所构成。这些 URL 是所有用户曾经在浏览器中访问过的 URL
document	可用来访问所有在页面中的元素
anchor	代表了 HTML 的 a 元素(超链接)
applet	代表了 HTML 的 applet 元素,applet 元素可用来放置页面内可执行的内容
area	代表了图像映射区域
base	代表了 HTML 的 base 元素
basefont	HTML 的 basefont 元素
body	文档的主体(body)
button	HTML 表单上的按钮。HTML 表单中只要出现了<input type="button">标签就会建立一个 button 对象
checkbox	HTML 表单中的复选框。只要 HTML 表单中出现了<input type="checkbox">标签,就会建立起 checkbox 对象
fileupload	当 HTML 表单中有<input type="file">,FileUpload 对象就建立起来了
form	表单可用于用户信息的输入递交。可代表 HTML 中的 form 元素
frame	代表了 HTML 中的框架
frameset	HTML 的框架集
hidden	在 HTML 中的隐藏区域。每当 HTML 表单中出现<input type="hidden">标签就会建立该对象
iframe	HTML 中的内联框架
image	HTML 的 img 元素
link	HTML 的 link 元素。只能在<head>标签中使用 link 元素
meta	HTML 的 meta 元素
option	在 HTML 表单中的选择项。每当 HTML 表单中出现<option>标签就会建立该对象

续表

对　　象	描　　述
password	代表了 HTML 表单中的 password 区域。每当 HTML 表单中出现< input type="password"> 标签就会建立该对象
radio	代表了 HTML 表单中的单选按钮。每当表单中出现了< input type="radio">标签就会建立该对象
reset	代表了 HTML 表单中的 reset 按钮。每当表单出现了< input type="reset"> 标签就会建立该对象
select	代表了 HTML 表单中的选择列表。每当表单中出现< select >标签就会建立该对象
style	代表了独立的样式声明。可以从文档或使用样式的元素中访问这个对象
submit	代表了 HTML 表单中的“提交”按钮。每当表单中出现< input type="submit"> 标签就会建立该对象
table	代表了 HTML 的表格元素
tabledata	代表了 HTML 中的 td 元素
tableheader	代表了 HTML 中的 th 元素
tablerow	代表了 HTML 中的 tr 元素
text	代表了表单中的文字输入区域。每当表单中出现< input type="text">标签就会建立该对象
textarea	代表了 HTML 的 textarea 元素

下面通过大量典型的实例帮助读者掌握其编程方法。

【例 4-39】 使用 documentElement 将页面源代码调入编辑框；用滚动鼠标滚轮的方法放大或缩小图片。

```
<html><head><title>将页面源代码调入编辑框</title></head>
<body>
<script type="text/javascript">
function fnGetHTML(){
   var sData=document.documentElement.innerHTML;
   oResults.value=sData;
}
function zoomimg(o){                          //用滚动鼠标滚轮的方法放大或缩小图片
     var zoom=parseInt(o.style.zoom, 10)||100;
zoom+=event.wheelDelta/12;                    //滚轮滚过的距离
     if (zoom>0) o.style.zoom=zoom+ '% ';    //设置缩放比例
     return false;
}
</script>
<a  href="javascript:fnGetHTML()">将页面源代码调入编辑框</a>
<textarea id=oResults cols=50 rows=10></textarea>

<a href="web.gif" onmousewheel="return zoomimg(this)" target="_blank">
<img src="web.gif" border=1 title="点击可看原图"
onload="javascript:if(this.width>740)this.width=740;"
   onmouseover="javascript:if(this.width>740)this.width=740;"></a>
</body>
</html>
```

【例 4-40】 使用 document 对象查看元素名称。

```
<html><head>
<script type="text/javascript">
function getElement(){
```

```
var x=document.getElementById("myHeader")
alert("这是一个" +x.tagName +" 元素")
}
</script>
</head><body>
<h3 id= "myHeader" onclick= "getElement()">点击查看此元素名称</h3>
</body>
</html>
```

【例 4-41】 使用 form 数组和 form 名称使得两个 form 中的文本输入内容保持一致。

```
<html><head><title>form 对象</title></head>
<body>
<form>
<input type= "text" onChange= "document.my.elements[0].value=this.value;" >
</form>
<form name= "my">
<input type = " text " onChange = " document. forms [ 0 ]. elements [ 0 ]. value = this.
value;">
</form>
</body></html>
```

在浏览器中显示结果如图 4-12 所示。

【例 4-42】 document 对象应用举例。

```
<html><head></head>
<body>
<form name= "mytable">请输入数据:
<input type= "text" name= "text1" value= "">
</form>
<a name= "Link1" href= "3-1.html">链接到第一个文本</a><br>
<a name= "Link2" href= "3-2.html">链接到第二个文本</a><br>
<a name= "Link2" href= "3-3.html">链接到第三个文本</a><br>
<a href= "# Link1">第一锚点</a>
<a href= "# Link2">第二锚点</a>
<a Href= "# Link3">第三锚点</a><br>
<script ianguage= "javascript">
document.write("文档有"+document.links.length+"个链接"+"<br>");
document.write("文档有"+document.anchors.length+"个锚点"+"<br>");
document.write("文档有"+document.forms.length+"个窗体");
</script>
</body></html>
```

在浏览器中显示结果如图 4-13 所示。

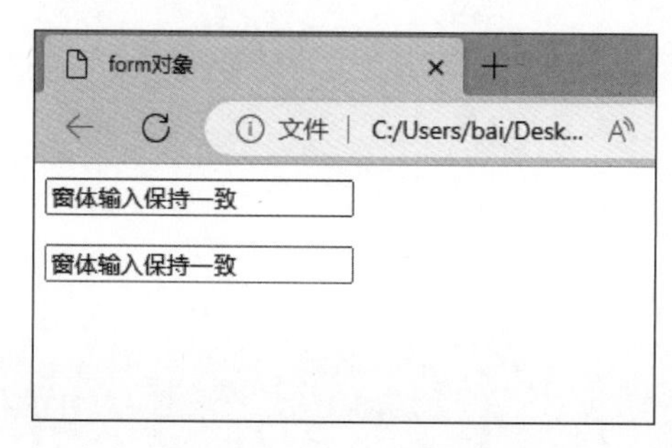

图 4-12 form 对象示例

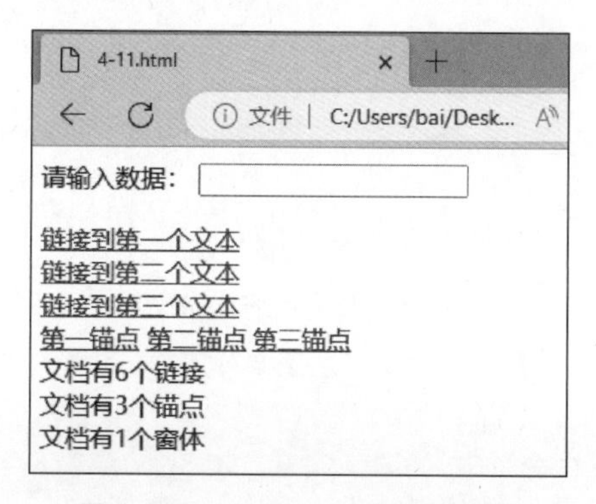

图 4-13 document 对象应用示例

【例 4-43】 设计一个输入个人信息的页面示例。源代码如下：

```
<html>
<head><script language="javascript">
sex=new Array();
sex[0]="Male";
sex[1]="Female";
sele=0;
sex_sele=0;
function VertifyAndChgText(){
  var Length=document.forms[0].length;
  var Type,Empty=false;
  for(var i=0;i<Length;i++){
  Type=document.forms[0].elements[i].type;
if (Type=="text")
    if (document.forms[0].elements[i].value=="")
      empty=true;
  }
  if (! Empty){
    name="您的名字是"+document.forms[0].NameText.value+"\n";
    alias="您的别名是"+document.forms[0].AliasText.value+"\n";
    sex_1="您的性别是"+sex[sex_sele]+"\n";
    area="您所在的地区是"+document.forms[0].area.options[sele].text+"\n";
    exp="备注信息是"+document.forms[0].exp.value+"\n";
    document.forms[0].info.value=name+alias+sex_1+area+exp;
  }
  else   alert("您的信息尚未完全输入!");
  return Empty;
}
</script>
</head>
<body>
<h3 align=center>请输入您的个人信息</h3>
<form>
您的姓名:<input type=text name="NameText" size=15><br>
您的别名:<input type=text name="AliasText" size=15><br>
您的性别:<input type="radio" name="sex" onClick="sex_sele=0">Male
<input type="radio" name="sex" onClick="sex_sele=1">Female<br>
您所在的地区:<select name="area" onChange="sele=this.selectedIndex">
<option value="1" selected >云南   </option>
<option value="2">贵州             </option>
<option value="3">四川             </option>
<option value="4">西藏             </option>
<option value="5">重庆</option></select><br>
备注:<textarea name="exp" rows=4 cols=25></textarea><br><br><br>
<input type=button value="提交信息" onClick="VertifyAndChgText()">
<br>
您已输入的信息是:<textarea name="info" rows=6 cols=30></textarea><r><br>
</form></body></html>
```

在浏览器中显示结果如图 4-14 所示。

【例 4-44】 逐条显示信息的跑马灯。源代码如下：

```
<html>
<head></head>
<script language="javascript">
<!--
```

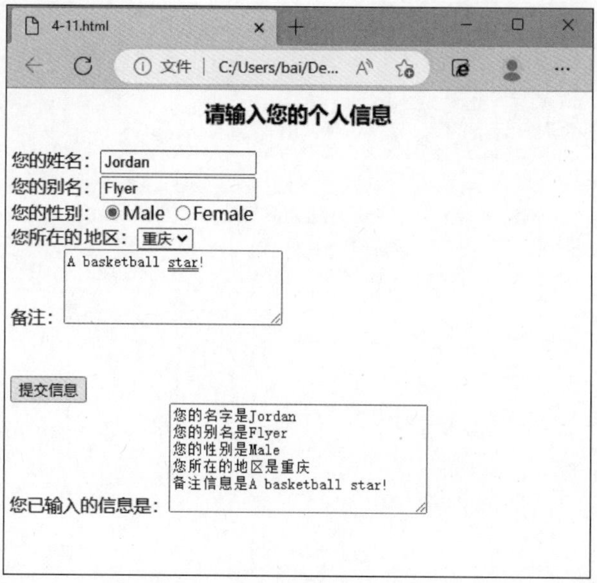

图 4-14　form 对象综合应用示例

```
    function makearray(size){
     this.length=size;
     for(i=1;i<=size;i++){this[i]=0}
     return this;
    }
  msg=new makearray(2);
   msg[1]="嗨！ 您好。";
   msg[2]="可根据需要显示不同内容！";
   interval=100;
   seq=0;
   i=1;
 function Scroll(){
    document.myForm.myText.value=msg[i].substring(0, seq+1);
    seq++ ;
  if (seq >=msg[i].length) {seq=0 ;i++ ;interval=900};
    if(i>2){i=1};
    window.setTimeout("Scroll();", interval);
 interval=100;
 }
 -->
 </script>
 <body OnLoad="Scroll()">
 <form name="myForm">
 <input type="text" name="myText" size="50">
 </form></body></html>
```

【例 4-45】 先出现文件上传控件，没有“提交”按钮，在检查上传图片的大小后，若图片符合要求则动态创建一个“提交”按钮。源代码如下：

```
 <html>
 <head>
 <title>图片上传</title>
 <script type="text/javascript">
```

```
  function WH_Show(f){
   obj=document.createElement("IMG");
   obj.src=f.value;
   if(obj.width>640 || obj.height>480){
      alert("图片太大,请上传小于 480 的图片。")
   }
   else{
  document.getElementById('sub').innerHTML='<INPUT type="submit" name=
"Submit" value="提交">'
      }
   }
</script>
</head>
<body>
<form name="form1" method="post" action="upfile.aspx" enctype="multipart/
form- data" >
<input type="hidden" size="40" name="act" value="upload">
<input type="file" onchange="WH_Show(this)">
<div id="sub"></div>
</form></body></html>
```

【例 4-46】 实现鼠标指针悬停时,显示放大的图片。

```
<html>
<head>
<title>用 HTML DOM 放大图片</title>
</head>
<body>
<br>原图:<br><img src=img1.JPG onmousemove="zoom()" id=srcImg>
<br>局部放大图:<br><div style="overflow:hidden"><img id=zoomImg></div>
<script language="javascript">
<!--
zoomImg.src=srcImg.src;
srcImg.height=srcImg.height/4;
var zoomRate=5;
zoomImg.height=srcImg.height * zoomRate;
zoomImg.parentNode.style.width=srcImg.width;
zoomImg.parentNode.style.height=srcImg.height;
function zoom(){
var elm=event.srcElement;
h=elm.offsetHeight/zoomRate/2;
w=elm.offsetWidth/zoomRate/2;
var x=event.x-elm.offsetLeft;
x=x<(elm.offsetWidth-w)? x<w? w:x:elm.offsetWidth-w;
zoomImg.style.marginLeft=(w-x) * zoomRate;
var y=event.y-elm.offsetTop;
y=y<(elm.offsetHeight-h)? y<h? h:y:elm.offsetHeight-h;
zoomImg.style.marginTop=(h- y) * zoomRate;
}
-->
</script>
</body>
</html>
```

在浏览器中显示结果如图 4-15 所示。

【例 4-47】 动态生成一个表格。源程序如下：

```
<html><head><title>使用 DOM 生成一张表格</title>
<script language="javascript">
function genTable(pNode){
var i,j;
var contents=new Array(3);
for (i=0;i<3;i++)   contents[i]=new Array(3);
contents[0][0]="书名";
contents[0][1]="出版社";
contents[1][0]="C++程序设计教程";
contents[1][1]="清华大学出版社";
contents[2][0]="Web 程序设计";
contents[2][1]="电子工业出版社";
var tableNode=document.createElement("TABLE");
var tBodyNode=document.createElement("TBODY");
var t1,t2;
for (i=0;i<3;i++){
  t1=document.createElement("TR");
    tBodyNode.appendChild(t1);
    for (j=0;j<2;j++){
      t1=document.createElement("TD");
      t2=document.createTextNode(contents[i][j]);
      t1.appendChild(t2);
      tBodyNode.childNodes[i].appendChild(t1);
    }
}
pNode.appendChild(tableNode);
tableNode.id="test";
tableNode.border=2;
tableNode.appendChild(tBodyNode);
}
</script>
</head>
<body id="tableTest">
<h2 onClick="genTable(tableTest)">单击此处将生成一个表格</h2>
<hr></body></html>
```

在浏览器中显示结果如图 4-16 所示。

图 4-15 用 HTML DOM 放大图片

书名	出版社
C++程序设计教程	清华大学出版社
Web程序设计	电子工业出版社

图 4-16 使用 DOM 生成一张表格

【例 4-48】 用鼠标滚轮放大和缩小图形。

```
<script language="javascript">
var count=10;
function resizeimg(oImage) {
count=Counting(count);
Resize(oImage,count);
return false;
}
function Counting(newzoom){
if (event.wheelDelta >=120)
newzoom++ ;                          //鼠标滚轮滚动 120 个单位距离,就放大或缩小 1%
else if (event.wheelDelta <=- 120)
newzoom-- ;
if (newzoom<2) newzoom=2;            //只允许缩小到 20%
if (newzoom>50) newzoom=50;          //只允许放大到 500%
return newzoom;
}
function Resize(oImage,newzoom){
oImage.style.zoom=newzoom + '0% '; //设置图片的缩放属性
count=newzoom;
}
</script>
<img onDblClick='return Resize(this,10);return false;'  onmousewheel='return
resizeimg(this)' border="0" src="upload/upfile/map/cjtj/syt2.gif" width="500"
height="369">
```

【例 4-49】 播放 WMA 或 MP3 等格式的媒体文件。

```
<html>
<script language="javascript">
function CreateControl(DivID, CLSID, ObjectID,WIDTH, HEIGHT, URL, AUTOSTART){
  var d=document.getElementById(DivID);
d.innerHTML='<object classid='+CLSID+' id='+ObjectID+' width='+WIDTH+'
height='+HEIGHT+'>
  <param name="URL" value=' +URL +'>  <param name="autoStart" value=' +
AUTOSTART +'/>';
}
</script>
 <head></head>
 <body>
   <div id="EXAMPLE_DIV_ID">  This text will be replaced by the control </div>
   <script language="JScript">
CreateControl("EXAMPLE_DIV_ID","clsid:6BF52A52-394A-11d3-B153-00C04F79FAA6",
"EXAMPLE_OBJECT_ID", "300", "200", "file:///C:/TDdownload/红旗飘飘.wma","-1");
   </script>
 </body>
</html>

<!-- 以下是另外一种播放方法-->
<html>
  <body>
    <div id="DivID">
 <script language="javascript">
        var myObject=document.createElement('object');
DivID.appendChild(myObject);
myObject.width="200";
```

```
myObject.height="100";
myObject.classid="clsid:6BF52A52-394A-11d3-B153-00C04F79FAA6";
myObject.URL="file:///C:/TDdownload/红旗飘飘.wma";
myObject.uiMode="none" ;
</script>
</body>
</html>
```

4.7 HTML DOM 树简介

视频讲解

HTML DOM 是一种结构化的对象模型,采用 DOM 技术访问和更新 HTML 页面内容时,首先依据 HTML 源代码,建立页面的树形结构模型,然后按照树形结构的层次关系来操纵 Web 页面。图 4-17 所示为一个 Web 页文件所对应的 DOM 节点树,又称文档大纲。

```
<!DOCTYPE html PUBLIC "-//W3C//DTD XHTML 1.0 Transitional//EN"
"http://www.w3.org/TR/xhtml1/DTD/xhtml1-transitional.dtd">
<html xmlns="http://www.w3.org/1999/xhtml" >
<head>
    <title>无标题页</title>
    <script id="myscript" type="text/javascript">
     alert("I am script");
    </script>
</head>
<body id="mybody">
<h4>this is a text title </h4> <br />
<p id="myP"><b>段落文本</b></p>
    <table id="myT" style="left:0px; width:368px;top:0px;height:227px">
        <caption id="myCaption">
            DOM 树节点示例</caption>
        <tr id="tr1">
            <td style="width: 100px"></td>
            <td id="myid" style="width: 100px"><hr /></td>
            <td style="width: 100px"></td>
        </tr>
        <tr id="tr2">
            <td style="width: 100px">
                <div></div>
            </td>
            <td style="width: 100px"><img src="" /></td>
            <td style="width: 100px"></td>
        </tr>
        <tr id="tr3">
            <td style="width: 100px"></td>
            <td style="width: 100px">
              <input id="Button1" type="button" value="button" /></td>
            <td style="width: 100px"></td>
        </tr>
    </table>
</body>
</html>
```

图 4-17　文档大纲

在 DOM 树形结构中,每个节点都是一个对象,各节点对象都有属性和方法。

DOM 有两个对象集合：attributes 和 childNodes。attributes 是节点属性的对象集合。childNodes 是子节点的对象集合,使用从 0 开始的索引值进行访问。

DOM 树形结构节点有只读属性和读写属性两类。通过只读属性可以浏览节点,并可获得节点的类型及名称等信息；通过读写属性可以访问文字节点的内容。DOM 树形结构节点的属性如表 4-10 所示。

表 4-10　DOM 树形结构节点的属性

属　　性	访　　问	说　　明
nodeName	只读	返回节点的标记名
nodeType	只读	返回节点的类型：1,标记；2,树形；3,文字节点
firstChild	只读	返回第一个子节点的对象集合

续表

属　　性	访　　问	说　　明
lastChild	只读	返回最后一个子节点的对象集合
parentNode	只读	返回父节点对象
previousSibling	只读	返回左兄弟节点对象
nextSibling	只读	返回右兄弟节点对象
data	读写	文字节点的内容,其他节点返回 undefined
nodeValue	读写	文字节点的内容,其他节点返回 null

用 DOM 方法可以动态创建 HTML 文档或 HTML 元素,并可以通过 JavaScript 程序随时改变文档的节点结构或内容,建立动态网页效果。DOM 树的常用方法如表 4-11 所示。

表 4-11　DOM 树的常用方法

方法及语法	说　　明
objParent. appendChild(objChild)	为 objParent 添加子节点 objChild,返回新增节点对象
objChild. appendElement(objParent)	将 objChild 新增为 objParent 的子节点
objNode. SetAttribute(sName,vValue)	设置 objNode 的属性名和属性值
objNode. clearAttributes	清除 objNode 的所有属性
document. createElement(tagName)	建立一个 HTML 节点对象,参数 tagName 为标记的名称
objNode. cloneNode(deep)	复制节点 objNode,若 deep 为 false,则只复制该节点;否则,复制以该节点为根的整个树
objNode. hasChildNodes	判断 objNode 是否有子节点,若有则返回 true,否则返回 false
objParent. insertBefore(objChild,objBrother)	在节点 objParent 的子节点 objBrother 之前插入一个新的子节点 objChild
ObjTarget. mergeAttributes(objBrother)	将节点 objSource 的所有属性复制到节点 objTarget 中
objNode. removeNode(deep)	删除节点 objNode,若 deep 为 false,则只删除该节点;否则,删除以该节点为根的子树
objNode. replaceNode(objNew)	用节点 objNew 替换节点 objNode
objNode1. swapNode(objNode2)	交换节点 objNode1 与 objNode2

在用 createElement 方法创建一个元素时,其中的参数可以使用如下所列 DHTML 对象的名称。对象名称的含义和标记名称基本相同,具体说明可参阅相关资料。

a、acronym、address、applet、area、attribute、b、base、baseFont、bgSound、big、blockQuote、body、br、button、caption、center、cite、clientInformation、clipboardData、code、col、colGroup、comment、currentStyle、custom、dataTransfer、dd、defaults、del、dfn、dir、div、dl、document、dt、em、embed、event、external、fieldSet、font、font、form、form、frame、frame、frameSet、frameSet、frameset elements、head、history、hn、hr、html、HTML Comment、i、iframe、img、implementation、import、input、input type=button、input type=checkbox、input type=file、input type=hidden、input type=image、input type=password、input type=radio、input type=reset、input type=submit、input type=text、ins、isIndex、kbd、label、legend、li、link、listing、location、map、marquee、menu、meta、namespace、navigator、nextID、noBR、noFrames、noScript、object、ol、optGroup、option、p、page、param、plainText、popup、pre、q、rt、rule、runtimeStyle、s、samp、screen、script、select、selection、small、span、strike、strong、style、styleSheet、sub、sup、table、tBody、td、textArea、textNode、textRange、textRectangle、 tFoot、tHead、title、tr、tt、u、ul、userProfile、var、wbr、window、xml

例如，创建一个按钮元素为“document. createElement("< input type= 'button'>");”，创建一个超链接元素为“document. createElement("< a >");”。下面的示例给出了DOM树的编程方法。

【例 4-50】 请读者体验以下DOM树编程过程。单击按钮button后的执行结果如图4-18所示。

图 4-18 DOM 树编程执行结果

```
<! DOCTYPE html PUBLIC "-//W3C//DTD XHTML 1.0 Transitional//EN"
"http://www.w3.org/TR/xhtml1/DTD/xhtml1-transitional.dtd">
<html xmlns= "http://www.w3.org/1999/xhtml" >
<head>
   <title>无标题页</title>
</head>
<body id= "mybody" bgcolor= #FFFFCC>
<h4 id= "myH" align= "center" >this is a text title </h4>
<p id= "myP" align= "center"><b>段落文本</b></p>
   <table id= "myT"  bgcolor= "yellow" align= "center" border= "1" >
      <caption id= "myCaption">
        DOM 树节点示例</caption>
      <tr id= "tr1">
        <td style= "width: 100px">table(1,1)</td>
        <td id= "myid" style= "width: 100px"><hr /></td>
        <td style= "width: 100px">table(1,3)</td>
      </tr>
      <tr id= "tr2">
        <td style= "width: 100px">
           <div  ID= "oDiv"  align= "center" onclick= "alert('click');"
 onmouseover= "this.style.color= '#0000FF';"
            onmouseout= "this.style.color= '#FF0000';">I am a Div</div>
        </td>
        <td style= "width: 100px"><img src= "ad1.jpg" /></td>
```

```
            <td style="width: 100px">table(2,3)</td>
          </tr>
          <tr id="tr3">
            <td style="width: 100px">table(3,1) </td>
            <td style="width: 100px">
            <input id="Button1" type = " button" value = " button" onclick = " dom_
example();" /></td>
            <td style="width: 100px">table(3,3)</td>
          </tr>
      </table>
  <script type="text/javascript">
  function fun_click() {   //定义一个事件函数
     document.getElementById("mybutton").style.backgroundColor="blue";
     alert("yes, that's me");
  }
   function dom_example() {
   //1.在段落文本 id为 myP处添加一个 text 文本框标记,设置 value属性为"I am a Text"
  var nod1=document.createElement("input");
  nod1.setAttribute("type","text");
  nod1.setAttribute("value","I am a Text");
  myP.insertBefore(nod1);

  /*2.在文档开始处添加一个背景为红色的 div。id属性设为 mydiv,里面添加文字"I am a
created  DIV"*/
  var nod2=document.createElement("div");
  nod2.setAttribute("style","background-color:red;")
  nod2.setAttribute("id","mydiv");
  document.body.insertBefore(nod2);
  mydiv.innerText="I am a created  DIV";
  //创建一个按钮
  var nod3=document.createElement("<input type='button' value='click  me' id=
'mybutton'>");
  var mybutton=mydiv.appendChild(nod3);
  //为该按钮添加一个 click事件处理函数
  mybutton.attachEvent("onclick",fun_click);
 //3.对 id为 myT的 table所设置的所有属性进行循环,读取并显示出来
   for(var i=0;i<myT.attributes.length;i++){
         if(myT.attributes[i].specified){
           alert(myT.attributes[i].nodeName+"="+myT.attributes[i].nodeValue);
         }
     }

  //4.将表格 id为 tr1的行和 id为 tr2的行进行交换
    tr1.swapNode(tr2);

  //5.将 id为 myH的标题文本换成另外一个节点(前面创建的 nod2或 mydiv)
    myH.replaceNode(nod2);

  //6.将 oDiv的属性复制给第2步中创建的元素 mydiv,但 id属性不复制。将鼠标指针在 mydiv
  //上移动将会发现事件属性也被复制
  mydiv. mergeAttributes(oDiv,true);
  //清除 mydiv的属性可用 mydiv.clearAttributes(); 但不清除事件属性

  //7.对于表格第三行的 tr3来说,有三个单元格,即有三个子节点
    if(tr3.hasChildNodes()){
         //返回头节点(第一个单元格)中的内容
```

```
        alert('firstChild='+tr3.firstChild.innerHTML);
        //返回最后一个节点(第三个单元格)中的内容
        alert('lastChild='+tr3.lastChild.innerHTML);
    for (i=0; i<tr3.childNodes.length; i++) {//对所有子节点循环
        var myrow=tr3.childNodes[i];             //得到每个子节点对象,即每个单元格对象
        alert(myrow.innerHTML);                  //显示每个单元格中的标记元素信息
        //返回同胞节点(单元格)中的内容
        if(i==0)alert(myrow.nextSibling.innerHTML);
//设置最后一个单元格的内容为一个超链接
if(i==tr3.childNodes.length- 1)
myrow.innerHTML= "<a href='#'>I am a Hyperlink </a>";
      }
    }
}
</script>
</body>
</html>
```

4.8 jQuery 与 Web 前端开发框架

视频讲解

4.8.1 jQuery 简介

jQuery 是继 prototype 之后的又一个优秀的 JavaScript 框架。它是由 John Resig 于 2006 年年初创建的,它凭借简洁的语法和跨平台的兼容性,大大简化了 JavaScript 开发人员遍历 HTML 文档、操作 DOM、处理事件、执行动画和开发 Ajax 的操作。其独特而优雅的代码风格改变了 JavaScript 程序员的设计思路和编写程序的方式。

jQuery 是一个轻量级的脚本,其代码简练、语义易懂,支持 CSS1～CSS3 以及基本的 xPath,能将 JavaScript 代码和 HTML 代码完全分离,便于代码的维护和修改,且可很容易为 jQuery 扩展其他功能。jQuery 主要可实现如下功能。

- **获取文档中的元素**。jQuery 为准确地获取需要检查或操作的文档元素,提供了可靠而富有效率的选择符机制。
- **修改页面外观**。jQuery 提供了跨浏览器的标准解决方案,即使在页面呈现以后,仍能改变文档中某部分的类或者个别的样式属性。
- **改变文档的内容**。jQuery 能够影响的范围并不局限于简单的外观变化,使用少量的代码,jQuery 就能改变文档的内容。
- **响应用户的交互操作**。jQuery 提供了形形色色的页面事件的适当方式,而不需要使用事件处理程序使 HTML 代码看起来杂乱。此外,它的事件处理 API 也消除了经常困扰 Web 开发人员的浏览器不一致性问题。
- **为页面添加动态效果**。为了实现某种交互行为,设计者必须向用户提供视觉上的反馈。jQuery 内置的一批淡入、擦除之类的效果,以及制作新效果的工具包,为此提供了便利。
- **无须刷新页面从服务器获取信息**。这种编程模式就是众所周知的 Ajax,它能帮助 Web 开发人员创建出反应敏感、功能丰富的网站。jQuery 通过消除这一过程中的浏览器特定的复杂性,使开发人员得以专注于服务器的功能设计。

- **简化常用的 JavaScript 任务**。除了这些完全针对文档的特性之外,jQuery 也提供了对基本的 JavaScript 结构(例如迭代和数组操作等)的增强。

jQuery 是作为一个 JavaScript 文件来分布的,可以从 jQuery 的官方网站(http://jquery.com/)下载最新的 jQuery 库文件。jQuery 库有三个版本:压缩版、开发版和 Visual Studio 文档版。其中,开发版是标准的 JavaScript 文件,具有注释、空格和换行功能。压缩版是将标准版中的所有空白和注释删除以后得到的版本,这个版本文件更小,下载速度更快,能够提高网页加载速度。

使用 jQuery 库不需要安装,只需在相关的 HTML 文档中简单地引用该库文件的位置。方法与引用其他 JavaScript 文件相同,使用 script 标记通过 src 属性指定要加载的文件。例如,将 jquery-1.6.2.js 放在目录 scripts 下,在 HTML 文档中的代码如下所示:

```
<script src="../Script/jquery-1.6.2.js" type="text/javascript"></script>
```

4.8.2 jQuery 选择器

在 jQuery 中,无论使用哪种类型的选择器,都需要从一个美元符号 $ 和一对圆括号开始:$()。所有能在样式表中使用的选择器,都能放到这个圆括号中的引号内。$()是最经常使用的一个函数,其实,$()就是 jQuery 的别名,只不过 $()语法更简洁,语句更短。

jQuery 使用类似于 CSS 的选择器查找页面上的元素,然后进行各种操作,如更改样式、读取或设置文本、隐藏显示等。jQuery 支持多种选择器,常用的有以下几种。

1. 元素选择器

元素选择器能够选择某一元素作为参数,如 a、img、input 等。例如,tr 表示选择所有 tr 元素,div 表示选择所有 div 元素。例如给所有表格加上高亮的效果,即随着鼠标指针移动始终突出显示鼠标指针下面的行,则可以使用以下代码实现:

```
$("tr").hover(
 function(){$(this).addClass("hightlight");},
 function(){$(this).removeClass("hightlight");}
);
```

上述代码中 $("tr")就选择了页面中所有的 tr 元素,然后为其鼠标指针进入和移出事件分别编写事件处理程序,添加和移除高亮显示样式。

2. id 选择器

id 选择器是指根据一个元素的 id 来选择元素。id 选择器的语法是以 # 开头,紧接着是元素的 id。例如,$("#button1")将选择 id 为 button1 的元素。id 选择器有时也和元素选择器一起使用,例如,$("div #main")选中 id 为 main 的 div 元素。

3. 类选择器

类选择器可以根据元素的 class 属性进行选择。类选择器的语法是以.开头,紧接着是 CSS 类名。例如,$(".important")将选择页面上所有应用了 important 类的元素。

4. 后代选择器

如果在一个选择器后面有一个空格,再跟另外一个选择器,则表示选择包含在第一个选择器中的第二个选择器。例如,$("div p")将选择 div 中出现的所有 p 元素。

5. 子元素选择器

如果一个选择器后面是一个大于号>,后面再跟另一个选择器,则表示选择直接包在第一个选择器中的第二个选择器。注意，这种选择器与后代选择器不同，后代选择器只要求后代关系，而不是直接或间接关系，而子元素选择器只选择直接元素。例如：

```
$(document).ready(function(){
   $('#selected-plays >li').addClass('horizontal');
 });
```

上述位于$()函数中的选择器的含义是，查找id为selected-plays的元素（#selected-plays）的子元素（>）中所有的列表项（li）。

4.8.3 jQuery中关于DOM的操作

使用jQuery最常见的功能就是对DOM元素的操作，包括读取和设置其文本，修改其样式，添加、删除子元素等。本节将介绍如何通过jQuery实现常见的DOM操作。

对于DOM元素的一个常见操作就是读取或设置其内容，例如，获取textbox的值、设置div标记中的内容、获取或设置表格某单元格内文本等。jQuery主要提供两个函数（html和val）来实现这些功能。

第一个函数是html，该函数有两个作用；如果函数没有参数，则获取元素内的html内容；如果函数有一个参数，则将元素内容设置为字符串参数所表示的HTML元素。其语法如下：

```
html()                  //返回元素内部的html内容
html(content)           //content为字符串,将元素内容设置为content参数所指定值
```

【例4-51】 使用html元素处理元素内容。

本例演示html函数读取和设置元素内容。页面上有两个div和两个按钮，单击第一个按钮可以实现读取第一个div内容并以消息框的形式显示出来。单击第二个按钮可以将第一个div的内容复制到第二个div中。代码如下：

```
<html xmlns="http://www.w3.org/1999/xhtml">
<head>
<title>jQuery 函数示例</title>
<style type="text/css" >
   div#main >div
   {
      border:1px dashed silver;
      margin:10px;
      height:100px;
   }
</style>
<script src="js/jquery-1.4.2.min.js" type="text/javascript"></script>
 <script type="text/javascript" >
   $(function() {
      $("#showButton").click(function() {
          var content=$("#div1").html();
            alert(content);
      });
       $("#copyButton").click(function() {
           var content=$("#div1").html();
             $("#div2").html(content);
       });
   });
```

```
  </script>
  </head>
  <body>
  <div id="main">
<input type="button" value="显示第一个 div 内容" id="showButton" /><br />
<input type="button " value="复制第一个 div 内容到第二个 div 中" id="copyButton" />
<br />
  <div id="div1">
<p>这是第一个 div 里的文字</p>
  </div>
  <div id="div2">
 原来的内容
  </div>
  </div>
  </body>
 </html>
```

页面运行结果如图 4-19 所示。

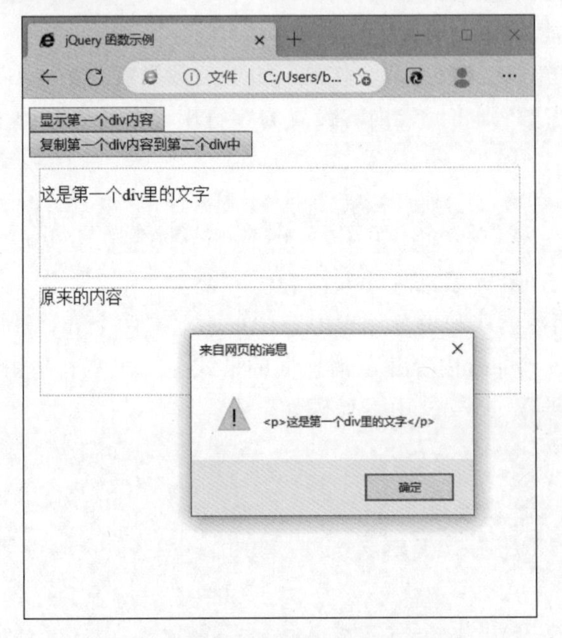

图 4-19　使用 html 函数处理元素内容

jQuery 第二个常用的操作元素内容的函数为 val。这个函数也有两种用法：如果函数没有参数，则获取元素的值；如果函数有参数，则将元素的值设置为参数的值。val 函数通常用来获取和设置 text、button 等 input 元素的值。例如，假设用户在一个 id 为 yourName 的文本框中输入姓名，则可以使用以下语句向用户问候：

```
var name=$("#yourName").val();
alert("hello"+name);
```

jQuery 提供了多种途径更改元素的样式。其中一种最简单、最直观的方式是使用 css 函数。css 函数可以设置或获取元素的 css 属性，语法如下：

```
css(name)                          //获取名称为 name 的 css 属性
css(name,value)                    //将名为 name 的 css 属性设置为 value
```

下面的代码是使用 css 函数的例子：

```
var back=$("#div1").css("background-color");  //获取 div1 的背景色
$("#div2").css("background-color", "# eeffee");//设置 div2 背景色为浅绿色
```

使用 jQuery 设置元素样式的第二种方法是使用 addClass 函数和 removeClass 函数。addClass 函数向元素中添加 CSS 类，removeClass 函数从元素中删除 CSS 类。所添加的 CSS 类应该在页面中定义。下面的例子演示 addClass 和 removeClass 函数的使用。

```
$("#div1").addClass("green");                    //向 div1 添加 green 类
$("#div1").removeClass("red");                   //向 div1 删除 red 类
```

与 addClass 和 removeClass 密切相关的还有一个 toggleClass 类，其作用为在添加和移除 CSS 类之间进行切换。如果元素已经应用了 CSS 类，则将其移除，否则添加。其用法如下：

```
$("#div2").toggleClass("test");
```

现在网页上经常见到一种表格的光棒效果，即鼠标指针移动到表格某行时，该行改变背景色高亮显示，鼠标指针移出时恢复成普通颜色，从而实现鼠标指针移入行始终高亮显示。jQuery 提供了一个很方便的函数来实现这个功能，这个函数就是 hover。hover 函数语法如下：

```
hover(
function(){/*这里写鼠标指针进入时要执行的代码*/},
function(){/*这里写鼠标指针移出时要执行的代码*/}
)
```

hover 函数有两个参数，这两个参数都是函数，鼠标指针进入时执行第一个函数，鼠标指针移出时执行第二个函数。利用 hover 函数结合 addClass 函数，可以方便地实现表格的光棒效果。

【例 4-52】 表格效果演示。

本例演示常用的表格效果。首先实现了光棒效果，随着鼠标指针移动，鼠标指针所在行总会高亮显示。另外，当单击某行时，还可以在选中和非选中之间进行切换。

```
<html xmlns="http://www.w3.org/1999/xhtml">
<head>
   <title>表格效果</title>
   <style type="text/css" >
      .selected { background-color :#ddeeff; }
      .highlight{background-color :#ffffee;}
   </style>
   <script src="js/jquery-1.4.2.min.js" type="text/javascript"></script>
   <script type="text/javascript" >
      $(function() {
         $("tr").click(function() {
            $(this).toggleClass("selected");
         });
         $("tr").hover(
            function() { $(this).addClass("highlight"); },
            function() { $(this).removeClass("highlight"); }
         );
      });
   </script>
```

```
</head>
<body>
<div id="main">
   <table>
      <tr>
         <th>产品名称</th><th>产品价格</th><th>产品生产日期</th>
      </tr>
      <tr>
         <td>MP3</td><td>500</td><td>2007.1.25</td>
      </tr>
      <tr>
         <td>笔记本电脑</td><td>5000</td><td>2007.5.25</td>
      </tr>
      <tr>
 <td>iPhone4</td><td>4999</td><td>2010.6.25</td>
      </tr>
   </table>
</div>
</body>
</html>
```

运行结果如图 4-20 所示。

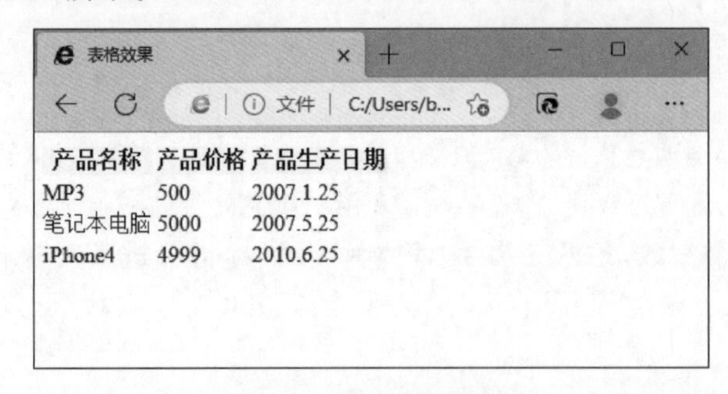

图 4-20 表格演示效果

关于 jQuery 中对 DOM 操作的函数还有很多,表 4-12 列出了一些常用的访问 DOM 元素的函数。

表 4-12 jQuery 访问 DOM 常用函数

函　　数	描　　述
get	获得由选择器指定的 DOM 元素
index	返回指定元素相对于其他指定元素的 index 位置
size	返回被 jQuery 选择器匹配的元素的数量
toArray	以数组的形式返回 jQuery 选择器匹配的元素
attr	获得匹配元素的第一个元素指定的属性
addClass	增加类名,即增加 class 属性
removeClass	删除类名,即删除 class 属性
toggleClass	切换类名(若存在则删除,若不存在则增加)

4.8.4 jQuery 事件

JavaScript 和 HTML 之间的交互是通过用户和浏览器操作页面时引发的事件来处理的。当文档或者它的某些元素发生某些变化或操作时,浏览器会自动生成一个事件。例如,当浏览器加载完一个文档后，会生成事件；当用户单击某个按钮时，也会生成事件。虽然利用传统的JavaScript事件能完成这些交互，但jQuery增加并扩展了基本的事件处理机制。jQuery不仅提供了更加优雅的事件处理语法，而且极大地增强了事件处理能力。

以浏览器加载文档为例，在页面加载完毕后，浏览器会通过JavaScript为DOM元素添加事件。在常规的JavaScript代码中，通常使用window.onload方法，而在jQuery中，使用的是$(document).ready方法。$(document).ready方法是事件模块中最重要的一个函数，可以极大地提高Web应用程序的响应速度。jQuery就是用$(document).ready方法来代替传统JavaScript的window.onload方法的。

1. 事件的绑定

在文件加载完成后，如果打算为元素绑定事件来完成某些操作，则可以使用bind方法来配对元素进行特定事件的绑定。bind方法的调用格式为：

```
bind(type [, data], fn);
```

bind方法有三个参数：第一个参数是事件类型，包括blur、focus、load、resize、scroll、unload、click、mousedown、mouseup、mousemove、mouseover、mouseout、mouseenter、mouseleave、change、select、submit、keydown、keypress、keyup和error等，当然也可以是自定义名称；第二个参数为可选参数，作为event.data属性传递给事件对象的额外数据对象；第三个参数则是用来绑定的处理函数。

下面通过一个例子来了解bind方法的用法。

```
$(document).ready(function(){
    $('#panel').bind('click',function(){    //绑定 click 事件
      $('body').addClass('large');  //单击 id 为#panel 的元素时添加 large 类样式
    });
});
```

2. 合成事件

jQuery有两个合成事件——hover方法和toggle方法，都属于jQuery自定义的方法。hover方法的语法结构为：

```
hover(enter, leave);
```

hover方法用于模拟鼠标指针悬停事件。当鼠标指针移动到元素上时，会触发指定的第一个函数(enter)；当鼠标指针移出这个元素时，会触发指定的第二个函数(leave)。例如：

```
$(document).ready(function(){
     $('#panel').hover(function(){
       $(this).addClass('large');     //鼠标指针移动到该元素上时添加 large 类样式
   }, function(){
       $(this).removeClass('large'); //鼠标指针移出该元素时去除 large 类样式
      });
});
```

toggle方法的语法结构为：

```
toggle(fn1,fn2,…,fnN);
```

toggle方法用于模拟鼠标连续单击事件。第一次单击元素，触发指定的第一个函数(fn1)；当再次单击同一元素时，则触发指定的第二个函数(fn2)；如果有更多函数，则依次

触发,直到最后一个。随后的每次单击重复对这几个函数的轮番调用。

```
$(document).ready(function(){
    $('#panel').toggle(function(){
      $(this).addClass('large');
  }, function(){
      $(this).removeClass('large');     //鼠标连续单击时添加和去除 large 类样式
    });
});
```

jQuery 提供了许多创建动态效果的方法,下面的 toggle 方法与其他方法一起轻松地实现了动画效果。

【例 4-53】 jQuery 动画效果演示。本例演示一个简单的 jQuery 动画效果。动画折叠展开一个层,单击后淡出,然后 div 又发生形状的变化。

```
<html xmlns="http://www.w3.org/1999/xhtml">
<head>
<title>jquery 先淡出再变形的动画</title>
<style type="text/css">
*{margin: 0;padding: 0;}
body { font-size: 13px; line-height: 130%; padding: 60px }
#panel { width: 300px; border: 1px solid #0050D0 }
.head { padding: 5px; background: #96E555; cursor: pointer }
.content { padding: 10px; text-indent: 2em; border-top: 1px solid #0050D0;
display:block; }
</style>
<script type="text/javascript" src="js/jquery-1.4.2.min.js"></script>
<script type="text/javascript">
$(function(){
   $("#panel h5.head").toggle(function(){
     $(this).next("div.content").fadeOut();
},function(){
     $(this).next("div.content").fadeIn();
})
})
</script>
</head>
<body>
<div id="panel">
<h5 class="head">简单的 jQuery 动画</h5>
<div class="content">
    展示使用 jQuery 生成动画效果的一个小例子,让一个 div 层先淡出再发生形变,最后折叠
消失。</div>
</div>
</body>
</html>
```

3. jQuery 名称冲突

在某些情况下,可能有必要在同一个页面中使用多个 JavaScript 开发库。由于很多库都使用 $ 标识符,因此就需要某种方式来避免名称冲突。

为解决这个问题,jQuery 提供了一个名叫. noConflict 的方法,调用该方法可以把对 $ 标识符的控制权交还给其他库。使用. noConflict 方法的一般模式如下:

```
<script src="prototype.js" type="text/javascript"></script>
<script src="jquery.js" type="text/javascript"></script>
<script type="text/javascript">
  jQuery.noConflict();
</script>
<script src="myscript.js" type="text/javascript"></script>
```

首先，包含 jQuery 之外的库(这里是 prototype 库)。然后，包含 jQuery 库，取得对 $ 的使用权。接着，调用. noConflict 方法让出 $，以便将控制权交给最先包含的库(prototype)。这样就可以在自定义脚本中使用两个库了。但是，在需要使用 jQuery 方法时，必须记住要用 jQuery 而不是 $ 来调用。

由于 jQuery 是为处理 HTML 事件而特别设计的，因此为了让代码更恰当且更易维护，应遵循以下原则。

- 把所有 jQuery 代码置于事件处理函数中。
- 把所有事件处理函数置于文档就绪事件处理器中。
- 把 jQuery 代码置于单独的 JavaScript 文件中。
- 如果存在名称冲突，则重命名 jQuery 库。

表 4-13 列出了 jQuery 的常用事件方法。

表 4-13 jQuery 的常用事件方法

方　法	描　述
bind	向匹配元素添加一个或更多事件处理器
blur	触发或将函数绑定到指定元素的 blur 事件
change	触发或将函数绑定到指定元素的 change 事件
click	触发或将函数绑定到指定元素的 click 事件
dblclick	触发或将函数绑定到指定元素的 double click 事件
delegate	向匹配元素的当前或未来的子元素附加一个或多个事件处理器
error	触发或将函数绑定到指定元素的 error 事件
focus	触发或将函数绑定到指定元素的 focus 事件
keydown	触发或将函数绑定到指定元素的 keydown 事件
keypress	触发或将函数绑定到指定元素的 keypress 事件
keyup	触发或将函数绑定到指定元素的 keyup 事件
load	触发或将函数绑定到指定元素的 load 事件
ready	文档就绪事件(当 HTML 文档就绪可用时)
resize	触发或将函数绑定到指定元素的 resize 事件
scroll	触发或将函数绑定到指定元素的 scroll 事件
submit	触发或将函数绑定到指定元素的 submit 事件
toggle	绑定两个或多个事件处理器函数，当发生轮流的 click 事件时执行
trigger	所有匹配元素的指定事件

4.8.5 Web 前端开发框架

从前面的介绍可看出，使用 jQuery 可大大提升编程效率，灵活使用 jQuery 在 Web 前端开发中是非常重要的一件事，值得花时间学习和研究。另外，还有 jQuery UI，它基于 jQuery JavaScript 库，提供创建用户界面交互、特效、小部件及主题等功能。jQuery Mobile

用于创建智能手机和平板电脑等移动端 Web 应用程序，使用 HTML 5 和 CSS3 通过尽可能少的脚本对页面进行布局。

jQuery 的目的是少写多做(write less do more)。在现有多种 JavaScript 开发库的基础上，人们又开发了很多开源的 Web 前端开发框架，功能更加强大，提供了用户界面的很多插件，可用来构建 Web 应用系统的前端开发框架，大幅提高 Web 应用开发人员的开发效率。常用的 Web 前端开发框架有 Bootstrap、EasyUI 、ExtJS 、AngularJS、Foundation 等。

1. Bootstrap

Bootstrap 是一个流行的、强大而灵活的前端开发框架，通过提供一系列现成的组件和工具，用于快速搭建响应式和移动设备优先的 Web 页面。其主要有以下功能特点。

(1) 响应式设计。Bootstrap 支持响应式网页设计，使页面能够适应不同设备和屏幕尺寸，提供一致的用户体验。通过使用 Bootstrap 的栅格系统，可以轻松实现灵活的布局。

(2) 预定义的 CSS 样式。Bootstrap 提供了丰富的预定义 CSS 样式，包括排版、表格、表单、按钮、导航等，使开发者能够快速构建漂亮且一致的界面。

(3) 组件库。Bootstrap 包含了大量的可重用组件，如导航栏、标签页、模态框、轮播等，这些组件可以直接使用或进行定制，提高了开发效率。

(4) JavaScript 插件。Bootstrap 内置了一系列常用的 JavaScript 插件，如模态框、滚动监听、标签页等，通过简单的 HTML 和数据属性即可使用这些插件，无须手动编写复杂的 JavaScript 代码。

(5) 移动设备优先。Bootstrap 采用移动设备优先的设计理念，确保在小屏幕上也能提供良好的用户体验。它通过响应式的设计和栅格系统来实现在不同设备上的适配。

(6) 跨浏览器兼容性。Bootstrap 经过广泛测试，确保在主流的现代浏览器中表现一致，并提供了一些兼容性修复，以确保在不同浏览器中的稳定运行。

(7) 定制主题。Bootstrap 允许开发者通过变量和 SaSS 等工具进行主题定制，以便更好地适应项目的设计需求。

(8) 社区支持和文档丰富。Bootstrap 拥有强大的开发社区，提供详细的官方文档和示例，使开发者能够轻松入门并解决问题。

2. EasyUI

EasyUI 是一个基于 jQuery 的开源 UI 框架，专为 Web 应用程序开发而设计。它提供了一套简单易用的 UI 组件，帮助开发人员快速构建富客户端的 Web 应用。其主要有以下功能特点。

(1) 丰富的 UI 组件。EasyUI 包含了大量常用的 UI 组件，如表格(datagrid)、树形菜单(tree)、窗口(window)、对话框(dialog)、表单(form)等，使开发者可以轻松构建复杂的用户界面。

(2) 简单易用。EasyUI 的设计理念之一是提供简单易用的 API，使开发人员能够快速上手并快速构建界面。通过简单的 HTML 标记和 JavaScript 配置，即可实现各种功能。

(3) 基于 jQuery。EasyUI 基于 jQuery 库，充分利用了 jQuery 的强大功能，同时提供了一套简洁的 UI 封装，使开发者能够更方便地操作 DOM、处理事件等。

(4) 灵活的布局管理。EasyUI 支持灵活的布局管理，可以轻松实现页面的分割、拖曳调整大小等功能。开发者可以通过简单的配置实现复杂的布局。

（5）Ajax 支持。EasyUI 提供了对 Ajax 的良好支持，可以方便地进行异步数据加载、提交等操作，提升了用户体验。

（6）主题定制。EasyUI 支持主题定制，开发者可以根据项目需求自定义样式，使界面更符合项目的整体风格。

（7）兼容性。EasyUI 兼容主流的浏览器，确保应用在各种环境中都能正常运行。

（8）文档完善。EasyUI 提供了详细的官方文档，包括示例代码和使用说明，方便开发者查阅和学习。

3. ExtJS

ExtJS（现在常称为 Sencha ExtJS）是一个强大的 JavaScript 框架，专注于构建复杂的富客户端应用程序，尤其在企业级应用开发中有着广泛的应用。其主要有以下功能特点。

（1）丰富的 UI 组件库。ExtJS 提供了大量的高度可定制的 UI 组件，包括表格、表单、树形视图、图表、窗口等，帮助开发者构建复杂的用户界面。

（2）MVC 架构。ExtJS 遵循经典的 MVC（Model-View-Controller）架构，使得代码组织更加清晰，方便维护和扩展。

（3）数据包装和绑定。ExtJS 提供了强大的数据包装和绑定机制，能够轻松地将数据与 UI 组件关联，实现数据的展示和同步更新。

（4）强大的布局管理器。ExtJS 的布局管理器支持丰富的布局方式，包括 HBox、VBox、border 等，使开发者能够轻松实现复杂的页面布局。

（5）跨浏览器兼容性。ExtJS 被设计为在主流的现代浏览器中运行，并提供了对不同浏览器的兼容性支持，确保应用程序能够在各种环境中正常工作。

（6）主题和样式。ExtJS 允许开发者通过定制主题和样式，以适应项目的设计需求，保证应用程序外观的一致性。

（7）丰富的工具集。ExtJS 包含了丰富的工具集，包括数据包装、数据分页、远程数据加载、DOM 操作等，提高了开发效率。

（8）单元测试支持。ExtJS 提供了单元测试工具和框架，帮助开发者确保代码的质量和稳定性。

（9）丰富的文档和学习资源。ExtJS 提供了详细的官方文档、示例和教程，有助于开发者学习和使用框架。

（10）商业级支持。Sencha 提供了商业级别的支持和服务，包括技术支持、培训和咨询服务，使企业在使用 ExtJS 时能够得到更好的支持。

4. AngularJS

AngularJS 是由 Google 开发的 JavaScript 前端框架，用于构建复杂的单页 Web 应用程序（SPA）。其主要有以下功能特点。

（1）双向数据绑定。提供了强大的双向数据绑定机制，实现了视图和模型之间的自动同步，简化了 DOM 操作和数据更新的过程。

（2）MVC 架构。遵循 MVC 设计模式，通过模块化组织代码，使开发更加结构化、可维护，并提高了代码的重用性。

（3）依赖注入。引入了依赖注入机制，使得组件之间的依赖关系更加清晰，并方便进行单元测试和模块化开发。

(4) 指令系统。强大的指令系统允许开发者创建自定义的HTML标签和属性,扩展了HTML的语义,使得代码更加模块化和可复用。

(5) 模板系统。使用HTML作为模板语言,通过指令和表达式来实现动态生成页面,提高了开发效率。

(6) 路由系统。提供了强大的路由机制,支持单页应用的导航管理,使用户能够在应用中进行无刷新的页面切换。

(7) 模块化设计。支持将应用拆分成模块,每个模块可以包含自己的控制器、服务、指令等,提高了代码的可维护性和扩展性。

(8) 测试支持。设计时考虑了测试性,提供了便捷的测试工具和框架,支持单元测试和端到端测试,有助于确保代码的质量。

(9) 跨浏览器兼容性。针对主流现代浏览器进行了优化,保证了应用程序在不同浏览器中的兼容性。

(10) 强大的社区支持。拥有庞大的开发者社区,提供了丰富的文档、教程和第三方库,有助于开发者学习和解决问题。

5. Foundation

Foundation是一个响应式前端开发框架,旨在帮助开发者构建流畅、具有良好用户体验的网站和Web应用。其主要有以下特点。

(1) 响应式设计。Foundation专注于响应式设计,能够自适应不同设备和屏幕尺寸,确保在各种终端上都提供良好的用户体验。

(2) 网格系统。Foundation提供强大的网格系统,支持灵活的布局,使开发者能够轻松实现多列布局和响应式排版。

(3) 移动优先。Foundation采用移动优先的设计理念,首先关注小屏幕设备的用户体验,然后逐步扩展到更大屏幕,确保在移动设备上的流畅性和易用性。

(4) 组件库。Foundation包含了丰富的UI组件,如导航栏、按钮、表格、表单等,使开发者能够快速构建各种功能和样式的组件。

(5) 定制化。Foundation提供了可定制的样式和主题,开发者可以根据项目需求进行定制,确保项目符合特定的设计风格和品牌标识。

(6) 插件支持。Foundation支持各种插件和扩展,扩展了框架的功能,如轮播、模态框、滚动动画等,提高了开发效率。

(7) 模块化开发。Foundation支持模块化开发,可以按需引入框架的不同部分,减小项目体积,提高页面加载性能。

(8) 兼容性。Foundation在设计时考虑了主流浏览器的兼容性,确保在不同浏览器中稳定运行。

(9) 文档和教程。Foundation提供详细的官方文档和教程,帮助开发者快速上手并深入理解框架的使用和原理。

(10) 强大的社区支持。Foundation拥有活跃的社区,开发者可以在社区中获取支持、分享经验和获取解决问题的建议。

4.9 DHTML 综合编程实践

4.9.1 广告条定时滚动

功能描述：定时滚动广告条。共有 3 个广告条，每个广告条中有 6 个超链接。页面显示 10s 后才开始广告滚动。将鼠标指针放到广告条上就停止滚动，鼠标指针离开广告条就滚动。

```
<html><head><title></title>
<meta http-equiv=Content-Type content="text/html; charset=gb2312">
<style type="text/css">
td {font-size: 12px; color: #000000; font-family: 宋体}
a{ color: #000000;}
a:link {text-decoration: none}
a:visited {text-decoration: none}
a:active {text-decoration: none}
a:hover {text-decoration: underline}
</style>
<meta content="MSHTML 6.00.2800.1515" name=GENERATOR></head>
<body leftmargin="0" topmargin="0" marginwidth="0" marginheight="0">
<table id="table1" style="BORDER-COLLAPSE: collapse" cellPadding=1 width=468
border=0>
  <tbody>
  <tr>
    <td width="380">
     <div id="sol">
       < table width =" 380" border =" 0" align =" center" cellpadding =" 0"
cellspacing="0">
        <tbody><tr>
        <td height="20"><a href="url1" target="_blank">重庆大学</a></td>
        <td height="20"><a href="url2" target="_blank">精美图片</a></td>
        <td height="20"><a href="url3" target=_blank>学习论坛</a></td>
        <td height="20"><a href="url4" target=_blank>电视娱乐</a></td>
        <td height=20><a href="url5" target=_blank>娱乐星闻</a></td>
        <td height=20><a href="url6" target=_blank>happyb中文</a></td>
        </tr></tbody>
        </table>

      <table width=380 cellSpacing=0 cellPadding=0 border=0>
        <tbody><tr>
          <td height=20><a href="url1" target=_blank>小木屋</a></td>
          <td height=20><a href="url2" target=_blank>易物在线超</a></td>
          <td height=20><a href="url3" target=_blank>通州论坛</a></td>
          <td height=20><a href="url14" target=_blank>QQ宝典资源</a></td>
          <td height=20><a href="url5" target=_blank>冰霄娱乐</a></td>
          <td height=20><a href="url6" target=_blank>时尚元素网</a></td>
           </tr></tbody>
        </table>

      <table width=380 cellSpacing=0 cellPadding=0 border=0>
        <tbody><tr>
        <td height=20><a href="url1" target=_blank>动感 FLASH</a></td>
```

```
        <td height=20><a href="url2" target=_blank>在线 MTV 欣</a></td>
        <td height=20><a href="url3" target=_blank>MP3 音乐</a></td>
        <td height=20><a href="url4" target=_blank>心动游戏网</a></td>
        <td height=20><a href="url5" target=_blank>07007 音乐</a></td>
        <td height=20><a href="url6" target=_blank>图片广场</a></td>
        </tr></tbody>
        </table>
      </div>
<div id=so2 style="Z-INDEX:1;VISIBILITY:hidden;POSITION:absolute">
</div></td></tr></tbody></table>
<script type="text/javascript">
marqueesHeight=20;
stopscroll=false;
document.all.so1.scrollTop=0;
with(so1){
  style.width=380;
  style.height=marqueesHeight;
  style.overflowX='visible';
  style.overflowY='hidden';
  noWrap=true;
  onmouseover=new Function('stopscroll=true');
  onmouseout=new Function('stopscroll=false');
}

preTop=0; currentTop=0; stoptime=0;     //参数初始化

function init_srolltext(){
document.all.so2.innerHTML='';
document.all.so2.innerHTML+=document.all.so1.innerHTML;
document.all.so1.innerHTML=document.all.so2.innerHTML+document.all.so2.
innerHTML;
setInterval('scrollUp()',1);              //设置每秒就更换一次广告
}

function scrollUp(){
  if(stopscroll==true) return;
  currentTop+=1;
  if(currentTop==21) {
  stoptime+=1;
  currentTop-=1;
  if(stoptime==150) {
  currentTop=0;
  stoptime=0;  }
}
else {
  preTop=document.all.so1.scrollTop;
  document.all.so1.scrollTop+=1;
  if(preTop==document.all.so1.scrollTop){
  document.all.so1.scrollTop=document.all.so2.offsetHeight-marqueesHeight;
  document.all.so1.scrollTop+=1;}
}
}
setTimeout('init_srolltext()', 10000)    //页面显示 10000ms 后才开始广告条滚动
</script>
</body></html>
```

4.9.2 通过 URL 传递参数

功能描述：有两个 HTML 页面文档，分别是 start. htm 和 index. htm，要从 start. htm 中将相关参数通过 url 地址传送到 index. htm 页面，在 index. htm 中显示传过来的参数。在 url 地址中用问号后附带参数的方法传递参数，每个参数之间用 & 分隔。

例如，"url=http://aa. com/index. htm? email=pp@cqu. edu. cn&name=wcl"中传递了两个参数 email 和 name，它们的值分别是 pp@cqu. edu. cn 和 wcl。

start. htm 文件内容如下：

```
<html><head>
<title>通过 url 传递参数</title>
</head>
<body>
<script type="text/javascript">
window.open("index.htm? email=pp@cqu.edu.cn&name=wcl","_self");
</script>
</body>
</html>
```

index. htm 文件内容如下：

```
<!-- 下面给出了一个带有详细注释的具体示例源代码。注意,querystring 是一个实用函数,
可以在网页中直接引用,然后在网页中使用 Request["名称"] 即可获取用户输入的有关信息内
容。-->
<html><head>
<meta http-equiv="Content-Type"content="text/html; charset=gb2312" >
<title>示例</title>
<script type="text/javascript">
function QueryString()
{//构造参数对象并初始化
 var name,value,i;
 var str=location.href;                          //获得浏览器地址栏 url 串
 var num=str.indexOf("?")
 str=str.substr(num+1);                          //截取? 后面的参数串
 var arrtmp=str.split("&");                      //将各参数分离形成参数数组
 for(i=0;i <arrtmp.length;i++){
   num=arrtmp[i].indexOf("=");
   if(num>0){
    name=arrtmp[i].substring(0,num);             //取得参数名称
    value=arrtmp[i].substr(num+1);               //取得参数值
    this[name]=value;                            //定义对象属性并初始化
   }
 }
}
var Request=new QueryString();                   //使用 new 运算符创建参数对象实例
</script>
</head>
<body>
<script>
var newElement=document.createElement("div");   //创建 div 对象
var str="<u>"+Request["name"]+"</u>,欢迎光临! <br>您的 E-mail 是:<u>"+
Request ["email"]+"</u>";                   //利用 Request["字段名称"]获取参数内容
newElement.innerHTML=str;
document.body.appendChild(newElement);           //向文档添加 div 对象
```

```
</script>
</body>
</html>
```

4.9.3 超文本编辑器及其与 Word 的互操作

功能描述：用 Iframe 帧标记实现文本和超文本编辑器功能，可以将编辑框中的内容自动放到 Word 中让用户编辑；可将用户在 Word 中编辑过的文档内容自动放到编辑框中。

```
<html><head>
<meta http-equiv="Content-Type" content="text/html; charset=gb2312">
<title>具有超文本编辑功能的文本编辑框</title></head>
<script language="javascript" >
var WordApp;
var wordflag=0;
var myRange;
function OpenWord()                                    //在 Word 中编辑
{
  onerror=errormsg;
  WordApp=new ActiveXObject("Word.Application");
  WordApp.Application.Visible=true;
  var mydoc=WordApp.Documents.Add("",0,1);
  myRange=mydoc.Range(0,1)
  if(myiframe.document.body.innerText=="")
  {
    myiframe.document.body.innerText=" ";
  }
  var sel=myiframe.document.body.createTextRange();
  sel.select();
  myiframe.document.execCommand('Copy');
  sel.moveEnd('character');
  myRange.Paste();
  WordApp.ActiveWindow.ActivePane.View.Type=3;       //Word 视图模式为页面
  WordApp.Selection.EndKey(5);
  WordApp.Selection.InsertBreak(7);                  //插入分页符
  WordApp.Selection.HomeKey (5);
  WordApp.Selection.TypeText("重庆市房产面积测算报告书");

}
function LoadWord()                                    //更新编辑文档
{
 onerror=errormsg1;
 WordApp.Selection.WholeStory()
 WordApp.Selection.Copy()
 WordApp.Selection.Delete()
 myRange.Paste()
 newDocument()
 myiframe.document.execCommand('Paste')
 for(i=WordApp.Documents.Count;i>0;i-- ){
   WordApp.Documents(i).Close(0);
 }
 WordApp.Application.quit()
}
function errormsg()
{
```

```
  alert("请确认是否装有 Word,如果装有请确认\r  是,否  IE 的安全选项\"本地 Intranet
\"级别\r 已被设为\"低\"否则将不能使用此功能,步骤如下:\r 工具- \>Internet 选项->安全
\r- \>本地 Intranet- \>自定义级别- \>第二项选为启用或提示");
  return true;
}
function errormsgl()
{
 alert("Word 没打开或者 Word 已经关闭! 请打开 Word 编辑后再更新!")
 return true;
}
function initpage()                              //初始化正文编辑器
 {
 if (document.all.myiframe) {
 myiframe.document.designMode="On";
 myiframe.document.open();
 myiframe.document.write("<div><br></div>");
 myiframe.document.close();
 }
}
function newDocument()                           //清除正文内容
 {
 myiframe.document.designMode="On";
 myiframe.document.open();
 myiframe.document.write("");
 myiframe.document.close();
 myiframe.focus()
 }

 var format="HTML";
function swapModes()                             //切换编辑状态
 {
    if (format=="HTML") {
       myiframe.document.body.innerText=myiframe.document.body.innerHTML
       myiframe.document.body.style.fontFamily="arial";
       myiframe.document.body.style.fontSize="10pt";
       format="Text";
    }
    else {
       myiframe.document.body.innerHTML=myiframe.document.body.innerText;
       myiframe.document.body.style.fontFamily="";
       myiframe.document.body.style.fontSize="";
       format="HTML";

    }
}
</script>
<body onload="initpage();" bgcolor="# FFFFCC" >
<input id="B0" type="button" value="切换编辑状态" onclick="swapModes();">
<input id="B1" type="button" value="打开 Word 编辑" onclick="OpenWord();">
<input id="B2" type="button" value="从 Word 中调入" onclick="LoadWord();">
<input id="B3" type="button" value="清空" onclick="newDocument();"><br />
<IFRAME id="myiframe" marginWidth=2 marginHeight=2 width="50%" height="50%" >
</IFRAME>
</body></html>
```

4.9.4 表格的美化

功能描述：美化表格的 JavaScript 自定义函数。其功能包括：①可设置表格行的交替颜色；②当鼠标指针在表格上移动时，以某颜色区别显示鼠标指针所在表格行；③当用鼠标选中某行时，高亮显示该行。

```
//标题: beautify tables
//描述: 美化表格。1.设置表格行的交替颜色; 2.当鼠标指针在表格上移动时,以某颜色区别显示鼠标
//指针所在表格行; 3.当用鼠标选中某行时,高亮显示该行。
//版本: 1.0
//日期: 2024-03-04

function beau_tables (
str_tableid,            //table 的 id 属性(必选项)
num_header_offset,      //表格头部无须美化的行数(可选项)
num_footer_offset,      //表格尾部无须美化的行数(可选项)
str_odd_color,          //奇数行背景颜色(可选项)
str_even_color,         //偶数行背景颜色(可选项)
str_mover_color,        //background color for rows with mouse over (opt.)
str_onclick_color       //background color for marked rows (opt.)
) {
//若浏览器不支持 DOM 则返回
if (typeof(document.all)!='object') return;
//验证传递的参数
   if (!str_tableid) return alert ("没有指定表格的 id 参数!");
   var obj_tables=(document.all ? document.all[str_tableid] :
document.getElementById(str_tableid));
   //如果有多个表格,则可能返回是数组
   if (!obj_tables) return alert ("找不到 id 为"+str_tableid+"的表格");
   //为可选输入项指定默认参数
   var col_config=[];
   col_config.header_offset=(num_header_offset ? num_header_offset : 0);
   col_config.footer_offset=(num_footer_offset ? num_footer_offset : 0);
   col_config.odd_color=(str_odd_color ? str_odd_color : '#ffffff');
   col_config.even_color=(str_even_color ? str_even_color : '#dbeaf5');
   col_config.mover_color=(str_mover_color ? str_mover_color : '#6699cc');
   col_config.onclick_color=(str_onclick_color ? str_onclick_color : '#4C7DAB');

   //init multiple tables with same id
   if(obj_tables.length)
   for(var i=0; i <obj_tables.length; i++)    //对多个表格依次处理
   tt_init_table(obj_tables[i], col_config);
   else
   tt_init_table(obj_tables, col_config);    //对单个表格的处理
}

function tt_init_table(obj_table, col_config)
{
   var col_lconfig=[],
   col_trs=obj_table.rows;
   //为表格每行设置相关属性和事件,跳过表头和表尾不做处理的行
   for(var i=col_config.header_offset; i<col_trs.length - col_config.footer_
offset;i++) {
```

```
    col_trs[i].config=col_config;          //为 tr 追加设置的自定义属性 当前的行
    col_trs[i].lconfig=col_lconfig;        //为 tr 追加设置的自定义属性 移到的行
    col_trs[i].set_color=tt_set_color;     //为 tr 追加设置的自定义事件

    col_trs[i].onmouseover=tt_mover;
    col_trs[i].onmouseout=tt_mout;
    col_trs[i].onmousedown=tt_onclick;
    //为 tr 追加设置的自定义属性
    col_trs[i].order=(i -col_config.header_offset) %2;
    col_trs[i].onmouseout();
    }
}

function tt_set_color(str_color) {
    this.style.backgroundColor=str_color;
}

//事件处理程序
function tt_mover() {
    if(this.lconfig.clicked !=this)
        this.set_color(this.config.mover_color);

}
function tt_mout() {
    if(this.lconfig.clicked !=this)
        this.set_color(this.order ? this.config.odd_color : this.config.even_ color);
}
function tt_onclick() {
    if(this.lconfig.clicked==this) {
        this.lconfig.clicked=null;
        this.onmouseover();
    }
    else {
        var last_clicked=this.lconfig.clicked;
        this.lconfig.clicked=this;
        if (last_clicked) last_clicked.onmouseout();
        this.set_color(this.config.onclick_color);
    }
}
```

思考练习题

1. DHTML 的组成是什么？
2. JavaScript 脚本语言有哪些特点？与 Java 语言的区别是什么？
3. 在 JavaScript 中如何创建对象？
4. JavaScript 的主要内置对象有哪些？如何利用 JavaScript 进行事件编程？
5. 如何通过 HTML DOM 操纵 HTML 元素？
6. HTML DOM 树在 Web 开发中有什么作用？
7. jQuery 中子元素选择器与后代选择器有什么不同？
8. 怎样通过 jQuery 操作 DOM 元素？
9. 如何避免 jQuery 的名称冲突？
10. 对本章每个例子进行上机练习。

XML 基础

学习要点

(1) XML 文档的基本结构。
(2) 用 CSS 在浏览器中控制 XML 文档显示的方法。
(3) 用 XSL 控制 XML 文档在浏览器中显示的方法。
(4) 进行 XML DOM 程序设计的方法。
(5) XML 文档和数据库系统之间的数据交换。
(6) XML 技术的应用和发展趋势。

于 1998 年问世的 XML 是以 SGML(标准通用标记语言)为基础的。SGML 是一个国际标准,可以将其理解为是定义其他文档标记语言的语言。SGML 难以使用,而 XML 的目标就是要变得更加简单易用。HTML 也是基于 SGML 的。1999 年提出了 XHTML (eXtensible HTML),XHTML 使用 XML 语法构造规则对 HTML 进行了改写。XHTML 文档的构造规则比 HTML 要精确得多。这些规则的严格程度取决于在 XHTML 页面中所指定的文档类型声明(DOCTYPE)。

从 1998 年起,许多厂商(如 Adobe、IBM、微软、Netscape、Oracle 和 Sun)开始使用 XML 标准,且视 XML 为关键技术。目前,许多工具和软件例如 Navigator、Internet Explorer 及 RealPlayer 等,都已经在软件内部使用 XML 技术。XML 文档使数据易于共享。一系列相关的 W3C 推荐标准解决了 XML 文档内进行转换、显示和导航的问题。

XML 技术已成为 Web 开发中很重要的一项技术。很多读者可能存在“什么是 XML? XML 能做什么?使用 XML 能带来什么好处?XML 能不能替代数据库?XML 会取代什么?XML 的发展前景如何?如何利用 XML 来进行程序设计?”等诸如此类的问题。通过本章的学习,我们可从中找到全部答案。

视频讲解

5.1 XML 文档

5.1.1 XML 的概念

今天,XML 已成为 W3C 推荐使用的标准,是整个 Web 的基本结构和未来技术发展的基础。什么是 XML?

- XML 是一种类似于 HTML 的标记语言。
- XML 是用来描述数据的。

- XML 的标记不是在 XML 中预定义的，必须定义自己的标记。
- XML 使用文档类型定义（DTD）或者 Schema（模式）来描述数据。
- XML 使用 DTD 或者 Schema 后就是自描述的语言。

从上面 XML 的定义来看，应清楚以下几点。

(1) 可以用 XML 来定义标记，它和 HTML 是不一样的，XML 的用途比 HTML 广泛得多；XML 并不是 HTML 的替代。

(2) XML 不是 HTML 的升级，它只是 HTML 的补充，为 HTML 扩展更多功能，我们仍将在较长的一段时间里继续使用 HTML，但基于 XML 格式的 XHTML 将逐步取代 HTML。

(3) 不能用 XML 来直接写网页。XML 文档存放自描述的数据，必须转换为 HTML 格式后才能在浏览器上显示。

一个简单的 XML 文档内容如下所示：

```
<?xml version="1.0"?>
<book>
  <title>XML语言及应用</title>
  <author>华铨平等 </author>
  <publisher>清华大学出版社 </publisher>
  <publishdate>200509</publishdate>
</book>
```

其中，book、title、author、publisher、publishdate 都是自定义的标记（tag）。

5.1.2 XML 的特点

1. XML 的可扩展性

XML 具有的扩展性，正是体现了 XML 的强大功能和弹性。在 HTML 中，需熟悉许多固定标记后再使用这些标记。而 XML 中，可建立任何需要的标记，可充分发挥想象力给文档起一些好记的标记名称。例如，文档中包含一些游戏的攻略，可以建立一个名为<game>的标记，然后在<game>下再根据游戏类别建立<RPG>、<SLG>等标记。只要清晰，易于理解，可以建立任何数量的标记。

扩展性意味着更多的选择和强大的能力，但同时也产生了一个问题，就是必须学会规划。应清楚文档由哪几部分组成、相互之间的关系和如何去识别它们。

2. XML 标记的描述性

标记又叫标识，也称元素名，用于描述数据、标识文档中的元素。不论是 HTML 还是 XML，标记的本质在于便于理解，如果没有标记，文档在计算机看来只是一个很长的字符串，每个字符串看起来都一样，没有重点之分。通过标记，文档才便于阅读和理解。XML 的扩展性允许为文档建立更合适的标记。不过，标记只是用来识别信息，它本身并不传达信息。

3. XML 标记的规则

要遵循特定的 XML 语法来标识文档。虽然 XML 的扩展性允许创建新标识，但它仍必须遵循特定的结构、语法和明确的定义。XML 的标记有如下规则。

- 所有的标记都必须有一个相应的结束标记。
- 所有 XML 标记都必须合理嵌套。

- 所有 XML 标记都区分大小写。
- 所有标记的属性都必须用引号“”括起来。
- 名字中可以包含字母、数字以及下画线。
- 名字不能以下画线开头,不能用诸如关键字 XML 来开头。
- 名字中不能包含空格。

在 XML 文档中的任何差错都会得到同一个结果：不能转换为 HTML,即网页不能被显示。各浏览器开发商已经达成协议,对 XML 实行严格而挑剔的解析,任何细小的错误都会被报告。

4. XML 文档的结构化

XML 促进文档结构化,所有的信息都按某种关系排列。也就是说,结构化为 XML 文档建立了一个框架,就像写文章之前有一个提纲一样。结构化使文档看起来不会杂乱无章,每一部分都紧密联系,形成一个整体。结构化有下面两个原则。

- 每一部分(每个元素)都和其他元素有关联,关联的级数形成了结构。
- 标记本身的含义与它描述的信息相分离。

5. 允许 meta 数据(元数据)

专业的 XML 使用者都会使用 meta 数据来工作。HTML 中我们知道可以使用 meta 标记来定义网页的关键字、简介等,这些标记不会显示在网页中,但可以被搜索引擎搜索到,并影响搜索结果的排列顺序。XML 对这一原理进行了深化和扩展,可以用 XML 描述信息在哪里,可以通过 meta 来验证信息、执行搜索、强制显示或者处理其他的数据。

下面是一些 XML meta 数据在实际应用中的用途：可用于数字签名,使在线商务的提交动作有效；可以建立索引和进行更有效的搜索；可以在不同语言之间传输数据。W3C 组织正在研究一种名为 RDF(Resource Description Framework)的 meta 数据处理方法,可以自动交换信息。W3C 宣称,使用 RDF 配合数字签名,将使网络中存在“真实可信”的电子商务。

6. XML 的多样显示性

单独的 XML 文档使用格式化技术,如 CSS 或者 XSL,才能在浏览器中显示。XML 将数据和格式分离。XML 文档本身并不知道如何显示数据,而必须由辅助文件来帮助实现。XML 中用来设定显示风格样式的文件类型如下。

1）XSL

XSL(Extensible Stylesheet Language,可扩展样式语言)是将来 XML 文档显示的主要文件类型。它本身也是基于 XML 格式的。使用 XSL,可以灵活地设置文档显示的样式,文档将自动适应任何浏览器和 PDA(掌上电脑)。XSL 也可以将 XML 转换为 HTML 在浏览器中显示。

2）CSS

CSS 是目前用来在浏览器上显示 XML 文档的主要方法。

3）Behaviors

Behaviors 现在还没有成为标准。它是微软的 IE 浏览器特有的功能,用它可以对 XML 标记设定一些有趣的动作。

7. 允许 XML DOM 操作

XML DOM 全称是 XML Document Object Model(XML 文档对象模型),DOM 是用来

干什么的呢？假设把 XML 文档看成一个单独的对象，DOM 就是如何用脚本语言对这个对象进行操作和控制的标准。XML 创建了标记，而 DOM 的作用就是告诉 Script 脚本语言如何在浏览窗口中操作和显示这些标记。

5.1.3 XML 与 HTML 的区别

1. 传统的 HTML 存在的问题和不足

(1) HTML 的标记是固定的，有 70 多个。Web 技术的飞速发展使新的数据格式不断产生并需要在网上展示，标准的 HTML 语法格式无法创建新的标记，也将无法支持那些专门的页面格式，例如数学公式、化学方程式、音乐乐谱、财务报表以及工程应用等。

(2) DHTML 带来的问题。在标准 HTML 无法满足用户需求的情况下，人们在其基础上增加了动态的成分，如脚本程序等。但这些非标准技术制作的网页在不同的浏览器之间互不兼容。

(3) HTML 只是一种表现技术，它并不能揭示 HTML 标签所标记的信息的任何具体含义。例如，语句<h1>Peach</h1>是表示在 Web 浏览器中用标题 1 显示文本 Peach，但 HTML 标记却没有表明 Peach 究竟代表什么意思，它可能是指一种水果，也可能是某公司的名字，或者是一个别的什么东西。HTML 当初在制定时并没有考虑这方面的功能。

2. HTML 与 XML 的对比

XML 技术的发展可以大幅弥补 HTML 的不足。表 5-1 列出了 HTML 与 XML 的对比。

表 5-1 HTML 与 XML 的对比

比较内容	HTML	XML
可扩展性	不具有扩展性	可用于定义新的标记语言
侧重点	侧重于如何表现信息	侧重于如何结构化地描述信息
语法要求	不要求标记的嵌套、配对等，不要求标记之间具有一定的顺序	严格要求嵌套、配对和遵循树形结构
可读性及可维护性	难以阅读、维护	结构清晰，便于阅读和维护
数据和显示的关系	内容描述与显示方式整合为一体	仅为内容描述，它与显示方式相分离
保值性	不具有保值性	具有保值性
编辑及浏览工具	已有大量的编辑、浏览工具，例如 FrontPage、Dreamweaver 等	有较多编辑、浏览工具。例如 Vervet Logic 的 XML Pro V2、微软的免费软件 XML Notepad 2.2、ALTOVA 公司的 XML SPY 等

在学习 XML 技术的过程中，会经常遇到很多技术名词，例如 XML DTD、XML Schema、XSL、CSS 等，图 5-1 列出了这些技术相互之间的关系。

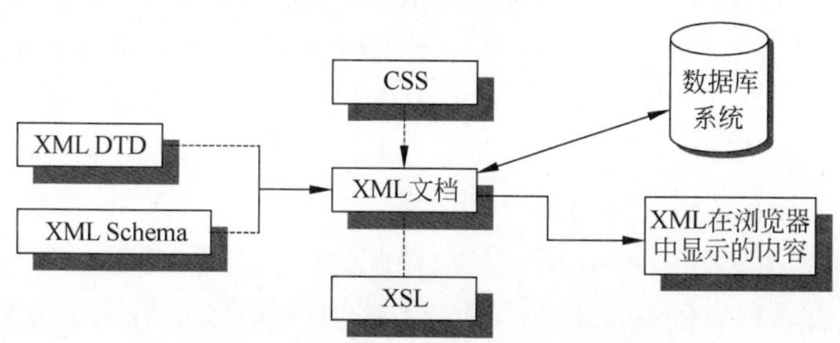

图 5-1 XML 相关技术之间的关系

图 5-1 中,XML DTD 是一种文本说明内容,既可以放在一个单独文档中,又可以直接放在某个 XML 文档中,用于说明 XML 文档中数据的类型和格式。不过由于 XML DTD 本身是非 XML 文档结构的,其对 XML 文档数据类型和格式的描述过于复杂,用户在使用时较难掌握,目前已逐步被 XML Schema 所替代。XML Schema 中对 XML 文档中数据类型和格式的描述采用了 XML 文档结构。CSS 和 XSL 分别用于说明 XML 文档在浏览器中以什么方式显示其中的数据。这些技术将会在后续章节中一一介绍。

5.1.4 XML 文档术语以及基本结构

1. XML 文档术语

(1) element(元素)和 tag(标识)。

元素在 HTML 中我们已经有所了解,它是组成 HTML 文档的最小单位,在 XML 中也一样。一个元素由一个标识来定义,包括开始和结束标识以及其中的内容,如< author > book </author >。唯一不同的是,在 HTML 中,标识是固定的,而在 XML 中,标识需要自己来创建。一般来说可以混淆标识与元素的区别。

(2) attribute(属性)。

属性是对标识的进一步描述和说明,一个标识可以有多个属性。XML 元素可以像 HTML 一样在开始标识(start tag)中书写属性。属性用来提供关于元素的附加信息。属性常用来提供数据部分以外的信息。例如:

```
<file type= "gif">computer.gif</file>
```

从以上代码中可以看到,type 是属性,computer. gif 是数据。type 属性与数据并不相关,只是用来附加说明该元素用了 gif 格式的数据。

(3) declaration(声明)。

每个 XML 文档的第一行都有一个 XML 声明<?xml version="1.0"?>。这个声明表示这个文档是一个 XML 文档,它遵循的是哪个 XML 版本的规范。

(4) DTD(Document Type Definition,文档类型定义)。

DTD 是用来定义 XML 文档中元素、属性以及元素之间的关系的。通过 DTD 文档可以检测 XML 文档的结构是否正确,但建立 XML 文档并不一定需要 DTD 文档。

(5) Well-formed XML(良好格式的 XML)。

一个遵守 XML 语法规则并遵守 XML 规范的文档称为"良好格式"。如果所有的标识都严格遵守 XML 规范,那么 XML 文档就不一定需要 DTD 文档来定义它。

良好格式的文档必须以一个 XML 声明开始,如<?xml version="1.0" standalone="yes" encoding="UTF-8"?>。其中,必须说明文档遵循的 XML 版本目前是 1.0;其次说明文档是"独立的",它不需要 DTD 文档来验证其中的标识是否有效;最后要说明文档所使用的语言编码,默认的是 UTF-8。

(6) Valid XML(有效的 XML)。

一个遵守 XML 语法规则并遵守相应的 DTD 文档规范的 XML 文档称为有效的 XML 文档。Well-formed XML 和 Valid XML 的最大区别就在于,前者完全遵循 XML 规范,后者有自己的 DTD。

2. XML 文档基本结构

XML 文档是一个纯文本文件，可以用任意的文本编辑器编写，如记事本、Word 等。为了提高编写效率，也有一些专门的可视化 XML 创作及编辑工具，例如美国 Altova 公司的 XMLSpy 2006 企业版(http://www.xmlspy.com/)、Oxygen 公司的 XML Editor(http://www.oxygenxml.com/index.html)等，用户可从网上下载这些工具。

下面是一个典型的 XML 文档。

```
<?xml version="1.0" encoding="GB-2312" standalone="yes"?>
<?xml-stylesheet  type="text/css"  href="book.css"?>
<中国古典名著>
  <书>
    <书名>三国演义</书名>
    <作者>罗贯中</作者>
    <内容简介>略</内容简介>
  </书>
  <书>
    <书名>西游记</书名>
    <作者>吴承恩</作者>
    <内容简介>略</内容简介>
  </书>
</中国古典名著>
```

XML 文档结构由三部分组成。

1) XML 文档声明

它位于文档的第一行，一般形式为：

```
<?xml version="versionNumber" [encoding="Value"]  [standalone="yes/no"]?>
```

其中，versionNumber 为 XML 文档所遵循的 XML 规范的版本号：可选项 encoding 表示 XML 处理器使用的字符集，默认值为 UFT-8；可选参数 standalone 取值为 yes 或 no，默认值为 yes，表明该文档是否为一个独立文档。

2) 文档显示方式或文档类型定义等的声明部分

文档类型定义部分，一般形式为<! doctype…>，如不需要可以省略。上例中第 2 行说明了此 XML 文档将由 book.css 定义的样式单来决定其显示方式。

3) XML 标识的文档内容

XML 文档内容有以下几种结构。

(1) 声明根元素。

每个有效的 XML 文档有且仅有一个根元素。根元素是在一个 XML 文档中包含所有其他元素的元素，无论是在语法上还是逻辑上，根元素位于所有数据的顶层。根元素的声明和其他元素的声明方法一样，一般形式为：

```
<rootElementName>…</rootElementName>
```

rootElementName 是根元素的名称，必须成对出现，且区分大小写。根元素在逻辑上代表了数据的顶层，它必须位于 XML 声明结束后的下面一行。

(2) 声明非根元素。

在 XML 中，是通过在容器元素中嵌套被包含元素来描述数据对象的。一个被包含元素又可以包含自己的元素。包含其他元素的元素称为容器，所有的非根元素都包含在根元素中,根元素是最上层的容器元素。

```
<containedElement [attributesList=""]>
  <containedElement[attributesList=""]>
  …
  </containedElement>
  …
</containerElement>
```

(3) 数据元素属性。

一个数据元素可以有若干属性,属性必须在一个元素的起始标记中声明,一般形式为:

```
<elementName [属性名="属性值"][属性名="属性值"]…[属性名="属性值"]>
  elementValue
</elementName>
```

其中,元素名和属性名必须以字母或下画线开始,并且只能包含字母、数字、下画线、连字符和句点。例如,为汽车定义的三个属性为车牌号、车主和制造商,可以将<automobile>标记写为:

```
<automobile number="123456"  owner="Brion"  manufacture="Ford" >
</automobile>
```

由于其中<automobile>标记中只有属性描述而没有元素值,因此可以缩写成:

```
<automobile number="123456"  owner="Brion"  manufacture="Ford" />
```

可以将元素的属性名转换为元素名,例如上例中的转换结果是:

```
<automobile >
  <number>123456</number>
  <owner>Brion</owner>
  <manufacture>Ford</manufacture>
</automobile>
```

(4) 定义名称空间。

在XML中,用户可以自己定义标记和命名元素。因此,如果把多个XML文件合并为一个,就很可能出现冲突,名称空间就是为此设计的。

XML中名称空间(namespace)的严格定义是:名称空间是用URI加以区别的、在XML文件的元素和属性中出现的所有名称的集合。URI是Uniform Resource Identifier(统一资源标识符)的缩写。在没有namespace的XML 1.0文件里,元素和属性中出现的名称被称为"本地名称"(local name)。XML中名称空间定义的一般形式为:

```
<namespace:elementName xmlns:namespace="globalUniqueURI">
  <namespace:containedElement  namespace:attributeName="Vaue">
  </namespace:containedElement>
</namespace:elementName>
```

其中,namespace是名称空间的唯一名称;elementName是应用名称空间的XML文档元素的名称;globalUniqueURI是统一资源标识符,可根据实际情况设定一个作为名称空间的URI;attributeName和attribute Value是和容器元素containedElement相关联的一个属性的名称和属性值。

定义名称空间的目的是唯一地标识一个元素或一组元素的属性。例如:

```
<r:customer xmlns:r="http://www.ABCStore.com/CustomerURI">
  <r:name r:Address="Beijing">Cherry</r:name>
</r:customer>
```

(5) 包含非标准文本。

通过预定义 XML 实体可以在 XML 文档中加入特殊符号。如果需要大量的特殊符号，可以使用 CDATA 段,CDATA 段可以使用户在一个 XML 文档中引用大量的特殊符号文本块。一般形式为：

```
<![CDATA[text]]>
```

其中,text 是包含特殊字符的文本串,该文本不被 XML 分析器检查。XML 处理器负责分析或者以一种有意义的方式使用该文本块。

【例 5-1】 Brion 给 Jane 的便条信息使用 XML 格式来说明。ex_5_1. xml 的文档内容为：

```
<?xml version="1.0" encoding="gb2312" ?>
<note>
  <to>Brion</to>
  <from>Jane</from>
  <heading>Reminder</heading>
  <body>Don't forget me this weekend! </body>
  <![CDATA[This is an example of CDATA]]>
</note>
```

将该文档存盘后,双击该文档将其在浏览器中以树形方式打开,如图 5-2 所示。

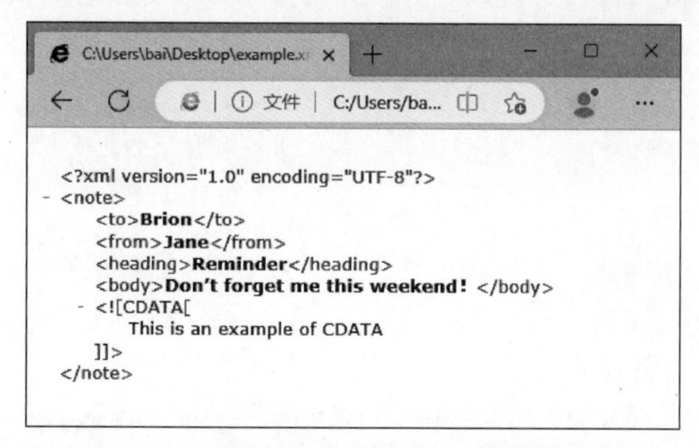

图 5-2　一个简单的 XML 文档在浏览器中的显示

如果 XML 文档标记不配对或有其他不符合 XML 文档格式的要求,在浏览器上将显示具体的出错信息。在这里浏览器起着 XML 文档分析器的作用。XML 分析器有确认型和非确认型两种。确认型 XML 文档分析器检查 XML 文档的语法,将 XML 文档同文档类型定义 DTD 或模式文件进行比较,还要判断 XML 数据是否和预定义的确认规则相符。非确认型 XML 分析器也进行 XML 文档语法的检查,但不进行 XML 文档和 DTD 及模式文件的比较。在微软的 Internet Explorer 浏览器中内置 XML 确认型分析器,即 MSXML。

5.2　用 CSS 控制 XML 文档在浏览器中的显示

视频讲解

5.2.1　XML 文档的四种 CSS 样式定义方式

本书第 3 章已经详细介绍了在 HTML 文档中如何用 CSS 来控制其页面显示。在这里,控制 XML 文档显示的样式表格式是和 HTML 中的样式表格式相似的,只不过在样式表中,将 HTML 元素名换成了 XML 元素名。下面简要介绍控制 XML 文档显示的四种 CSS 样式定义方式。

(1) 元素名称选择符。可同时为一个或多个元素定义样式。格式如下:

```
XML 元素名称 { 设置的样式规则 }
```

例如:

```
Name,company,price,unit,details,.myclass,address# a1
{ Display:block;
  Font-weight:bold;
  Font-size:0.8em
}
```

(2) 用户自定义类选择符。通过对类名的引用,不同的元素可使用同一样式,不同位置的同一元素可使用不同的类名。格式如下:

```
.类名称 { 设置的样式规则 }                    /* 可以被 XML 文档中的任何元素使用 */
```

或者

```
XML 元素名称.类名称 { 设置的样式规则 }          /* 只能附加到指定名称的 XML 元素上 */
/* 类选择符定义的样式表应用到 XML 元素的方法是: <XML 元素名称  class="类名称"> */
```

(3) 用户定义的 id 选择符。可以先为某元素指定一个 id 属性,再在 CSS 样式定义中通过"元素名 #id"的方式指定样式。注意,元素名和 id 属性前面的 # 之间不能有空格。格式如下:

```
#id 号 { 设置的样式规则 }                     /* 可以被 XML 文档中的任何元素使用 */
```

或者

```
XML 元素名称#id 号 { 设置的样式规则 }          /* 只能附加到指定名称的 XML 元素上 */
/* id 选择符定义的样式表应用到 XML 元素的方法是: <XML 元素名称 id="id 号"> */
```

(4) 成组选择符。格式如下:

```
XML 元素名称 1, XML 元素名称 2, …, XML 元素名称 n { 设置的样式规则 }
.类名称 1, .类名称 2,…, .类名称 n { 设置的样式规则 }
#id 号 1, #id 号 2,…, #id 号 n { 设置的样式规则 }
/* 通过成组选择符定义样式表可集中定义多个 XML 文档元素的相同属性,减少了代码编写工作量。*/
```

5.2.2 CSS 样式和 XML 文档联系

有三种方式可以将定义的 CSS 样式表和 XML 文档联系起来。

(1) 将定义的 CSS 样式表置于 XML 文档中,其格式为:

```
1  <?xml version="1.0" encoding="utf-8"?>
2  <?xml-stylesheet type="text/css"?>
3  <根元素 xmlns:html="http://www.w3.org/1999/xhtml">
4    <html:STYLE>
5     CSS 选择符 1 { 设置的样式规则 } …
6    </html:STYLE>
7    <其他元素>… </其他元素>
8  </根元素>
```

第二行不可缺少,告诉浏览器要用 CSS 来显示 XML 文档。第三行在根元素中定义了一个 HTML 名称空间，这里必须是 HTML 名称空间，名称空间的 URI 地址可以随意，即使是"abcd"也行，但要注意它的唯一性。在 XML 文档中插入样式单的 style 标志前，必须加上 HTML 名称空间。

(2) 将 CSS 样式表放在单独的扩展名为 CSS 的文件中，然后在 XML 文档声明部分通过声明语句引用 CSS 文件。

```
1  <?xml version="1.0" encoding="UTF-8"?>
2  <?xml-stylesheet type="text/css" href="CSS 文件" ?>
3  <根元素>
4    <其他元素>… </其他元素>
5  </根元素>
```

(3) 将上面两种方式结合起来：既在 XML 文档中定义 CSS 样式，又引用外部 CSS 文件。

第 3 章已经介绍过 CSS 样式规则，为便于读者的学习，下面列出了 XML 文档常用的 CSS 样式规则，如表 5-2 所示。有很多辅助工具可以帮助自动生成 CSS 样式。

表 5-2　XML 文档常用 CSS 样式规则

属性名	含义	取值	说明
display	显示方式	block/none	以块显示，前后换行 /不显示
		inline	和前、后的元素在一行中显示(默认值)
font-size	字体大小	56%，0.5cm，0.2in，10pc，10pt 1em，1ex，1px	取值也可以是 xx-small，x-small，small，xx-large，x-large，medium，large，smaller，larger 等
font-style	字型	italic/normal	斜体/正常字体
font-weight	字体粗细	normal	正常粗细
		bold	粗体
		bolder/lighter	更粗/更细
		100，200，…，900	九种不同的灰度
color background-color	前景色 背景色	red，green，blue 等	颜色的取值
		rgb(a，b，c)/rgb(x，y，z)	0<=a，b，c<=255 /0%<=x，y，z<=100%
		#0000FF	#000000～#FFFFFF
background-image	背景图	图像的 URL	
background-repeat	背景图重复	repeat	图像在水平和垂直两个方向上重复
		rfepeat-x；repeat-y	图像在水平或垂直方向上重复
		no-repeat	图像不垂直
background-position	背景图位置	top	垂直方向的顶端
		center	垂直方向的中央
		bottom	垂直方向的底端
		left	垂直方向的左端
		right	垂直方向的右端
letter-spacing	文字间距	同 font-size 取值	
text-align	文本对齐	left/center/right	左对齐/居中对齐/右对齐
text-decoration	文本画线	underline/overline	下画线/上画线
		line-through/none	中画线/无画线
margin	页边距	同 font-size 取值	上、下、左、右页边距

续表

属性名	含义	取值	说明
margin-top	上边距	同 font-size 取值	也用作段落间距和左右缩进
margin-bottom margin-Left margin-right	下边距 左边距 右边距	同 font-size 取值	
border-style	边框线样式	dotted，dashed，solid，double，groove，ridge，inset，outset，none	边框线
border-weight	边框线粗细	同 font-size 取值	
border-color	边框线颜色	同 font-size 取值	
text-indent	首行缩进	同 font-size 取值	
line-height	行距	同 font-size 取值	

【例 5-2】 CSS 样式表置于 XML 文档中示例。将下面的代码保存为文件 ex_5_2. xml。

```
<?xml  version="1.0" encoding="UTF-8"?>
<?xml-stylesheet  type="text/css"?>
<paper xmlns:html="http://www.w3.org/1999/xhtml">
  <!-- 样式单定义 -->
  <html:style>
    paper { display:block;font-size:20px;line-height:160%;text-align:
center}
    author{ display:block; font-size:16px;margin-top:5px;margin-bottom:5px}
    address{ display:block; font-size:16px; text-align:center}
    abstract{
    display:block;  font-size:20px; font-weight:bold; font_style:italic;
text-align:left}
    abstract# al{
    display:block; font-size:14px; font-weight:normal; font_style: normal;
line-height:150%;}
    keywords{
    display:block; font-size:20px; font-weight:bold;  font_style: italic;}
    keywords# al
    {display:block;font-size:14px; font-weight:normal;font_style: normal;
line-height:150%;}
    head{ display:block;font-size:20px; line-height:150%}
    text{display:block;font-size:18px; text-align:left; text-indent:30pt;
line-height:150%;}
  </html:style>
  <title>E-learning中的个性化技术研究</title>
  <author>Hao Xingwei</author>
  <address>
    (Shandong University,School of Computer Science and Technology,Jinan,
250100)
  </address>
  <abstract>Abstract: </abstract>
  <abstract ID="al">
    E-learning is now becoming a very important means in modern education,but the
existing E-learning systems are short of personalization,the model of teaching
is so simple that the procedures of learning are almost the same. How to build a
personalization learning circumstance,…
  </abstract>
```

```
  <keywords>Keywords:</keywords>
  <keywords ID="al">
    E-learning,Knowledge point,personalized service,Web discovery
  </keywords>
  <head>0.前言</head>
  <text>
    E-learning是指基于网络的、电子化、数字化、多媒体的教学方式。在实际应用中,E-
learning的范畴非常广泛,它不仅包含基于互联网的网络化学习,还包括了基于多媒体资料的数
字化学习。随着Internet的快速发展和普及,以及教育的全球化和由此带来的教育竞争的加剧,
基于Web的E-learning系统已经成为许多大学和教育机构实施现代化远程教育的重要手段。
  </text>
</paper>
```

上述代码在浏览器中的运行结果如图5-3所示。

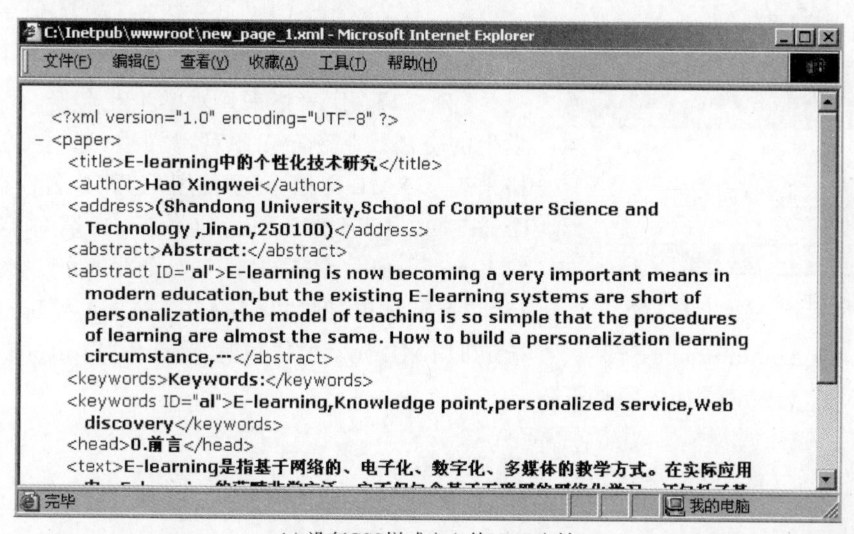

(a) 没有CSS样式定义的XML文档

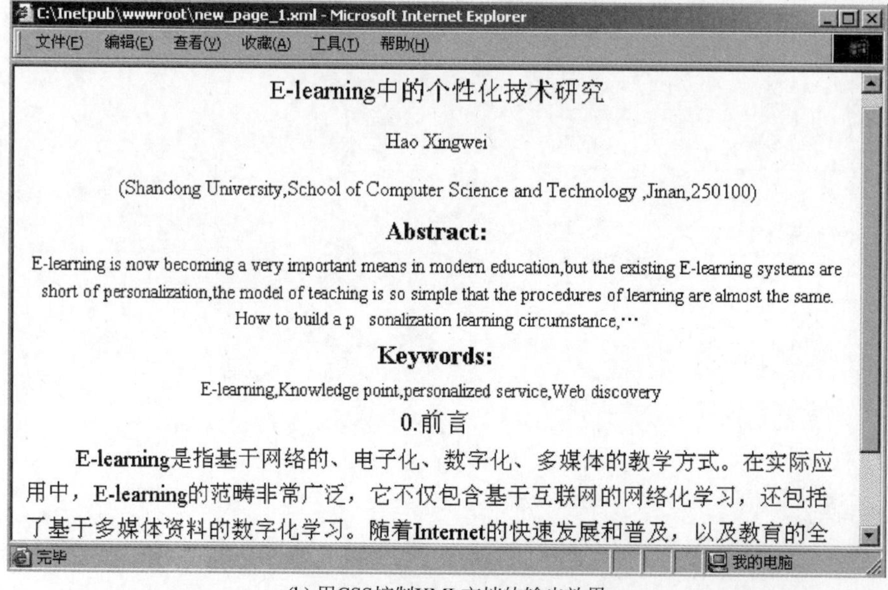

(b) 用CSS控制XML文档的输出效果

图5-3　例5-2的运行效果

【例 5-3】 一个使用了 CSS 样式表的 XML 文档。样式文件 ex_5_3. css 内容如下：

```
Student{Display: block}
Name.c1{Font-size: 3em;color:red}
Name.c2 Font-size:2em;color:green}
Name.c3{Font-size: 1em;color:blue}
```

引用 ex_5_3. css 样式的 XML 文档内容如下：

```
<?xml version="1.0" encoding="GB-2312" ?>
<?xml-stylesheet type="text/css"  href="ex_5_3.css" ?>
<student>
  <name class="c1">张三</name>
  <name class="c2">李四</name>
  <name class="c3">王五</name>
</student>
```

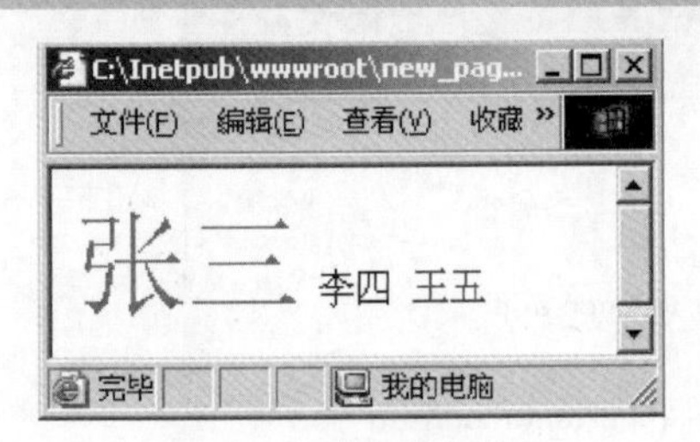

图 5-4　XML 使用 CSS

运行该 XML 文档，其显示结果如图 5-4 所示。

【例 5-4】 用表格来显示学生花名册，其中有两个学生的资料。从例 5-3 中可以知道，通过 CSS 要用表格来表示 XML 文档，必须使用 HTML 名称空间，且每个 HTML 标记前必须指定 HTML 名称空间，例如"<html: tr>…</html: tr>"，如果标记不配对，则要用"/"表示结束，例如"<html: img src="bg. jpg" alt="it's a background images"/>"。在指定 HTML 元素的样式时，必须用"html\: "指定名称空间。ex_5_4. xml 文档内容如下：

```
<?xml version="1.0" encoding="gb2312" ?>
<?xml-stylesheet type="text/css" href="ex_5_4.css"?>
<roster xmlns:html="http://www.w3.org/1999/xhtml">

  <html:style type="text/css">
    html\:caption {font-weight:bold; text-decoration:underline}
    /* 指定表格标题的样式 */
    html\:table {background-image: url("images/bg.jpg")}
    /* 指定表格的背景图片 */
    .myclass {border-style:double;}
    #myid {border-style:groove;}
  </html:style>
  <html:table border="1" cellPadding="2">
    <html:caption>学生花名册</html:caption>
    <html:tr>
      <student>
        <html:td><name>李华</name></html:td>
        <html:td><origin id="myid">河北</origin></html:td>
        <html:td><age>15</age></html:td>
        <html:td><telephone>62875555</telephone></html:td>
      </student>
    </html:tr>
    <html:tr>
      <student>
        <html:td><name>张三</name></html:td>
        <html:td><origin class="myclass">北京</origin></html:td>
        <html:td><age>14</age></html:td>
```

```
        <html:td><telephone>82873425</telephone></html:td>
      </student>
    </html:tr>
  </html:table>
</roster>
```

ex_5_4.css 文件内容如下：

```
roster,student {font-size:15pt;font-weight:bold; color:blue; display: block;
margin-bottom: 5pt;}
origin,age,telephone {font-weight:bold; font-size:12pt; display:block; color:
block; margin-left: 20pt;}
name {font - weight: bold; font - size: 14pt; display: block; color: red; margin -
top: 5pt;
margin-left:8pt;}
```

此时，文件 ex_5_4.xml 在 IE 浏览器显示的结果如图 5-5 所示。

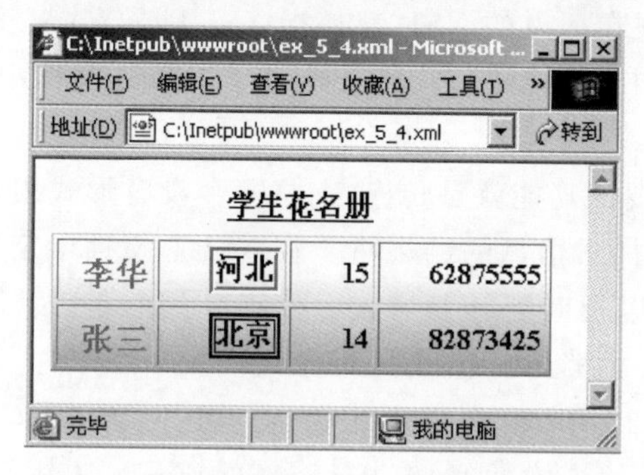

图 5-5 使用 CSS 将 XML 文档按表格输出

5.3 用 XSL 控制 XML 文档在浏览器中的显示

视频讲解

5.3.1 XSL 概述

可扩展样式表语言(eXtensible Stylesheet Language,XSL)是由 W3C 于 1999 年 11 月制定的。XSL 自提出以来争议颇多，前后经过了几番大的修改。2017 年 6 月，W3C 发布了 XSLT 的 3.0 版本。2021 年 3 月，W3C 发布了 XSLT 2.0 版本的第二版。

CSS 通过创建 XML 元素的样式单来格式化 XML 文档，并且将其显示出来。而 XSL 采取的方式更加引人注目，它将 XML 文档转换为一个新的文档(包括 HTML 文档)，通过浏览器或其他应用程序就可以显示出来。

XSL 本身也是遵循 XML 文档格式规范的一种标识语言，它提供的强大功能远远超过 CSS，如将元素再排序等。简单的 XML 文档可以通过 CSS 来转换输出，然而复杂的、高度结构化的 XML 文档则只能依赖于 XSL 极强的格式化能力展现给用户。

XSL 和 CSS 之间的异同如下。

(1) XSL 与 CSS 在很多功能上是重复的，但是它比 CSS 功能强大。不过 XSL 的强大功能与其复杂性是分不开的。

(2) CSS 只允许格式化元素内容，不允许改变或安排这些内容。但 XSL 没有这些限制，它可以提取元素、属性值、注释文本等几乎所有的文档内容。在 XML 领域，用 XSL 来格式化文档是未来发展的方向。

(3) CSS 是一种静态的样式描述格式,其本身不遵从 XML 的语法规范。而 XSL 不同,它是通过 XML 进行定义的,遵守 XML 的语法规则,是 XML 的一种具体应用。也即 XSL 本身就是一个 XML 文档,系统可以使用同一个 XML 解释器对 XML 文档及其相关的 XSL 文档进行解释处理。

XSL 由两个关键部分组成:一个为转换引擎,将原始文档树(源树)转换为能够显示的文档树(结果树),这个过程称为树转换;另一个为格式化符号集,该符号集可以定义应用 XML 数据上的复杂的格式化规则,这个过程称为格式化。格式化符号集又称为格式对象(Formatted Object,FO)。

到目前为止,W3C 还未能出台一个得到多方认可的 FO,但是描述树转换的这一部分协议却日趋成熟,已从 XSL 中分离出来,另取名为 XSLT(XSL Transformation),正式推荐标准于 2007 年 1 月问世,现在所说的 XSL 都是指 XSLT。与 XSLT 一同推出的还有其配套标准 XPath,这个标准用来描述如何识别、选择、匹配 XML 文档中的各个构成元件,包括元素、属性、文字内容等。

如前所述,XSLT 主要的功能就是转换,它将一个没有形式表现的 XML 文档作为一个源树,将其转换为一个有样式信息的结果树。在 XSLT 文档中定义了与 XML 文档中各个逻辑成分相匹配的模板,以及匹配转换方式。值得一提的是,尽管制定 XSLT 规范的初衷只是利用它来进行 XML 文档与可格式化对象之间的转换,但它的巨大潜力却表现在它可以很好地描述 XML 文档向任何一个其他格式的文档进行转换的方法,例如转换为另一个逻辑结构的 XML 文档、HTML 文档、PDF 文档、XHTML 文档、VRML 文档、SVG 文档等。转换过程如图 5-6 所示。

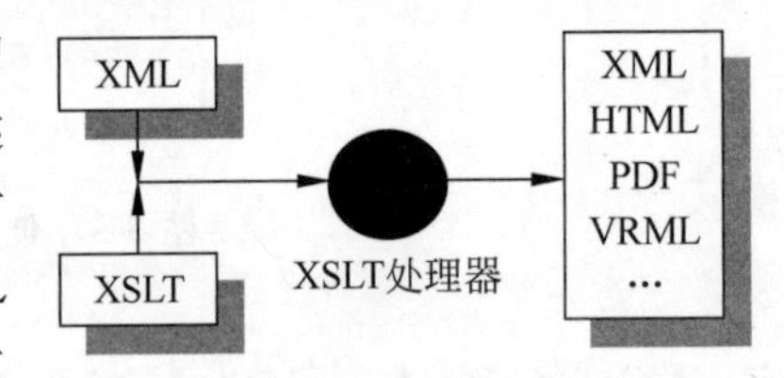

图 5-6　XSLT 转换过程

使用 XSL 定义 XML 文档显示方式的基本思想:通过定义转换模板,将 XML 源文档转换为带样式信息的可浏览文档。最终的可浏览文档可以是 HTML 格式、FO 格式,或者其他面向显示方式描述的 XML 格式(如前面提到的 SVG 和 SMIL),限于目前浏览器的支持能力,大多数情况下是转换为一个 HTML 文档进行显示。

在 XML 中声明 XSL 样式单的方法与声明 CSS 的方法大同小异:

```
<?xml-stylesheet type="text/xsl" href="xsl 文件" ?>
```

下面先来看一个 XSLT 的简单例子。通过剖析这个例子,读者可以掌握一些 XSLT 的基本语法和功能,甚至可以照葫芦画瓢写出自己的 XSLT 文档。

【例 5-5】 下面是描述了包括三张 CD 价目表的 XML 文件 ex_5_5.xml:

```
<?xml version="1.0" encoding="iso-8859-1" ?>
<?xml-stylesheet type="text/xsl" href="ex_5_5.xsl"?>
<CATALOG>
  <CD ID="001">
    <TITLE>Empire Burlesque</TITLE>
    <ARTIST>Bob Dylan</ARTIST>
    <COUNTRY>USA</COUNTRY>
    <COMPANY>Columbia</COMPANY>
    <PRICE>10.90</PRICE>
```

```
        <YEAR>1985</YEAR>
    </CD>
    <CD ID="002">
        <TITLE>Hide your heart</TITLE>
        <ARTIST>Bonnie Tylor</ARTIST>
        <COUNTRY>UK</COUNTRY>
        <COMPANY>CBS Records</COMPANY>
        <PRICE>9.90</PRICE>
        <YEAR>1988</YEAR>
    </CD>
    <CD ID="003">
        <TITLE>Greatest Hits</TITLE>
        <ARTIST>Dolly Parton</ARTIST>
        <COUNTRY>USA</COUNTRY>
        <COMPANY>RCA</COMPANY>
        <PRICE>9.90</PRICE>
        <YEAR>1982</YEAR>
    </CD>
</CATALOG>
```

下面是控制价目表显示的 XSL 文件 ex_5_5.xsl：

```
<?xml version="1.0" encoding="iso-8859-1"?>
<xsl:stylesheet version="1.0" xmlns:xsl="http://www.w3.org/1999/XSL/
Transform">
    <xsl:template match="/">
        <html>
            <body>
                <table border="2" bgcolor="yellow">
                    <tr><th>Title</th><th>Artist</th></tr>
                    <xsl:for-each select="CATALOG/CD"><!-- 对 XML 文档树中根元素下的 CD 元素
            循环-->
                <tr>
                <td><xsl:value-of select="TITLE"/></td>  <!-- 提取 TITLE 元素的值-->
                <td><xsl:value-of select="ARTIST"/></td>  <!-- 提取 ARTIST 元素的值-->
                </tr>
                    </xsl:for-each>
                </table>
            </body>
        </html>
    </xsl:template>
</xsl:stylesheet>
```

将上面的 XML 文件和 XSL 文件放在一个目录中，用 IE 浏览器打开 XML 文件，显示结果如图 5-7 所示。

Title	Artist
Empire Burlesque	Bob Dylan
Hide your heart	Bonnie Tylor
Greatest Hits	Dolly Parton

图 5-7 使用 XSL 显示 XML 文档

5.3.2 XSL 模板元素

从例 5-5 可知，XSL 样式文档的基本结构如下。

(1) 以下面的指令作为文档开头(其中还可以包含其他属性，字符集也有许多选项)。

```
<?xml version="1.0" encoding="utf-8">
```

(2) 通过 xsl：stylesheet xmlns：xsl 来声明 XSL 名称空间。为使用新版本 XSLT，应将 http://www.w3.org/TR/WD-xsl 名称空间换成 http://www.w3.org/1999/XSL/

Transform。特别注意，采用不同的名称空间在浏览器中显示的结果可能会不一样。

(3) 通过 xsl：template 定义模板来描述 XML 文档的显示格式。这是 XSL 的主要部分。

(4) 通过 XML 数据的引用指明显示的数据。

(5) 其中包含了大量 XHTML 语句的各种标记，标记必须配对。

(6) 通过 xsl：for-each、xsl：if、xsl：choose 等语句进行数据的循环处理、条件处理、选择处理等工作。

(7) 可以嵌入 JavaScript 或 VBScript 脚本语句或程序，使 XSL 具有更强大的运算功能。

在 XSL 中，数据的显示格式被设计细化成一个个模板，最后再将这些模板组合成一个完整的 XSL。这种方法可以使用户先从整体上考虑整个 XSL 的设计，然后将一些表现形式细化成不同的模板，再具体设计这些模板，最后将它们整合在一起。这样，宏观与微观设计的结合，更符合人们的条理化、规范化要求。由于 XML 的数据保存在具有严格层次结构的各个元素中，这种结构非常适合采用模板化的格式样式。图 5-8 为用模板格式化 XML 文档示意。

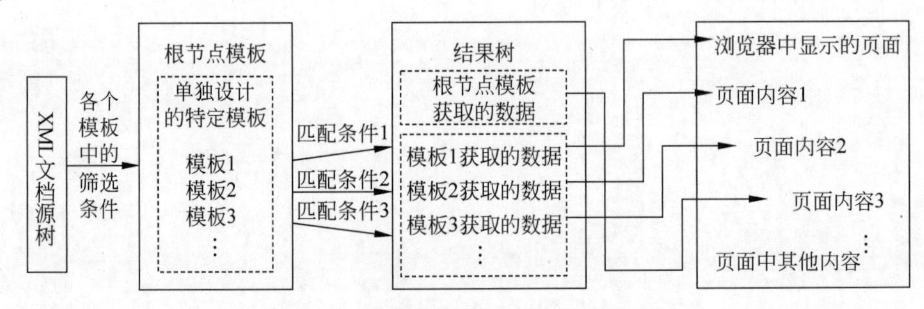

图 5-8　用模板格式化 XML 文档示意

模板定义好了后，可通过 call-template 或 apply-templates 来调用模板，其过程就如同在 C 语言中定义了一个函数，就可在程序中需要的地方进行函数调用。

1. 定义模板的语法结构

定义模板的语法结构为：

```
<xsl:template match="node-context" name="template name">  …
</xsl: template>
```

其中的属性含义如下。

(1) match 确定什么样的情况下执行此模板，也即源 XML 文档中哪些节点应该被相关的模板所处理，在此处使用 XML 文档中节点的名字；其中最上层的模板必须将 match 设为"/"。在一个 XSL 文档中必须有一个根模板，而且是唯一的。

(2) <xsl：template>元素用 match 属性从 XML 文档中选取满足条件的节点，针对这些特定的节点形成一个特定输出形式的模板。在一个 XSL 文档中一般要设计多个模板，在各个模板结构中描述了不同层次元素的数据显示格式、数据引用、数据处理等内容。

(3) name 属性即是为定义的模板取一个用户自定义的名称。只能通过<xsl：call-template>元素来调用模板。

2. 通过 name 属性调用模板

通过 name 属性调用模板的语法格式如下：

```
<xsl:call-template  name="template name"/>
```

其中，name 属性代表的模板名称和模板定义的名称相同。

3. 通过 select 属性调用模板

通过 select 属性调用模板的语法格式如下：

```
<xsl:apply-templates  select="pattern">
```

其中，select 属性确定应调用的模板，即选取用< xsl：template >标记建立的模板。

对于设计好的模板，是通过< xsl：apply-templates >元素调用的，这样，即使以后要对这些模板做相应的修改与扩充也很方便，不至于出现互相干扰、混杂不清的情况。这种从上至下、逐层细化的设计方法，极大地减少了工作的复杂程度，也大幅减少了差错的产生，可以实现多人协作设计。在学习 XSL 模板时，为便于理解，可将定义模板看成定义一个函数，调用模板看成调用函数。

【例 5-6】 下面是一个对例 5-5 中 CD 价目表的 XML 文件采用 call 模板处理的例子。第 3～9 行定义了一个根模板，它是必需的。第 10～17 行定义了一个模板，模板名称为 myTemplate，第 6 行按名称通过< xsl：call-template >标记进行模板调用。这种方式类似于函数调用。最终在浏览器中输出“CD 001：Empire Burlesque CD 002：Hide your heart CD 003：Greatest Hits”。ex_5_6. xsl 文件内容如下：

```
1   <?xml version="1.0" encoding="utf-8"?>
2   <xsl:stylesheet version="1.0" xmlns:xsl="http://www.w3.org/1999/XSL/
    Transform">
3     <xsl:template match="/"><!-- 根模板是必需的-->
4       <html><head><title>模板的调用</title></head>
5         <body>
6           <xsl:call-template name="myTemplate"/><!-- 调用模板-->
7         </body>
8       </html>
9     </xsl:template>
10   <xsl:template name="myTemplate" match="CATALOG/CD" >
11   <p align="center" style="font-weight:bold;">
12      <!-- 对所有 CD 循环处理-->
13      <xsl:for-each select="CATALOG/CD"><!-- CATALOG/CD 大小写要和 XML 文
    档中一致-->
14           CD <xsl:value-of select="@ID"/>: <!-- 提取 CD 的 id 属性的值-->
15         <xsl:value-of select="TITLE"/>?b<!-- 提取每个 CD 的 title-->
16       </xsl:for-each></p>
17     </xsl:template>
18   </xsl:stylesheet>
```

【例 5-7】 下面是一个对例 5-5 中 CD 价目表的 XML 文档采用 apply 模板处理的例子。第 10～17 行定义了一个模板，第 6 行 select 通过< xsl：apply-templates >标记进行模板调用。最终输出结果和例 5-6 相同。ex_5_7. xsl 文件内容如下：

```
1   <?xml version="1.0" encoding="utf-8"?>
2   <xsl:stylesheet version="1.0" xmlns:xsl="http://www.w3.org/1999/XSL/
    Transform">
3     <xsl:template match="/">
4       <html><head><title>模板的调用</title></head>
5         <body>
6           <xsl:apply-templates select="CATALOG"/>
```

```
7              </body>
8          </html>
9      </xsl:template>
10     <xsl:template match="CATALOG">
11         <p align="center" style="font-weight:bold;">
12             <xsl:for- each select="./CD">
13                 CD <xsl:value-of select="@ID"/>:
14                 <xsl:value-of select="TITLE"/>
15             </xsl:for-each>
16         </p>
17     </xsl:template>
18 </xsl:stylesheet>
```

上面的例子中,只用了一个根模板和一个自定义的模板,可根据实际情况自定义多个模板,而且可在模板中再定义模板。此过程如同函数中再调用函数,可以嵌套很多层。

5.3.3 XSL选择和测试元素

XSL选择元素的作用:用选择的方式将数据从XML文档中提取出来。这是一种在XSL中广泛应用且操作简单的获得数据的方法。XSL测试元素的过程:先对选择的对象进行测试,然后对符合条件的记录进行预定的处理。

1. XSL选择元素

选择元素有两种不同的方式,各自的语法格式描述如下。

(1) xsl:value-of。

语法:

```
<xsl:value-of select="模式"/>
```

功能:该语法的作用是从XML文档中提取指定节点的数据输出到结果树中。select属性用来指定XML文档数据节点名称。

(2) xsl:for-each。

语法:

```
<xsl:for-each select="模式"> … </xsl:for-each>
```

功能:循环处理指定节点的相同数据。通过select属性选择XML文档中的某些元素进行循环处理。

2. XSL测试元素

测试语法有以下两种方式,各自的语法格式描述如下。

(1) xsl:if。

语法:

```
<xsl:if test="测试条件">…内容…  </xsl:if>
```

功能:测试test属性给定的条件,当条件的值为True时执行相关内容,否则不执行。

对于测试条件,情况比较复杂。测试条件可以为一个关系表达式或逻辑表达式,其书写规则如下面的例子所示。

```
姓名="张三"                      //表示节点元素"姓名"的值为"张三"
成绩 &gt;=90                     //表示节点元素"成绩"的值大于或等于 90
成绩 &gt;=90 or 成绩 &lt; 60]   //表示节点元素"成绩"的值大于或等于 90 或小于 60
@性别="女"                       //表示当前节点元素的"性别"属性值为"女"时
```

(2) xsl：choose。

语法：

```
<xsl:choose>
   <xsl:when test="测试条件">…内容… </xsl:when>
   <xsl:when test="测试条件">…内容… </xsl:when>
   …
   <xsl:otherwise>  …内容… </xsl:otherwise>
</xsl:choose>
```

功能：在有多个测试条件的情况下执行满足条件(由 test 指定测试条件)的内容。当所有条件都不满足时执行< xsl：otherwise >指定的内容。

5.3.4 XSL 常用运算符

XSL 中的运算符包括选择运算符和特殊字符、逻辑运算符、关系运算符以及集合运算符，这些运算符构成的表达式可以使用在测试条件中，常用的运算符如表 5-3 所示。

表 5-3 常用的运算符

运算符	含 义	运算符	含 义
/	选择子元素，返回左侧元素的直接子元素；位于最左侧的/表示选择根节点的直接子元素	//	引用任意级别的后代元素
		.	当前元素
*	通配符，选择任意元素，不考虑名字	@	属性名的前缀
! *	在相关节点上应用指定方法	@ *	通配符，选择任意属性
() *	分组，明确指定优先顺序	[]	应用过滤样式
：	名字作用范围分隔符，将名字作用范围前缀与元素或属性名分隔开来	[] *	下标运算符，在集合中指示元素
|	集合运算符，返回两个集合的联合	or	逻辑或
>	大于。在 XSL 中，要用 > 表示	and	逻辑与
>=	大于或等于。在 XSL 中，要用 > =表示	not	逻辑非
<	小于。在 XSL 中，要用 < 表示	=	相等
<=	小于或等于。在 XSL 中，要用 < =表示	!=	不等
mod	取模	+，-，*，div	加、减、乘、除

【例 5-8】 该例针对存放简历的 XML 文档 ex_5_8. xml，在 ex_5_8. xsl 中采用了几种不同的运算符。在应用时，只需要将 ex_5_8. xsl 文档中的第 8 行进行替换。ex_5_8. xsl 中第 13 行演示了如何直接提取 birthday 的值。读者可仿照此例举一反三地练习。

(1) < xsl：for-each select=" * /resume">。

说明：此处用通配符 * 代替了 document 元素名称。对每个 resume 循环处理。

(2) < xsl：for-each select="/document/resume [grade < 60]">。

说明：[ ]表示选择条件，仅循环处理成绩小于 60 分的学生。

(3) < xsl：for-each select="//resume [@id='008']">。

说明：对简历中具有 id 属性编号为 0008 的人进行处理。

(4) < xsl：for-each select=" * /resume [cellphone]">。

说明：对简历中具有 cellphone 元素的人进行处理，也即对简历中提供了手机号码的人进行处理。

(5) <xsl:for-each select="*/resume[skill='Web开发']">。

说明:对简历中具有“Web开发”技能的所有人进行处理。

ex_5_8.xml文档内容如下:

```
<?xml version="1.0" encoding="gb2312" ?>
<?xml-stylesheet type="text/xsl" href="ex_5_8.xsl"?>
<document>
  <resume id="007">
    <name>李敏</name>
    <sex>男</sex>
    <birthday>1971-12-30</birthday>
    <skill>Web开发</skill>
    <skill>游戏编程</skill>
    <cellphone>13983911111</cellphone>
    <grade>50</grade>
  </resume>
  <resume id="008">
    <name>王甜珠</name>
    <sex>女</sex>
    <birthday>1981-01-30</birthday>
    <skill>舞蹈</skill>
    <grade>80</grade>
  </resume>
</document>
```

ex_5_8.xsl文档内容如下:

```
1   <?xml version="1.0" encoding="gb2312"?>
2   <xsl:stylesheet version="1.0" xmlns:xsl="http://www.w3.org/1999/XSL/
  Transform">
3     <xsl:template match="/">
4       <html><head><title>XML技术</title></head>
5         <body bgcolor="#00CC66">
6           <table border="1" cellspacing="0">
7             <th>姓名</th><th>性别</th>
8             <xsl:for-each select="/document/resume[grade &lt; 60]">
9               <tr><td><xsl:value-of select="name"/></td>
10                  <td><xsl:value-of select="sex"/></td>
11              </tr>
12            </xsl:for-each>
13          </table>第个人的生日是<xsl:value-of select="/*/*/birthday"/>
14        </body>
15      </html>
16    </xsl:template>
17  </xsl:stylesheet>
```

5.3.5 XSL内置函数

XSL提供了100多个内置函数,这些函数大大方便了开发者的使用,例如用current可获得当前节点,用current-date、current-time分别用来返回当前日期和时间。可参阅http://www.w3schools.com/xpath/xpath_functions.asp获取所有内置函数列表。这里主要介绍几个常用的XSLT内置函数。

1. position 函数与 last 函数

作用：分别表示确定当前和最后一个节点元素的位置。例如：

```
<xsl:if test="position()!=last()">
```

说明：判断当前节点元素是否为最后一个。

2. count 函数

作用：统计计数，返回符合条件的节点的个数。例如：

```
<p><xsl:value-of select="count(PERSON[name=tom])"/></p>
```

说明：显示 PERSON 元素中姓名属性值为 tom 的有几个。

3. number 函数

作用：将属性值中的文本转换为数值。例如：

```
<p>The number is: <xsl:value-of select="number(book/price)"/></p>
```

说明：显示书的价格。

4. substring 函数

语法：

```
substring(value,start,length)
```

作用：截取字符串。例如：

```
<p><xsl:value-of select="substring(name, 1, 3)"/></p>
```

说明：截取 name 元素的值，从第一个字母开始直到第三个。

5. string-length(string)函数

语法：

```
string-length(string)
```

作用：获取字符串的长度。例如：

```
<p><xsl:value-of select="string-length(name)"/></p>
```

说明：获取 name 元素的字符串长度值。

6. concat 和 string-join 串连接函数

语法：

```
concat(string,string,…)
```

或者

```
string-join((string,string,…),sep)
```

作用：将多个字符串连接在一起。后者在连接子串时可带分隔符号。例如：

```
concat('XPath ','is ','FUN! ')
string-join(('We', 'are', 'having', 'fun! '), ' ')   //用空格连接字符串
```

说明：前者返回 'XPath is FUN!'，后者返回 'We are having fun!'。

7. sum、max、min、avg 函数

作用：分别表示求和、求最大值、求最小值、求平均值。例如：

```
<p>Total Price=<xsl:value-of select="sum(//price)"/></p>
```

说明：计算所有价格的和。其中，//表示引用任意级别的后代元素。

视频讲解

5.4 XML DOM 编程基础

5.4.1 XML DOM 简介

XML DOM 是 W3C 提出的针对 XML 的文档对象模型,它独立于平台和语言,定义了一套标准的用于 XML 的对象和一种标准的访问与处理 XML 文档的方法。

对于 XML 应用开发来说,DOM 就是一个对象化的 XML 数据接口,一个与语言无关、与平台无关的标准接口规范。它定义了 XML 文档的逻辑结构,给出了一种访问和处理 XML 文档的方法。利用 DOM,程序开发人员可以动态地创建 XML 文档,遍历文档结构,添加、修改、删除文档内容,改变文档的显示方式,等等。可以这样说,文档代表的是数据,而 DOM 则代表了如何去处理这些数据。无论是在浏览器中还是在浏览器外,无论是在服务器还是在客户端,只要有用到 XML 的地方,都可利用 DOM 接口进行编程应用。

DOM 接口中的 XML 分析器,在对 XML 文档进行分析之后,不管这个文档有多简单或者多复杂,其中的信息都会被转换为一棵对象节点树——DOM 树,也即 DOM 将 XML 文档作为树结构来看待。在这棵节点树中,有一个 Document 根节点,所有其他的节点都是根节点的后代节点。节点树生成之后,就可以通过 XML DOM 接口访问、修改、添加、删除树中的节点和属性以及文本内容等。

DOM 将 XML 文档中的每个成分看作一个节点。例如,整个文档是一个文档节点;每个 XML 标签是一个元素节点;包含在 XML 元素中的文本是文本节点;每个 XML 属性是一个属性节点;注释属于注释节点。

【例 5-9】 DOM 把 XML 文件当作一种树形结构。每个元素、属性以及 XML 文档中的文本都可以看成树上的节点。一个节点树可以把一个 XML 文档展示为一个节点集,以及它们之间的连接。在一个节点树中,最上端的节点被称为根;每个节点,除根之外,都拥有父节点;一个节点可以有无限的子节点;叶是无子节点的节点;同级节点指拥有相同的父节点。下面的 ex_5_9.xml 文档,其 DOM 节点树如图 5-9 所示。

```
<?xml version="1.0" encoding="UTF-8"?>
<bookstore>
  <book category="COOKING">
    <title lang="en">Everyday Italian</title>
    <author>Giada De Laurentiis</author>
    <year>2005</year>
    <price>30.00</price>
  </book>
  <book category="CHILDREN">
    <title lang="en">Harry Potter</title>
    <author>J K. Rowling</author>
    <year>2005</year>
    <price>29.99</price>
  </book>
  <book category="Web">
    <title lang="en">XQuery Kick Start</title>
    <author>James McGovern</author>
    <author>Per Bothner</author>
    <author>Kurt Cagle</author>
    <author>James Linn</author>
    <author>Vaidyanathan Nagarajan</author>
```

```
      <year>2003</year>
      <price>49.99</price>
   </book>
   <book category="Web">
      <title lang="en">Learning XML</title>
      <author>Erik T. Ray</author>
      <year>2003</year>
      <price>39.95</price>
   </book>
</bookstore>
```

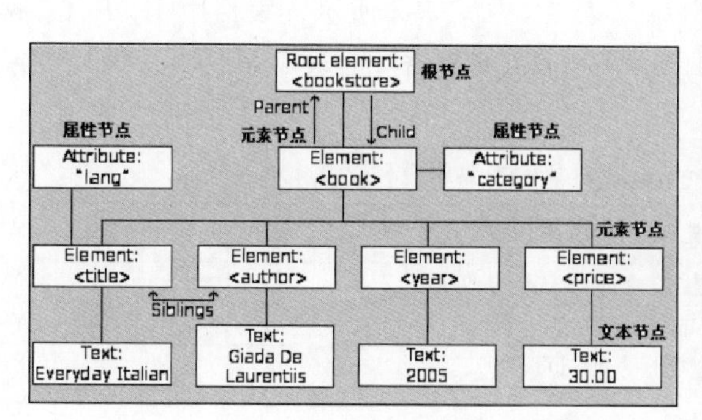

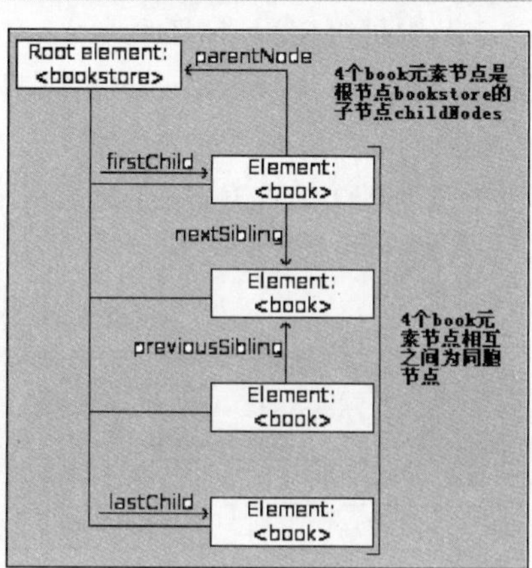

图 5-9 XML 文档的 DOM 节点树

5.4.2 XML DOM 对象

在 XML DOM 接口规范中，有四个基本的 XML DOM 对象即 Document（文档）、Node（节点）、NodeList（节点列表）和 NamedNodeMap（有名节点映射）。

1. Document 对象

Document 对象代表了整个 XML 文档，因此，它是整棵 DOM 树的根，提供了对文档中的数据进行访问和操作的入口。通过 Document 节点，可以访问到文档中的其他节点，如处理指令、注释、文档类型以及 XML 文档的根元素节点等。

创建 Document 对象的语法格式为：

JavaScript/JScript：

```
//MSXML 2.0 版本,支持 DTD 的处理
var doc=new ActiveXObject("Microsoft.XMLDOM")
//MSXML 3.0 版本, 支持 DTD、XSD 的处理
var doc=new ActiveXObject("Msxml2.DOMDocument.3.0")
```

VBScript：

```
Dim docSet doc=CreateObject("Microsoft.XMLDOM")
```

VB：在 VB 中通过[工程]|[引用]选择 Microsoft XML 6.0(msxml6.dll)

```
Dim doc As New MSXML2.DOMDocument60   '采用 XML 接口 6.0 版本
xmlDoc.async=False
xmlDoc.Load App.Path & "\books.xml"   '将 XML 文档加载到 DOC 对象中
If(xmlDoc.parseError.errorCode <>0) Then
  MsgBox("You have error " & xmlDoc.parseError.reason)
Else
```

```
  MsgBox doc.childNodes(0).nodeName      '显示文档中第一个节点的名称
End If
Set doc=Nothing
```

C#：

```
using System.Xml;
...
XmlDocument doc=new XmlDocument();
```

由此可见，可以在各种应用程序中使用DOM接口，无论是客户端还是服务器端。在ASP.NET中可以使用XMLDocument类实现对Document节点的各种操作。在这里仅讨论通过JavaScript进行XML DOM编程。

Document对象的主要属性和方法分别如表5-4和表5-5所示。表格中IE、F、O、W3C分别代表浏览器Internet Explorer、Firefox、Opera和W3C标准，表示是否支持该属性或方法、从什么版本开始支持。

表5-4　Document对象的主要属性

属　性	描　述	IE	F	O	W3C
async	可规定XML文件的下载是否应当被同步处理	5	1.5	9	No
childNodes	返回属于文档的子节点的节点列表	5	1	9	Yes
doctype	返回与文档相关的文档类型声明(DTD)	6	1	9	Yes
documentElement	返回文档的根节点	5	1	9	Yes
documentURI	设置或返回文档的位置	No	1	9	Yes
firstChild	返回文档的首个子节点	5	1	9	Yes
lastChild	返回文档的最后一个子节点	5	1	9	Yes
nodeName	依据节点的类型返回其名称	5	1	9	Yes
nodeType	返回某个节点的节点类型	5	1	9	Yes
nodeValue	根据节点的类型来设置或返回某个节点的值	5	1	9	Yes
text	返回某个节点及其后代的文本(仅用于IE)	5	No	No	No
xml	返回某个节点及其后代的XML文档内容(仅用于IE)	5	No	No	No

表5-5　Document对象的主要方法

方　法	描　述	IE	F	O	W3C
createAttribute(name)	创建一个拥有指定名称的属性节点，并返回新的Attr对象	6	1	9	Yes
createCDATA-Section	创建一个CDATA区段节点	5	1	9	Yes
createComment	创建一个注释节点	6	1	9	Yes
createElement	创建一个元素节点	5	1	9	Yes
createElementNS	创建一个带有指定名称空间的元素节点	No	1	9	Yes
createTextNode	创建一个文本节点	5	1	9	Yes
getElementById(id)	返回带有给定id属性值的元素。如果不存在，则返回null	5	1	9	Yes
getElementsBy-TagName	返回一个带有指定名称的所有元素的节点列表	5	1	9	Yes
renameNode	重命名一个元素或者属性节点			No	Yes
load(文件名)	加载一个XML文档				
Loadxml("XML文档内容")	将存储在字符串中的XML文档内容加载为Document对象				
save(文件名)	保存到一个XML文档				

2. Node 对象

Node 对象在整个 DOM 树中具有举足轻重的地位。在 DOM 树中，Node 对象代表了树中的一个节点，如图 5-10 所示。

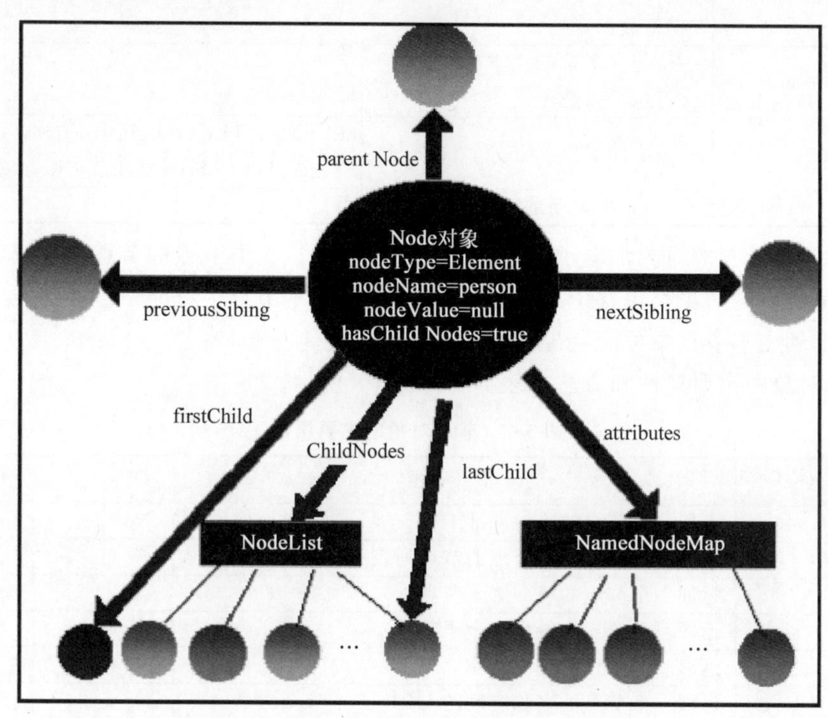

图 5-10　典型的 Node 对象及其相互关系

XML 文档中的每个成分都是一个 Node 对象。从 Node 对象继承过来的对象有 Document、Element、Attribute、Text、Comment 等，这些从 Node 对象继承过来的子对象类型如表 5-6 所示。

表 5-6　节点对象的类型

节点对象类型	描　述	子 对 象
Document	代表整个文件对象（DOM 树根节点）	Element（至多 1 个），ProcessingInstruction，Comment，DocumentType
DocumentFragment	轻型文件对象（允许嵌入另一部分文档）	Element，ProcessingInstruction，Comment，Text，CDATASection，EntityReference
DocumentType	为文档定义的实体列表对象	无
EntityReference	一个实体参数对象	Element，ProcessingInstruction，Comment，Text，CDATASection，EntityReference
Element	代表元素节点对象	Element，Text，Comment，Processing-Instruction，CDATASection，EntityReference
Attr	代表一个属性对象（属性与其他节点类型不同，它们没有父节点）	Text，EntityReference
ProcessingInstruction	处理指令对象	无
Comment	代表注释对象	无

续表

节点对象类型	描　述	子　对　象
Text	元素中的或属性中的文本内容(字符数据)	无
CDATASection	一块包含字符的文本区,这里的字符也可以是标记	无
Entity	代表实体对象	Element, ProcessingInstruction, Comment, Text,CDATASection,EntityReference
Notation	在 DTD 中声明的符号对象	无

注意,尽管所有的对象都继承了用于处理子类节点或父类节点的节点属性或节点对象,但是并不是所有的对象都包含子类或是父类。例如,文本节点中可能不包含子类,所以将子类节点添加到文本节点中可能会导致一个 DOM 错误。

Node 对象的主要属性和方法如表 5-7 和表 5-8 所示。

表 5-7　节点对象的主要属性

属　性	描　述	IE	F	O	W3C
baseURI	返回一个节点的绝对基准 URI	No	1	No	Yes
childNodes	返回一个节点的子节点的节点列表	5	1	9	Yes
firstChild	返回一个节点的第一个子节点	5	1	9	Yes
lastChild	返回一个节点的最后一个子节点	5	1	9	Yes
localName	返回一个节点的本地名称	No	1	9	Yes
namespaceURI	返回一个节点的名称空间的 URI	No	1	9	Yes
nextSibling	返回下一个同胞节点	5	1	9	Yes
nodeName	返回指定节点类型的节点名称	5	1	9	Yes
nodeType	返回节点类型	5	1	9	Yes
nodeValue	设置或返回指定节点类型的节点值	5	1	9	Yes
ownerDocument	返回节点的根元素(文档对象)	5	1	9	Yes
parentNode	返回一个节点的父节点	5	1	9	Yes
prefix	设置或返回一个节点的名称空间前缀	No	1	9	Yes
previousSibling	返回上一个同胞节点	5	1	9	Yes
textContent	设置或返回当前节点及其子节点的文本内容	No	1	No	Yes
text	返回当前节点及其子节点的文本。仅 IE 支持	5	No	No	No
xml	返回当前节点及其子节点的 XML 文档内容。仅 IE 支持	5	No	No	

表 5-8　节点对象的主要方法

方　法	描　述	IE	F	O	W3C
appendChild	将一个新的子节点添加到一个节点中的子类节点列表末尾	5	1	9	Yes
cloneNode	克隆一个节点	5	1	9	Yes
compareDocumentPosition	比较两个节点的文档位置	No	1	No	Yes
hasAttributes	如果节点包含属性,则返回 true,否则返回 false	5	1	9	Yes
hasChildNodes	如果一个节点包含子节点则返回 true,否则返回 false	5	1	9	Yes

续表

方　法	描　述	IE	F	O	W3C
insertBefore	在当前子节点之前插入一个新的子节点	5	1	9	Yes
isEqualNode	检验两个节点是否相等	No	No	No	Yes
isSameNode	检验两个节点是否相同	No	1	No	Yes
removeChild	删除一个子节点	5	1	9	Yes
replaceChild	替换一个子节点	5	1	9	Yes

下面列出了从 Node 对象继承过来的对象的相关属性和方法。

(1) Element 对象。

Element 对象表示一个 XML 文档中的某个元素。元素可包含属性和文本。假如某个元素含有文本，则此文本由一个文本节点来代表。文本永远被存储于文本节点中。例如，在 <year>2005</year>中，其中 year 为一个元素节点，此节点之下存在一个文本节点，其中含有文本 2005。由于元素对象也是一种 Node，因此它继承了 Node 对象的属性和方法。表 5-9 列出了 Element 对象除了继承 Node 对象的属性和方法外新增的属性和方法。

表 5-9　Element 对象的部分属性和方法

属　性	描　述	IE	F	O	W3C
attributes	可返回元素的属性的一个 NAMEDNODEMAP	5	1	9	Yes
SCHEMATYPEINFO	可返回与元素相关联的类型信息			No	Yes
TAGNAME	可返回元素的名称	5	1	9	Yes
方　法	**描　述**	**IE**	**F**	**O**	**W3C**
GETATTRIBUTE	返回某个属性的值	5	1	9	Yes
GETATTRIBUTENS	通过名称空间返回某个属性的值	No	1	9	Yes
GETATTRIBUTENODE	以一个 Attribute 对象返回一个属性节点	5	1	9	Yes
GETATTRIBUTENODENS	通过名称空间返回一个属性节点对象	No		9	Yes
GETELEMENTSBYTAGNAME	返回匹配元素节点以及它们的子节点的 NodeList	5	1	9	Yes
GETELEMENTSBYTAGNAMENS	通过名称空间返回匹配元素节点以及它们的子节点的 NodeList	No	1	9	Yes
HASATTRIBUTE	返回某元素是否拥有匹配某个指定名称的属性	5	1	9	Yes
HASATTRIBUTENS	返回某元素是否拥有匹配某个指定名称和名称空间的属性	No	1	9	Yes
HASCHILDNODES	返回元素是否拥有任何子节点	5	1	9	Yes
REMOVEATTRIBUTE	删除某个指定的属性	5	1	9	Yes
REMOVEATTRIBUTENS	删除某个指定的带有某个名称空间的属性	No	1	9	Yes
REMOVEATTRIBUTENODE	删除某个指定的属性节点	5	1	9	Yes
SETUSERDATA(KEY,DATA,HANDLER)	把某个对象关联到元素上的某个键			No	Yes
SETATTRIBUTE	添加一个新属性	5	1	9	Yes
SETATTRIBUTENS	通过名称空间添加一个新属性		1	9	Yes
SETATTRIBUTENODE	添加一个新的属性节点	5	1	9	Yes

(2) Attr 对象。

Attr 对象表示某个 Element 对象的一个属性。属性的容许值通常被定义在某个 DTD 中。

由于 Attr 对象也是一种节点，因此它可继承 Node 对象的属性和方法。不过属性无法拥有父节点，同时属性也不被认为是元素的子节点，对于许多 Node 对象的属性来说都将返回 null。表 5-10 列出了 Attr 对象除了继承 Node 对象的属性外新增的属性。

表 5-10　Attr 对象的部分属性

属　性	描　述	IE	F	O	W3C
name	返回属性的名称	5	1	9	Yes
specified	如果属性值被设置在文档中，则返回 true；如果其默认值被设置在某个 DTD/Schema 中，则返回 false	5	1	9	Yes
value	设置或返回属性的值	5	1	9	Yes

(3) Text 对象。

Text 对象表示元素或属性的文本内容。Text 对象的部分属性和方法如表 5-11 所示。

表 5-11　Text 对象的部分属性和方法

属　性		描　述	IE	F	O	W3C
属性	data	设置或返回元素或属性的文本	6	1	9	Yes
	isElementContentWhitespace	如果文本节点包含空白字符内容，则返回 true，否则返回 false	No	No	No	Yes
	length	返回元素或属性的文本长度	6	1	9	Yes
	wholeText	以文档中的顺序从此节点返回相邻文本节点的所有文本	No	No	No	Yes
方法	appendData	向节点追加数据	6	1	9	Yes
	deleteData	从节点删除数据	6	1	9	Yes
	insertData	向节点中插入数据	6	1	9	Yes
	replaceData	替换节点中的数据	6	1	9	Yes
	replaceWholeText(text)	使用指定的文本来替换此节点以及所有相邻的文本节点	No	No	No	Yes
	splitText	在指定的偏移处将此节点拆分为两个节点，同时返回包含偏移处之后的文本的新节点	6	1	9	Yes
	substringData	从节点提取数据	6	1	9	Yes

(4) CDATASection 对象和 Comment 对象。

CDATASection 对象表示某个文档中的 CDATA 区段。CDATA 区段包含了不会被解析器解析的文本。一个 CDATA 区段中的标签不会被视为标记，同时实体也不会被展开。其主要目的是包含诸如 XML 片段之类的材料，而无须转义所有的分隔符。在一个 CDATA 中唯一被识别的分隔符是]]>，它可标识 CDATA 区段的结束。CDATA 区段不能进行嵌套。Comment 对象表示文档中注释节点的内容。CDATASection 对象和 Comment 对象的属性和方法相同，如表 5-12 所示。

表 5-12　CDATASection 对象的部分属性和方法

属性		描述	IE	F	O	W3C
属性	data	设置或返回此节点的文本	6	1	No	Yes
	length	返回 CDATA 区段的长度/可返回此节点的文本的长度	6	1	No	Yes
方法	appendData	向节点追加数据	6	1	No	Yes
	deleteData	从节点删除数据	6	1	No	Yes
	insertData	向节点中插入数据	6	1	No	Yes
	replaceData	替换节点中的数据	6	1	No	Yes
	splitText	把 CDATA 分拆为两个节点	6	1	No	
	substringData	从节点提取数据	6	1	No	Yes

(5) DocumentType 文档类型对象。

每个文档都包含一个 DOCTYPE 属性，该属性值可以是一个空值或是一个文档类型 DocumentType 对象。DocumentType 对象提供了一个用于定义 XML 文档的实体对象。DocumentType 对象属性如表 5-13 所示。

表 5-13　DocumentType 对象的属性

属性	描述	IE	F	O	W3C
entities	返回一个包含 DTD 声明实体的 NamedNodeMap（指定节点映射）	6	No	9	Yes
internalSubset	以字符串的形式返回内部 DTD	No	No	No	Yes
name	返回 DTD 名称	6	1	9	Yes
notations	返回一个包含 DTD 声明符号的 NamedNodeMap（指定节点映射）	6	No	9	Yes
systemId	返回用于确认外部 DTD 的系统	No	1	9	Yes

(6) parseError 对象。

微软的 parseError 对象可被用来从微软的 XML 解析器中取回错误信息。在试图打开一个 XML 文档时，就可能发生一个解析器错误（parser-error）。通过 parseError 对象可取回错误代码、引起错误的行为等。parseError 对象不属于 W3C DOM 标准，其属性如表 5-14 所示。

表 5-14　parseError 对象的属性

属性	描述
errorCode	返回一个长整数（LONG INTEGER）形错误代码
reason	返回包含错误原因的字符串
line	返回一个指明错误行数的长整数（LONG INTEGER）
linepos	返回一个指明错误位于哪个行位置的一个长整数（LONG INTEGER）
srcText	返回错误所在行的一个字符串
uri	返回指向已加载文件的 URI
filepos	返回指明错误所在文件中的位置的一个长整数（LONG INTEGER）

ProcessingInstruction、DocumentImplementation 以及其他对象由于不常用，此处略。

3. NodeList 对象

NodeList 对象是一个节点的集合，它包含了某个节点中的所有子节点对象，可用于表示有顺序关系的一组节点(例如某个节点的子节点序列)。可用 GetNodeByName 方法返回节点的值。可通过节点列表中的节点索引号来访问列表中的节点(索引号由 0 开始)。节点列表可保持其自身的更新。如果节点列表或 XML 文档中的某个元素被删除或添加,则列表也会被自动更新。在一个节点列表中,节点被返回的顺序与它们在 XML 被规定的顺序相同。NodeList 对象的属性 length 可返回某个节点列表中的节点数目,NodeList 对象的方法 item 可返回节点列表中处于某个指定的索引号的节点。

4. NamedNodeMap 对象

NamedNodeMap 对象也是一个节点的集合,利用该对象可建立节点名和节点之间的一一映射关系,从而利用节点名可以直接访问特定的节点。

NamedNodeMap 对象类似于 NodeList 对象,主要区别是:NamedNodeMap 通过名称来描述节点,而不是通过序数索引。另一个显著区别正如图 5-10 所示,NamedNodeList 只应用于属性。NamedNodeList 也只有一个返回节点数量的 length 属性,而方法如表 5-15 所示。

表 5-15 NamedNodeMap 对象的方法

方　法	描　述	IE	F	O	W3C
getNamedItem	可返回指定的节点(通过名称)	5	1	9	Yes
getNamedItemNS	可返回指定的节点(通过名称和名称空间)			9	Yes
item	可返回处于指定索引号的节点	5	1	9	Yes
removeNamedItem	可删除指定的节点(根据名称)	6	1	9	Yes
removeNamedItemNS	可删除指定的节点(根据名称和名称空间)			9	Yes
setNamedItem	设置指定的节点(根据名称)			9	Yes
setNamedItemNS	设置指定的节点(通过名称和名称空间)			9	Yes

5.4.3 XML DOM 实例

XML DOM 所包含的内容很多,有兴趣的读者可参阅 http://www.w3school.com.cn/xmldom/index.asp 和 http://msdn.microsoft.com/library/chs/default.asp?url=/library/CHS/cpguide/html/cpconXMLDocumentObjectModelDOM.asp 获取详细资料。为引导读者迅速入门,下面通过具体的带有详细注解的例子来说明怎样使用 XML DOM 进行对 XML 文档的操作。

【例 5-10】 建立一个 JavaScript 文件 ex_5_10.js 用于创建 Document 对象。内容如下:

```
function loadXMLDoc(dname) {        //创建 XML DOM Document 对象 xmlDoc
var xmlDoc;
if(window.ActiveXObject)            // 针对 IE 浏览器
   xmlDoc=new ActiveXObject("Microsoft.XMLDOM");
//针对 Mozilla, Firefox, Opera 等浏览器
else if(document.implementation && document.implementation.createDocument)
     xmlDoc=document.implementation.createDocument("","",null);
else
     alert('Your browser cannot handle this script');
xmlDoc.async=false;
xmlDoc.load(dname);                 //加载 XML 文档到 Document 对象
```

```
If (xmlDoc. parseError. errorCode < > 0) alert (( " You have error:" & xmlDoc.
parseError.reason))
return(xmlDoc);
}
```

针对例 5-9 中的 ex_5_9. xml 文档,下列代码用 XML DOM 实现了对它的各种操作,可仔细阅读并理解其代码含义。

```
<html><head>
<script type="text/javascript" src="loadxmldoc.js"></script>
</head><body>
<script type="text/javascript">
//确认最后一个子节点为元素节点
function get_lastchild(n){
var x=n.lastChild;
  while (x.nodeType!=1){
    x=x.previousSibling;  }
return x;
}
 xmlDoc=loadXMLDoc("books.xml");                    //装入 books.xml 文档内容到内存
 var root=xmlDoc.documentElement;                   //选择 XML 文档根节点

 document.write("<h2>根节点:" +root.nodeName+"</h2>");

//1.返回第二个 book 元素节点中的 price 的文本值
var bookNode=root.childNodes[1];                    //得到根节点下的第二个 book 元素节点
var priceNode=bookNode.childNodes[3];               //得到 book 节点下的 price 子节点,处
                                                    //于第 4 个位置。从 0 开始计数
var textNode=priceNode.childNodes[0];               //得到 price 元素的文本节点
var textValue=textNode.nodeValue;                   //得到 price 元素的文本节点值
document.write(textValue+"<br/>") ;                 //输出文本节点值

//2.如何遍历 XML 文档
var x=xmlDoc.getElementsByTagName('book');          //返回所有 book 元素的节点集合
for(i=0;i<x.length;i++)  {                          //对每一个 book 元素循环
  var bookChildNodeList=x[i].childNodes;
        document.write("第"+i+"个 book 节点下包含的元素:");
      for(j=0;j<bookChildNodeList.length;j++) {   //对 book 节点下的各子元素循环
         var elNode=bookChildNodeList.item(j);
        var textNode=elNode.childNodes[0];    //得到 title 元素的文本节点
        var textValue=textNode.nodeValue;     //得到 title 元素的文本节点值
        document.write(elNode.nodeName +":"+textValue+" ; ");
      }
      document.write("<br/>");
}

//3.获取 XML 文档中的所有书名
var x=xmlDoc.getElementsByTagName('title'); //得到所有 title 元素对象
for (i=0;i<x.length;i++)  {
  document.write(x[i].childNodes[0].nodeValue +"<br/>")  //对每个 title 输出内容
  }

//4.获取 book 节点的属性 category 的值的第一种方法
var x=xmlDoc.getElementsByTagName('book');
for(i=0;i<x.length;i++)  {
  document.write(x[i].getAttribute('category')+ "<br/>"); }
```

```
//5.获取 book 节点的属性 category 的值的第二种方法
var x=xmlDoc.getElementsByTagName('book');
for(i=0;i<x.length;i++)  {
  var att=x.item(i).attributes.getNamedItem("category");
  document.write(att.value +"<br />")
  }

//6.为 book 节点设置一个新的属性 edition 和属性值
var x=xmlDoc.getElementsByTagName('book');
for(i=0;i<x.length;i++)  {
  x.item(i).setAttribute("edition","FIRST");
  }
var x=xmlDoc.getElementsByTagName("title");
for(i=0;i<x.length;i++)  {
  //输出 book 中所有 title 和 edition 值
  document.write(x[i].childNodes[0].nodeValue);
  document.write(" - Edition:"+x[i].parentNode.getAttribute('edition')+"<br
  />");
  }

//7.修改 book 节点中 category 属性的值,即设置成新值,然后删除属性值
var x=xmlDoc.getElementsByTagName('book');
for(i=0;i<x.length;i++)  {
  x.item(i).setAttribute("category","BESTSELLER");
  }
for(i=0;i<x.length;i++)  {
  document.write(x[i].getAttribute('category')+"<br/>"); //输出所有属性值
  }
for(i=0;i<x.length;i++)  {
  y=x.item(i);
  y.removeAttribute('category');
  }
for(i=0;i<x.length;i++)  {
  document.write(x[i].getAttribute('category')+"<br/>");
  //输出所有 category 属性值为 null
  }

//8.删除末尾的<book>元素
document.write("book 节点的数量为:"+xmlDoc.getElementsByTagName('book').
length +"<br />");

var lastNode=get_lastchild(root);
var delNode=root.removeChild(lastNode);
document.write("执行 removeChild 后的 book 节点数量:");
document.write(xmlDoc.getElementsByTagName('book').length);

//9.编辑文本节点内容
//得到 title 元素的文本节点
var x=xmlDoc.getElementsByTagName("title")[0].childNodes[0];
document.write("<br/>"+x.nodeValue);
//从文本节点中删除从 0 开始的 9 个字符  Everyday Italian==〉Italian
x.deleteData(0,9);
//在文本节点中 0 位置开始添加字符 Italian==〉Easy Italian
x.insertData(0,"Easy ");
//替换文本内容中从 0 开始的 8 个字符为 Lovable Easy
x.replaceData(0,8,"Lovable Easy");
```

```
document.write("==>"+x.nodeValue +"<br/>");  //==〉Lovable Easy Italian

//10.在节点列表的末端添加一个节点(生成 book 的一个子节点)
var x=xmlDoc.getElementsByTagName('book');
var newel,newtext
for(i=0;i<x.length;i++)  {
  newel=xmlDoc.createElement('edition');
  newtext=xmlDoc.createTextNode('First');
  newel.appendChild(newtext);
  x[i].appendChild(newel);
  }
 document.write(root.xml+"<br/>");

//11.在指定的现存节点前添加一个新的子元素。增加一个 book 节点
var newNode=xmlDoc.createElement("book");            //新建元素节点 book
var newTitle=xmlDoc.createElement("title");          //新建元素节点 title
var newText=xmlDoc.createTextNode("A Notebook");     //新建文本节点
newTitle.appendChild(newText);                       //形成 title 元素的文本节点
newNode.appendChild(newTitle);                       //形成 book 节点的子节点
root.insertBefore(newNode,get_lastchild(root));      //放到 DOM 树末节点之前
document.write(root.xml+"<br/>");

//12.替换节点列表中的一个节点
root.replaceChild(newNode,get_lastchild(root));
</script>
</body></html>
```

5.5 XML 与数据库

视频讲解

5.5.1 SQL Server 对 XML 的支持

1. SQL Server 2000 对 XML 的支持

(1) 使用 SELECT 语句中的 FOR XML 子句提取 XML 数据。

例如：

```
SELECT * FROM Northwind.dbo.customers  FOR XML AUTO
```

在一个 SELECT 语句中运用 FOR XML 子句，它有三种模式可以以不同的格式来返回 XML：RAW、AUTO 和 EXPLICIT。RAW 模式将结果中的每个记录作为一个普通的行元素来返回，它被包含在一个标签中，并将每个列的值作为一个属性。AUTO 模式将每个记录作为行元素返回，根据源表或视图名称对它的元素进行命名。如果查询从一个表返回多个列，那么每个列的值就会被作为表元素的属性返回。但如果 SELECT 语句执行了合并操作，那么 AUTO 模式就代表的是子行，它们作为元素嵌套在父行下。EXPLICIT 模式有几个参数，可以通过这些参数来定义返回的 XML 的样式。可以为每个元素定义标签，明确确定数据是如何嵌套的。FOR XML 语句使我们不必再返回一个行记录集，再在客户端或中间层将它转换为 XML 了。

(2) 简单的 HTTP URL 请求。

例如，实现此功能需要在“开始”|“程序”|Microsoft SQL Server|“在 IIS 中配置 SQLXML”所打开的“用于 SQL Server 的 IIS 虚拟目录管理”对话框中进行配置。

要通过 HTTP 访问一个 SQL Server 数据库，首先在上述对话框中设置一个虚拟目录，这个虚拟目录在 HTTP 和一个特定的数据库之间提供了一个链接。在对话框的虚拟目录设置中指定虚拟目录的名称、物理路径、服务器名称、数据库名称和注册信息。一旦创建了一个虚拟目录，就可通过一个 URL 将查询发送到数据库了。假如设置了一个叫作 Northwind 的虚拟目录，并在浏览器中输入了查询“http://localhost/Northwind? sql=SELECT * FROM+Shippers+FOR+XML+AUTO+&root=Shippers”，它就会返回相应的 XML 数据。与运用 ADO 或其他任何技术相比，HTTP 查询会让我们更容易地访问网站或 Web 应用程序的数据。对于一个简单的查询语句来说，HTTP 查询会很好，但对于一个更复杂的查询来说，这种格式就会变得难以理解并很难管理了。此外，这种方法也不安全，因为查询源代码是暴露给用户的。另一种可选方法是在 HTTP 上调用一个模板查询。一个模板查询就是一个包含 SQL 查询的 XML 文件。模板作为文件保存在服务器上。因此，如果你在一个叫作 GetShippers. xml 的模板中封装了 Shippers SELECT 查询，那么 URL 查询的形式就会是 http://localhost/Northwind/templates/GetShippers. xml。模板也可以带有参数，当模板调用一个存储过程时，该功能会很有用。在 URL 查询和模板查询中，如果想从查询返回一个 HTML 页面，可以指定一个 XSLT 样式表，将它用于 XML。模板查询是读取数据的一个更安全的方法，它可以被缓存以得到更好的性能。

(3) OPENXML。

OPENXML 函数可以让你像操作一个表那样来运用 XML 数据，可以将它们转换为内存中的一个行记录集。要运用 OPENXML，首先要调用 sp_xml_ preparedocument 存储过程，实际上，它将 XML 解析成一个数据树，并将那个数据的句柄传递到 OPENXML 函数，然后就可操作那个数据了。可以进行查询、将它插入表中等操作。OPENXML 函数带三个参数：用于 XML 文档内部显示的句柄、一个 rowpattern 参数和一个 flags 参数。rowpattern 参数指定了应该返回原始的 XML 文档中的哪些节点；flags 参数指定了以属性为中心的映射(结果集中列名符合属性名)或以元素为中心的映射(结果集中列名符合元素名)。在处理完 XML 数据后，可以调用 sp_xml_removedocument 将 XML 数据从内存中删除。

(4) 通过 SQLXML 得到更多的支持(需要安装 XML for SQL Server 2000 Web Release1 方可使用)。

通过发布 SQLXML，微软在 SQL Server 中提供了更多的 XML 支持。SQLXML 包含有 updategram 和 XML BulkLoad 功能。可以在线下载最新版本的 SQLXML。可以通过基于 XML 的模板，运用 updategram 来插入、更新或删除表中的数据。updategram 提供了一个方法，使我们可以直接从 XML 更新 SQL Server 数据，这样就不用从 XML 文档得到数据，然后用一个记录集或调用一个存储过程来处理了。updategram 只是可以简单地插入、更新或删除数据，如果需要查看一个值是否存在或在更新前查看一些商业规则，那么就应该用 OPENXML。

虽然可用 OPENXML 函数和 updategram 来插入数据，但对于加载大量的 XML 数据来说，这两种方法都不实用。可用 XML BulkLoad 将大量的 XML 数据插入 SQL Server 表中。实际上可用 SQLXML BulkLoad 组件来加载数据，可从一个客户端应用程序来调用这个组件。在 BulkLoad 组件中，可以指定是否执行数据表检查约束(check constraint)，当插入数据时是否应该锁定数据表,等等。

默认情况下,SQLXML BulkLoad 不进行事务处理,但可指定所有加载的数据都是在一个单独的事务处理过程中,这样就可实现要么提交成功,要么回滚。如果用了事务处理,所有的数据在插入前都会被写进一个临时的文件。这就意味着需要足够的磁盘空间来保存临时文件,而且加载数据可能会很慢。但 XML BulkLoad 提供了一个很好的方法,使用户可以将大量的数据写到 SQL Server 中;否则用户必须提取数据,然后用另外的方法将它加载到数据库中。

根据具体实现情况,可以在 Web 应用程序中通过 HTTP 和 XSLT 的 XML 查询来替代标准的 ASP/ADO 数据访问,从而得到 HTML 输出结果,这种方法可以极大地提高性能。

2. SQL Server 2005 对 XML 的支持

在 SQL Server 2005 中,FOR XML 功能新增了根元素和元素名称的新选项,使用 FOR XML 调用以便可以建立拥有复杂层次关系的能力的、使得你可以定义 Xpath 语法来提取 XML 结构的 Path 模式。例如:

```
SELECT ProductID AS '@ProductID',
ProductName AS 'ProductName'
FROM Products
FOR XML PATH('Product'), ROOT('Products')
```

返回结果为:

```
<Products>
    <Product ProductID="1">
        <ProductName>Widget</ProductName>
        </Product>
        <Product ProductID="2">
            <ProductName>Sprocket</ProductName>
  </Product>
</Products>
```

除了增强了 SQL Server 2000 中现有的 XML 功能,SQL Server 2005 还添加了一种新的本地 xml 数据类型,此数据类型能够用于为 XML 数据创建变量和列,例如:

```
CREATE TABLE SalesOrders
 (OrderID integer PRIMARY KEY,
  OrderDate datetime,
  CustomerID integer,
 OrderNotes xml)
```

可以使用 xml 数据类型存储数据库中的标记文档或半结构化数据。列和变量可以用于非类型 XML 和类型 XML,其中,后者是由 XML 架构定义(XSD)架构验证的。开发人员可以使用 CREATE XML SCHEMA COLLECTION 语句为数据验证定义架构,例如:

```
CREATE XML SCHEMA COLLECTION ProductSchema AS
'<?xml version="1.0" encoding="UTF-16"?>
<xs:schema xmlns:xs="http://www.w3.org/2001/XMLSchema">
  <!-- schema declarations go here -->
</xs:schema>
```

创建架构集合后,可以通过引用该架构集合并使用其包含的架构声明关联 XML 变量或列。例如:

```
CREATE TABLE SalesOrders
(OrderID integer PRIMARY KEY,
OrderDate datetime,
CustomerID integer,
OrderNotes xml(ProductSchema))
```

在插入或更新值时,相关架构集合中的声明将验证类型 XML,出于符合或兼容性原因,有可能强制实施 XML 数据结构的业务规则。

xml 数据类型也提供了一些方法,这些方法可以用于在实例中查询和操纵 XML 数据。例如,可以在 xml 数据类型的实例中使用 query 方法查询 XML,如下面的示例所示:

```
declare @x xml
set @x=
'<Invoices>
<Invoice>
  <Customer>Kim Abercrombie</Customer>
  <Items>
   <Item ProductID="2" Price="1.99" Quantity="1" />
   <Item ProductID="3" Price="2.99" Quantity="2" />
   <Item ProductID="5" Price="1.99" Quantity="1" />
  </Items>
</Invoice>
<Invoice>
  <Customer>Margaret Smith</Customer>
  <Items>
   <Item ProductID="2" Price="1.99" Quantity="1"/>
  </Items>
</Invoice>
</Invoices>'
SELECT @x.query(
'<CustomerList>
{
for $invoice in /Invoices/Invoice
return $invoice/Customer
}
</CustomerList>')
```

这个例子中的查询使用了用于在文档中查找每个 Invoice 元素的 XQuery 表达式,并且从每个 Invoice 元素返回包含 Customer 元素的 XML 文档,其返回结果如下所示:

```
<CustomerList>
  <Customer>Kim Abercrombie</Customer>
  <Customer>Margaret Smith</Customer>
</CustomerList>
```

另一个在 SQL Server 2005 中引入的与 XML 相关的显著功能是支持 XML 索引。为了增强 XML 的查询功能,可以为类型 xml 列创建主 XML 索引和辅助 XML 索引。主 XML 索引是 XML 实例中所有节点的细化表示,查询处理器可以使用它快速查找 XML 值中的节点。创建主 XML 索引后,可以创建辅助 XML 索引改善特定查询类型的性能。下面的例子就是创建主 XML 索引和类型 PATH 的辅助 XML 索引,这可以改善使用 XPath 表达式识别 XML 实例中节点的查询性能。

```
CREATE PRIMARY XML INDEX idx_xml_Notes
ON SalesOrders (OrderNotes)

CREATE XML INDEX idx_xml_Path_Notes
ON SalesOrders (OrderNotes)
USING XML INDEX idx_xml_Notes
FOR PATH
```

3. SQL Server 2008 对 XML 的支持

SQL Server 2008 中与 XML 相关的主要增强功能包括以下几方面。

(1) XML 架构验证增强功能。

可以通过强制实施与一个或几个 XSD 架构符合的方法验证 XML 数据。架构为特定 XML 数据结构定义许可的 XML 元素和属性,并通常用于确保包括所有所需数据元素的 XML 文档使用正确的结构。

SQL Server 2005 通过使用 XML 架构集合引入了 XML 数据验证。一般的方法是通过使用 CREATE XML SCHEMA COLLECTION 语句创建一个包含 XML 数据架构规则的架构集合,然后在定义 xml 列或变量时,引用架构集合的名称,这些 xml 列或变量必须符合架构集合中的架构规则。这样,SQL Server 就会验证在架构集合的列或变量中插入或更新的、违反架构声明的任何数据。

SQL Server 2005 中的 XML 架构支持实现完整的 XML 规范的大子集,并且包含了大多数通用的 XML 验证场景。SQL Server 2008 扩展了该支持,使其包括以下已经由用户标识的附加架构验证要求:支持 lax 验证,即完全支持 dateTime、time 和 date 验证,包括时区信息保护;改进了对 union 和 list 类型的支持。

XML 架构通过 any、anyAttribute 和 anyType 声明支持 XML 文档中的通配符部分。

```
<xs:complexType name="Order" mixed="true">
  <xs:sequence>
<xs:element name="CustomerName"/>
  <xs:element name="OrderTotal"/>
     <xs: any namespace = "##other" processContents = " skip " minOccurs = " 0 "
maxOccurs="unbounded"/>
</xs:sequence>
</xs:complexType>
```

此架构声明定义了一个命名为 Order 的 XML 元素,该元素必须包括命名为 CustomerName 和 OrderTotal 的子元素。此外,该元素还可以包含不限数量的其他元素,但这些元素应与 Order 类型属于不同的命名空间。下面的 XML 显示了一个包含使用此架构声明定义的 Order 元素实例的 XML 文档。注意,Order 中还包含一个没有在架构中显式定义的 shp: Delivery 元素。

```
<Invoice xmlns=http://adventure-works.com/order
xmlns:shp="http://adventure-works.com/shipping">
  <Order>
    <CustomerName>Graeme Malcolm</CustomerName>
<OrderTotal>299.99</OrderTotal>
  <shp:Delivery>Express</shp:Delivery>
</Order>
</Invoice>
```

验证通配符部分依赖于架构定义中通配符部分的 processContents 属性。在 SQL Server 2005 中,架构可以对 any 和 anyAttribute 声明使用 skip 和 strict 的 processContents

值。在前面的例子中,通配符元素的 processContents 属性已经设置为 skip,因此没有尝试验证元素的内容。尽管架构集合包括对 shp: Delivery 元素的声明(例如,定义一个有效传递方法列表),但该元素仍然是未验证的,除非在 Order 元素的通配符声明中将 processContents 属性设置为 strict。

SQL Server 2008 添加了对第三个验证选项的支持。通过将通配符部分的 processContents 属性设置为 lax,可以对任何含有与它们相关架构声明的元素强制实施验证,但是忽略任何在架构中未定义的元素。继续前面的例子,如果将架构中通配符元素声明的 declaration 属性设置为 lax,并为 shp: Delivery 元素添加一个声明,则在 XML 文档中的 shp: Delivery 元素将被验证。然而,如果替换 shp: Delivery 元素,则文档就包含一个在架构中未定义的元素,此元素将被忽略。

此外,XML 架构规范定义了 anyType 声明,该声明包含 anyType 内容模式的 lax 处理。SQL Server 2005 不支持 lax 处理,因此 anyType 内容会被严格验证。SQL Server 2008 支持 anyType 内容的 lax 处理,因此该内容会被正确验证。

(2) XQuery 增强功能。

SQL Server 2005 引入了 xml 数据类型,提供了用于对存储在列或变量中的 XML 数据执行操作的大量方法。可执行的大多数操作都使用 XQuery 语法导航和操纵 XML 数据。SQL Server 2005 支持的 XQuery 语法包括 FLWOR 表达式中的 for、where、order by 和 return 语句,这些语句可用于循环访问 XML 文档中的节点,也可用于返回值。

SQL Server 2008 添加了对 let 语句的支持,该语句用于向 XQuery 表达式中的变量赋值,如下面的示例所示:

```
declare @x xml
set @x=
'<Invoices>
<Invoice>
  <Customer>Kim Abercrombie</Customer>
  <Items>
   <Item ProductID="2" Price="1.99" Quantity="1" />
   <Item ProductID="3" Price="2.99" Quantity="2" />
   <Item ProductID="5" Price="1.99" Quantity="1" />
  </Items>
</Invoice>
<Invoice>
  <Customer>Margaret Smith</Customer>
  <Items>
   <Item ProductID="2" Price="1.99" Quantity="1"/>
  </Items>
</Invoice>
</Invoices>'

SELECT @x.query(
'<Orders>
{
for $invoice in /Invoices/Invoice
let $count :=count($invoice/Items/Item)
order by $count
return
<Order>
{$invoice/Customer}
```

```
<ItemCount>{$count}</ItemCount>
</Order>
}
</Orders>')
```

这个例子返回以下 XML：

```
<Orders>
    <Order>
        <Customer>Margaret Smith</Customer>
        <ItemCount>1</ItemCount>
        </Order>
        <Order>
        <Customer>Kim Abercrombie</Customer>
        <ItemCount>3</ItemCount>
    </Order>
</Orders>
```

(3) XML DML 增强功能。

与使用 XQuery 表达式对 XML 数据执行操作一样，xml 数据类型通过其 modify 方法支持 insert、replace value of 和 delete 这些 XML DML 表达式。可以使用这些 XML DML 表达式操纵 xml 列或变量中的 XML 数据。

SQL Server 2008 添加了对使用 insert 表达式中的 xml 变量向现有 XML 结构插入 XML 数据的支持。例如，假定一个名称为@productList 的 xml 变量包括以下 XML：

```
<Products>
  <Bike>Mountain Bike</Bike>
  <Bike>Road Bike</Bike>
</Products>
```

可以使用以下代码向产品列表中插入一个新自行车：

```
DECLARE @newBike xml
SET @newBike='<Bike>Racing Bike</Bike>'
SET @productList.modify
('insert sql:variable("@newBike") as last into (/Products)[1]')
```

运行这段代码后，@productList 变量中会包括以下 XML：

```
<Products>
  <Bike>Mountain Bike</Bike>
  <Bike>Road Bike</Bike>
  <Bike>Racing Bike</Bike>
</Products>
```

5.5.2 XML 与数据库的互操作过程

首先应该明确 XML 不是数据库，数据库系统有它自己的一套管理模式，而 XML 仅仅是用来存放结构化数据的文件，在这一点相当于 XML 文档仅仅代表着数据库中的某一个表。因此，XML 不可能取代数据库，但将数据库和 XML 结合起来，能够完成很多以前无法完成的工作，例如异构数据交换、应用系统集成等。

开发一个访问数据库的 XML 应用系统需要同时借助 XML 编程接口和数据库编程接口，前者用于对 XML 文档的解析、定位和查询，所需技术包括 DOM 和 SAX；后者则是用于访问数据库，如数据库中数据的更新和检索等，需要利用的技术有 ODBC、JDBC、ADO/

ADO. NET 等。

XML 与数据库的互操作过程如图 5-11 所示。

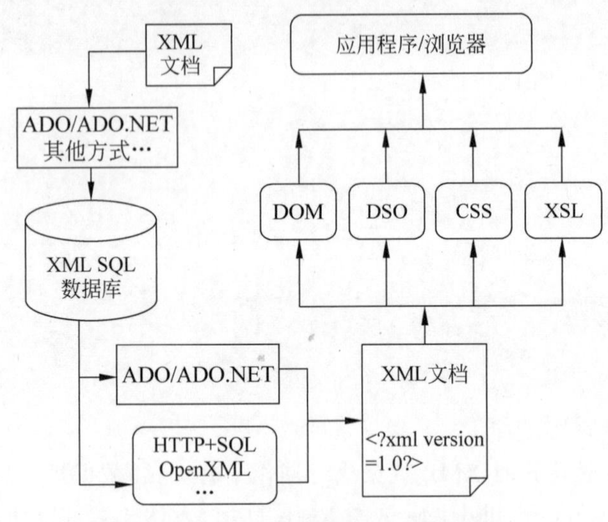

图 5-11 XML 与数据库的互操作过程

对于 XML 文档,可以通过 DOM 读取 XML 文档中的节点。如本章前面所述,DOM 是 W3C 的一种技术标准,实际上是提供一组 API 来处理 XML 数据,可以通过 JavaScript、JScript、VBScript 等脚本程序来调用,也可通过 C++、Java 等高级语言来实现。

其次,通过 DSO(Data Source Object)进行 XML 的数据绑定可以方便地将 XML 节点同 HTML 标记捆绑,从 XML 文档中读取或写入数据。DSO 的工作方式有两种:一种是同 DOM 类似,通过对 XML 节点树进行遍历来搜索节点,每次仅将节点数据同 HTML 的一个元素(如 SPAN 元素)相关联;第二种同第一种的不同之处在于将节点数据同一个 HTML 多值元素(如 TR 元素)相关联。

样式单 CSS 和 XSL 实际上是通过给 XML 数据赋予一定的样式信息以使得其能够在浏览器中显示。CSS 技术早在 HTML 3.2 中就得以实现,其关键是将 HTML 中的元素同预先定义好的一组样式类相关联以达到样式化的目的,而 XML 同样也支持这种技术。XSL 同 CSS 有些类似,不同之处在于它是通过定义一组样式模板将 XML 源节点转换为 HTML 文档或其他 XML 文档。XSL 实际上也同样符合 XML 规范,它提供了一套完整的类似控制语言的元素和属性,最终可完成丰富多彩的样式描述。

在 ASP/ASP. NET 页面文档中嵌入 ADO/ADO. NET 对象,将数据库中的数据写入 XML 文档或将 XML 数据写入数据库是微软对数据访问技术的一种扩展。

思考练习题

1. 简述什么是 XML 及 XML 与 HTML 的区别。
2. CSS 与 XSL 有什么区别?
3. 对本章的所有例子进行上机验证。

第6章

.NET Web应用程序开发技术

学习要点

(1) 掌握C#语言编程技术。
(2) 掌握ASP.NET常用控件的使用方法。
(3) 熟悉ASP.NET的内置服务器对象。
(4) 学会配置web.config文件。
(5) 掌握ADO.NET数据库访问技术。
(6) 学会使用VS 2019创建Web服务。
(7) 掌握Web开发中的类库构建与访问。

ASP.NET是微软推出的全新体系结构.NET平台的一部分，它提供了一种以.NET Framework为基础，开发Web应用程序的全新编程模式。和现有各种Web开发模式相比，ASP.NET可以使Web开发人员更快捷和方便地开发Web应用程序。

ASP.NET相比ASP(Active Server Page)脚本语言有了革命性的改进。从底层来说，ASP.NET完全基于.NET框架、完全面向对象，不仅更易于创建动态Web内容，还易于创建复杂和可靠的Web应用程序，如Web服务等。

在ASP中，每个功能都需要开发人员单独编写代码完成。为了构造一个完整的Web页面，并控制不同的部分完成相应的功能，开发人员需要编写大量的代码。而ASP.NET提供了丰富的服务器端控件，开发人员只需要选用合适的控件并且设置和调整其属性，就可以实现很多原来ASP中需要大量编码才能实现的功能。不仅如此，ASP.NET还支持用户控件和自定义控件，进一步提供更加丰富完整的控件支持，简化开发人员的工作，使其把大量精力放在核心业务代码的处理上。

在ASP中使用ADO(ActiveX Data Object)来访问数据库，它是面向连接的数据访问方式；而在ASP.NET中采用ADO.NET来访问数据库，它是一种无连接的基于消息机制的数据访问方式。在ADO.NET中，数据源的数据可以作为XML文档进行传输和存储；数据可以脱离源数据库进行各种操作，在需要时连接数据库将更新过的数据写到数据库中。

在ASP中采用弱化类型支持的VBScript和JScript两种脚本语言，而在ASP.NET中采用强类型语言VB.NET、C#等，采用完全面向对象方式编程。

在ASP中无法开发一个Web Service，而在ASP.NET中建立一个Web服务是相当方便的，可用Web服务来为异构系统实现数据交换。

总之，ASP.NET完全基于模块和组件，具有更好的可扩展性与可定制性，其特性远远超越了ASP，给Web开发人员提供了更好的灵活性，有效缩短了Web应用程序的开发周期。

图 6-1 所示为 ASP. NET 的体系结构。ASP. NET 和 ASP 一样通过 ISAPI(Internet Server Application Programming Interface)与 IIS 通信。事实上，ASP 和 ASP. NET 可以共存于 IIS 服务器上。ASP. NET 中有一个 Cache，用来作为页面的缓存，用于提高性能。另外，ASP. NET 还包括一个跟踪用户会话的状态管理服务。

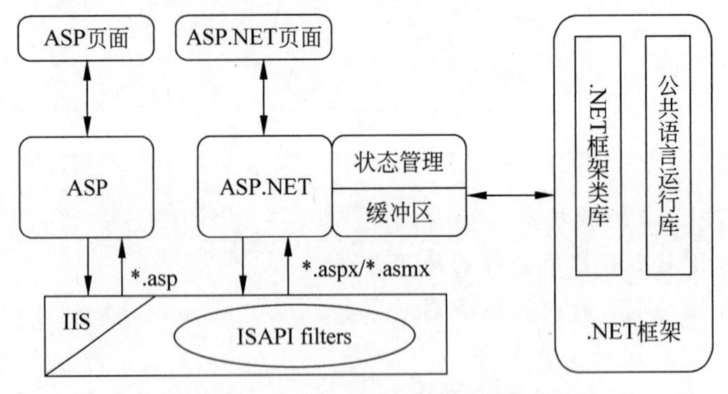

图 6-1　ASP. NET 的体系结构

要学好 ASP. NET 的编程，必须掌握一种编程语言。本章将首先介绍 C#语言，为读者编程提供参考(详细的 C#编程方法可看专门书籍)；然后介绍了主要 Web 服务器端标准控件、服务器端验证控件和 ASP. NET 内置服务器对象等的使用，介绍了 web. config 文件的作用和常用配置参数；重点介绍了 ADO. NET 数据库访问技术以及执行存储过程、数据库的事务处理、跨数据库访问、数据绑定技术等内容；给出了创建和访问 Web 服务的实例；最后以案例方式对. NET 中的代码重用实现技术，包括 Web 开发中的类库构建与访问等进行了初步介绍。

视频讲解

6.1　C#语言初步

6.1.1　C#程序的基本结构

C#是由 C 和 C++发展而来的面向对象和类型安全的编程语言。C#读作 C Sharp，它和 Java 非常相近，其目标在于把 Visual Basic 的高生产力和 C++本身的能力结合起来。下面通过一个 C#语言的简单例子来了解一些概念和用 C#语言编写程序的方法。

【例 6-1】 将下列代码保存为 C:\Windows\Microsoft. NET\Framework\v2. 0. 50727\hello. cs 文件。此处 Windows 目录为 Window 操作系统的安装目录。然后进入上述文件夹，在命令行输入 csc hello. cs 进行编译后，就会生成一个名为 hello. exe 的可执行程序，运行它就会出现"Hello，world"。

```
using System;
class Hello
{   static void Main() {
        Console.WriteLine("Hello, world");
    }
}
```

下面对这个程序进行一些说明。

(1) C#程序的源代存储在扩展名为 cs 的文件中。

(2) using System 指令涉及一个叫作 System 的名称空间(namespace),又翻译成命名空间,这是在 Microsoft. NET 类库中提供的。这个名称空间包括在 Main 方法中使用的 Console 类。名称空间提供了一种用来组织一个类库的分层方法。分层的类库之间用操作符“.”表示上下级的分层关系。使用 using 命令后,就可以无障碍地使用名称空间中的各种类型成员。.NET 中的名称空间概念和前面 XML 中所说的名称空间不太相似,XML 中所说的名称空间的作用是避免名称冲突,可以确保各用户定义的相同标记元素在各名称空间下具有不同的含义,而此处的名称空间除了具有避免名称冲突之功能外,更重要的是引用了名称空间后,就可以在程序代码中方便地使用系统提供的各种类库成员。例如,用 C#语言实现复制一个文件的代码为:

```
System.IO.File.Copy("C:\\1.cs","C:\\2.cs",true );
```

可以理解为 System 名称空间下有一个 IO 名称空间,IO 名称空间下又有一个 File 名称空间,每个名称空间下都有许多系统提供的可直接调用的方法。调用方法时,如果不想输入全称,可使用 using 指示符。这样上述代码可以写成:

```
using System.IO.File;
…
Copy("C:\\1.cs","C:\\2.cs",true );
```

同样,例 6-1 中 Console 是 System 名称空间中的成员类,该类有个 WriteLine 的方法。该方法的全称是 System. Console. WriteLine(…),因为用了 using,所以上述代码就简写成 Console. WriteLine(…)。

(3) Main 方法是类 Hello 中的一个成员,它有 static 的说明符,所以它是类 Hello 中的一个方法而不是此类中的实例。Main 方法是应用程序的主入口点,也称作开始执行应用程序的方法。

(4) C#语言编译器 CSC. EXE 只是将程序员编写的代码编译成 MSIL(Microsoft Intermediate Language,中间语言)。中间语言在安装时被运行库编译成本机代码或者首次运行时被实时编译。因此,例 6-1 中的 hello. exe 只是一个由中间语言可执行文件头组成的可移植执行文件。

6.1.2 C#中的数据类型

C#支持两种类型:数据类型和引用类型。数据类型包括一些简单类型(例如 char、int 和 float)、枚举类型和结构类型。引用类型包括类类型、接口类型、代表(delegate)类型和数组类型。

数据类型和引用类型的区别在于,数据类型变量直接包含它们的数据,而引用类型变量是存储对应对象的引用。对于引用类型,有可能两个变量引用相同的对象,因而可能出现对一个变量的操作影响到其他变量所引用对象的情况。对于数据类型,每个变量都有它们自己对数据的复制,所以不太可能因为对一个进行操作而影响到其他变量。

【例 6-2】 数据类型和引用类型示例。

```
1    using System;
2    class Class1 {
3        public int Value=0;
```

```
 4      }
 5      class Test {
 6          static void Main()
 7          {
 8              int val1=0;
 9              int val2=val1;
10              val2=123;
11              Class1 ref1=new Class1();
12              Class1 ref2=ref1;
13              ref2.Value=123;
14              Console.WriteLine("Values: {0}, {1}", val1, val2);
15              Console.WriteLine("Refs: {0}, {1}", ref1.Value, ref2.Value);
16          }
17      }
```

此例分别输出 0,123 和 123,123。对局部变量 val1 的赋值没有影响到局部变量 val2,因为两个局部变量都是数据类型(int 类型),并且每个数据类型的局部变量都有它们自己的存储地址。与此相对的是,对于 ref2. Value 的赋值 ref2. Value=123 对 ref1 和 ref2 都有影响。从第 14 和 15 行可看到,Console. WriteLine 各使用了 2 个变量来实现字符串格式输出。其中占位符{0}和{1}各指向一个变量。占位符{0}指向第一个变量,占位符{1}指向第二个变量。在输出被送到控制台前,这些占位符会被它们相对应的变量所替换。

开发者可以通过枚举和结构声明定义新数据类型,可以通过类、接口和委派声明来定义新引用类型。

6.1.3 C#变量声明及其初始化

C#语言是一种强类型的语言,在使用变量前必须对该变量的类型进行声明。虽然各种类型的变量都有默认值,但为了方便后面的程序调试,建议在声明变量时就对变量进行初始化。下面介绍各种类型变量的声明及其初始化方法。

1. 值类型

值类型变量的声明及其初始化方法如表 6-1 所示。

表 6-1　C#变量声明及其初始化

变量类型	取 值 范 围	.NET 框架基类	声明及初始化
sbyte(整型)	−128～127	System. SByte	sbyte a=1,b=5,c; //有符号 8 位整数
byte(整型)	0～255	System. Byte	byte a=1,b=2; //无符号 8 位整数
short(整型)	−32 768～32 767	System. Int16	short a=60; //有符号 16 位整数
ushort(整型)	0～65 535	System. UInt16	ushort a=60; //无符号 16 位整数
int(整型)	$-2^{31}\sim2^{31}-1$	System. Int32	int a=10,b=60; //有符号 32 位整数
uint(整型)	$0\sim2^{32}-1$	System. UInt32	uint uInt1=123; //无符号 32 位整数
long(整型)	$-2^{63}\sim2^{63}-1$	System. Int64	long l=4294967296L; //有符号 64 位整数
ulong(整型)	$0\sim2^{64}-1$	System. UInt64	ulong u=92233720; //无符号 64 位整数
float(浮点型)	±1.5 * 10^ −4～±3.4 * 10^308	System. Single	float x=3.5F; //默认情况下实数被视为 //double 类型,使用后缀 f 或 F 可转换为 //浮点型
double(浮点型)	±5.0 * 10^ −324～±1.7 * 10^308	System. Double	double x=5.0,y=3d; //希望整数被视为 //double 类型,使用后缀 d 或 D

续表

变量类型	取 值 范 围	.NET 框架基类	声明及初始化
decimal(浮点型)	±1.0 * 10^−28～±7.9 * 10^28	System.Decimal	decimal myMoney=300.5m; //希望实数 //被视为 decimal 类型,则使用后缀 m 或 M
bool(布尔型)	true 和 false	System.Boolean	bool test=true,flag=(100<110)
char(字符型)	特殊整型,16 位单 Unicode 字符	System.Char	char c1='B',c2='\x0066' //十六进制 //转义 int myInt=(int)'A'

C#中采用转义字符来代替一些特殊的字符,常用的有单引号(\')、反斜杠(\\)、退格(\b)、回车(\r)、换行(\n)、空字符(\0)、双引号(\")、感叹号(\a)、制表符(\t)等。

2. 引用类型

object(对象)是所有类型的父类型,是C#中所有其他类的基类,可赋予任何类型的值,例如:

```
object myobj=80;
```

或者

```
object obj=new object();
```

string(字符串)类型表示 Unicode 字符的字符串,是.NET Framework 中预定义类的 System. String 的别名。例如:

```
string a="good " +"morning";
```

数组是一种包含若干变量的数据结构,所有数组元素可以通过数组名和下标来访问。下面举例说明数组的初始化方法。

```
string [] myarray={ "x", "y", "z" };                 //声明一个有 3 个元素的数组
int[] myarray=new int[100];                            //声明一个数组,没有初始化
int[,] myarray={{100,10},{101,11},{102,12}};  //初始化一个二维数组,等价于下面两行
myarray[0,0]=100; myarray[1,0]=101; myarray[2,0]=102;
myarray[0,1]=10; myarray[1,1]=11; myarray[2,1]=12;
```

类类型定义了一个数据结构,它包括数据成员和函数成员,支持继承和多态。C#中预定义的类类型有 System. Object(所有其他类型的最终基类)、System. String(C#语言字符串类型)、System. Valtype(所有值类型的基类)、System. Enum(所有枚举类型的基类)、System. Array(所有数组类型的基类)、System. Delegate(所有委托类型的基类)、System. Exception(所有异常类型的基类)。下面的代码定义了一个类 mycode,它包含一个变量和一个方法:

```
class mycode  {                    //定义了一个类 mycode
  public double cd;                //定义了类 mycode 的一个变量
  public double getcd() {          //定义了类 mycode 的一个方法
    return this.cd;
    }
}
```

引用类型中的接口类型和委托类型此处不做介绍,读者可参看其他C#方面的资料。

变量名必须以英文字母或@开头,由字母、数字、下画线组成,不能有空格、标点、运算符号、C#中的关键字名、C#中的库函数名,且区分大小写。C#中有静态变量、实例变量、引用参数、输出参数、值参数和局部变量六种变量类型,如表 6-2 所示。

表 6-2 C#变量类型

变量类型	说明
静态变量	用 static 修饰符声明的变量,如 static double=1.0。当静态变量所属的类被加载后,静态变量就一直存在,并且所有属于这个类的实例都共用同一个变量
实例变量	未用 static 修饰的变量。它们属于类的实例。当创建该类的新实例时,实例变量开始存在;当所有对该实力的引用结束后,该实例变量终止
引用参数	用 ref 修饰符声明的参数。引用参数的值与被引用的基础变量相同,所以引用参数不占用、不创建新的存储位置
输出参数	用 out 修饰符声明的参数。它表示函数调用中的基础变量,不创建新的存储位置
值参数	未用 ref 或 out 修饰符声明的参数。在调用参数所属的函数成员时开始存在,当返回该函数成员时值参数终止
局部变量	在某个独立的程序块中声明的变量。作用域仅限于此程序块。如 for、switch 语句等

C#中定义常量用 const 修饰符,例如"public const double y=1.234;"。枚举类型是由一组特定常量构成的一种数据结构,是值类型的特殊形式。当需要一个有指定常量集合组成的数据类型时,可使用枚举类型。枚举类型不能实现接口、不能定义方法、属性、事件。

【例 6-3】 枚举类型示例。

```
using System;
enum enumChoice { A=1, B=2, C=3, D=4 }              //定义了一个枚举类型
class Choice {
   public static void Main()   {
      choice=(int)enumChoice.A;                     //演示了使用的方式
      Console.WriteLine("你选择的是:{0}", choice);//控制台输出"你选择的是:1"
   }
}
```

6.1.4 C#表达式

表达式是可以计算且结果为单个值、对象、方法或命名空间的代码片段。表达式可以包含文本值、方法调用、操作符及其操作数或简单名称。与 C、C++相同,C#的表达式大致包含算术表达式、赋值表达式、关系表达式和逻辑表达式。

(1) 算术表达式。

用算术操作符把数值连接在一起的、符合 C#语法的表达式称为算术表达式。算术操作符包括+、-、*、/、%、++、--。其中,模运算%表示整除取余数;++分为前缀增 1(先加 1 后再使用)和后缀增 1(先使用后再加 1);--分为前缀减 1(先减 1 后再使用)和后缀减 1(先使用后再减 1)。另外,C#还提供了专门针对二进制数据操作的运算符,包括以下六个:&(与)、|(或)、^(异或)、~(补)、<<(左移)、>>(右移)。

(2) 赋值表达式。

赋值操作符用于为变量、属性、事件或索引器元素赋予新值。赋值操作符的运算对象、运算法则及运算结果如表 6-3 所示。

(3) 关系表达式。

==、!=、<、>、<=和>=等操作符称为关系操作符。用关系操作符把运算对象连接起来并符合 C#语法的式子称为关系表达式。关系表达式要么返回 true 要么返回 false。C#中还定义了 is 操作符,其格式为 A(值) is B(类型),含义是如果 A 是 B 类型或者 A 可以转换为 B 类型则返回 true,否则为 false。

表 6-3　C#赋值操作符的运算规则

操　作　符	名　　称	运算对象	运算结果
=	赋值	任意类型	任意类型
+=、-=、*=、/=	加、减、乘、除赋值	数值型(整型、实型等)	数值型(整型、实型等)
%=	模赋值	整型	整型
&=、!=、>>=、<<=、~=	位与、位或、右移、左移、异或赋值	整型或字符型	整型或字符型

(4) 逻辑表达式。

&&(and)、||(or)和!(not)操作符称为逻辑操作符。用逻辑操作符把运算对象连接起来并符合C#语法的式子称为逻辑表达式。

6.1.5　C#控制语句

C#的控制语句主要包括分支和循环语句。分支语句有三种：①三元运算符，例如，a=(b>5)?100：10 表示 b>5 时 a=100，否则 a=10；②if 语句；③switch 语句。循环语句有四种：①已知步长的 for 语句；②foreach 语句；③while 语句；④do-while 语句。它们的语法结构如表 6-4 所示。其中，switch 语句可一次将测试变量与多个值比较，而 if 仅仅测试一个条件。对于循环语句可用 break 和 continue 语句决定是否跳出循环或继续执行循环。foreach 语句可以遍历一个集合中的所有元素。

表 6-4　C#的分支/选择语句及循环语句

if	switch	for	while	foreach	do-while

if(…)
{
…
}
else
{
…
}
	switch (控制表达式) {
	case 测试值 1:
	语句 1
	break;
	case 测试值 2:
	语句 2
	break;
	default:
	默认语句
	break;
	}
		for(int i=0;i<10;i++)
		{
		…
		}
			int i=0;
			while(i<10)
			{
			…
			i++;
			}
				char[] person=new char[]{'0','1','2','3'};
				foreach (char i in person)
				{
				if(i=='1')
				{ … }
				else
				if(i=='2')
				{ … }
				else
				{ … }
				}
					do {
					内嵌语句
					} while(循环控制条件)

另外，可用 try-catch-finally 语句来捕捉异常，其使用方法和 JavaScript 语言中的语法相类似。在 Web 开发中应尽量处理各种可能性，少用捕捉异常来实现某些功能。

6.1.6　C#类声明

类声明定义新的引用类型。一个类可以从其他类继承。类是一种将数据成员、函数成员和嵌套类型等进行封装的数据结构。它在面向对象基础上引入了接口、属性、方法、事件等组件特性。其数据成员可以是常量或域,函数成员可以是方法、属性、索引、事件、操作符或静态构造函数和析构函数。静态构造函数在创建对象时被自动调用,用来执行对象的初始化操作,其函数名总是与类名相同。析构函数在释放对象时被调用,用来删除对象前做一些清理工作。

类中的每个成员都必须定义其被访问的范围,用类的访问修饰符来表示访问这个成员的程序文本的区域。类的访问修饰符有五种可能形式,如表 6-5 所示。

表 6-5　类的访问修饰符

序　　号	形　　式	直观意义
1	public	访问不受限制
2	protected	访问只限于此程序或类中包含的类型
3	internal	访问只限于此程序
4	protectedinternal	访问只限于此程序或类中包含的类型
5	private	访问只限于所包含的类型

下面简要介绍类成员的有关概念。

(1) 常数。

一个常数是一个代表常数值的类成员即某个可以在编译时计算的数值。只要没有循环从属关系,就允许常数依赖同一程序中的其他常数。

(2) 域。

域是一个代表和某对象或类相关的变量的成员。域可以是静态的。只读域可以用来避免错误的发生。对于一个只读域的赋值,只会在相同类中的部分声明和构造函数中发生。

(3) 方法。

方法是一个执行可以由对象或类完成的计算或行为的成员。方法有一个形式参数列表(可能为空)和一个返回数值(或 void),并且可以是静态也可以是非静态。静态方法要通过类来访问。非静态方法也称为实例方法,通过类的实例来访问。方法可以被重复调用。

(4) 属性。

属性是提供对对象或类的特性进行访问的成员。属性的例子包括字符串的长度、字体的大小、窗口的焦点、用户的名字等。属性是域的自然扩展。两者都是用相关类型成员命名,并且访问域和属性的语法是相同的。然而,与域不同,属性不指示存储位置。作为替代,属性有存取程序,它指定声明的执行来对它们进行读或写。

属性是由属性声明定义的。属性声明的第一部分看起来和域声明相当相似。第二部分包括一个 get 存取程序和一个 set 存取程序。

(5) 事件。

事件是使得对象和类提供通知的成员。一个类通过提供事件声明来定义一个事件,这看起来与域和事件声明相当类似,但是有一个 event 关键字。这个声明的类型必须是 delegate 类型。

(6) 操作符。

操作符是一个可以在类的实例上使用的表达式。

(7) 索引器(indexer)。

索引器是使得对象可以像数组一样被索引的成员。属性使类似域的访问变得可能,索引器使得类似数组的访问变得可能。索引器的声明类似于属性的声明，最大的不同在于索引器是无名的(由于 this 是被索引，因此用于声明中的名称是 this)。class 或 struct 只允许定义一个索引器，而且索引器总是包含单个索引参数。索引参数在一对方括号中提供，用于指定要访问的元素。

(8) 实例构造函数(constructor)。

实例构造函数是实现对类中实例进行初始化的行为的成员，是一种特殊的方法。它与类同名，能获取参数，但不能返回任何值。每个类都必须至少有一个构造函数。如果类中没有提供构造函数，那么编译器会自动提供一个没有参数的默认构造函数。

(9) 析构函数(destructor)。

析构函数是实现破坏一个类的实例的行为的成员。析构函数完成对象被垃圾回收时需要执行的整理工作，在碎片收集时会被自动调用。在 C# 中，没有提供一个 delete 操作符，由运行库控制何时摧毁一个对象。

析构函数的语法是首先写一个～符号，然后跟上类名。析构函数不能有参数，不能带任何访问修饰符(如 public)，而且不能被调用。不能在一个 struct 中声明一个析构函数。

(10) 静态构造函数。

静态构造函数是实现对一个类进行初始化的行为的成员。静态构造函数不能有参数，不能有修饰符而且不能被调用，当类被加载时，类的静态构造函数自动被调用。

(11) 继承(inheritance)。

继承是面向对象的一个关键概念，它描述了类之间的一种关系。假如多个不同的类具有大量通用的特性，而且这些类相互之间的关系非常清晰，那么使用继承就能避免大量重复的工作。类支持单继承，System. Object 类是所有类的基类。所有类都是隐式地从 System. Object 类派生而来的。

方法、属性和索引器都可以是虚拟(virtual)的，这意味着它们可以在派生的类中被覆盖(override)。

可以通过使用 abstract 关键字来说明一个类是不完整的，只是用作其他类的基类。这样的类被称为抽象类。抽象类可以指定抽象函数——非抽象派生类必须实现的成员。

(12) 接口。

接口定义了一个连接。一个类或结构必须根据它的连接来实现接口。接口可以把方法、属性、索引器和事件作为成员。类和结构可以实现多个接口。因为通过外部指派接口成员实现了每个成员，所以用这种方法实现的成员称为外部接口成员。外部接口成员可以只是通过接口来调用。

(13) 委派。

委派(delegate)是指向一个方法的指针。委派与 C++ 中的函数指针相似，与函数指针不同，委派是类型安全并且可靠的。委派是引用类型，它从公共基类 System. Delegate 派生出来。一个委派实例压缩了一个方法——可调用的实体。对于静态方法，一个可调用实体由类和类中的静态方法组成。

委派的一个有趣而且有用的特性是它不知道或不关心与它相关的对象的类型。对象所要做的所有事情是方法的签名和委派的签名相匹配，这使得委派很适合“匿名”调用，而这是个很有用的功能。定义和使用委派分为三步：声明、实例化和调用。用 delegate 声明语法来声明委派:“delegate void SimpleDelegate();”声明了一个名为 SimpleDelegate 的委派,它没有任何参数并且返回类型为 void。

(14) 枚举。

枚举类型的声明是用一组符号常量定义一个类型名称。使用枚举可以使代码更可读还可以自归档,所以使用枚举比使用整数常数要好。

【例 6-4】 声明一个类 MyClass,并演示如何对它进行实例化。

```
using System;
class MyClass
{
public MyClass() {                        //构造函数
      Console.WriteLine("Constructor");
   }
public MyClass(int value) {
      MyField=value;


      Console.WriteLine("Constructor");
   }
~ MyClass() {                             //析构函数
      Console.WriteLine("Destructor");
   }
public const int MyConstant=12;    //定义常量
public int MyField=34;
public void MyMethod(){                   //定义了一个方法
   Console.WriteLine("MyClass.MyMethod");
   }
public int MyProperty {                   //定义类的属性
      get  { return MyField; }
      set { MyField=value; }
}
public int this[int index] {
      get { return 0;}
      set {
         Console.WriteLine("this[{0}] was set to {1}", index, value);
      }
   }
public event EventHandler MyEvent;

public static MyClass operator+ (MyClass a, MyClass b) {
   return new MyClass(a.MyField +b.MyField);
   }
internal class MyNestedClass{}
}
//下面的代码将访问上面定义的 MyClass 类
class Test
{   static void Main() {
    MyClass a=new MyClass();        //调用构造函数
    MyClass b=new MyClass(123);
    //常量的使用
    Console.WriteLine("MyClass.MyConstant={0}", MyClass.MyConstant);
    a.MyField++ ;                    //域的用法
    Console.WriteLine("a.MyField={0}", a.MyField);

    a.MyMethod();                    //调用方法
    a.MyProperty++ ;                 //属性设置
```

```
        Console.WriteLine("a.MyProperty={0}", a.MyProperty);
        a[3]=a[1]=a[2];                               //索引的使用
        Console.WriteLine("a[3]={0}", a[3]);
        a.MyEvent +=new EventHandler(MyHandler);   //调用事件
        //Overloaded operator usage


        MyClass c=a+b;
    }
    static void MyHandler(object sender, EventArgs e) {
        Console.WriteLine("Test.MyHandler");
    }
    internal class MyNestedClass{}
}
```

选择“开始”|“程序”|Visual Studio 2019| X64Native Tools command Prompt for VS 2019,出现 VS 2019 控制台,输入 notepad 后按 Enter 键,将上述代码复制到记事本中,存盘为 ex_6_4.cs,用 CSC ex_6_4.cs 编译后运行结果如图 6-2 所示。

```
C:\Users\YourUsername>ex_6_4.exe
Constructor
Constructor
MyClass.MyConstant = 12
a.MyField = 35
MyClass.MyMethod
a.MyProperty = 36
this[1] was set to 0
this[2] was set to 0
this[3] was set to 0
a[3] = 0
Destructor
Destructor
Destructor
```

图 6-2 MyClass 类运行结果

6.2 ASP.NET 的常用控件

视频讲解

VS 2019 集成开发环境中已为 Web 的开发提供了一个工具箱,工具箱的目的是将控件进行分类管理,方便用户使用。工具箱控件分类如表 6-6 所示。

视频讲解

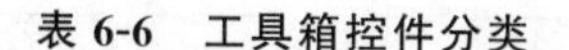

表 6-6 工具箱控件分类

控件分类	功能描述
Web 标准控件	和界面设计制作有关的控件
数据控件	数据访问、操作以及数据可视化方面控件
验证控件	对用户输入的内容进行验证的控件
导航控件	提供站点导航、动态菜单、树形菜单的控件
登录控件	用户登录界面的设计制作控件
Web Parts 控件	Web 门户定制控件。用户可以拖动某一区域在屏幕上重新布局
HTML 控件	HTML 中的常规控件
CrystalReports 控件	提供 Web 页面上的报表处理

视频讲解

视频讲解

Web 开发过程中的控件区分为客户端控件和服务器端控件。Web 页面中的客户端控件不需要 Web 服务器参与处理，Web 服务器将带有控件的网页传送到客户端，由客户端的浏览器来处理。Web 页面中的服务器端控件是需要 Web 服务器参与处理的控件，它们需要占用 Web 服务器的内存、CPU、磁盘缓冲区、硬件资源等来处理这些控件，最终转变成客户端控件，传送到客户端浏览器，由客户端的浏览器来处理。

VS 2019 工具箱中的 HTML 控件既可以作为客户端控件，又可以作为服务器端控件，其他控件全部为服务器端控件。要将 HTML 控件从客户端控件变成服务器端控件，只要加上 runat 属性即可。例如，定义一个在服务器端执行的按钮：

```
<input id="button1" type="button" value="button" runat="server" />
```

将客户端 HTML 控件变成服务器端控件后，该控件的使用效果将和 Web 标准控件中某些控件类似。可以用 Web 标准控件代替服务器端的 HTML 控件，它们在编程中稍有区别。

在使用控件时可以直接双击或将某个控件元素用鼠标拖到工作区内进行设计。这里工作区既可以是"设计"也可以是"源"。对于每个控件元素可以单击该控件，按下 F4 键，出现对应的属性窗口，在属性窗口中来设置它的外观，例如颜色、大小、字体等；可以单击属性窗口中的"闪电"图标定义该控件的事件响应程序。

ASP. NET 的常用控件主要包括服务器端标准控件、服务器端验证控件、服务器端数据访问控件。在这里我们不对每个控件元素一一进行介绍，只是对在设计中经常会使用到的一些控件元素进行简单介绍。这方面的专业书籍比较多，有兴趣的读者可参阅其他资料详细了解各控件的使用。

6.2.1 服务器端标准控件

服务器端标准控件是最常用的控件。在 ASP. NET 应用程序中，服务器端控件是 ASP. NET 内置控件。在添加一个服务器端控件时，在"源"中会自动添加 runat=server 属性，以便与客户端控件相区别，而且标记的前缀用"asp："，例如定义一个标签控件的页面代码为：

```
<asp:Label ID="Label1" runat="server" Text="Label"></asp:Label>
```

服务器端的控件有一些共性的属性，具体说明如表 6-7 所示。

表 6-7 服务器端的控件的共性属性

序号	属性	描述
1	Font	该属性为 Font 类型值，用于设置控件显示文本的字体属性，包括是否粗体(Bold)、斜体(Italic)、字体(Name)、上画线(Overline)、下画线(Underline)、字体大小(Size)、醒目线(Strikeout)等
2	ForeColor	该属性为 Color 类型值，用于设置控件的前景颜色，即显示文字的颜色
	BackColor	设置或返回控件的背景颜色
3	Height，Width	分别获取或设置控件的高度和宽度
4	BorderColor	设置或返回控件的边框颜色
5	BorderStyle	设置或返回控件的边框样式
6	BorderWidth	设置或返回控件的边框宽度

续表

序号	属 性	描 述
7	AccessKey	获取或设置该控件的键盘快捷键。例如,将按钮控件的该属性设为D后,用户可用Alt+D键直接运行按钮的单击事件
8	TabIndex	获取或设置控件的Tab键顺序。按下Tab键时,依据此值的大小顺序移动控件的焦点
9	Tooltip	获取或设置将鼠标指针放在该控件上所显示的一个动态提示框文本
10	Visible	获取或设置该控件是否可见
11	Enabled	获取或设置该控件是否处于激活状态
12	EnableViewState	在服务器端保存控件的状态,包括控件的属性以及在页面上的布局等
13	Text	该属性为string型,用于获取或设置需要在该控件上显示的文本
14	AutoPostBack	该属性为布尔型,用于单击该控件或控件值发生变化时是否马上回传给服务器进行处理

当某控件的EnableViewState属性为true时,表示该控件的值在页面刷新或回传重新显示页面后不会丢失,但却耗费网络资源和服务器资源。因此当页面回传后无须保值处理时应设为false。下面对一些常用服务器端控件进行简要介绍。

(1) Label和Literal控件。

使用Label控件在网页的设置位置上显示文本,可以通过Text属性自定义显示文本。Text属性中可以包含其他HTML元素。Label控件转换为客户端HTML代码后,Label就成了<span></span>,即该控件最终呈现一个span元素。例如:

```
<asp:Label ID="Label1" runat="server" Text="<B>I'm bold Font</B>">
</asp:Label>
```

Literal控件和Label控件类似,但它不可向文本中添加任何HTML元素。因此,Literal控件不支持包括位置属性在内的任何样式属性。转换为客户端HTML代码后,Literal则是什么标记都不带,但Literal控件允许指定是否对内容进行编码。

通常情况下,当希望文本和控件直接呈现在页面中而不使用任何附加标记时,可使用Literal控件。

(2) TextBox(文本框)控件。

该控件用于获取用户输入的文本或显示文本。通过ReadOnly属性可设置该控件为只读,而不能对其中的文本进行编辑修改。Text控件常用的属性如表6-8所示。

表6-8 Text控件常用的属性

属 性	描 述
Columns	以字符为单位的文本框的宽度
MaxLength	文本框中可输入的最大字符数
TextMode	确定文本框的行为模式是单行文本框(SingleLine)、多行文本框(MultiLine)还是密码编辑框(Password)
Rows	设置多行文本框显示的行数。该属性仅对多行文本框起作用
MaxLength	该属性为int类型值,用于设置TextBox控件中输入的最大字符数
ReadOnly	该属性为bool类型值,用于设置TextBox控件中的内容是否为只读
Text	该属性为string类型值,用于获取或设置TextBox控件中的文本

(3) Image 控件。

该控件是用来插入图片的,常用的属性如表 6-9 所示。

表 6-9　Image 控件常用的属性

属　　性	描　　述
AlternateText	在图片不存在或尚未下载完时显示替换的文本
DescriptionUrl	指定更详细图像说明的 URL
ImageAlign	该属性用于设置或获取 Image 控件与网页其他对象的对齐方式。例如左对齐、右对齐、基底、顶端、中间等
ImageUrl	获取或设置图片来源的相对或绝对位置

(4) Button、LinkButton、ImageButton 控件。

这三个控件分别表示普通按钮、超链接形式的按钮和图像按钮。它们是 Web 开发中相当重要的控件,允许用户通过单击来执行操作。每当用户单击按钮时,即调用 Click 事件处理程序。可将代码放入 Click 事件处理程序来执行所选择的操作。这三个控件常用的属性如表 6-10 所示。

表 6-10　Button、LinkButton、ImageButton 控件常用的属性

属　　性	描　　述
OnClientClick	输入客户端代码,以便单击按钮后先在客户端执行此代码后再执行服务器端的响应事件。例如输入 alert('ok')后,先显示一个对话框后,在执行服务器端事件程序
CommandName	为该按钮设定一个关联命令。具体使用方法见例 6-5
CommandArgument	为该按钮设定一个关联命令的参数

【例 6-5】　该例演示了如何使用 CommandName、CommandArgument 属性来识别用户按下了哪个按钮。每个按钮调用相同的 CommandBtn_Click 事件程序。ex_6_5. aspx 文件内容如下:

```
<%@ Page Language="C#" AutoEventWireup="true" CodeFile="ex_6_5.aspx.cs"
Inherits="ex_6_5" %>
<!DOCTYPE html PUBLIC "-//W3C//DTD XHTML 1.0 Transitional//EN"
"http://www.w3.org/TR/xhtml1/DTD/xhtml1-transitional.dtd">
<html xmlns="http://www.w3.org/1999/xhtml">
<head runat="server"><title>无标题页</title></head>
<body>
   <form id="form1" runat="server">
      <h3>Button CommandName Example</h3>
      Click on one of the command buttons.<br><br>
       <asp:Button ID="Button1" Text="Sort Ascending" CommandName="Sort"
CommandArgument="Ascending" OnCommand="CommandBtn_Click" runat="server" />
  
       <asp:Button ID="Button2" Text="Sort Descending" CommandName="Sort"
CommandArgument="Descending" OnCommand="CommandBtn_Click" runat="server" />
<br><br>


       <asp:Button ID="Button3" Text="Submit" CommandName="Submit" OnCommand=
    "CommandBtn_Click" runat="server" />   
       <asp:Button ID="Button4" Text="Unknown Command Name" CommandName=
"UnknownName" CommandArgument="UnknownArgument" OnCommand=
```

```
"CommandBtn_Click" runat="server" />  <asp:Button ID="Button5"
Text="Submit Unknown Command Argument" CommandName="Submit"
    CommandArgument="UnknownArgument" OnCommand="CommandBtn_Click"
runat="server" />
        <br><br><asp:Label ID="Message" runat="server" />
    </form>
</body>
</html>
```

ex_6_5.aspx.cs 文件内容如下：

```
using System;
using System.Data;
using System.Configuration;
using System.Collections;
using System.Web;
using System.Web.Security;
using System.Web.UI;
using System.Web.UI.WebControls;
using System.Web.UI.WebControls.WebParts;
using System.Web.UI.HtmlControls;

public partial class ex_6_5 : System.Web.UI.Page
{
     protected void CommandBtn_Click(Object sender, CommandEventArgs e)
    {
        switch (e.CommandName)
        {
            case "Sort":
                //Call the method to sort the list
                Sort_List((String)e.CommandArgument);
                break;
            case "Submit":
                //Display a message for the Submit button being clicked
                Message.Text="You clicked the Submit button";
                //Test whether the command argument is an empty string ("")
                if ((String)e.CommandArgument=="")
                {   //End the message
                    Message.Text +=".";
                }

                else
                {   //Display an error message for the command argument
                    Message.Text +=", however the command argument is not
                recogized.";
                }
                break;
            default:
                //The command name is not recognized. Display an error message
                Message.Text="Command name not recogized.";
                break;
        }
    }
    protected void Sort_List(string commandArgument)
    {
        switch (commandArgument)
        {   case "Ascending":
                //Insert code to sort the list in ascending order here
```

```
                Message.Text="You clicked the Sort Ascending button.";
                break;
            case "Descending":
                //Insert code to sort the list in descending order here
                Message.Text="You clicked the Sort Descending button.";
                break;
            default:
        //The command argument is not recognized. Display an error message
                Message.Text="Command argument not recognized.";
                break;
        }
    }
}
```

(5) HyperLink 控件。

该控件用于制作文本或图片超链接,常用的属性如表 6-11 所示。

表 6-11　HyperLink 控件常用的属性

属　性	描　述
ImageUrl	该属性用于获取或设置 HyperLink 控件链接源的来源,若设置它的属性,则表示 HyperLink 控件为图片超链接
NavigateUrl	获取或设置 HyperLink 控件链接的网页或网址
Target	获取或设置 HyperLink 控件被单击时,其所链接的网页将在哪个框架或窗口打开(用于框架网页)

(6) RadioButton(单选按钮)控件。

该控件为用户提供由两个或多个互斥选项组成的选项集。当用户选中某单选按钮时,同一组中的其他单选按钮不能同时被选中。当单击 RadioButton 按钮时,其 Checked 属性设置为 true,并且调用 Click 事件处理程序。当 Checked 属性的值更改时,将引发 CheckedChanged 事件。用户可以通过 Text 属性设置控件内显示的文本。RadioButton 控件常用的属性如表 6-12 所示。

表 6-12　RadioButton 控件常用的属性

属　性	描　述
GroupName	将多个单选按钮指定为同一组的组名,这样就构成了互斥选项
Checked	该属性为 bool 类型,用于确定某一个单选按钮是否被选中
TextAlign	文本标签的对齐方式

(7) CheckBox(复选框)控件。

该控件通常成组使用,完成选择多个选项的目的。这个控件与 RadionButton 控件相比,它们的相似之处在于都是用于指示用户所选的选项,不同之处在于单选按钮一次只能选一个按钮,而复选框则可以选择任意数量。CheckBox 控件常用的属性如表 6-13 所示。

表 6-13　CheckBox 控件常用的属性

属　性	描　述
Checked	该属性为 bool 类型,用于确定某一个复选框是否被选中
Text	该属性是 string 类型值,用于设置与复选框相关的标签
TextAlign	文本标签的对齐方式

【例 6-6】 CheckBox 控件界面设计。ex_6_6.aspx 文件内容如下：

```
<%@ Page Language="C# " AutoEventWireup="true" CodeFile="ex_6_6.aspx.cs"
Inherits="ex_6_6"%>
<! DOCTYPE html PUBLIC "- //W3C//DTD XHTML 1.0 Transitional//EN"
"http://www.w3.org/TR/xhtml1/DTD/xhtml1- transitional.dtd">
<html xmlns="http://www.w3.org/1999/xhtml">
<head id="Head1" runat="server"><title>TextBox 控件输入样式效果</title></head>
<body><center>
      <form id="form1" runat="server">
       <div>
          <asp:CheckBox ID="CheckBox1" runat="server" Text="学  院"/> 
       
          <asp:CheckBox ID="CheckBox2" runat="server" Text="专  业"/> 
          <asp:CheckBox ID="CheckBox3" runat="server" Text="班  级"/><br/>
      <br/>
          <asp:Button ID="Button1" runat="server" OnClick="Button1_Click"
      Text="选择"/>
        </div>
      </form></center>
</body>
</html>
```

ex_6_6.aspx.cs 文件内容如下：

```
using System;
using System.Data;
using System.Configuration;
using System.Web;
using System.Web.Security;
using System.Web.UI;
using System.Web.UI.WebControls;
using System.Web.UI.WebControls.WebParts;
using System.Web.UI.HtmlControls;
public partial class ex_6_6 : System.Web.UI.Page
{    //单击 <asp:Button>控件时触发事件
    protected void Button1_Click(object sender, EventArgs e)
    {
        if(CheckBox1.Checked)
           Response.Write("您选择了" +"'" +CheckBox1.Text +"'");
        Response.Write("<br/>");
        if(CheckBox2.Checked)
           Response.Write("您选择了" +"'" +CheckBox2.Text +"'");
        Response.Write("<br/>");
        if(CheckBox3.Checked)
           Response.Write("您选择了" +"'" +CheckBox3.Text +"'");
    }
}
```

(8) DropDownList(下拉列表)控件。

DropDownList 控件使用户可以从下拉列表框中进行选择。DropDownList 控件与下面将要介绍的 ListBox 控件非常相似,不同之处在于其选择项列表在用户单击下拉按钮前一直保持隐藏状态,同时它不支持多重选择。DropDownList 控件常用的属性及说明如表 6-14 所示。

表 6-14　DropDownList 控件常用的属性及说明

属　　性	说　　明
DataSource	获取或设置对象数据源
DataTextField	获取或设置为列表项提供文本内容的数据源字段
DataValueField	获取或设置为各列表项提供值的数据源字段
SelectedIndex	获取或设置 DropDownList 控件中的选定项的索引
SelectedItem	获取列表控件中索引最小的选定项
SelectedValue	获取列表空间中选定项的值
Text	获取或设置 DropDownList 控件的 SelectedValue 属性

该控件在设计时就可以确定下拉选项内容，也可以从其他数据源得到下拉列表内容。当添加该控件到“设计”界面时，会出现 DropDownList 任务对话框。在右击该控件出现的快捷菜单中选择“显示智能标志”也会出现 DropDownList 任务对话框。对话框中具有“选择数据源”和“编辑项”两项功能。“选择数据源”可以以向导方式指定下拉列表的数据源。选择“编辑项”后出现“ListItem 集合编辑器”对话框，如图 6-3 所示。

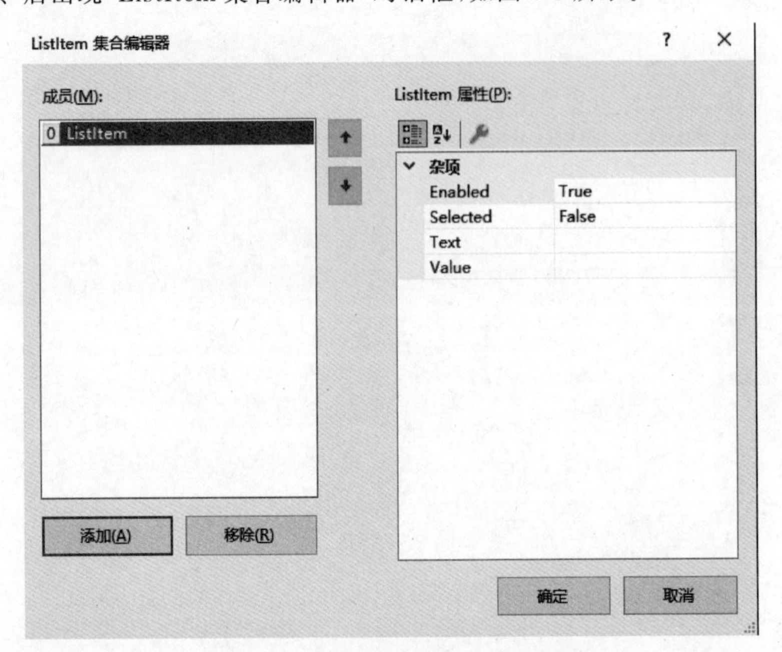

图 6-3　“ListItem 集合编辑器”对话框

单击“添加”按钮就可以增加一条下拉列表选项，该选项被处理成 ListItem 对象，它有四个属性，如表 6-15 所示。

表 6-15　ListItem 对象的属性及说明

属　　性	说　　明
Enabled	如果设置成 false 则该条下拉行将被隐藏，不出现在下拉列表框中
Selected	是否将该行作为选定行
Text	该行的文本标签
Value	与该行文本标签对应的值，其值可与 text 相同，也可不同。例如，text 为男，而 value 为 0，也即用 0 表示性别为男

实际上，在 VS 2019 中可以使用 ListItem 集合编辑器的控件还有 ListBox、RadioButtonList、CheckBoxList、BulletedList 控件，它们的用法大致相似。

【例 6-7】 该例向 DropDownList 控件添加固定的三条选项，然后通过单击 Add Item 按钮为下拉列表控件动态增加一条可选项；单击 Delete Item 按钮，删除一条选中的下拉选项；单击 Display Item 按钮显示选中的下拉选项内容。ex_6_7. aspx 文件内容如下：

```
<%@  Page Language="C# " AutoEventWireup="true" CodeFile="ex_6_7.aspx.cs"
Inherits=" ex_6_7"%>
<! DOCTYPE html PUBLIC "-//W3C//DTD XHTML 1.0 Transitional//EN"
"http://www.w3.org/TR/xhtml1/DTD/xhtml1-transitional.dtd">
<html xmlns="http://www.w3.org/1999/xhtml">
<head id="Head1" runat="server"><title>DropDownList 控件输入样式效果</title>
</head>
<body>
   <form id="form1" runat="server">

                <asp:DropDownList ID="DropDownList1" runat="server">
                <asp:ListItem Value="1">财政与公共管理学院</asp:ListItem>
                <asp:ListItem Value="2">工商管理学院</asp:ListItem>
                <asp:ListItem Value="3">管理科学与工程管理学院</asp:ListItem>
                </asp:DropDownList><br/><br/>
    <asp:Button ID="Button1" runat="server" OnClick="Button1_Click"
 Text="Add Item"/>
    <asp:Button ID="Button2" runat="server" OnClick="Button2_Click"
 Text="Delete Item"/>
    <asp:Button ID="Button3" runat="server" OnClick="Button3_Click"
 Text="Display Item"/>
    </form>
</body>
</html>
```

ex_6_7. aspx. cs 文件内容如下：

```
using System;
using System.Data;
using System.Configuration;
using System.Collections;
using System.Web;
using System.Web.Security;
using System.Web.UI;
using System.Web.UI.WebControls;
using System.Web.UI.WebControls.WebParts;
using System.Web.UI.HtmlControls;

public partial class ex_6_7 : System.Web.UI.Page
{
    protected void Button1_Click(object sender, EventArgs e)
    {   //添加一个新的下拉选项
        ListItem li=new ListItem("计算机学院","5");
        DropDownList1.Items.Add(li);
    }
    protected void Button2_Click(object sender, EventArgs e)
    {   //删除下拉列表框中已被选中的选项
        DropDownList1.Items.Remove(DropDownList1.SelectedItem);
    }
    protected void Button3_Click(object sender, EventArgs e)
```

```
    {   //显示下拉列表框中被选中选项的文本和对应的值
    Response.Write(DropDownList1.SelectedItem.Text +DropDownList1.
SelectedItem.Value);
    }
}
```

(9) ListBox(列表框)控件。

列表框通过显示多个选项供用户选择达到与用户对话的目的,如果候选项较多,它还可以自动地加上滚动条。可以通过设置列表框的 Items 属性来添加列表框的内容。在属性菜单中找到 Items 选项,单击右边的按钮,会弹出如前所述的"ListItem 集合编辑器"对话框,就可方便地添加列表框中的每一项。ListBox 控件常用的属性如表 6-16 所示。

表 6-16　ListBox 控件常用的属性

属　性	描　述
DataSource	为 ListBox 控件设置数据源
SelectIndex	int 类型值,用于指示 ListBox 控件当前选中的索引值。注意,索引是从 0 开始的
SelectedItem	Object 类型值,用于指示 ListBox 控件当前选中的项,它与 SelectIndex 属性的区别在于,SelectIndex 表示当前选中项的索引,而 SelectItem 表示当前选中项本身
SelectedValue	返回列表控件中选定项的值

(10) FileUpload(文件上传)控件。

该控件可实现让用户在客户端选择一个文件,然后放到 Web 服务器的某个指定的文件夹下。具体使用方法请看例 6-8。

【例 6-8】 让用户从客户端选择一个图片文件,限定其只能是 jpg/bmp/gif/png/swf 文件,大小不超过 25KB,图片尺寸在 190×130 像素以内。ex_6_8.aspx 文件内容如下:

```
<%@ Page Language="C#" AutoEventWireup="true" CodeFile="ex_6_8.aspx.cs"
Inherits="ex_6_8"%>
<!DOCTYPE html PUBLIC "-//W3C//DTD XHTML 1.0 Transitional//EN"
"http://www.w3.org/TR/xhtml1/DTD/xhtml1- transitional.dtd">
<html xmlns="http://www.w3.org/1999/xhtml">
<head runat="server"><title>上传文件示例</title></head>
<body>
    <form id="form1" runat="server">
        <asp:FileUpload ID="FileUp" runat="server"/>
        <asp:Button ID="Button1" runat="server" OnClick="Button1_Click"
    Text="upload"/>
    </form>
</body>
</html>
```

ex_6_8.aspx.cs 文件内容如下:

```
using System;
using System.Data;
using System.Configuration;
using System.Collections;
using System.Web;
using System.Web.Security;


using System.Web.UI;
```

```
using System.Web.UI.WebControls;
using System.Web.UI.HtmlControls;

public partial class ex_6_8 : System.Web.UI.Page
{
    protected void Button1_Click(object sender, EventArgs e)
    {   //得到上传文件路径名和文件名
        string fullname=FileUp.PostedFile.FileName.ToString().Trim();
        if (fullname=="")
        {  this.Response.Write("<script language='javascript'>alert('请选择
    要上传的图片文件！')</script>");
            return;
        }

        //得到上传文件的文件名
        string filename=this.FileUp.FileName.ToString();
        //从上传文件名中得到文件类型
        string filetype=fullname.Substring(fullname.LastIndexOf(".")+1);
        //将文件扩展名转换为小写字符
        string Ext=filetype.ToLower();
        //判断上传的文件是否为图片文件,若不是图片文件则不予处理
   if (Ext=="jpg" || Ext=="bmp" || Ext=="gif" || Ext=="png" || Ext=="swf")
        {
            //指定上传文件在Web服务器上的存放位置
            string UploadedFile=Server.MapPath(".")+"\\"+filename;
            //上传到Web服务器主目录下
            FileUp.PostedFile.SaveAs(UploadedFile);
            try
            {  //动态构建一个图像,目的是取得图片的宽度和高度
    System.Drawing.Image mylImage=System.Drawing.Image.FromFile (UploadedFile);
                int myLength=FileUp.PostedFile.ContentLength; //图像文件大小
                int myWidth=mylImage.Width;                  //图像宽度
                int myHeight=mylImage.Height;                //图像高度
                mylImage.Dispose();                          //从内存中去除图像

                if (myLength >25600 || myWidth >190 || myHeight >130)
                {  System.IO.File.Delete(UploadedFile);
                                                    //删除已经上传的图片文件
                    Response.Write("<script language='javascript'>alert('上传
                图片规格错误。图片应小于25KB,长宽在190x130像素以内。')</script>");
                    return;
                }
                else


                {
   Response.Write("<script language='javascript'>alert('上传图片成功！')
</script>");
                    return;
                }
            }
            catch
            {
   Response.Write("<script language='javascript'>alert('上传图片规格错误！')
</script>");
                return;
```

```
            }
        }
        else
        {
          Response.Write("<script language='javascript'>
          alert('请选择图片文件(jpg/bmp/gif/png/swf)!')</script>");
            return;
        }
    }
}
```

(11) Panel 和 Placeholder 控件。

Panel 和 Placeholder 控件(占位控件)都属于容器控件。容器控件是指该控件可以动态容纳其他控件或 HTML 元素。要想运行随时向 Web 页面中动态添加内容,可以利用容器控件实现动态添加内容到 Web 页中。

Panel 和 Placeholder 控件转换为客户端 HTML 代码后,呈现为 div 元素。Placeholder Web 服务器控件可以将空的容器控件放置到页内,然后在运行时动态添加、删除子元素等。该控件只呈现其子元素,不具有自己的基于 HTML 的输出。

Panel 控件最终在客户端呈现为 div 元素,但在 Web 开发时允许用户在该控件中添加其他控件,而且在运行过程中也允许动态添加控件。

【例 6-9】 在 aspx 页面中放置一个 Panel 控件,其中放入了一个 CheckBox 和 Placeholder 控件。单击 CheckBox 后,在 Placeholder 和 Panel 中增加了新的数目可变的控件。ex_6_9.aspx 文件内容如下:

```
<%@ Page Language="C# " AutoEventWireup="true" CodeFile="ex_6_9.aspx.cs"
Inherits="ex_6_8"%>
<! DOCTYPE html PUBLIC "-//W3C//DTD XHTML 1.0 Transitional//EN"
"http://www.w3.org/TR/xhtml1/DTD/xhtml1-transitional.dtd">
<html>
<head runat="server"><title>无标题页</title></head>
<body>
<form id="form1" runat="server">
  <asp:Panel ID="Panel1" runat="server" Height="214px" Width="208px"
BackColor="#FFFFC0"
          BorderStyle="Groove">
     <asp:CheckBox ID="CheckBox1" runat="server" Text="查看回复"
OnCheckedChanged="CheckBox1_CheckedChanged" AutoPostBack="True" /><br />
       <asp:PlaceHolder ID="PlaceHolder1" runat="server"></asp:PlaceHolder>
   <br />
    </asp:Panel>
 </form>
</body>
</html>
```

ex_6_9.aspx.cs 文件内容如下:

```
using System;
using System.Data;
using System.Configuration;
using System.Web;
using System.Web.UI;
using System.Web.UI.WebControls;
```

```
using System.Web.UI.HtmlControls;

public partial class ex_6_8 : System.Web.UI.Page
{
    protected void CheckBox1_CheckedChanged(object sender, EventArgs e)
    {  if (CheckBox1.Checked)
       {   //为 PlaceHolder 动态增加 Literal1、TextBox1 和 Button1 三个控件
           Literal Literal1=new Literal();
           Literal1.Text="<br>回复内容:";
           PlaceHolder1.Controls.Add(Literal1);

           TextBox TextBox1=new TextBox();
           TextBox1.Columns=50;
           TextBox1.Rows=20;
           TextBox1.TextMode=System.Web.UI.WebControls.TextBoxMode.
       MultiLine;
           TextBox1.Font.Bold=true;
           PlaceHolder1.Controls.Add(TextBox1);
           TextBox1.BorderColor=System.Drawing.Color.Red;
           TextBox1.Text="This is my reply ";        //可从数据库得到

           Button Button1=new Button();
           Button1.Text="我要回复";
           PlaceHolder1.Controls.Add(Button1);     //可增加单击事件的编程实现



           //为 Panel 动态增加 Literal2 和 TextBox2 两个控件
           Literal Literal2=new Literal();
           Literal2.Text="<br>请输入姓名:";
           Panel1.Controls.Add(Literal2);

           TextBox TextBox2=new TextBox();
           TextBox2.Columns=20;
           TextBox2.Font.Bold=true;
           Panel1.Controls.Add(TextBox2);
       }
    }
}
```

6.2.2 服务器端验证控件

服务器端验证控件是 ASP.NET 控件中新增加的一类验证控件。当用户输入错误时，验证控件可以显示错误信息。验证控件在正常工作情况下是不可见的，只有当用户输入数据有误时，它们才是可见的。服务器端验证控件包含如表 6-17 所示的六种验证控件。验证控件的公共属性如表 6-18 所示。

表 6-17 验证控件

控件名称	说明
RequiredFieldValidator	输入值域是否为空
RangeValidator	输入值域是否在指定范围内
RegularExpressionValidator	输入值域是否符合某正则表达式要求的格式

续表

控件名称	说明
CompareValidator	输入值和另外一个值满足什么关系
CustomValidator	定制的验证检查方式
ValidationSummary	检验其他验证控件的结果并集中显示

表 6-18　验证控件的公共属性

控件名称	说明
ControlToValidate	指定一个控件 id,该控件需要进行输入验证
ErrorMessage	用来显示错误信息
ForeColor	指定错误信息显示时的颜色
Display	指定验证控件的错误信息如何显示。Display="Static",即静态显示方式(系统默认方式)。当验证控件初始化时,需要在网页上有足够的空间来放置验证控件。当没有显示错误信息时,验证控件仍然占据一定的网页位置。Display="Dynamic",即动态显示方式。当验证控件初始化时,控件不再占有网页上的位置,只有在需要显示错误信息时,控件才会占有一定的网页位置。Display="None",即不在当前验证控件中显示错误信息,而在页面的总结验证控件 ValidationSummary 中显示错误信息
EnableClientScript	是否启动客户端验证,默认为 true。若为 false 则启动 Web 服务器来验证。采用客户端验证可得到较快的处理速度

(1) RequiredFieldValidator 控件。

该控件又称非空验证控件,常用于文本输入框的非空验证。若在网页上使用此控件,则当用户提交网页到服务器端时,系统自动检查被验证控件的输入是否为空。如果为空,则网页显示错误信息。RequiredFieldValidator 控件使用方法如下:

```
<asp:RequiredFieldValidator id="控件名称" runat="server" ControlToValidate=
"要检查的控件名" ErroeMessage="错误消息" Display="Static|Dynamic|None">文本信息
</asp:RequiredFieldValidator>
```

(2) RangeValidator 控件。

该控件又称范围验证控件。当用户输入不在验证范围内的值时将引发页面错误消息。该控件提供 Integer、String、Date、Double 和 Currency 五种验证。RangeValidator 控件的使用方法如下:

```
<asp:RangeValidator id="控件名称" runat="server" ControlToValidate="要验证
的控件名" Type="数据类型" MinimumValue="最小值" MaximumValue="最大值"
ErrorMessage="错误信息" Display="Static|Dynamic|None">文本信息</asp:
RangeValidator>
```

(3) RegularExpressionValidator 控件。

该控件又称正则表达式验证控件,它的验证功能比非空验证控件和范围验证控件更强大,用户可以自定义或书写自己的验证表达式。RegularExpressionValidator 控件的使用方法如下:

```
    <asp:RegularExpressionValidator id="控件名称" runat="server"
ControlToValidate="要验证的控件名" ValidationExpression="正则表达式"
ErrorMessage="错误信息" Display="Static|Dynamic|None">文本信息</asp:
RegularExpressionValidator>
```

（4）CompareValidator 控件。

该控件又称比较验证控件，主要用来验证 TextBox 控件内容或者某个控件的内容与某个固定表达式的值是否相同。CompareValidator 控件的使用方法如下：

```
<asp:CompareValidator id="控件名称" runat="server" ControlToValidate="要验证的控件名" ValueToCompare="常值" ControlToCompare="做比较的控件名" Type="输入值" Operator="操作方法" ErrorMessage="错误信息" Display="Static|Dynamic| None">文本信息</asp:CompareValidator>
```

（5）CustomValidator 控件。

该控件又称自定义验证控件，它使用自定义的验证函数来作为验证方式。CustomValidator 控件与其他验证控件的最大区别是该控件可以添加客户端验证函数和服务器端验证函数。客户端验证函数总是在 ClientValidatorFunction 属性中指定的，而服务器端验证函数总是通过 OnServerValidate 属性来设定，并指定为 ServerValidate 事件处理程序。CustomValidator 控件的使用方法如下：

```
<asp:CustomValidator id="控件名称" runat="server" ControlToValidate="要验证的控件名" ErrorMessage="错误信息" Display="Static|Dynamic|None">文本信息</asp:CustomValidator>
```

（6）ValidationSummary 控件。

该控件又称错误总结控件，主要是收集本页中所有验证错误信息，并将它们组织好后显示出来。其使用方法如下：

```
<asp:ValidationSummary id="控件名称" runat="server" HeaderText="头信息" ShowSummary="True|False"
Display="List|BulletList|SingleParagraph"></asp:ValidationSummary>
```

其中，ShowSummary="True"表示在该页中显示摘要信息，否则以对话框方式显示摘要信息。Display 确定摘要的显示方式。

【例 6-10】 使用 RequiredFieldValidator 控件控制必须输入班级编号，当班级编号为空时显示“班级编号不能为空”的字样；使用 RangeValidator 控件控制用户输入的班级编号必须在 1 和 9 之间；使用 RegularExpressionValidator 控件检验用户输入的 URL 地址和 E-mail 地址是否规范；使用 CompareValidator 控件检查用户输入两次密码的值是否相同；使用 ValidationSummary 控件将验证后的结果以对话框方式显示。ex_6_10. aspx 文件内容如下：

```
<%@ Page Language="C# " AutoEventWireup="true" CodeFile="ex_6_10.aspx.cs" Inherits="ex_6_10" %>
<html xmlns="http://www.w3.org/1999/xhtml">
<head id="Head1" runat="server"><title>验证控件的运用</title></head>
<body>
    <form id="form1" runat="server">
        <asp:Literal ID="Literal1" runat="server" Text="学院编号"></asp:Literal>
        <asp:TextBox ID="TextBox1" runat="server"></asp:TextBox>
        <asp:RangeValidator ID="RangeValidator1" runat="server" ErrorMessage="编号在 1 和 9 之间!" Display="Dynamic" ControlToValidate="TextBox1" MaximumValue="25" MinimumValue="1"></asp:RangeValidator><br />
        <asp:Literal ID="Literal2" runat="server" Text="学院名称"></asp:Literal>
        <asp:TextBox ID="TextBox2" runat="server"></asp:TextBox> 
```

```
            < asp: RequiredFieldValidator ID = " RequiredFieldValidator1" runat =
"server" ErrorMessage="学院名称不能为空!" Display="Dynamic" ControlToValidate=
"TextBox2"></asp:RequiredFieldValidator><br />
        <asp:Label ID="Label1" runat="server" ForeColor="MediumBlue" Text=
"请输入 URL 地址:"></asp:Label>
        <asp:TextBox ID="TextBox3" runat="server"></asp:TextBox>
          < asp: RegularExpressionValidator ID = " RegularExpressionValidator1"
runat="server" ControlToValidate="TextBox3" ErrorMessage="输入的 URL 地址不
正确!"
Display="Dynamic" ValidationExpression="http(s)?://([\w-]+\.)+[\w-]+(/[\w-
/?%&=]*)?"></asp:RegularExpressionValidator><br />
        <asp:Label ID="Label2" runat="server" ForeColor="MediumBlue" Text=

"请输入 E-mail 地址:"></asp:Label>
        <asp:TextBox ID="TextBox4" runat="server"></asp:TextBox>
          < asp: RegularExpressionValidator ID = " RegularExpressionValidator2"
runat="server" ControlToValidate="TextBox4" ErrorMessage="输入的 E-mail 地址
不正确!" Display="Dynamic" ValidationExpression="\w+([-+.']\w+)*@\w+([-.]\
w+)*\.\w+([-.]\w+)*"></asp:RegularExpressionValidator><br />
        <asp:Label ID="Label3" runat="server" ForeColor="MediumBlue" Text=
"请输入旧密码:"></asp:Label>
     <asp:TextBox ID="TextBox5" runat="server" TextMode="Password"></asp:
TextBox><br />
        <asp:Label ID="Label4" runat="server" ForeColor="MediumBlue"
                Text="请输入新密码:"></asp:Label>
        <asp:TextBox ID="TextBox6" runat="server" TextMode="Password"></asp:
TextBox><br />
        <asp:Label ID="Label5" runat="server" ForeColor="MediumBlue"
                Text="请确认新密码:"></asp:Label>
        <asp:TextBox ID="TextBox7" runat="server" TextMode="Password"></asp:
TextBox>
        <asp:CompareValidator ID="CompareValidator1" runat="server"
                  ErrorMessage="前后密码输入不一致!"
             ControlToCompare="TextBox6" ControlToValidate="TextBox7" Display=
"Dynamic"></asp:CompareValidator>
        <asp:ValidationSummary ID="ValidationSummary_Error"
          runat="server" ShowMessageBox="True" DisplayMode="SingleParagraph" />
        <br />
        <asp:Button ID="Button1" runat="server" Text="确  定" />
        <asp:Button ID="Button2" runat="server" Text="取  消" />
    </form>
</body>
</html>
```

其设计界面如图 6-4 所示。

一般情况下输入数据的有效性验证可通过客户端验证来进行,可避免服务器端验证所需要的信息往返,除非是对安全性要求高的场合采用服务器端验证。使用验证控件的 EnableClientScript 属性来指定是否启用客户端验证。

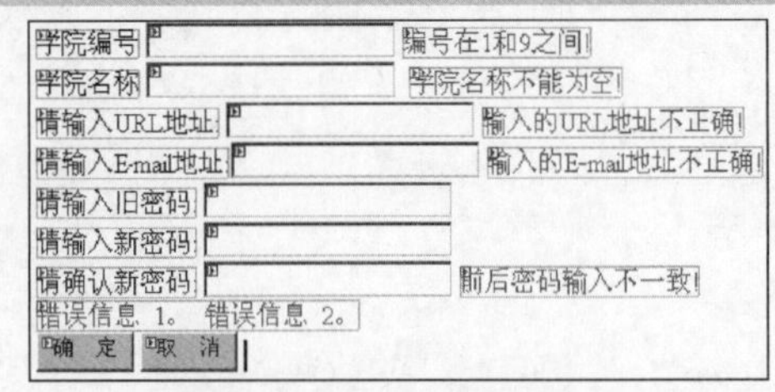

图 6-4 验证控件设计界面

6.2.3 服务器端数据访问控件

数据访问控件根据所实现的功能分为两大类:数据源控件和数据绑定控件。数据源控件可实现对不同数据源的数据访问，主要包括连接数据源、使用SQL语句获取和管理数据等。数据绑定控件主要用于以多种方式显示数据。通常情况下，可以将数据源控件与数据绑定控件结合起来，数据源控件负责获取和处理数据，数据绑定控件负责将数据显示在页面上。数据源控件和数据绑定控件如表6-19所示。

表6-19 数据源控件和数据绑定控件

	控件名称	说明
数据源控件	SqlDataSource	用于连接SQL数据库，可以用来从任何OLEDB或者符合ODBC的数据源中检索数据，能够访问目前主流的数据库系统
	AccessDataSource	用于连接Access数据库，允许以声明方式将Access数据库中的数据绑定到指定对象中
	ObjectDataSource	用于连接自定义对象，允许以声明方式将对象绑定到自定义对象公开的数据，以用于多层Web应用结构
	XmlDataSource	该控件可装载XML文件作为数据源，并将其绑定到指定的对象中
	SiteMapDataSource	该控件装载一个预先定义好的站点布局文件作为数据源，Web服务器控件和其他控件可通过该控件绑定到分层站点地图数据，以便制作站点的页面导航功能
数据绑定控件	Repeater	自由地控制数据的显示。即可以使用非表格的形式来显示数据，从而能够更灵活地定义其显示的风格
	GridView	.NET中强大功能的数据控件，不需要编写代码就可实现数据的连接、绑定、编辑、删除、增加等功能
	DataList	通过定义模板或样式来灵活地显示数据
	DetailsView	用于显示表中数据源的单个记录，其中每个数据行表示记录中的一个字段。该控件通常与GridView控件组合使用，构成主-从显示方案
	FormView	用于显示表中数据源的单个记录。使用FormView控件时，需指定模板以显示和编辑绑定值。模板中包含用于创建窗体的格式、控件和绑定表达式。FormView控件通常与GridView控件一起用于主控/详细信息方案
	ReportViewer	用于显示报表、工具栏和文档结构图的视图区域。工具栏是可配置的，它提供了运行时功能以支持多页报表中的导航、缩放、搜索、打印和导出功能。提供编程接口，以便可以自定义控件、配置控件，以及通过代码与控件进行交互，包括更改在运行时ReportViewer使用的数据源

下面分别对上述控件进行一一介绍。

1. 数据源控件

数据源控件分为两种：普通数据源控件和层次化数据源控件（树形结构）。普通数据源控件包括SqlDataSource、ObjectDataSource、AccessDataSource，主要检索带有行和列的基于数据表的数据源；层次化数据源控件包括XmlDataSource和SiteMapDataSource，主要检索包含层次化数据的数据源。

（1）SqlDataSource控件。

SqlDataSource控件的应用非常广泛，可以用来从任何OLEDB或者符合ODBC的数据源中检索数据，能够访问目前主流的数据库系统。该控件常用的属性及说明如表6-20所示。

表 6-20　SqlDataSource 控件常用的属性及说明

属　性	说　明
ConnectionString	用于设置连接数据源字符串
ProviderName	用于设置不同的数据提供程序，未设置该属性，则默认为 System. Data. SqlClient
SelectCommand	执行数据记录选择操作的 SQL 语句或者存储过程名称
UpdateCommand	执行数据记录更新操作的 SQL 语句或者存储过程名称
DeleteCommand	执行数据记录删除操作的 SQL 语句或者存储过程名称
InsertCommand	执行数据记录添加操作的 SQL 语句或者存储过程名称
DataSourceMode	用于获取或设置 SqlDataSource 控件获取数据时所使用的数据返回模式，包含两个可选枚举值：DataReader 和 DataSet

在 VS 2019“设计”中放入 SqlDataSource 控件后，出现智能标记“配置数据源”，单击后弹出“配置数据源”对话框向导，既可选择一个现有的数据连接，也可创建一个新的数据连接。单击“新建连接”按钮后弹出“添加连接”对话框，如图 6-5 所示。

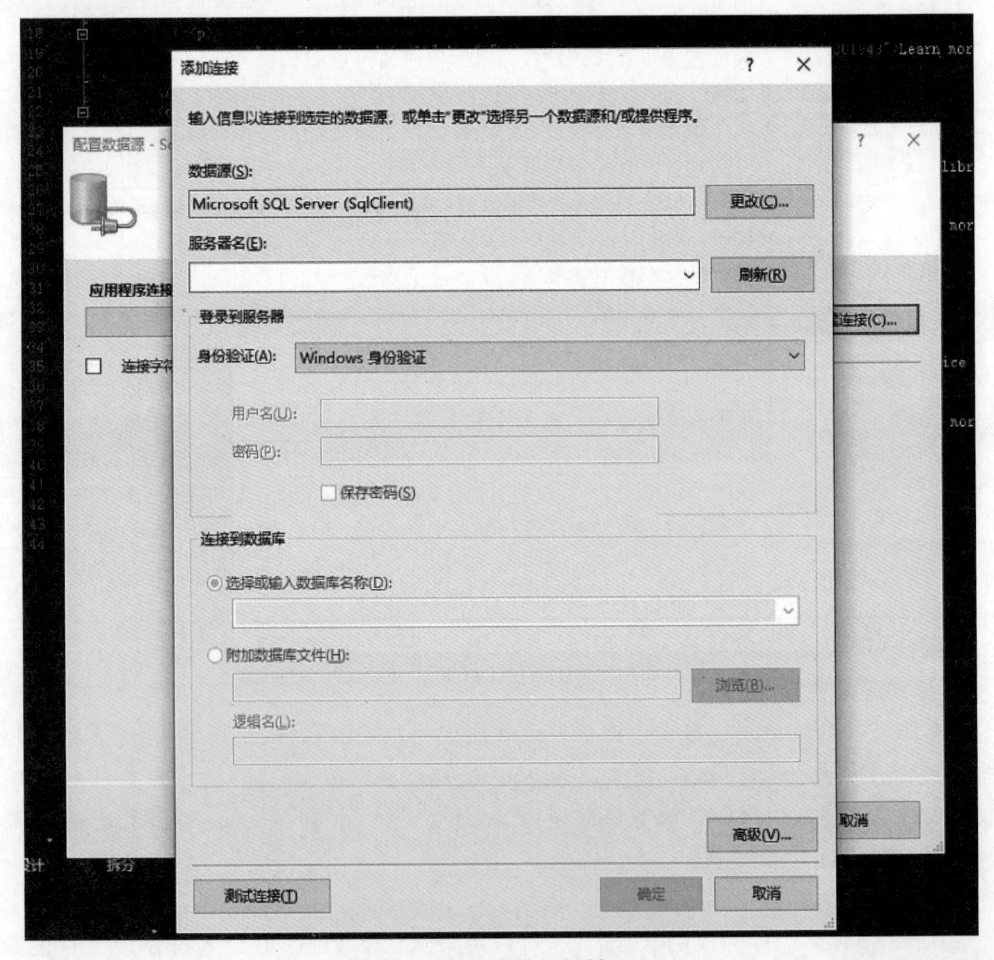

图 6-5　“添加连接”对话框(1)

默认显示数据源连接方式为 Microsoft ODBC 数据源(ODBC)，可以单击“更改”按钮选择其他连接数据源的方式。单击“更改”按钮后弹出如图 6-6 所示的对话框。

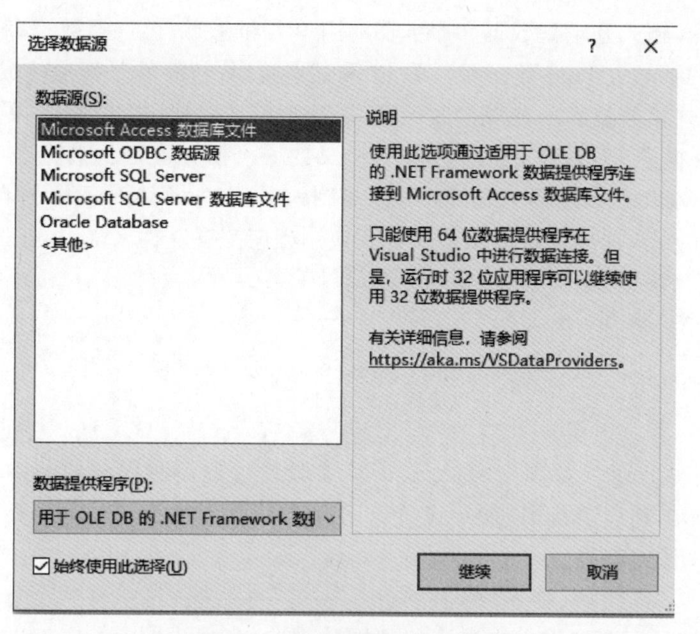

图 6-6 “选择数据源”对话框

从图 6-6 可知，.NET 支持多种数据源连接方式。若数据库为 SQL Server，则采用 Microsoft SQL Server 专用接口方式可以获得最快的连接性能。单击“确定”按钮后出现如图 6-7 所示的“添加连接”对话框。

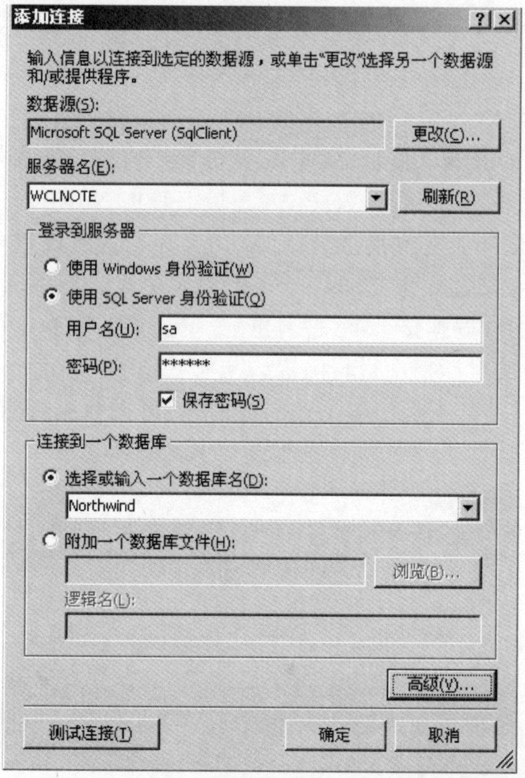

图 6-7 “添加连接”对话框(2)

输入数据源,输入登录到数据库服务器的用户名和密码,再选择数据库(这里选择 SQL Server 中自带的 NorthWind 数据库),单击"测试连接"按钮看看是否连接成功。可单击"高级"按钮来修改连接数据库的各项参数设置,以利于提高数据访问性能。单击"确定"按钮后又回到"配置数据源"对话框(此时已在 VS 2019 的"服务器资源管理器"中生成了一个 wclnote. Northwind. dbo 连接),单击"下一步"按钮后,选择将此连接另存为 NorthwindConnectionString 后,连接字符串将被保存到应用程序配置文件 web. config 中。其内容为:

```
<connectionStrings>
  < add name = " NorthwindConnectionString " connectionString = " Data Source =
WCLNOTE;Initial Catalog=Northwind;
Persist Security Info=True;User ID=sa;Password=docman"
   providerName="System.Data.SqlClient"/>
</connectionStrings>
```

其中,connectionString 字符串中 Data Source 参数设置数据库服务器名称; Initial Catalog 参数设置数据库名称; User ID 参数设置访问数据库的用户名; Password 参数设置该用户名对应的数据库访问密码。

单击"下一步"按钮后,弹出"配置 Select 语句"对话框,其中有两个选项"指定自定义 SQL 语句或存储过程"和"指定来自表或视图的列"。当选中"指定来自表或视图的列"后,选择某个表或视图,选择要显示的列名,通过单击 Where 和 Order by 生成 where 子句和 order by 子句,再单击"下一步"按钮后,单击"测试查询"按钮可预先查看查询出来的数据,单击"完成"按钮,即完成了利用 SqlDataSource 控件连接数据源的工作。当选中"配置 Select 语句"对话框中的"指定自定义 SQL 语句或存储过程"后,单击"下一步"按钮后,可直接输入 SQL 语句或用"查询生成器"辅助生成一个 SQL 语句,也可选择一个存储过程作为数据源,最后单击"完成"按钮完成数据源的配置工作。

经过上述步骤后,在 VS 2019 中按 Ctrl+Alt+S 组合键或在主菜单中选择"视图"|"服务器资源管理器"就会出现"服务器资源管理器"窗口,单击前面生成的 wclnote. Northwind. dbo 数据连接后,就可在 VS 2019 环境下管理 Northwind 数据库的表、视图、存储过程等,可以在快捷菜单中发现很多有用的功能,例如新建或删除一个表/视图/存储过程/函数、显示选中表/视图的数据、创建一个表的触发器等。当然,也可在"服务器资源管理器"中直接创建一个新的数据连接,方法是右击"数据连接",在弹出的快捷菜单中,选择"添加连接"按钮,再在弹出的对话框中进行配置。

SqlDataSource 控件的数据源配置工作完成后,就可被数据绑定控件使用,用来将数据显示出来。数据源配置后在 ASPX 文件中生成如下代码:

```
<asp:SqlDataSource ID="SqlDataSource1" runat="server"
  ConnectionString="<%$ ConnectionStrings:NorthwindConnectionString %>"
   SelectCommand="SELECT [CustomerID], [CompanyName], [ContactName],
[ContactTitle], [Address], [City], [Region], [PostalCode], [Country], [Phone],
[Fax] FROM [Customers]">
</asp:SqlDataSource>
```

其中,<%$ ConnectionStrings: NorthwindConnectionString %>就是从应用程序配置文件 web. config 中取回的数据库连接参数。

(2) AccessDataSource 控件。

.NET 提供了一种访问 Access 数据库的专用数据源控件 AccessDataSource。该控件能够快速连接 Access 数据库，并且通过 SQL 语句等对数据库记录实现操作。通过 SqlDataSource 控件也可连接 Access 数据库，Access 数据库文件可放在服务器任意位置，但 AccessDataSource 控件在使用时要求事先将 Access 数据库文件放到 Web 服务器主目录下的某个位置，一般放在主目录的 App_Data 子目录下。该控件常用的属性及说明如表 6-21 所示。此控件的数据源配置过程同 SqlDataSource 控件。

表 6-21　AccessDataSource 控件常用的属性及说明

属　性	说　明
DataFile	该属性用于指定 Access 文件的虚拟路径或者 UNC 路径
ProviderName	用于设置不同的数据提供程序，未设置该属性，则默认为 System. Data. OleDb
SelectCommand	执行数据记录选择操作的 SQL 语句或者存储过程名称
UpdateCommand	执行数据记录更新操作的 SQL 语句或者存储过程名称
DeleteCommand	执行数据记录删除操作的 SQL 语句或者存储过程名称
InsertCommand	执行数据记录添加操作的 SQL 语句或者存储过程名称
DataSourceMode	用于获取或设置 SqlDataSource 控件获取数据时所使用的数据返回模式，包含两个可选枚举值：DataReader 和 DataSet

(3) ObjectDataSource 控件。

多数 ASP. NET 数据源控件，如 SqlDataSource 等，都在两层应用程序层次结构中使用。在该层次结构中，表示层(ASP. NET 网页)可以与数据层(数据库和 XML 文件等)直接进行通信。但是，常用的应用程序设计原则是，将表示层与业务逻辑相分离，从而将业务逻辑封装在业务对象中。这些业务对象在表示层和数据层之间形成一层，从而生成一种三层应用程序结构。ObjectDataSource 控件通过提供一种将相关页上的数据控件绑定到中间层业务对象的方法，为三层结构提供支持。在不使用扩展代码的情况下，ObjectDataSource 使用中间层业务对象以声明方式对数据执行选择、插入、更新、删除、分页、排序、缓存和筛选操作。

ObjectDataSource 控件使用反射调用业务对象的方法，以对数据执行选择、更新、插入和删除操作。设置 ObjectDataSource 控件的 TypeName 属性来指定要用作源对象的类名称。

(4) XmlDataSource 控件。

以上介绍的数据源控件是支持 SQL 的关系数据库，其数据库中保存和组织数据的方式是采用数据表和列。通常以这种方式组织的数据被称为"表格化数据"，其特点是扁平存储和组织。然而，存储和组织数据不只是一种方式，还有一种常见的方式被称为"层次化数据"。该控件就是专门针对 XML 数据而发布的数据源控件。该控件常用的属性及说明如表 6-22 所示。

表 6-22　XmlDataSource 控件常用的属性及说明

属　性	说　明
DataFile	该属性用于获取或设置控件所绑定的 XML 文件
TransformFile	XML 转换文件的路径，即 XSL 文件
XPath	该属性用于获取或设置应用于 XML 数据中的 XPath 查询值，默认值为空。XPath 是一种查询语言，用于检索 XML 文档中包含的信息

XmlDataSource 控件在配置后生成的 ASPX 文件中生成如下代码：

```
<asp:XmlDataSource ID="XmlDataSource1" runat="server" DataFile="~ /XMLFile.
xml" TransformFile="~ /XSLTFile.xsl">
 </asp:XmlDataSource>
```

数据绑定控件可利用 XmlDataSource 控件连接层次化数据源进行相关处理。

(5) SiteMapDataSource 控件。

SiteMapDataSource 控件用来连接包含来自站点地图的导航数据。此数据包括有关网站中的页的信息，如 URL、标题、说明和导航层次结构中的位置。该控件的使用较为复杂，有兴趣的读者可参阅其他专业书籍。

2. 数据绑定控件

数据绑定控件负责将从数据库中获取的数据显示出来。

(1) GridView 控件。

GridView 控件采用表格形式显示从数据库中获取的数据集合。通过使用 GridView 控件，用户可以显示、编辑、删除、排序和翻阅多种不同的数据源中的表格数据。该控件常用的属性及说明如表 6-23 所示。

表 6-23 GridView 控件常用的属性及说明

属 性	说 明
AllowPaging	获取或设置是否启用分页功能
AllowSorting	获取或设置是否启用排序功能
Columns	获取表示 GridView 控件中列字段的 DataControlField 对象集合
DataMember	当数据源包含多个不同的数据项列表时，获取或设置数据绑定控件绑定到的数据列表名称
DataSource	获取或设置数据绑定对象的数据源
DataSourceID	获取或设置控件的 id，数据绑定控件从该控件中检索其数据项列表
EditIndex	获取或设置要编辑的项的索引
GridLines	获取或设置 GridView 控件的网格线样式
PageIndex	获取或设置当前显示页的索引
Rows	获取表示 GridView 控件中数据行的 GridViewRow 对象的集合
SelectedIndex	获取或设置 GridView 控件中的选中行的索引
SelectedRow	获取对 GridViewRow 对象的引用
SelectedValue	获取 GridView 控件中选中行的数据值

【例 6-11】 该例说明对 SqlDataSource 数据源控件和 GridView 数据绑定控件的操作。这是一个使用 GridView 控件显示和编辑数据的示例。与 GridView 控件联系在一起的数据源控件是 SqlDataSource。本例所访问的数据来自 SQL Server 2000 示例数据库 pubs 的数据表 authors。示例效果如图 6-8 所示。单击"编辑"按钮即可修改被选中的那行记录。

图 6-8 GridView 示例结果

该例主要包括两个过程：一是对 SqlDataSource 控件进行配置；二是对 GridView 控件进行配置。对 SqlDataSource 控件进行配置的过程已在前面进行了详细介绍，注意应选择 pubs 数据库，而不是 Northwind。下面介绍对 GridView 控件进行配置。

首先将 GridView 控件放到页面的指定位置，如图 6-9 所示。

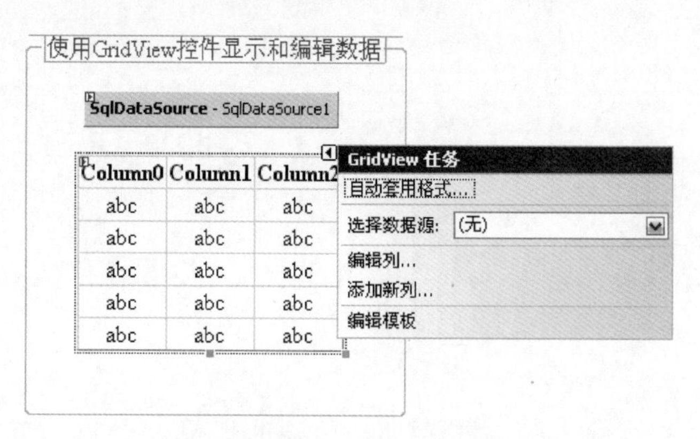

图 6-9 配置 GridView 控件(1)

在智能标记中的“选择数据源”中选择 SqlDataSource1 控件后，配置选项如图 6-10 所示。选中“启用编辑”和“启用分页”复选框，然后右击 GridView 控件后，在弹出的快捷菜单中选择“自动套用格式”命令，在弹出的“自动套用格式”对话框中选择“彩色型”。

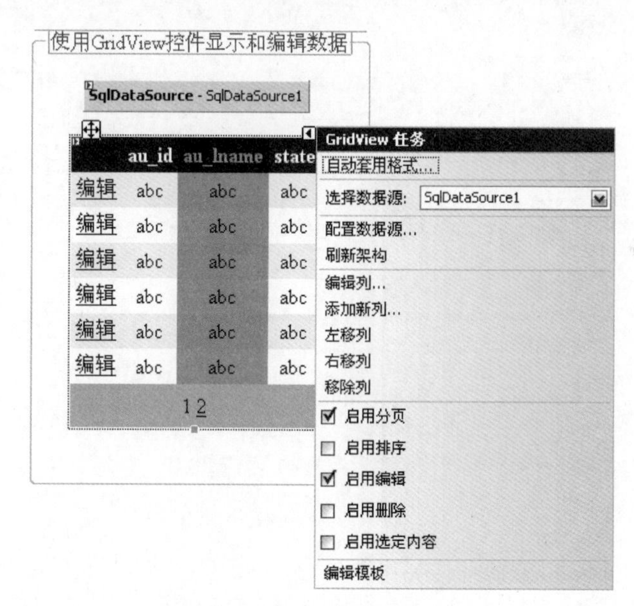

图 6-10 配置 GridView 控件(2)

至此，完成了 GridView 控件的配置。生成的 ex_6_11.aspx 源代码如下所示：

```
<%@ Page Language="C# " AutoEventWireup="true" CodeFile="ex_6_11.aspx.cs"
Inherits="ex_6_11" %>
<! DOCTYPE html PUBLIC "-//W3C//DTD XHTML 1.0 Transitional//EN" "http://www.w3.
org/TR/xhtml1/DTD/xhtml1-transitional.dtd">
<html xmlns="http://www.w3.org/1999/xhtml">

<head id="Head1" runat="server"><title>使用 GridView 控件显示和编辑数据</title>
</head>
<body>
```

```
    <form id="form1" runat="server">
        <fieldset style="width: 250px">
            <legend>使用 GridView 控件显示和编辑数据</legend>
                <asp:SqlDataSource ID="SqlDataSource1" runat="server"
ConnectionString="<%$ ConnectionStrings:pubsConnectionString %>"
                SelectCommand="SELECT [au_id], [au_lname], [state] FROM [authors]"
                DeleteCommand="DELETE FROM [authors] WHERE [au_id] = @au_id"
InsertCommand="INSERT INTO [authors] ([au_id], [au_lname], [state]) VALUES (@au_
id, @au_lname, @state)"
                UpdateCommand="UPDATE [authors] SET [au_lname] = @au_lname,
[state] =@state WHERE [au_id] =@au_id">
                <DeleteParameters>
                    <asp:Parameter Name="au_id" Type="String"/>
                </DeleteParameters>
                <UpdateParameters>
                    <asp:Parameter Name="au_lname" Type="String"/>
                    <asp:Parameter Name="state" Type="String"/>
                    <asp:Parameter Name="au_id" Type="String"/>
                </UpdateParameters>
                <InsertParameters>
                    <asp:Parameter Name="au_id" Type="String"/>
                    <asp:Parameter Name="au_lname" Type="String"/>
                    <asp:Parameter Name="state" Type="String"/>
                </InsertParameters>
            </asp:SqlDataSource>  <br/>
            <asp:GridView ID="GridView1" runat="server"
                AllowPaging="True" AutoGenerateColumns="False"
                CellPadding="4" DataKeyNames="au_id"
                DataSourceID="SqlDataSource1" Font-Size="Medium"
                ForeColor="#333333" GridLines="None" PageSize="6">
                <FooterStyle BackColor="#990000" Font-Bold="True" ForeColor=
"White"/>
                <Columns>
                    <asp:CommandField ShowEditButton="True"/>
                    <asp:BoundField DataField="au_id" HeaderText="au_id"
                         ReadOnly="True" SortExpression="au_id"/>
                    <asp:BoundField DataField="au_lname"
                         HeaderText="au_lname" SortExpression="au_lname"/>
                    <asp:BoundField DataField="state"

                         HeaderText="state" SortExpression="state"/>
                </Columns>
                <RowStyle BackColor="#FFFBD6" ForeColor="#333333"/>
                <SelectedRowStyle BackColor="#FFCC66" Font- Bold="True"
      ForeColor="Navy"/>
                <PagerStyle BackColor="#FFCC66"
                         ForeColor="#333333" HorizontalAlign="Center"/>
                <HeaderStyle BackColor="#990000" Font- Bold="True" ForeColor=
      "White"/>
                <AlternatingRowStyle BackColor="White" />
            </asp:GridView>
            <br/>
        </fieldset>
    </form>
</body>
</html>
```

(2) Repeater 控件。

数据绑定控件 Repeater 的主要功能是以更自由的方式来控制数据的显示。它会按照所要求的样式严格地输出数据记录。Repeater 控件本身不具备内置的呈现功能,用户必须通过创建模板为 Repeater 控件提供布局。模板中可以包含标记和控件的任意组合。如果未定义模板,或者如果模板不包含元素,则当应用程序运行时,该控件不显示在页上。Repeater 控件支持的模板如表 6-24 所示。

表 6-24　Repeater 控件支持的模板

模板属性	说　明
HeaderTemplate	页头模板容纳数据列表开始处需要呈现的文本和控件
ItemTemplate	数据项模板容纳需要重复显示的数据记录,数据记录以 HTML 元素和控件来呈现
AlternatingItemTemplate	交替项模板功能同数据项模板。通常,可以使用此模板为交替项创建不同的外观,例如指定一种与在 ItemTemplate 中指定的颜色不同的背景色
SeparatorTemplate	分隔模板容纳每条记录之间呈现的元素,如用一条直线(hr 元素)实现数据记录间的分隔
FooterTemplate	页脚模板容纳在列表的结束处分别呈现的文本和控件

由于 Repeater 控件没有默认的外观,因此可以使用该控件的模板创建许多种列表,包括表布局、逗号分隔的列表、XML 格式的列表等。

【例 6-12】 该例说明了如何利用模板来实现数据的输出。图 6-11 为最终显示结果。左图为没有交替项模板的情况;右图为具有交替项模板的情况。该例在“设计”中放置了一个 Repeater 控件和 SqlDataSource 控件,SqlDataSource 控件用来连接数据源,配置数据源的方法同前。在 Repeater 控件中的 DataSourceID 属性中选择此 SqlDataSource 控件。进入“源”中,手工加入上述五个模板,分别在每个模板中编写代码。具体 ex_6_12.aspx 文件代码如下:

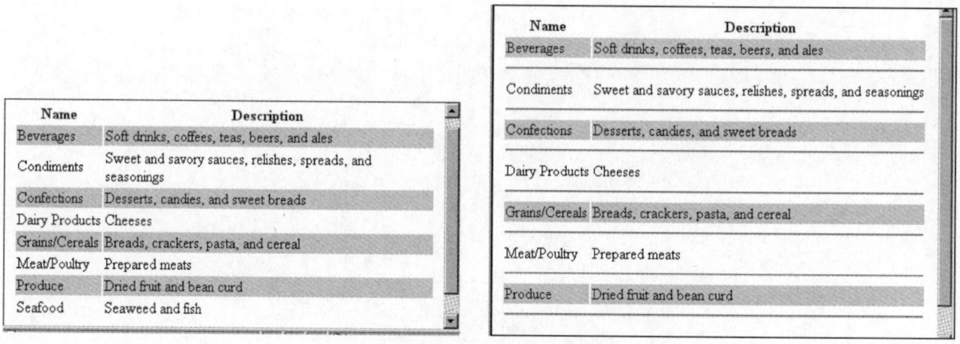

Name	Description
Beverages	Soft drinks, coffees, teas, beers, and ales
Condiments	Sweet and savory sauces, relishes, spreads, and seasonings
Confections	Desserts, candies, and sweet breads
Dairy Products	Cheeses
Grains/Cereals	Breads, crackers, pasta, and cereal
Meat/Poultry	Prepared meats
Produce	Dried fruit and bean curd
Seafood	Seaweed and fish

Name	Description
Beverages	Soft drinks, coffees, teas, beers, and ales
Condiments	Sweet and savory sauces, relishes, spreads, and seasonings
Confections	Desserts, candies, and sweet breads
Dairy Products	Cheeses
Grains/Cereals	Breads, crackers, pasta, and cereal
Meat/Poultry	Prepared meats
Produce	Dried fruit and bean curd

图 6-11　Repeater 控件示例结果

```
<%@ Page Language="C# " AutoEventWireup="true" CodeFile="ex_6_12.aspx.cs"
Inherits="ex_6_12" %>
<! DOCTYPE html PUBLIC "-//W3C//DTD XHTML 1.0 Transitional//EN" "http://www.w3.
org/TR/xhtml1/DTD/xhtml1-transitional.dtd">
<html xmlns="http://www.w3.org/1999/xhtml">
<head id="Head1" runat="server"><title>无标题页</title></head>
<body>
```

```
    <form id="form1" runat="server">
        <div>
            <asp:SqlDataSource ID="SqlDataSource1" runat="server"
            ConnectionString="<%$ ConnectionStrings:
NorthwindConnectionString %>"
               SelectCommand="SELECT [CategoryID], [CategoryName],
[Description], [Picture] FROM [Categories]">
            </asp:SqlDataSource>
            <asp:Repeater ID="Repeater1" runat="server" DataSourceID=
                "SqlDataSource1">
               <HeaderTemplate>
                   <table>
                       <tr>
                           <th>Name</th><th>Description</th>
                       </tr>
               </HeaderTemplate>
               <ItemTemplate>
                   <tr>
                       <td bgcolor="#CCFFCC">
                           <asp:Label runat="server" ID="Label1"
                           Text='<%#Eval("CategoryName") %>' />
                       </td>
                       <td bgcolor="#CCFFCC">

                           <asp:Label runat="server" ID="Label2"
                           Text='<%#Eval("Description") %>' />
                       </td>
                   </tr>
               </ItemTemplate>
               <AlternatingItemTemplate>
                   <tr>
                       <td>
                           <asp:Label runat="server" ID="Label3"
                           Text='<%#Eval("CategoryName") %>' />
                       </td>
                       <td>
                           <asp:Label runat="server" ID="Label4"
                           Text='<%#Eval("Description") %>' />
                       </td>
                   </tr>
               </AlternatingItemTemplate>
               <SeparatorTemplate>
                   <tr><td height="1" colspan="2"><hr /></td></tr>
               </SeparatorTemplate>
               <FooterTemplate></table></FooterTemplate>
            </asp:Repeater>
        </div>
    </form>
</body>
</html>
```

上述代码中,对放置五个模板的先后次序并无要求,建议按表 6-24 的顺序依次放置,便于阅读代码。ItemTemplate 是必需的,AlternatingItemTemplate 和 SeparatorTemplate 可有可无。需要重复显示的 HTML 元素(包括数据)放在 ItemTemplate、AlternatingItemTemplate 和 SeparatorTemplate 中,HeaderTemplate 和 FooterTemplate 中放置不重复显示的 HTML

元素。<%# Eval("CategoryName") %>表示从 SqlDataSource1 数据源中取出 CategoryName 列的值。

(3) DataList 控件。

DataList 控件使用模板和样式来显示数据。它需要连接到某个数据源控件,实现不同布局的数据显示。可以将 DataList 控件绑定到 ADO.NET 数据集(DataSet 类)、数据读取器(SqlDataReader 类或 OleDbDataReader 类)等。可使用 DataList 控件来显示模板定义的数据绑定列表。DataList 控件所支持的模板类型类似于 Repeater 控件,但增加了编辑和选择模板。编辑模板可用来删除和修改记录;选择模板可用来处理选中某个记录后的显示方式。模板类型如表 6-25 所示。

表 6-25　DataList 模板类型

模板属性	说　明
HeaderTemplate	页头模板容纳数据列表开始处需要呈现的文本和控件
ItemTemplate	数据项模板容纳需要重复显示的数据记录,数据记录以 HTML 元素和控件来呈现
AlternatingItemTemplate	交替项模板功能同数据项模板。通常,可以使用此模板为交替项创建不同的外观,例如指定一种与在 ItemTemplate 中指定的颜色不同的背景色
SelectedItemTemplate	选择模板包含一些元素,当用户选择 DataList 控件中的某一条记录时将呈现这些元素。通常,可以用此模板来通过不同的背景色或字体颜色直观地区分选定的行,还可以通过显示数据源中的其他字段来展开该项
EditItemTemplate	编辑模板指定当某记录处于编辑模式中时的布局。此模板通常包含一些编辑控件,如 TextBox 控件
SeparatorTemplate	分隔模板容纳每条记录之间呈现的元素,如用一条直线(hr 元素)实现数据记录间的分隔
FooterTemplate	页脚模板容纳在列表的结束处分别呈现的文本和控件

DataList 控件常用的属性及说明与 GridView 控件相似。DataList 控件常用的事件及说明如表 6-26 所示。

表 6-26　DataList 控件常用的事件及说明

事　件	说　明
CancelCommand	对 DataList 控件中的某个项单击 Cancel 按钮时发生
DeleteCommand	对 DataList 控件中的某个项单击 Delete 按钮时发生
EditCommand	对 DataList 控件中的某个项单击 Edit 按钮时发生
ItemCommand	当单击 DataList 控件中的任一按钮时发生
ItemDataBound	当某个记录的数据被绑定到 DataList 控件时发生
ItemCreated	当在 DataList 控件中创建记录时在服务器上发生
SelectedIndexChanged	在两次服务器发送之间,当 DataList 控件中选择了不同的项时发生
UpdateCommand	对 DataList 控件中的某个项单击 Update 按钮时发生

在使用 DataList 控件时,可以通过智能标记中的"自动套用格式""属性生成器""编辑模板"进行控件的属性设置。对于分页、记录编辑、排序等必须通过手工编写代码完成。下面通过例子来说明该控件的使用。

【例 6-13】 该例说明了在 DataList 控件中如何利用模板来实现数据的输出。在例 6-12 所示代码中,将 Repeater 控件标记换成 DataList 控件标记:

```
<asp:Repeater ID="Repeater1" runat="server"
DataSourceID="SqlDataSource1">…</asp:Repeater>
====〉
<asp:DataList ID="DataList1" runat="server" DataKeyField="CategoryID"
DataSourceID="SqlDataSource1">…</asp:DataList>
```

最终数据显示效果相同。实际上 Repeater 控件是 DataList 控件的一个特例。

【例 6-14】 下面的代码示例演示如何使用数据项编辑模板来实现用户数据的编辑功能。该例中,DataList 控件 ItemsList 并没有绑定数据源,而是程序运行后动态生成一个 CartView 数据视图,通过以下代码绑定到 ItemsList 控件。

```
ItemsList.DataSource=CartView;
ItemsList.DataBind();
```

ex_6_14.aspx 中,<%# DataBinder.Eval(Container.DataItem,"Item") %>表示在页中调用 DataBinder 方法得到数据视图 Item 列的值。当在页上调用 DataBinder 方法时,数据绑定表达式创建服务器控件属性和数据源之间的绑定。可以将数据绑定表达式包含在服务器控件开始标记中属性/值对的值一侧,或页中的任何位置。所有数据绑定表达式都必须包含在<%#和%>字符之间。ASP.NET 支持分层数据绑定模型,该模型创建服务器控件属性和数据源之间的绑定。几乎任何服务器控件属性都可以绑定到任何公共字段或属性,这些公共字段或属性位于包含页或服务器控件的直接命名容器上。数据绑定表达式使用 Eval 和 Bind 方法将数据绑定到控件,并将更改提交回数据库。Eval 方法是静态(只读)方法,该方法采用数据字段的值作为参数并将其作为字符串返回。Bind 方法支持读/写功能,可以检索数据绑定控件的值并将任何更改提交回数据库。

该例中先将一个 DataList 控件放于"设计"中,右击该控件,在弹出的快捷菜单中选择"编辑模板"|"项模板",如图 6-12 所示。在项模板中输入文本"Item:""Quantity:""Price:",并放入一个 LinkButton 控件 EditButton,设置 Text 和 CommandName 属性为 Edit,用于将来单击该控件可编辑数据。在编辑模板中同样输入上述三个文本,对应三个文本放入 Label 控件 ItemLabel、TextBox 控件 QtyTextBox 和 PriceTextBox,另外放入三个 LinkButton 控件 UpdateButton、DeleteButton 和 CancelButton,用于数据的更新、删除和取消编辑功能。页面文件 ex_6_14.aspx 代码如下:

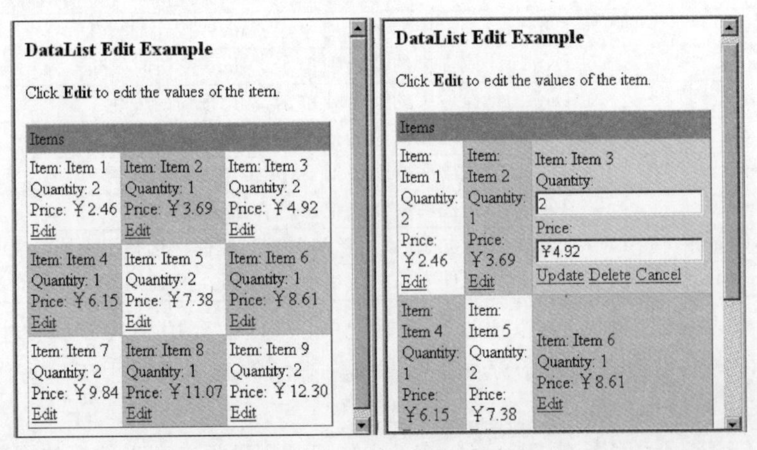

图 6-12 DataList 控件示例结果

```
<%@  Page Language="C# " AutoEventWireup="true" CodeFile="ex_6_14.aspx.cs"
Inherits="ex_6_14" %>
<!DOCTYPE html PUBLIC "-//W3C//DTD XHTML 1.0 Transitional//EN"

"http://www.w3.org/TR/xhtml1/DTD/xhtml1-transitional.dtd">
<html xmlns="http://www.w3.org/1999/xhtml">
<head id="Head1" runat="server"><title>DataList 编辑模板的使用</title></head>
<body>
    <form id="form1" runat="server">
        <h3>DataList Edit Example</h3>
        Click <b>Edit</b>to edit the values of the item. <br><br>
        <asp:DataList ID="ItemsList" GridLines="Both"
             RepeatColumns="3" RepeatDirection="Horizontal"
             CellPadding="3" CellSpacing="0" OnEditCommand="Edit_Command"
             OnUpdateCommand="Update_Command" OnDeleteCommand="Delete_Command"
             OnCancelCommand="Cancel_Command" runat="server">
             <HeaderStyle BackColor="#aaaadd"></HeaderStyle>
             <AlternatingItemStyle BackColor="Gainsboro">
             </AlternatingItemStyle>
             <EditItemStyle BackColor="yellow"></EditItemStyle>
             <HeaderTemplate>
                Items
             </HeaderTemplate>
             <ItemTemplate>
                Item:
                <%#DataBinder.Eval(Container.DataItem, "Item") %><br>
                Quantity:
                <%#DataBinder.Eval(Container.DataItem, "Qty") %><br>
                Price:
                <%#DataBinder.Eval(Container.DataItem, "Price", "{0:c}") %><br>
                <asp:LinkButton ID="EditButton" Text="Edit"
                     CommandName="Edit" runat="server"/>
            </ItemTemplate>
            <EditItemTemplate>
                Item:
                <asp:Label ID="ItemLabel"
                Text='<%#DataBinder.Eval(Container.DataItem, "Item") %>'
                      runat="server"/>
                <br>Quantity:
                <asp:TextBox ID="QtyTextBox"
                Text='<%#DataBinder.Eval(Container.DataItem, "Qty") %>'
                runat="server"/>
                <br>Price:
                <asp:TextBox ID="PriceTextBox"
                Text='<%#DataBinder.Eval(Container.DataItem, "Price",
                "{0:c}") %>'
                runat="server"/><br>
                <asp:LinkButton ID="UpdateButton" Text="Update"
                     CommandName="Update" runat="server"/>

                <asp:LinkButton ID="DeleteButton" Text="Delete"
                     CommandName="Delete" runat="server"/>
                <asp:LinkButton ID="CancelButton" Text="Cancel"
                     CommandName="Cancel" runat="server"/>
            </EditItemTemplate>
        </asp:DataList>
```

```
    </form>
</body>
</html>
```

ex_6_14. aspx. cs 文件代码如下：

```
using System;
using System.Data;
using System.Configuration;
using System.Web;
using System.Web.UI;
using System.Web.UI.WebControls;
using System.Web.UI.HtmlControls;

public partial class ex_6_13 : System.Web.UI.Page
{   //The Cart and CartView objects temporarily store the data source
    //for the DataList control while the page is being processed
    DataTable Cart=new DataTable();
    DataView CartView;

    protected void Page_Load(Object sender, EventArgs e)
    {
        //With a database, use an select query to retrieve the data
        //Because the data source in this example is an in- memory
        //DataTable, retrieve the data from session state if it exists
        //otherwise, create the data source
        GetSource();

        //The DataList control maintains state between posts to the server
        //it only needs to be bound to a data source the first time the
        //page is loaded or when the data source is updated
        if(! IsPostBack) { BindList(); }
    }

    protected void BindList()
    {   //Set the data source and bind to the DataList control
        ItemsList.DataSource=CartView;
        ItemsList.DataBind();
    }

    protected void GetSource()

    {
        //For this example, the data source is a DataTable that
        //is stored in session state. If the data source does not exist
        //create it; otherwise, load the data
        if(Session["ShoppingCart"]==null)
        {
            //Create the sample data
            DataRow dr;

            //Define the columns of the table
            Cart.Columns.Add(new DataColumn("Qty", typeof(Int32)));
            Cart.Columns.Add(new DataColumn("Item", typeof(String)));
            Cart.Columns.Add(new DataColumn("Price", typeof(Double)));

            //Store the table in session state to persist its values
```

```
            //between posts to the server
            Session["ShoppingCart"]=Cart;

            //Populate the DataTable with sample data
            for (int i=1; i <=9; i++)
            {
                dr=Cart.NewRow();
                if(i %2!=0)
                {dr[0]=2;}
                else
                {dr[0]=1;}
                dr[1]="Item " +i.ToString();
                dr[2]=(1.23 * (i +1));
                Cart.Rows.Add(dr);
            }
        }
        else
        {
            //Retrieve the sample data from session state
            Cart=(DataTable)Session["ShoppingCart"];
        }
        //Create a DataView and specify the field to sort by
        CartView=new DataView(Cart);
        CartView.Sort="Item";
        return;
    }

    protected void Edit_Command(Object sender, DataListCommandEventArgs e)
    {   //Set the EditItemIndex property to the index of the item clicked

        //in the DataList control to enable editing for that item. Be sure
        //to rebind the DataList to the data source to refresh the control
        ItemsList.EditItemIndex=e.Item.ItemIndex;
        BindList();
    }

    protected void Cancel_Command(Object sender, DataListCommandEventArgs e)
    {   //Set the EditItemIndex property to -1 to exit editing mode. Be sure
        //to rebind the DataList to the data source to refresh the control
        ItemsList.EditItemIndex=-1;
        BindList();
    }

    protected void Delete_Command(Object sender, DataListCommandEventArgs e)
    {   //Retrieve the name of the item to remove
        String item=((Label)e.Item.FindControl("ItemLabel")).Text;

        //Filter the CartView for the selected item and remove it from
        //the data source
        CartView.RowFilter="Item='" +item +"'";
        if (CartView.Count >0)
        {CartView.Delete(0);}
        CartView.RowFilter="";

        //Set the EditItemIndex property to - 1 to exit editing mode. Be sure
        //to rebind the DataList to the data source to refresh the control
```

```
        ItemsList.EditItemIndex=-1;
        BindList();
    }

    protected void Update_Command(Object sender, DataListCommandEventArgs e)
    {   //Retrieve the updated values from the selected item
        String item=((Label)e.Item.FindControl("ItemLabel")).Text;
        String qty=((TextBox)e.Item.FindControl("QtyTextBox")).Text;
        String price=((TextBox)e.Item.FindControl("PriceTextBox")).Text;

        //With a database, use an update command to update the data
        //Because the data source in this example is an in-memory
        //DataTable, delete the old row and replace it with a new one
        //Filter the CartView for the selected item and remove it from
        //the data source
        CartView.RowFilter="Item='" +item +"'";
        if(CartView.Count >0)
        {CartView.Delete(0);}

        CartView.RowFilter="";

        //*************************************************************
        //Insert data validation code here. Make sure to validate the
        //values entered by the user before converting to the appropriate
        //data types and updating the data source
        //*************************************************************

        //Add a new entry to replace the previous item
        DataRow dr=Cart.NewRow();
        dr[0]=qty;
        dr[1]=item;
        //If necessary, remove the '¥' character from the price before
        //converting the price to a Double
        if(price[0]=='¥')
        {   dr[2]=Convert.ToDouble(price.Substring(1));}
        else
        {   dr[2]=Convert.ToDouble(price);}
        Cart.Rows.Add(dr);

        //Set the EditItemIndex property to -1 to exit editing mode
        //Be sure to rebind the DataList to the data source to refresh
        //the control
        ItemsList.EditItemIndex=-1;
        BindList();
    }
}
```

(4) DetailsView 控件。

DetailsView 控件的主要功能是以表格形式显示和处理来自数据源的单条数据记录,其表格只包含两个数据列:一个数据列逐行显示数据列名;另一个数据列显示与对应列相关的详细数据值。它可与 GridView 控件结合使用,以用于主/详细信息方案。

DetailsView 控件支持以下功能:①绑定至数据源控件;②内置插入功能;③内置更新和删除功能;④内置分页功能;⑤以编程方式访问 DetailsView 对象模型从而动态设置属性、处理事件等;⑥可通过主题和样式自定义外观。

DetailsView 控件与 GridView 控件的功能虽有很多相似,但也有不同。不同点表现在,DetailsView 控件内建数据添加的支持,而 GridView 控件不具备此项功能。另外,在数据显示方面也有区别。通常,GridView 控件习惯于使用表格形式将数据集合显示出来,其表格顶部显示了多个数据列名,具体的数据行都跟随在列名以下显示。DetailsView 控件虽然也显示数据,但是每次只显示一行具体的数据。

DetailsView 控件设置是否自动生成数据行的属性是 AutoGenerateRows,在自定义设置数据绑定行的过程中,DetailsView 控件使用了< Fields >标签,而 GridView 控件使用的是< Columns >。

表 6-27 列出了可以在 DetailsView 控件中使用的七种不同数据行字段类型。

表 6-27 DetailsView 控件使用的七种不同数据行字段类型

字段类型	说明
BoundField	以文本形式显示数据源中某个字段的值
ButtonField	在 DetailsView 控件中显示一个命令按钮。允许显示一个带有自定义按钮(如"添加"或"移除"按钮)控件的行
CheckBoxField	在 DetailsView 控件中显示一个复选框。此行字段类型通常用于显示具有布尔值的字段
CommandField	在 DetailsView 控件中显示用来执行编辑、插入或删除操作的内置命令按钮
HyperLinkField	将数据源中某个字段的值显示为超链接。此数据行字段允许将另一个字段绑定到超链接的 URL
ImageField	在 DetailsView 控件中显示图像
TemplateField	根据指定的模板,为 DetailsView 控件中的行显示用户定义的内容。此数据行字段类型用于创建自定义的数据行字段

以上七个数据行字段只有当 AutoGenerateRows 属性设置为 false 时才能使用。在默认情况下,AutoGenerateRows 属性设置为 true,即允许 DetailsView 控件自动生成数据行。此时,每个数据行字段将以文本形式,按其出现在数据源中的顺序显示在表格中。自动生成行提供了一种显示记录中每个字段的快速简单的方式。Fields 对象集合允许以编程方式管理 DetailsView 控件中的数据行字段。需要注意的是,自动生成的行字段不会添加到 Fields 集合中。同时,显式声明的行字段可与自动生成的行字段结合在一起。两者同时使用时,先呈现显式声明的字段,再呈现自动生成的行字段。

DetailsView 控件同样支持模板功能。表 6-28 列出了它所支持的模板。

表 6-28 DetailsView 控件支持的模板

模板	说明
EmptyDataTemplate	获取或者设置当 DetailsView 控件绑定空的数据源控件时,由开发人员定义的对于空数据所呈现模板的内容。默认值为空。可以将自定义模板内容放在< EmptyDataTemplate >和</EmptyDataTemplate >标签之间。如果 DetailsView 控件中同时设置了该属性与 EmptyDataText 属性,那么 EmptyDataTemplate 的优先级比 EmptyDataText 高
FooterTemplate	获取或者设置由开发人员自定义的对于表尾行所呈现模板的内容。默认值为空。可以将自定义模板内容放置在< FooterTemplate >和</FooterTemplate >标签之间。如果同时设置了 FooterText 属性,则该属性将覆盖 FooterText 所设置的内容

续表

模　　板	说　　明
HeaderTemplate	获取或者设置由开发人员自定义的对于表头行所呈现模板的内容。默认值为空。可以将自定义模板内容放置在< HeaderTemplate >和</HeaderTemplate >标签之间。如果同时设置 FooterText 属性,则该属性将覆盖 HeaderText 所设置的内容
PagerTemplate	获取或者设置由开发人员自定义的对于分页行所呈现模板的内容。默认值为空。可以将自定义模板内容放在< PagerTemplate >和</PagerTemplate >标签之间

DetailsView 控件常用的属性及说明与 GridView 控件相似,在此不再赘述。DetailsView 控件常用的事件及说明如表 6-29 所示。

表 6-29　DetailsView 控件常用的事件及说明

事　　件	说　　明
ItemCommand	该事件发生在控件中某个按钮被单击时
ItemCreated	该事件发生在创建一个新数据记录时
ItemDeleted	该事件发生在单击"删除"按钮,在删除操作之后执行
ItemDeleting	该事件发生在单击"删除"按钮,在删除操作之前执行
ItemInserted	该事件发生在单击"添加"按钮,在添加操作之后执行
ItemInserting	该事件发生在单击"添加"按钮,在添加操作之前执行
ItemUpdated	该事件发生在单击"更新"按钮,在更新操作之后执行
ItemUpdating	该事件发生在单击"更新"按钮,在更新操作之前执行
ModeChanged	该事件发生在修改数据模式,CurrentMode 得到更新之后执行
ModeChanging	该事件发生在修改数据模式,CurrentMode 得到更新之前执行
PageIndexChanged	该事件发生在 PageIndex 属性的值在分页操作后更改时发生
PageIndexChanging	该事件发生在 PageIndex 属性的值在分页操作前更改时发生

【例 6-15】　该例说明了如何利用 DetailsView 控件来实现数据的输出。该例在"设计"中放置了一个 DetailsView 控件和 SqlDataSource 控件,SqlDataSource 控件用来连接数据源,配置数据源方法同前。在 DetailsView 控件中的 DataSourceID 属性中选择此 SqlDataSource 控件。进入"源"中,手工加入两个 Fields 对象,分别在每个 Fields 对象中编写代码。具体 ex_6_15.aspx 文件代码如下:

```
<%@ Page Language="C#" AutoEventWireup="true" CodeFile="ex_6_15.aspx.cs"
Inherits="ex_6_15" %>
<!DOCTYPE html PUBLIC "-//W3C//DTD XHTML 1.0 Transitional//EN" "http://www.w3.
org/TR/xhtml1/DTD/xhtml1-transitional.dtd">
<html xmlns="http://www.w3.org/1999/xhtml" >
<head runat="server"><title>无标题页</title></head>
<body>
    <form id="form1" runat="server">
    <div>
    <asp:SqlDataSource ID="SqlDataSource1" runat="server" ConnectionString="<%$
ConnectionStrings:NorthwindConnectionString %>"
            SelectCommand="SELECT [CategoryID], [CategoryName],
[Description], [Picture] FROM [Categories]">
        </asp:SqlDataSource>
        <asp:DetailsView ID="DetailsView1" runat="server" Height="84px"
Width="266px"
            DataSourceID="SqlDataSource1" AutoGenerateRows="False"
```

```
            HeaderText=" 目录信息" HeaderStyle-BackColor="#CC99FF"
                  HeaderStyle-HorizontalAlign="Center" AllowPaging="True"
                  PagerSettings-Position="Bottom" RowStyle-VerticalAlign="Top">
          <Fields>
            <asp:BoundField  HeaderText="目录"
                  NullDisplayText="没有目录" DataField="CategoryName"/>

            <asp:BoundField HeaderText="描述"
                  NullDisplayText="没有描述"  DataField="Description"/>
          </Fields>
              <RowStyle VerticalAlign="Top"/>
              <HeaderStyle BackColor="#CC99FF" HorizontalAlign="Center"/>
          </asp:DetailsView>
      </div>
      </form>
  </body>
  </html>
```

上述代码中的<Fields>标签是必要的。DataField="CategoryName"表示从 SqlDataSource1 数据源中取出 CategoryName 列的值。最终执行结果如图 6-13 所示。

目录信息	
目录	Beverages
描述	Soft drinks, coffees, teas, beers, and ales
12345678	

图 6-13　FormView 控件示例结果

(5) FormView 控件。

FormView 控件用于显示数据源中的单个记录。该控件与 DetailsView 控件类似，只是它显示用户定义的模板而不是行字段。FormView 控件支持的功能与 DetailsView 控件类似。不同点表现在 DetailsView 控件能够自动创建 HTML 表格结构代码，并且显示相关的数据字段名称和数据值。FormView 控件则默认创建一个空白的区域(实际上所创建的是一个只有一行一列的表格)。FormView 控件不具备自动创建表格显示数据的功能。FormView 控件需要开发人员自定义 ItemTemplate、PagerTemplate 等模板属性，以自定义方式显示各字段。

FormView 控件支持以下功能：①支持绑定到数据源控件；②内置数据插入、更新和删除功能；③内置分页功能；④允许以编程方式访问 FormView 控件对象模型，以动态设置属性、处理事件等；⑤通过用户定义的模板、主题和样式自定义外观。

通常，FormView 控件用于更新和插入新数据记录，并且在关联数据表的数据处理方面有较多应用。实现这些应用，FormView 控件需要数据源控件的支持，以便执行诸如更新、插入和删除记录的任务。即使 FormView 控件的数据源公开了多条记录，该控件一次也只显示一条数据记录。在该模板的自定义内容中都包含了数据绑定表达式，如<%# Bind("columnName1")%>。

上述表达式用于绑定数据列的数据。如果在模板属性中包含了 Bind 表达式，那么表明 columnName1 是可读可写的。如果在模板属性中包含 Eval 表达式，则表明 columnName1 只用于显示数据，而不能修改该数据列的数据。

FormView 控件作为一个数据绑定控件，可与数据源控件结合实现各种数据操作。当 FormView 控件通过 DataSourceID 属性连接数据源控件后，该控件可利用数据源控件的内置功能，在自身内置功能的支持下，实现数据更新、删除、添加和分页等操作。与 GridView 和 DetailsView 控件不同的是，由于 FormView 控件使用模板属性，因此，没有提供自动生成命令按钮的功能。开发人员必须在模板属性中自行定义各种命令按钮，这样才能实现数据操作功能。DetailsView 控件支持的模板如表 6-30 所示。

表 6-30　FormView 控件支持的模板

模　板	说　明
EditItemTemplate	获取或者设置在编辑模式下自定义项的内容
EmptyDataTemplate	获取或者设置当 DetailsView 控件绑定空的数据源控件时，由开发人员定义的对于空数据所呈现模板的内容。默认值为空。可以将自定义模板内容放在< EmptyDataTemplate >和</EmptyDataTemplate >标签之间。如果 DetailsView 控件中同时设置了该属性与 EmptyDataText 属性，那么 EmptyDataTemplate 的优先级比 EmptyDataText 高
FooterTemplate	获取或者设置由开发人员自定义的对于表尾行所呈现模板的内容。默认值为空。可以将自定义模板内容放置在< FooterTemplate >和</FooterTemplate >标签之间。如果同时设置了 FooterText 属性，则该属性将覆盖 FooterText 所设置的内容
HeaderTemplate	获取或者设置由开发人员自定义的对于表头行所呈现模板的内容。默认值为空。可以将自定义模板内容放置在< HeaderTemplate >和</HeaderTemplate >标签之间。如果同时设置 FooterText 属性，则该属性将覆盖 HeaderText 所设置的内容
InsertItemTemplate	获取或者设置在插入模式下自定义项的内容
ItemTemplate	获取或者设置在只读模式下自定义数据行的内容
PagerTemplate	获取或者设置由开发人员自定义的对于分页行所呈现模板的内容。默认值为空。可以将自定义模板内容放在< PagerTemplte >和</PagerTemplate >标签之间

FormView 控件常用的属性、常用的事件及说明与 DetailsView 控件相似，在此不再赘述。

【例 6-16】　该例说明了如何利用 FormView 控件来实现数据的输出。该例在“设计”中放置了一个 FormView 控件和 SqlDataSource 控件，SqlDataSource 控件用来连接数据源，配置数据源方法同前。在 FormView 控件中的 DataSourceID 属性中选择此 SqlDataSource 控件。进入“源”中，手工加入上述模板中的三个模板，分别在每个模板中编写代码。具体 ex_6_16. aspx 文件代码如下：

```
<%@  Page Language="C# " AutoEventWireup="true" CodeFile="ex_6_16.aspx.cs"
Inherits="ex_6_16" %>
<! DOCTYPE html PUBLIC "-//W3C//DTD XHTML 1.0 Transitional//EN" "http://www.w3.
org/TR/xhtml1/DTD/xhtml1-transitional.dtd">
<html xmlns="http://www.w3.org/1999/xhtml">
<head runat="server"><title>无标题页</title></head>
<body>
    <form id="form1" runat="server">
    <div>
     <asp:SqlDataSource ID="SqlDataSource1" runat="server"
         ConnectionString="<%$  ConnectionStrings:NorthwindConnectionString %>"
          SelectCommand=" SELECT [CategoryID], [CategoryName], [Description],
[Picture] FROM [Categories]">
        </asp:SqlDataSource>
      <asp:FormView ID="FormView1" runat="server"
DataSourceID="SqlDataSource1" AllowPaging="True">
```

```
        <HeaderTemplate>
                <table>
                    <tr>
                        <th>Name</th><th>Description</th>
                    </tr>
            </HeaderTemplate>
        <ItemTemplate>
                <tr>
                    <td bgcolor="#CCFFCC">
                    <asp:Label runat="server" ID="Label1"
                    Text='<%#Eval("CategoryName") %>' />
                    </td>
                    <td bgcolor="#CCFFCC">
                    <asp:Label runat="server" ID="Label2"
                     Text='<%#Eval("Description") %>' />
                    </td>
                </tr>
            </ItemTemplate>
            <FooterTemplate></table></FooterTemplate>
    </asp:FormView>
    </div>
    </form>
</body>
</html>
```

上述代码中 ItemTemplate 是必需的，<%#Eval("CategoryName") %>表示从 SqlData-Source1 数据源中取出 CategoryName 列的值。显示结果如图 6-14 所示。

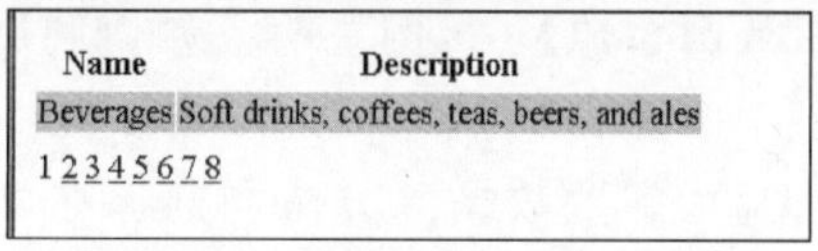

Name	Description
Beverages	Soft drinks, coffees, teas, beers, and ales

1 2 3 4 5 6 7 8

图 6-14 FormView 控件示例效果

(6) ReportViewer 控件。

VS 2019 内置了报表设计功能和用于显示报表的 ReportViewer 服务器控件。ReportViewer 服务器控件用来呈现表格格式数据、聚合数据和多维数据，它可以以图表的形式显示数据。ReportViewer 服务器控件支持的图表有柱形图、条形图等。报表还可以导出 Excel 文件和 PDF 文件。ReportViewer 控件可以配置成以本地处理模式或远程处理模式运行。

本地处理模式是指 ReportViewer 控件在客户端应用程序中处理报表。所有报表都是使用应用程序提供的数据作为本地过程处理的。若要创建本地处理模式下使用的报表，则需要使用 Visual Studio 中的报表项目模板。该模式所有数据和报表的处理都是在客户端进行的，在处理大型或复杂的报表和查询时，应用程序性能可能会降低。

远程处理模式是指由 SQL Server 2005 Reporting Services 报表服务器处理报表。在远程处理模式下，ReportViewer 控件用作查看器，显示已经在 Reporting Services 报表服务器上发布的预定义报表。从数据检索到报表呈现的所有操作都是在报表服务器上处理的。若要使用远程处理模式，则必须具有 SQL Server 2005 Reporting Services 的许可副本。

注意，Internet Explorer 6.0 以上版本的浏览器是唯一保证支持用于报表的全套功能的浏览器，其他浏览器只支持部分功能。ReportViewer 控件中常用的属性如表 6-31 所示。

表 6-31 ReportViewer 控件中常用的属性

属　性	说　明
AsyncRendering	指明 ReportViewer 控件是否以异步方式呈现报表
BackColor	获取或设置控件报表区域的背景颜色
CurrentPage	获取或设置 ReportViewer 控件活动报表的当前页
DocumentMapCollapsed	获取或设置文档结构图的折叠状态
DocumentMapWidth	获取或设置文档结构图的宽度
ExportContentDisposition	指明内容应以内联方式存在还是作为附件存在
HyperlinkTarget	获取或设置单击报表中的超链接时返回网页内容的目标窗口或框架
LinkActiveColor	获取或设置控件中的活动链接的颜色
LinkActiveHoverColor	获取或设置当鼠标指针处于控件中的活动链接上时该链接的颜色
ProcessingMode	获取或设置 ReportViewer 控件的处理模式
PromptAreaCollapsed	折叠或还原 ReportViewer 控件的提示区域
ServerReport	获取报表查看器中的服务器报表
ShowCredentialPrompts	指明是否会显示要求用户凭据的提示
ShowExportControls	指明控件上的“导出”控件是否可见
WaitMessageFont	执行报表时显示的消息所采用的字体
ZoomMode	获取或设置控件的缩放模式
ZoomPercent	获取或设置显示报表时使用的缩放百分比

【例 6-17】 该例说明了如何利用 ReportViewer 控件来实现数据的输出。该例在“设计”中放置了一个 ReportViewer 控件和 SqlDataSource 控件，SqlDataSource 控件用来连接数据源，配置数据源方法同前。在 ReportViewer 控件中的 DataSourceID 属性中选择此 SqlDataSource 控件。按照 ReportViewer 控件向导一步步完成向导配置。

ex_6_17.aspx 文件的具体代码如下：

```
<%@ Page Language="C# " AutoEventWireup="true" CodeFile="ex_6_17.aspx.cs"
Inherits="ex_6_17" %>
<%@ Register Assembly="Microsoft.ReportViewer.WebForms, Version=8.0.0.0,
Culture=neutral, PublicKeyToken=b03f5f7f11d50a3a"

    Namespace="Microsoft.Reporting.WebForms" TagPrefix="rsweb" %>
<! DOCTYPE html PUBLIC "-//W3C//DTD XHTML 1.0 Transitional//EN" "http://www.w3.
org/TR/xhtml1/DTD/xhtml1-transitional.dtd">
<script runat="server">
protected void ReportViewer1_Load(object sender, EventArgs e)
    {
     this.ReportViewer1.LocalReport.EnableExternalImages=true;
    }</script>
<html xmlns="http://www.w3.org/1999/xhtml">
<head runat="server">
    <title>无标题页</title>
</head>
<body>
    <form id="form1" runat="server">
    <div>
    <asp:SqlDataSource ID="SqlDataSource1" runat="server"
ConnectionString="<%$
ConnectionStrings:NorthwindConnectionString %>"
```

```
            SelectCommand="SELECT [CategoryID], [CategoryName], [Description],
[Picture] FROM [Categories]">
        </asp:SqlDataSource>
        <rsweb:ReportViewer ID="ReportViewer1" runat="server" Font-Names=
"Verdana" Font-Size="8pt"
            Height="400px" OnLoad="ReportViewer1_Load" Width="400px">
            <LocalReport ReportPath="Report1.rdlc">
                <DataSources>
                    <rsweb:ReportDataSource DataSourceId="ObjectDataSource1"
Name="DataSet1_Categories" />
                </DataSources>
            </LocalReport>
        </rsweb:ReportViewer>
            <asp:ObjectDataSource ID="ObjectDataSource1" runat="server"
SelectMethod="GetData"
            TypeName="DataSet1TableAdapters.CategoriesTableAdapter"></asp:
ObjectDataSource>
        </div>
    </form>
</body></html>
```

显示结果如图 6-15 所示。

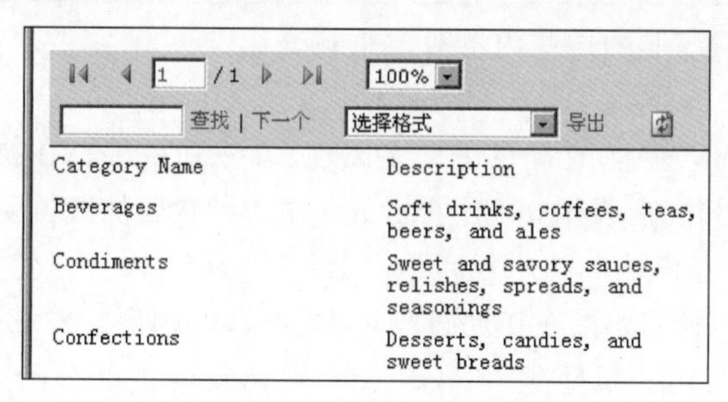

图 6-15　ReportViewer 控件示例结果

3. 正确使用 GridView、Repeater 和 DataList 控件

数据绑定控件 GridView、Repeater 和 DataList 是显示数据的有力控件。其中 GridView 是迄今为止功能最为丰富的数据显示控件,大部分功能可通过属性设置来完成,甚至不需要编写一行代码就能实现强大的数据处理功能。许多初学者在进行 Web 开发时,只要遇到数据处理或显示就习惯性地使用 GridView 控件。虽然使用 GridView 大大减少了开发者的编程工作量,但最大的问题就是该控件在处理数据时需要占用很多 Web 服务器资源,生成在客户端呈现的 HTML 文件也非常大,而且只能以表格形式输出数据,最终导致系统响应性能降低。建议在用户数据量不大且不需要出色的界面效果、特别是当需要编辑、分页、排序功能时,使用该控件有事半功倍的效果。但当数据量很大时,要求系统有较快的处理性能,具有更好的显示效果时推荐使用 Repeater 控件,Repeater 控件允许用户通过模板自定义数据项的输出,处理速度非常快。但 Repeater 控件的缺点是,必须在各模板中进行手工编写代码,对于分页、排序、编辑等都必须编写代码。DataList 控件的使用性能介于 GridView 和 Repeater 之间。可在 DataList 中通过属性设置定义各模板,然后部分地通过编程实现分页、排序、数据编辑等功能。

6.3 ASP.NET 内置服务器对象

ASP.NET 提供了如表 6-32 所示的常用内置服务器对象。这些对象提供了相当多的功能,例如可以在两个网页之间传递变量、输出数据以及记录变量值等。这些对象可以在后台服务器代码中直接使用,不需要任何说明。

视频讲解

表 6-32 ASP.NET 常用的内置服务器对象

对象名称	说明
Page 对象	用来指代 Web 窗体,设置或执行与 Web 窗体有关的属性、方法和事件
Response 对象	决定服务器在什么时候或如何输出数据到客户端
Request 对象	用来捕获由客户端返回到服务器的数据
Server 对象	获取 Web 服务器对象的各项参数
Application 对象	处理由不同客户端共享的变量
Session 对象	处理由各个客户端专用的变量
Cookies 对象	为 Web 应用程序保存访问者的信息

下面分别对 ASP.NET 的这些内置对象进行介绍。

(1) Page 对象。

Page 对象指代 Web 窗体,它提供了许多属性、方法和事件。在执行一个 Web 窗体时,首先会进行网页的初始化,触发 Page 对象的 Init 事件;然后加载网页,触发 Load 事件;再加载服务器控件,根据客户端的请求触发服务器控件的事件;访问结束并且信息被写回客户端后,触发 Unload 事件;如果在访问过程中发生异常,则会触发 Error 事件。

Page 对象的一个常用的属性是 IsPostBack,它判断网页是否已被加载过,第一次加载网页时为 false,如果已经加载过,则为 true。利用此属性,可以在 Page 的 Load 事件中编写如下代码:

```
public partial class _default: System.Web.UI.Page
{   protected void Page_Load(object sender, EventArgs e)
    { //第一次加载此页面显示 OK 对话框,以后单击 Web 窗体按钮重新装载此页面将不再显示
        if(! Page.IsPostBack)   {
            string myScript="<script>alert('ok');</script>";
            Page.RegisterClientScriptBlock("myscript1",myScript);
        }
    }
}
```

Page 对象的另一个常用的属性是 ErrorPage,可以获取或设置当页面发生未处理的异常情况时将用户请求定向到错误信息页面。

Page 对象的常用方法如下。

MapPath(VirtualPath):将 VirtualPath 指定的虚拟路径转换为实际路径。

RegisterClientScriptBlock(key,script):发送客户端脚本 Script 给浏览器。

RegisterOnSubmitStatement(key,script):设置当客户端发生 OnSubmit 事件时所要执行的 Script 代码。

(2) Response 对象。

Response 对象派生自 HttpResponse 类。它的主要功能是将服务器端的数据输出到客户端。它属于 Page 对象的成员，所以不用定义便可直接使用。Response 对象常用的属性及说明如表 6-33 所示，Response 对象常用的方法及说明如表 6-34 所示。

表 6-33 Response 对象常用的属性及说明

属　性	说　明
Cache	获取 Web 页的缓存策略
Charset	设定或获取 HTTP 的输出字符编码
Expires	获取或设置在浏览器上缓存的页过期之前的分钟数
Cookies	获取当前请求的 Cookie 集合
IsClientConnected	传回客户端是否仍然和 Server 连接
SuppressContent	设定是否将 HTTP 的内容发送至客户端浏览器

表 6-34 Response 对象常用的方法及说明

方　法	说　明
AppendToLog	将自定义日志信息添加到 IIS 日志文件
Clear	清除缓冲区的内容
End	将目前缓冲区中所有的内容发送至客户端然后关闭
Flush	将缓冲区中的所有数据发送至客户端
Redirect	将当前页面重新导向至另一个地址的页面
Write	将数据输出到 HTTP 响应输出流
WriteFile	将指定的文件直接写入 HTTP 响应输出流

【例 6-18】 利用 Response 对象将本地的某个文件的内容写入 HTTP 输出流，并显示“写入成功”字样。在 VS 2019 中新建一个空的 Web 窗体 ex_6_18.aspx，ex_6_18.aspx.cs 文件代码如下：

```
using System;
using System.Web;
using System.Web.UI;
using System.Web.UI.WebControls;
public partial class _Default : System.Web.UI.Page
{    //加载页面_Default.aspx时触发事件
    protected void Page_Load(object sender, EventArgs e)
    {
        Response.WriteFile(@"E:\Example\Sample.txt");
        Response.Write("<br>");
        Response.Write("写入成功!");
    }
}
```

(3) Request 对象。

Request 对象派生自 HttpRequest 类，用来捕获由客户端返回服务器端的数据，如用户输入的表单数据、保存在客户机上的 Cookie 等。

读取表单数据。利用 Request 对象读取表单数据的方式取决于表单数据返回服务器的方式，其方式有两种：post 和 get，使用哪种方式是通过设置 Method 属性来实现的。当为

get 时,表单数据将以字符串的形式附加在网址的后面返回服务器端,此时应用 Request 对象的 QueryString 属性来获取表单数据,例如 Request. QueryString("UserName");当为 post 时,表单数据将存放在 HTTP 报头中,此时应使用 Request 对象的 Form 属性来获取表单数据,例如 Request. Form("UserName");如果想避免因为 QueryString 属性和 Form 属性使用不当而造成错误,可以直接使用 Params,例如 Request. Params("UserName");也可省略所有属性,直接读取表单数据 Form,例如 Request("UserName")。

【例 6-19】 用 Request 对象获取表单信息,并将信息在页面中输出。ex_6_19. aspx 文件代码如下:

```
<%@ Page Language="C# " AutoEventWireup="true" CodeFile="ex_6_20.aspx.cs"
Inherits=" ex_6_20" %>
<html xmlns="http://www.w3.org/1999/xhtml">
<head runat="server"><title>无标题页</title></head>
<body style="text-align: center">
    <form id="form1" runat="server" method="post" action="test.aspx">
        <table>
            <tr><td style="width: 100px">姓名</td>
                <td style="width: 100px">
                    <asp:TextBox ID="name" runat="server"></asp:TextBox></td>
            </tr><tr>
                <td style="width: 100px">邮箱</td>
                <td style="width: 100px">
                    <asp:TextBox ID="email" runat="server"></asp:TextBox></td>
            </tr><tr>
                <td colspan="2">
                    <asp:Button ID="Button1" runat="server" OnClick=
                    "Button1_Click" Text="Button"/>
                </td></tr>
        </table>
    </form>
</body>
</html>
```

ex_6_19. aspx. cs 文件代码如下:

```
using System;
using System.Data;
using System.Web;
using System.Web.UI;
using System.Web.UI.WebControls;
public partial class ex_6_20 : System.Web.UI.Page
{
   protected void Button1_Click(object sender, EventArgs e)
   {  string name=Request["name"].ToString();     //通过 Request 对象获取姓名信息
string email=Request["email"].ToString();         //通过 Request 对象获取邮箱信息
      Response.Write("您的姓名是:" +name +" 您的邮箱是" +email);  //在页面输出信息
   }
}
```

获取客户端浏览器信息。Request 对象的 Browser 属性可以获取 HttpBrowserCapabilities 对象,用来获取当前和服务器连接的浏览器的信息。

【例 6-20】 用 Request 对象获取浏览器信息。ex_6_20. aspx. cs 文件代码如下:

```
using System;
using System.Data;
using System.Web.UI;
public partial class ex_6_21: System.Web.UI.Page
{
   protected void Page_Load(object sender, EventArgs e)
   {  string info="浏览器信息:<br>浏览器:" +Request.Browser.Type +"<br>" +"名
称:" +Request.Browser.Browser +"<br>版本:" +Request.Browser.Version +"<br>使
用平台:" +Request.Browser.Platform;
        this.lab_info.Text=info;
   }
}
```

获取服务器端的相关信息。Request 对象的 ServerVariables 属性可以获取服务器端有关信息，下面的代码输出服务器端所有信息和仅输出服务器的 IP 地址：

```
string s1=Request.ServerVariables.ToString();
Response.Write(Server.Urldecode(s1));   //输出服务器端的所有信息
string s1=Request.ServerVariables["REMOTE_ADDR"].ToString();
Response.Write(Server.Urldecode(s1));   //输出服务器的 IP 地址
```

ServerVariables 属性中的常用服务器环境变量如表 6-35 所示。

表 6-35　ServerVariables 属性中的常用服务器环境变量

变　量	说　明
APPL_PHYSICAL_PATH	检索与元数据库路径相应的物理路径。IIS 通过将 APPL_MD_PATH 转换为物理(目录)路径以返回值
CONTENT_LENGTH	客户端发出内容的长度
CONTENT_TYPE	内容的数据类型。同附加信息的查询一起使用，如 HTTP 查询 GET、POST 和 PUT
GATEWAY_INTERFACE	服务器使用的 CGI 规格的修订。格式为 CGI/revision
LOCAL_ADDR	返回接受请求的服务器地址。如果在绑定多个 IP 地址的多宿主机器上查找请求所使用的地址时，这条变量非常重要
LOGON_USER	用户登录 Windows NT® 的账号
QUERY_STRING	查询 HTTP 请求中问号(?)后的信息
REMOTE_ADDR	发出请求的远程主机的 IP 地址
REMOTE_HOST	返回发出请求的主机名称。如果服务器无此信息，它将设置为空的 REMOTE_ADDR 变量
REMOTE_USER	返回请求的用户名
REQUEST_METHOD	该方法用于得到请求方法，如 HTTP 的 GET、POST 等
SCRIPT_NAME	执行脚本的虚拟路径
SERVER_NAME	服务器主机名或 IP 地址
SERVER_PORT	发送请求的端口号
URL	提供 URL 的基本部分

(4) Application 对象。

Application 对象可以生成一个 Web 应用程序能共享的变量，所有访问这个网站的用户都可以共享此变量。Application 对象常用的属性及说明如表 6-36 所示。

表 6-36 Application 对象常用的属性及说明

属　性	说　明
AllKeys	返回全部 Application 对象变量名到一个字符串数组中
Count	获取 Application 对象变量的数量
Item	允许使用索引或 Application 变量名称传回内容值

Application 对象常用的方法及说明如表 6-37 所示。

表 6-37 Application 对象常用的方法及说明

方　法	说　明
Add	新增一个 Application 对象变量
Clear	清除全部 Application 对象变量
Lock	锁定一个或全部 Application 对象变量
Remove	使用变量名称移除一个 Application 对象变量
RemoveAll	移除全部 Application 对象变量
Set	使用变量名称更新一个 Application 对象变量的内容
Unlock	解除锁定的 Application 对象变量

【例 6-21】 通过使用 Application 对象向 Web 中添加三个对象变量,并将这些变量名称及值显示在 Web 页面。实现这一功能的 ex_6_21.aspx.cs 文件代码如下:

```
using System;
using System.Data;
using System.Web;
using System.Web.UI;
public partial class _Default : System.Web.UI.Page
{   //加载页面_Default.aspx时触发事件
    protected void Page_Load(object sender, EventArgs e)
    {  Application.Add("AppOne", "school");
       Application.Add("AppTwo", "university");
       Application.Add("AppThree", "college");
       for (int i=0; i <3; i++)
       {  Response.Write("变量名:" +Application.GetKey(i));
          Response.Write(",值:" +Application[i] +"<p>");   }
    }
}
```

运行后的结果如图 6-16 所示。

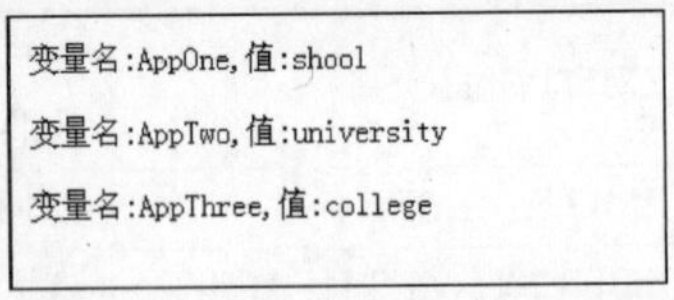

变量名:AppOne,值:shool

变量名:AppTwo,值:university

变量名:AppThree,值:college

图 6-16 Application 对象的应用

由于 Application 对象属于网站的全局变量,因此经常会出现多人同时访问和修改该对象的情况。为了避免多个用户同时修改 Application 对象,需要在修改前用 Lock 锁定 Application 对象,修改后再用 Unlock 解锁 Application 对象。用 Application 对象可实现网站访问记数器功能。由于 Application 对象一直会占用服务器资源,因此应用 Remove 等可及时清理无用的 Application 变量。

(5) Session(会话)对象。

Session 对象的功能和 Application 对象的功能相似,都是用来存储跨网页程序的变量(包括对象)。但 Session 对象只针对单一访问网站的用户,用 Session 对象定义的变量可在某个用户打开的多个网页之间共享,相当于网站的"局部"变量。在服务器上将保存各个联机的机器的 Session 对象变量,不同的联机客户间无法相互存取。Application 对象变量终止于停止 IIS 服务,但是 Session 对象变量终止于联机机器离线时,也就是当网页用户关掉浏览器或超过设定 Session 变量对象的有效时间时,Session 对象变量就会消失。Session 对象属于 Page 对象的成员,可以直接使用。使用 Session 对象存放信息的语法如下:

```
Session["变量名"]="内容"
```

为了从会话中读取信息,可以使用以下语句:

```
VariableName=Session["变量名"];
```

【例 6-22】 使用 Session 对象记录访问页面的次数。ex_6_22. aspx. cs 文件代码如下:

```
using System;
using System.Data;
using System.Collections;
using System.Web;

using System.Web.UI;
public partial class ex_6_23 : System.Web.UI.Page
{
    protected void Page_Load(object sender, EventArgs e)
    {  Session.Timeout=1;   /* 设置 Session 对象的有效期.本例是 1min,在 1min 内不做
任何操作将自动销毁 */
        if (Session["count"]! =null)
        {  Session["count"]=(int)Session["count"]+1;
        }
        else
        {  Session["count"]=1;
        }
        Response.Write("您是第" +Session["count"].ToString() +"次访问本站");
    }
}
```

以间隔不超过 1min 的频率不停刷新,访问次数就会不停地加 1。

在应用程序中,人们需要在跳转的页面之间传递变量。例如采用 Session 对象记录用户登录的信息,在每个访问页面中检查 Session 对象变量,若没有登录信息,则转向登录界面。采用 Session 对象可以很方便地实现各页面之间变量的共享,但 Session 变量的使用也给 Web 服务器增加了不少负荷,因此不可滥用 Session 对象。应注意以下两点:①不要在 Session 中存放大的数据对象,否则每次读写时服务器都要序列化,会大大影响系统性能。②当不需要 Session 时,应尽快用 Remove 将它从服务器内存中释放;尽量将 Session 的超时时间设短一点。超时的含义是指如果在限定的时间内没有使用该变量,则大于设定时间就将该变量从内存中释放。

(6) Server 对象。

Server 对象也是 Page 对象的成员之一,主要提供一些处理网页请求时所需的功能,例如获取有关最新错误的信息、对 HTML 文本进行编码和解码、访问和读写服务器端文件等。Server 对象常用的方法及说明如表 6-38 表示。

表 6-38　Server 对象常用的方法及说明

方　　法	说　　明
HtmlEncode	对要在浏览器中显示的字符串进行编码。例如： Response.Write("<b>hello</b>"); 将在浏览器中输出"Hello",而 Response.Write(Server.HtmlEncode("<b>hello</b>")); 将在浏览器中输出"<b>hello</b>"
HtmlDecode	对已被编码以消除无效 HTML 字符的字符串进行解码
MapPath	返回与 Web 服务器上的指定虚拟路径相对应的物理文件路径
UrlEncode	编码字符串。在使用网址进行数据传递时,一些特殊符号如@、& 等将不能正常处理,必须经过编码后才可以顺利读取。例如： Response.Redirect("a.aspx? email="+Server.UrlEncode("pp@qq.com")); 在 a.aspx 的后台代码中可正确获取 email 的值： string email=Request["email"];
UrlDecode	对字符串进行解码
Transfer(url)	终止当前页的执行,用 URL 指定的路径执行新的页面
Execute(url)	终止当前页的执行,用 URL 指定的路径执行新的页面,执行完后又返回当前页

用 Response.Redirect 和 Server.Transfer 都能重定向网页,它们的用法是有区别的。Response.Redirect 是通过浏览器执行的,因此在服务器和浏览器之间产生额外的往返过程,可以实现将页面重定向到任何其他页面,包括非本网站的页面,并且浏览器网址会变成跳转后的页面地址；而 Server.Transfer 通过更改服务器端"焦点"和传输请求来代替告诉浏览器重定向,这就意味着不会占用较多的 HTTP 请求,因此这可以减轻服务器的压力,使服务器运行更快。它只能在本网站内切换到同目录或者子目录下的网页,用户浏览器的网址没有变化,即隐藏了新网页的地址及附带在地址后边的参数值,具有数据保密功能。

Server.Execute 方法允许当前的 ASPX 页面执行一个同一 Web 服务器上的指定 ASPX 页面,当指定的 ASPX 页面执行完毕,控制流程重新返回原页面后继续执行。这种页面导航方式类似于针对 ASPX 页面的一次函数调用,被调用的页面能够访问发出调用页面的表单数据和查询字符串集合,所以要把被调用页面 Page 指令的 EnableViewStateMac 属性设置成 false。

Server 对象常用的属性及说明如表 6-39 所示。

表 6-39　Server 对象常用的属性及说明

属　　性	说　　明
MachineName	获取服务器的计算机名称
ScriptTimeout	获取和设置请求超时值(以秒来计算)

【例 6-23】　利用 Server 对象获得服务器的计算机名称和服务器上某个文件的物理路径。ex_6_23.aspx.cs 文件的代码如下：

```
using System;
using System.Data;
using System.Web;
```

```
using System.Web.UI;
public partial class ex_6_24: System.Web.UI.Page
{   //加载页面_Default.aspx时触发事件
    protected void Page_Load(object sender, EventArgs e)
    {  Response.Write(Server.MachineName);
       Response.Write("<p>");
       Response.Write(Server.MapPath("ObjectWeb.aspx"));
    }
}
```

(7) Cookie 对象。

Cookie 对象是 HttpCookieCollection 类的一个实例。它用于保存客户端浏览器请求的服务器页面,也可以用它存放非敏感性的用户信息,信息保存的时间可以根据需要设置。所有信息都将保存在客户端。要存储一个 Cookie 变量,可以通过 Response 对象的 Cookies 集合,其语法如下:

```
Response.Cookies[Name].Value="内容";
```

而要取回 Cookie,则要使用 Request 对象的 Cookies 集合,其语法如下:

```
VariableName=Request.Cookies[Name].Value;
```

Cookie 对象常用的属性及说明如表 6-40 所示。

表 6-40　Cookie 对象常用的属性及说明

属　　性	说　　明
Expires	设定 Cookie 变量的有效时间,默认为 1000min
Name	获取 Cookie 变量的名称
Value	获取或设置 Cookie 变量的内容
Path	获取或设置 Cookie 使用的 URL

【例 6-24】 该例演示了如何设置一个 Cookie,如何得到设置的 Cookie。ex_6_24. aspx 文件代码如下:

```
<%@ Page Language="C# " AutoEventWireup="true" CodeFile="ex_6_25.aspx.cs"
Inherits="ex_6_25"%>
<html><head runat="server"><title>无标题页</title></head>
<body>
    <form id="form1" runat="server">
        <asp:Button ID="Button1" runat="server" Text="SetCookie" OnClick=
"Button1_Click"/>
        <asp:Button ID="Button2" runat="server" Text="GetCookie" OnClick=
"Button2_Click" />
    </form>
</body>
</HTML>
```

ex_6_24. aspx. cs 文件代码如下:

```
using System;
using System.Data;
using System.Configuration;

using System.Web;

public partial class ex_6_25 : System.Web.UI.Page
```

```
{
    protected void Button1_Click(object sender, EventArgs e)
    {  //定义新的 Cookie 对象,其名称为 LastVisit
       HttpCookie MyCookie=new HttpCookie("LastVisit");
       DateTime now=DateTime.Now;

       MyCookie.Value=now.ToString();
       MyCookie.Expires=now.AddHours(1);               //设置失效日期
       Response.Cookies.Add(MyCookie);                 //写入 Cookie

       MyCookie.Values.Add("email", "w@qq.com");       //在 Cookie 中添加新的内容
       Response.AppendCookie(MyCookie);
    }
    protected void Button2_Click(object sender, EventArgs e)
    {  //获取 Cookie 的内容
       string ss=Request.Cookies["LastVisit"].Values.ToString();
       Response.Write(Server.UrlDecode(ss));
    }
}
```

视频讲解

6.4 web.config 与 Global.asax

6.4.1 web.config 文件的配置

ASP.NET 的应用程序配置文件 web.config 是基于 XML 格式的纯文本文件,存放于应用的各目录下。它决定了站点所在目录及其子目录的配置信息,并且子目录下的配置信息覆盖其父目录的配置。

Windows\Microsoft.NET\Framework\v2.0.50727\CONFIG 下的 web.config 为整个机器的根配置文件,它定义了整个环境下的默认配置。实际上它继承了 Windows\Microsoft.NET\ Framework\v2.0.50727\CONFIG\Machine.config 的配置设置和默认值。Machine.config 文件用于服务器级的配置设置。其中的某些设置不能在位于层次结构中较低级别的配置文件中被重写。

在运行状态下,ASP.NET 会根据远程 URL 请求,把访问路径下的各 web.config 配置文件叠加,产生一个唯一的配置集合。例如,一个对 URL: http://localhost/webapp/mydir/test.aspx 的访问,ASP.NET 会根据以下顺序来决定最终的配置情况:

Windows\Microsoft.NET\Framework\v2.0.50727\CONFIG\web.config(默认配置);

~/web.config(应用程序主目录下的配置);

~/mydir/web.config(当前自己的配置)。

配置内容被置于 web.config 文件中的标记<configuration>和</configuration>之间。对于一般性 Web 开发应用来说,一般仅对~/web.config 文件进行配置。一个典型的配置文件内容如例 6-25 所示。

【例 6-25】 一个典型的配置文件内容如下:

```
<?xml version="1.0"?>
<configuration>
    <appSettings>
```

```
        <add key="dsn" value="localhost;uid=MyUserName;pwd=;"/>
        <add key="msmqserver" value="server\myqueue"/>
    </appSettings>
    <connectionStrings>
        <add name="NorthwindConnectionString" connectionString="Data Source=
WCLNOTE; Initial Catalog = Northwind; Persist Security Info = True; User ID = sa;
Password=docman" providerName="System.Data.SqlClient"/>
    </connectionStrings>
    <system.web>
        <authentication mode="Forms">
            <forms loginUrl="logon.aspx" name=".FormsAuthCookie"/>
            <authorization>
               <allow users="*"/><!-- Allow all users -->
              <!-- Allow or deny specific users
                    allow users="[comma separated list of users]"
                    roles="[comma separated list of roles]"/>
                <deny users="[comma separated list of users]"
                    roles="[comma separated list of roles]"/>   -->
        </authorization>
        </authentication>
          <customErrors mode="RemoteOnly" defaultRedirect="~/ErrorPage/
ErrorPage.htm">
            <error statusCode="403" redirect="NoAccess.htm"/>
            <error statusCode="404" redirect="FileNotFound.htm"/>
        </customErrors>
        <httpRuntime maxRequestLength="4096" executionTimeout="60"
                    appRequestQueueLimit="100"/>
        <pages buffer="true" enableViewState="true" enableSessionState="true"/>
        <sessionState sqlConnectionString="data source=127.0.0.1;user
            id=sa;password="cookieless="false" timeout="10"/>
        <trace enabled="false" requestLimit="10" pageOutput="false"
            traceMode="SortByTime" localOnly="true"/>
        <!--   用来定义应用程序的全局设置。-->

        <globalization requestEncoding="utf-8" responseEncoding="utf- 8"/>
        <compilation debug="true"/></system.web>
</configuration>
```

要深刻理解和领会 web.config 的使用对初学者来说是困难的。对于一般性的应用程序来说应掌握以下几个配置用法。

(1) <appSettings>节。

作用：存储用户应用程序中的键-值对。例如，下面定义了一个键-值对：

```
<add key="myURL" value="http://www.cqu.edu.cn"/>
```

在后台服务器程序中可以通过使用 ConfigurationManager.AppSettings 静态字符串集合来访问。例如，在后台 C# 程序中要取到键 myURL 的值，代码如下：

```
string myURL=System.Configuration.ConfigurationManager.AppSettings["myURL"];
Response.Write(myURL);   //输出 "http://www.cqu.edu.cn"
```

可以将应用程序中的参数通过 appSettings 节放在配置文件中，以后参数值变化，只需要修改配置文件中的参数值即可。

(2) <connectionStrings>节。

作用：存储应用程序中访问数据库的相关连接参数。例如，下面定义了一个连接数据库 Northwind 的相关参数，包括三部分，分别是 name、connectionString 和 providerName：

```
 < add  name = " NorthwindConnectionString "  connectionString = " Data  Source =
WCLNOTE;Initial
 Catalog=Northwind;Persist Security Info=True;
 User ID=sa;Password=docman"
 providerName="System.Data.SqlClient"/>
```

在后台 C#程序中要取到上述三个参数的值，代码如下：

```
string MyName=ConfigurationManager.ConnectionStrings["NorthwindConnectionString"].
Name;
string myConn=ConfigurationManager.ConnectionStrings["NorthwindConnectionString"].
ConnectionString;
string myProviderName=ConfigurationManager.ConnectionStrings["NorthwindCon-
nectionString"].ProviderName;
Response.Write(MyName +","+myConn +","+myProviderName);
```

若存在多个数据库配置参数设置，可通过下面的 C#代码获得每个数据库连接参数：

```
//Get the connectionStrings
    ConnectionStringSettingsCollection connectionStrings=
                    ConfigurationManager.ConnectionStrings;
//Get the collection enumerator
    System.Collections.IEnumerator connectionStringsEnum=
                    connectionStrings.GetEnumerator();
//Loop through the collection and display the connectionStrings key, value pairs
    int i=0;
    Response.Write("<br/>Connection strings.<br/>");
    while (connectionStringsEnum.MoveNext())
    {   string name=connectionStrings[i].Name;
        Response.Write("Name:"+name+" Value:"+connectionStrings[name]);
        i +=1;
    }
```

(3) <authentication>节。

作用：配置 ASP. NET 身份验证支持。例如，以下代码实现了当没有经过登录验证的用户访问需要身份验证的网页时，网页自动跳转到登录网页 logon. aspx。

```
<authentication mode="Forms">
    <forms loginUrl="logon.aspx" name=".FormsAuthCookie"/>
</authentication>
```

(4) <authorization>节。

作用：控制对 URL 资源的客户端访问(如允许匿名用户访问)。此元素必须与<authentication>节配合使用。例如，以下配置禁止匿名用户的访问：

```
<authorization>
    <deny users="?"/>
</authorization>
```

(5) <compilation>节。

作用：配置 ASP. NET 使用的所有编译设置。默认的 debug 属性为 true。在程序编译完成交付使用之后应将其设为 true。

(6) <customErrors>节。

作用：为 ASP. NET 应用程序提供有关自定义错误信息的信息。它不适用于 XML

Web Services 中发生的错误。例如，当网页发生错误时，将网页跳转到自定义的错误页面：

```
<customErrors defaultRedirect="ErrorPage.aspx" mode="RemoteOnly">
</customErrors>
```

其中，元素 defaultRedirect 表示自定义的错误网页的名称；mode 元素表示对不在本地 Web 服务器上运行的用户显示自定义信息。

(7) <httpRuntime>节。

作用：配置 ASP. NET HTTP 运行库设置。例如，控制用户上传文件最大为 4MB，最长时间为 60s，最多请求数为 100：

```
<httpRuntime maxRequestLength="4096" executionTimeout="60" appRequestQueueLimit=
"100"/>
```

(8) <pages>节。

作用：标识特定页的配置设置，如是否启用会话状态、视图状态、是否检测用户的输入等。例如：

```
<pages buffer="true" enableViewState="true" enableSessionState="true"/>
```

(9) <sessionState>节。

作用：为当前应用程序配置会话状态设置，如设置是否启用会话状态、会话状态保存位置等。例如：

```
<sessionState mode="InProc" cookieless="true" timeout="20"/>
```

注：mode="InProc"表示在本地储存会话状态(也可以选择存储在远程服务器或不启用会话状态等)；cookieless="true"表示如果用户浏览器不支持 Cookie 时启用会话状态(默认为 false)；timeout="20"表示会话可以处于空闲状态的分钟数。

(10) <trace>节。

作用：配置 ASP. NET 跟踪服务，主要用来测试和判断程序哪里出错。例如：

```
<trace enabled="false" requestLimit="10" pageOutput="false" traceMode=
"SortByTime" localOnly="true"/>
```

注：enabled="false"表示不启用跟踪；requestLimit="10"表示指定在服务器上存储的跟踪请求的数目。pageOutput="false"表示只能通过跟踪实用工具访问跟踪输出；traceMode="SortByTime"表示以处理跟踪的顺序来显示跟踪信息；localOnly="true" 表示跟踪查看器只用于宿主 Web 服务器。

6.4.2 Global.asax 文件

在 VS 2019 中添加新项，选择“全局应用程序类”后将在应用程序根目录下生成一个 Global.asax 文件。它实际上是一个可选文件。删除它不会出问题——当然是在没有使用它的情况下。Global.asax 文件存放 Web 应用程序的应用级事件处理程序，具体来说包括以下事件处理程序。

Application_Init：在应用程序被实例化或第一次被调用时，该事件被触发。

Application_Disposed：在应用程序被销毁之前触发。这是清除以前所用资源的理想位置。

Application_Error：当应用程序中遇到一个未处理的异常时，该事件被触发。

Application_Start：在应用程序第一个实例被创建时，该事件被触发。可以理解为网站被第一个用户访问时触发此事件，以后将不会再触发该事件。

Application_End：当应用程序的最后一个实例被销毁时，该事件被触发。可以理解为网站的最后一个用户关闭浏览器停止访问时触发此事件。在一个应用程序的生命周期内它只被触发一次。

Application_BeginRequest：在接收到一个应用程序请求时触发。对于一个请求来说，它是第一个被触发的事件，请求一般是用户输入的一个页面请求(URL)。

Application_EndRequest：针对应用程序请求的最后一个事件。

Session_Start：在一个新用户访问应用程序 Web 站点时，该事件被触发。

Session_End：在一个用户的会话超时、结束或离开应用程序 Web 站点时，该事件被触发。

【例 6-26】 下面是一个 Global.asax 文件的例子。在应用程序启动时设置一个计数器，每当有一个用户访问网站时计数器加 1。代码如下：

```
<script runat="server">
    void Application_Start(object sender, EventArgs e)
    {  Application["count"]=0;                                    //设置初始值为 1
    }
    void Application_End(object sender, EventArgs e)
    {     //在应用程序关闭时运行的代码
    }
    void Application_Error(object sender, EventArgs e)
    {     //在出现未处理的错误时运行的代码
    }
    void Session_Start(object sender, EventArgs e)
    { Application.Lock;
      Application["count"]=(int)Application["count"] +1;   //每产生一个访问加 1
     Application.Unlock; }
    void Session_End(object sender, EventArgs e)
    {   //在会话结束时运行的代码
        //注意，只有在 web.config 文件中的 sessionstate 模式设置为 InProc 时，才会引发
        //Session_End 事件。如果会话模式设置为 StateServer 或 SQLServer，则不会引发
        //该事件
    }
</script>
```

视频讲解

6.5 ADO.NET 数据库访问技术

ADO.NET 是微软在.NET 平台下的一种全新的数据库访问机制。与 ADO 相比，ADO.NET 满足了 ADO 无法满足的三个重要需求：为适应 Web 环境的编程需要提供了断开的数据访问模型；提供了与 XML 的紧密集成；提供了与.NET 框架的无缝连接。在性能上，由于 ADO 使用 COM 来处理记录集，当记录集内的值转换为 COM 可识别的数据类型时会导致显著的处理开销，而 ADO.NET 的数据集不需要进行数据类型转换，其性能优于 ADO 的记录集。在应用程序可伸缩性上，由于 ADO.NET 为断开式 n 层编程环境提供了很好的支持，这使得应用程序的可伸缩性大为增强。ADO.NET 中有两个核心组成部分，分别是.NET 框架下的数据提供程序 Data Provider 和数据集 DataSet。数据提供程序

包括以下四个核心对象。

Connection：建立与特定数据源的连接。

Command：对数据源执行数据库命令，用于返回和修改数据、运行存储过程等。

DataReader：从数据源中获取高性能的数据流，例如只进且只读数据流。

DataAdapter：用数据源填充 DataSet，并可处理数据的更新。

DataSet 是 ADO. NET 的断开式结构的核心组件。设计 DataSet 的目的是实现独立于任何数据源的数据访问。因此，它可以用于多种不同的数据源，用于 XML 数据，或用于管理应用程序本地数据。DataSet 是一个包含一个或多个 DataTable 对象的集合，这些对象由数据行和数据列以及主键、外键、约束与有关 DataTable 对象中的数据关系组成。

ADO. NET 中有许多对象与 ADO 中的对象功能相似，但 ADO. NET 中的对象功能更加强大。同时，除了 Connection、Command 对象外，ADO. NET 还添加了许多新的对象和程序化接口，如 DataSet、DataReader、DataView、DataAdapter 等，使得对数据库的操作更加简单。图 6-17 为一个简化的 ADO. NET 对象模型。

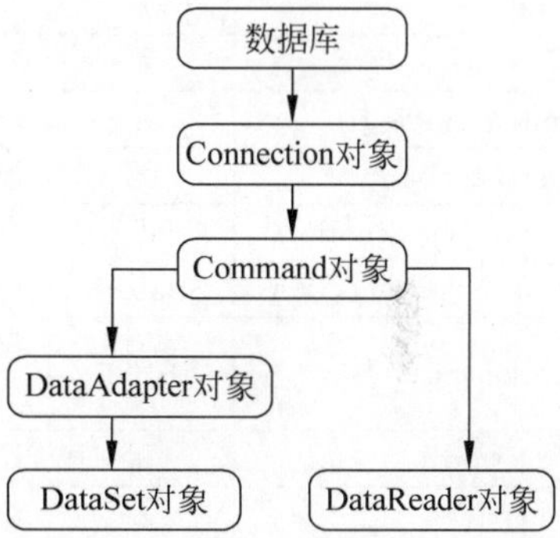

图 6-17　简化的 ADO. NET 对象模型

ASP. NET 数据库应用程序的开发流程有以下几个步骤。

(1) 利用 Connection 对象创建数据连接。

(2) 利用 Command 对象对数据源执行 SQL 命令并返回结果。

(3) 利用 DataReader 对象读取数据源的数据。

DataSet 对象是 ADO. NET 的核心，与 DataAdapter 对象配合，完成数据库操作的增加、删除、修改、更新等操作。

在 ADO. NET 中，连接数据库进行访问通常有三种方式：ODBC、OLEDB、SQLClient。其中，ODBC 和 OLEDB 可用来连接各种数据库系统，而 SQLClient 提供专用连接方式，只能用来连接微软 SQL Server 7.0 及以上数据库。在应用程序中使用三种数据连接方式之一时，必须在后台代码中引用对应的名称空间，对象的名称也随之发生变化，如表 6-41 所示。

表 6-41　数据连接方式名称空间及对应的对象名称

名 称 空 间	对应的对象名称
System. Data. Odbc	OdbcConnectio、OdbcCommand、OdbcDataReader、OdbcDataAdapter
System. Data. OleDb	OleDbConnection、OleDbCommand、OleDbDataReader、OleDbDataAdapter
System. Data. SqlClient	SqlConnection、SqlCommand、SqlDataReader、SqlDataAdapter

虽然名称空间不同但编程方法相同。下面仅讨论在 System. Data. SqlClient 名称空间下数据库操作对象的使用。

6.5.1 Connection 对象

数据库应用程序与数据库进行数据交互，首先必须建立与数据库的连接。ADO. NET 中，使用 Connection 对象完成此项功能。在这里要指出的是，在创建连接之前要在程序中添加 System. Data 和 System. Data. SqlClient 两个名称空间。建立与数据库的连接是通过数据库连接字符串来实现的,在连接字符串中要设置一些参数的值,连接 SQL Server 数据库常用的参数及说明如表 6-42 所示。

表 6-42　连接 SQL Server 数据库常用的参数及说明

参　数	默认值	说　明
ConnectionTimeout	15	设置 SqlConnection 对象连接数据库的超时时间,单位为秒,若超时,则返回连接失败
Datasource	无	要连接的数据库服务器实例名称
Server	无	要连接的数据库服务器名称
Addr	无	要连接的数据库服务器名称的地址
Network Address	无	要连接的数据库服务器名称的地址
Initial Catalog	无	设置连接数据库的名称
Database	无	设置连接数据库的名称
Integrated Security	false	设置访问数据库时是否使用登录 Windows 操作系统的用户名和密码
Trusted_Connection	false	访问数据库时是否采用针对数据库设置的用户名和密码
Packet Size	8192	设置用来与数据库通信的网络数据包的大小,单位为 B,有效值为 512～32 767
Password	无	设置登录数据库的密码
User ID	无	设置登录数据库的用户账号
Workstation ID	计算机名称	设置连接到数据库服务器工作站的名称

例如,下面的连接字符串用来打开 SQL Server 中的 Northwind 数据库:

```
SqlConnection conn=new SqlConnection();
conn.ConnectionString="Data Source=127.0.0.1;Initial Catalog=Northwind;
Persist Security Info=True;User ID=sa;Password=docman";
```

Connection 对象常用的方法有如下几种。

BeginTransaction:开始记录数据库事务日志。

ChangeDatabase(database):将目前的数据库更改为参数 database 指定的数据库。

Close:关闭数据库连接,数据源使用完毕后必须关闭数据库连接。

CreateCommand:创建并返回与 Connection 对象有关的 Command 对象。

Open:打开数据库连接。

Connection 对象常用的事件主要有两个,如表 6-43 所示。

表 6-43　Connection 对象常用的事件

事　件	说　明
InfoMessage	数据提供程序发送警告或其他信息时触发此事件。InfoMessage 事件的参数为 SqlInfoMessageEventArgs,有 Errors、Messages 和 Source 三个属性,分别用来获取数据源传出的警告集合、由数据源传出的错误全文以及发生错误的对象名称
StateChange	当数据连接状态改变时触发此事件。此事件的参数为 StateChangeEventArgs,它有两个属性:CurrentState 和 OriginalState。前者获取 Connection 对象连接的新状态,返回 1 表示 Open,返回 0 表示 Close。后者获取 Connection 对象连接的原始状态,返回 1 表示 Open,返回 0 表示 Close

下面通过一个例子来讲述应用程序中如何建立与数据库的连接以及打开数据库的

连接。

【例 6-27】 Connection 对象的使用。在 VS 2022 中添加新项 ex_6_27.aspx,后台代码如下:

```
using System;
using System.Data;
using System.Data.SqlClient;
using System.Web;
using System.Web.UI;
using System.Web.UI.WebControls;

public partial class ex_6_27 : System.Web.UI.Page
{
    protected void Page_Load(object sender, EventArgs e)
    {
        SqlConnection conn=new SqlConnection();        //新建一个 Connection 对象
          conn.ConnectionString = "Data Source = 127.0.0.1; Initial Catalog =
Northwind;Persist Security Info=True;User ID=sa;Password=docman";
        //设置连接字符串
        //引发 StateChange 事件
        conn.StateChange +=new StateChangeEventHandler(conn_StateChange);
        conn.Open();
        if (conn.State==ConnectionState.Open)
        {  //判断当前 SqlConnection 对象的状态,如果打开则在页面输出 1
           Response.Write("1");
           conn.Close();
        }
        if (conn.State==ConnectionState.Closed)
        {   Response.Write("0");
        }
    }
    protected void conn_StateChange(object sender, StateChangeEventArgs e)
    {  //事件处理程序
Response.Write("StateChange from " +e.OriginalState +" to " +
e. CurrentState+"<br>");
    }
}
```

6.5.2 Command 对象

ADO.NET 提供了两个使用连接对象的类:一个是 DataAdapter 类,DataAdapter 对象可以用来填充 DataTabel 或 DataSet;另一个是 Command 类,Command 对象提供的 Execute 方法可以读取数据。Command 对象要与数据库连接方式相匹配,相对于 SqlConnection 采用的是 SqlCommand。常用的创建 Command 对象的语法有三种,如表 6-44 所示。

表 6-44 常用的创建 Command 对象的语法

分 类	语 法

使用无参数	SqlCommand cmd=new SqlCommand();
	cmd.Connection=conn;
	cmd.CommandText=strSQL;

使用一个参数	SqlCommand cmd=new SqlCommand(strSQL); cmd.Connection=conn;

续表

分　　类	语　　法
使用两个参数	SqlCommand cmd=new SqlCommand(strSQL,conn);
使用 Connection 对象 的 CreateCommand 方法	SqlCommand cmd=conn.CreateCommand(); cmd.CommandText=strSQL;

其中,参数 strSQL 指定要执行的 SQL 命令;参数 conn 为使用的数据连接对象名。Command 对象常用的属性如表 6-45 所示。

表 6-45　Command 对象常用的属性

属　　性	说　　明
CommandText	获取或设置要对数据源执行的 SQL 命令、存储过程或者数据表名称
CommandTimeout	获取或设置 Command 对象超时时间,单位为秒,默认值为 30。如果 Command 对象在 30s 内不执行 CommandText 属性设定的内容便返回失败
CommandType	获取或设置 CommandText 属性代表的意义,可以为 CommandType.StoreProcedure(存储过程)、CommandType.Text 等。默认为 Text
Parameters	获取 Parameter 对象的集合 ParameterCollection
Connection	获取或设置 Command 对象要使用的数据连接,值为 Connection 对象名

Command 对象常用的方法如表 6-46 所示。

表 6-46　Command 对象常用的方法

方　　法	说　　明
Cancel	取消 Command 对象的执行
CreateParameter	创建一个 Parameter 对象,对于 SqlCommand 对象创建 SqlParameter 对象;对于 OleDbCommand 对象创建 OleDbParameter
ExecuteNonQuery	执行 CommandText 属性指定的内容,并返回被影响的行数。只有 UPDATE、INSERT、DELETE 三个 SQL 语句会返回被影响的行数,其他的如 CREATE 返回的都是－1
ExecuteReader	执行 CommandText 属性指定的内容,并创建 DataReader 对象
ExecuteScalar	执行 CommandText 属性指定的内容,返回结果的第一行第一列的值。此方法只用于执行 select 语句
ExecuteXMLReader	如果 Command 对象的 CommandType 属性为合法的包含 FOR XML 子句的 SQL 语句时,可通过此方法来返回一个 XMLReader 对象

下面通过例子演示创建 Command 对象以及执行 Command 对象的方法来对数据库数据执行操作。

【例 6-28】　Command 对象的使用。在 VS 2022 中添加新项 ex_6_28.aspx,后台代码为:

```
using System;

using System.Data;
using System.Data.SqlClient;
using System.Web;
using System.Web.UI;
```

```
public partial class ex_6_28 : System.Web.UI.Page
{
    protected void Page_Load(object sender, EventArgs e)
    {   string ConnectionString = "Data Source = 127.0.0.1; Initial Catalog = Northwind;Persist Security Info=True;User ID=sa;Password=docman";
        //设置连接字符串
        SqlConnection conn=new SqlConnection(ConnectionString);
        conn.Open();                                    //连接数据库
        //获取单一值
        GetSumofMoney(conn);
        //获取多行数据
        ReadOrderData(conn);
        //无数据返回,只返回被影响的行数
        UpdateCustomers(conn);
        conn.Close();                                   //断开数据库连接
    }
    protected void ReadOrderData(SqlConnection conn)
    {
        string StrSQL="SELECT OrderID, CustomerID FROM dbo.Orders;";
        SqlCommand cmd=new SqlCommand(StrSQL, conn);    //创建 Command 对象
        SqlDataReader reader=cmd.ExecuteReader();
        try  {
            while (reader.Read())               //循环读取一条记录,从首记录到末记录
            { Response.Write(reader[0].ToString() +"," +reader[1].ToString() +
"<br/>");
            }
        }
        finally
        {  //Always call Close when done reading
            reader.Close();
        }
    }
    protected void GetSumofMoney(SqlConnection conn)
    {
        string strSQL="SELECT SUM(UnitPrice * Quantity) " +
              " FROM Orders INNER JOIN [Order Details]" +
            " ON Orders.OrderID=[Order Details].OrderID" +
            " WHERE CustomerID='ALFKI'";
        SqlCommand cmd=new SqlCommand(strSQL, conn); //创建 Command 对象
        decimal decOrderTotal=(decimal)cmd.ExecuteScalar();
        Response.Write(decOrderTotal.ToString() +"<p/>");

    }

    protected void UpdateCustomers(SqlConnection conn)
    {   string strSQL="UPDATE Customers SET CompanyName='NewValue' " +
              "WHERE CustomerID='ALFKI'";
        SqlCommand cmd=new SqlCommand(strSQL, conn); //创建 Command 对象
        int intRecordsAffected=cmd.ExecuteNonQuery();
        if (intRecordsAffected==1)
            Response.Write("Update succeeded");
        else
        Response.Write("Update failed" +"<p/>");
    }
}
```

6.5.3 DataReader 对象

在数据库访问操作中,可通过 DataReader 对象和 DataSet 对象获取访问结果。DataReader 对象用来从数据库中检索只读、只进的数据流,它在内存中一次只存储一行记录,从而降低了系统开销,而 DataSet 是将数据一次性加载在内存中,读取完毕后即可断开数据库连接。虽然可以利用 DataSet 动态地添加行、列数据,并且可以对数据库进行回传、更新操作,但它消耗的内存比较大,如果此时大量用户同时访问数据库,内存会因过度使用而出现无法预料的问题。

应用程序可在下列情况下使用 DataReader 对象:不需要缓存数据;要处理的结果集太大,内存中放不下;一旦需要以只进、只读方式快速访问数据。注意,不能用 DataReader 修改数据库中的记录,它采用向前的、只读的方式读取数据库。

DataReader 对象常用的属性如表 6-47 所示。

表 6-47 DataReader 对象的常用属性

属　性	说　明
FieldCount	表示由 DataReader 得到的一行数据中的字段数
HasRows	表示 DataReader 是否包含数据
IsClosed	表示 DataReader 对象是否关闭

DataReader 对象使用指针的方式来管理所连接的结果集,常用的方法如表 6-48 所示。

表 6-48 DataReader 对象常用的方法

方　法	说　明
Close	Close 方法不带参数,无返回值,用来关闭 DataReader 对象。因为 DataReader 在执行 SQL 命令时一直要保持同数据库的连接,所以在 DataReader 对象开启的状态下,该对象所对应的 Connection 连接对象不能用来执行其他操作。所以,在使用完 DataReader 对象后,要使用 Close 方法关闭该对象,否则既影响数据库连接的效率,又会阻止其他对象使用 Connection 连接对象来访问数据库
bool Read	让记录指针指向本结果集中的下一条记录,返回值是 true 或 false。当 Command 的 ExecuteReader 方法返回 DataReader 对象后,须用 Read 方法来获得第一条记录;当读好一条记录想获得下一条记录时,可用 Read 方法。如果当前记录已经是最后一条,调用 Read 方法将返回 false。也就是说,只要该方法返回 true,则可以访问当前记录所包含的字段
bool NextResult	该方法会让记录指针指向下一个结果集。当调用该方法获得下一个结果集后,依然要用 Read 方法来开始访问该结果集
Object GetValue(int i)	该方法根据传入的列的索引值,返回当前记录行中指定列的值。由于事先无法预知返回列的数据类型,因此该方法使用 Object 类型来接收返回数据
int GetValues (Object[] values)	把当前记录行里所有的数据保存到一个数组里并返回。可以使用 FieldCount 属性来获取记录中字段的总数,据此定义接收返回值的数组长度
GetString、GetChar、GetInt32	获得指定字段的值,这些方法都带有一个表示列索引的参数,返回均是 Object 类型。用户可以根据字段的类型,通过输入列索引,分别调用上述方法,获得指定列的值。例如,在数据库里,id 的列索引是 0,通过"string id=GetString(0);"代码可以获得 id 的值
GetDataTypeName(int i)	通过输入列索引,GetDataTypeName 方法返回列的数据类型
GetName(int i)	通过输入列索引,GetName 方法获得该列的名称
IsDBNull(int i)	该方法用来判断指定索引号的列的值是否为空,返回 true 或 false

【例 6-29】 通过一个用户登录的例子演示创建 DataReader 对象的使用。读取用户信息表,通过 DataReader 逐条将表中的记录与用户填写的登录信息(用户名和密码)相比较,若用户合法则提示登录成功,否则提示失败。

```
protected void Btn_confirm_Click(object sender, EventArgs e) //按钮单击事件
    {   SqlConnection conn=new SqlConnection();                    //创建连接对象
         con.ConnectionString="user id=sa;data source=127.0.0.1;integrated
security=false;initial catalog=BookShop;pwd=123";                  //设置连接字符串
        conn.Open();
        SqlCommand cmd=new SqlCommand();
        cmd.Connection=conn;
        cmd.CommandText="select * from userInfo";
        SqlDataReader myreader=cmd.ExecuteReader();
        string uName=this.txt_name.Text;                 //得到用户输入的用户名
        string uPwd=this.txt_pwd.Text;                   //得到用户输入的密码
        bool isTrue=false;
        while (myreader.Read())
        {  if (myreader["Name"].ToString()==uName &&
                myreader["Password"].ToString()==uPwd)
            {
                isTrue=true;
            }
        }

        if (isTrue==true)
          Response.Write("<script language=javascript>alert('登录成功! ')
          </script>");
        else
          Response.Write("<script language=javascript>alert('用户名不存在或密
码不正确! ')</script>");
    conn.Close();}
```

6.5.4 DataSet 对象与 DataAdapter 对象

DataSet 对象是 ADO.NET 中最核心的成员之一,它是专门用来处理从数据存储中读出的数据,并以离线方式存于本地内存中。不管数据源是什么类型,DataSet 都使用相同的方式来操作从数据源中取得的数据,也就是说,DataSet 提供了一致的关系编程模型。应用程序主要在下列情况下需要使用 DataSet:在结果的多个离散表之间进行导航;操作来自多个数据源(例如,来自多个数据库、一个 XML 文件和一个电子表格的混合数据)的数据;在各层之间交换数据或使用 XML Web 服务;重用同样的记录行,以便通过缓存获得性能改善(例如排序、搜索或筛选数据)。

利用 DataSet 对象,用户可以先完成数据连接和通过数据适配器 DataAdapter 对象填充 DataSet 对象,然后客户端再通过读取 DataSet 来获得需要的数据,同样,更新数据库中数据也是首先更新 DataSet,然后通过 DataSet 来更新数据库中对应的数据。DataSet 主要有以下三个特性。

(1) 独立性。DataSet 独立于各种数据源。微软公司在推出 DataSet 时就考虑各种数据源的多样性、复杂性。在.NET 中,无论什么类型的数据源,它都会提供一致的关系编程模型。

(2) 离线(断开)和连接。DataSet既可以以离线方式,又可以以实时连接方式来操作数据库中的数据。这一点有点像ADO中的RecordSet。

(3) DataSet对象是一个可以用XML形式表示的数据视图,是一种数据关系视图。

DataAdapter对象主要用来承接Connection和DataSet对象。DataSet对象只关心访问操作数据,不关心自身包含的数据信息来自哪个Connection连接到的数据源,而Connection对象只负责数据库连接,不关心结果集的表示。所以,在ASP.NET的架构中使用DataAdapter对象来连接Connection和DataSet对象。另外,DataAdapter对象能根据数据库中的表的字段结构,动态地构造DataSet对象的数据结构。

DataAdapter对象的工作步骤一般有两种:一种是通过Command对象执行SQL语句,将获得的结果集填充到DataSet对象中;另一种是将DataSet中更新数据的结果返回到数据库中。使用DataAdapter对象,可以读取、添加、更新和删除数据源中的记录。对于每种操作的执行方式,适配器支持表6-49中的四个属性,类型都是Command,分别用来管理数据操作的增加、删除、修改、查询动作。DataAdapter对象常用的属性如表6-49所示。

表6-49 DataAdapter对象常用的属性

属　性	说　明
AcceptChangesDuringFill	获取或设置将DataRow对象置于DataTable对象时,DataRow对象是否调用AcceptChanges方法,默认为true
ContinueUpdateOnError	获取或设置执行Update方法更新数据库源时,若发生错误是否继续更新,默认为false
DeleteCommand	获取或设置用来从数据源删除数据行的SQL命令,属性值必须为Command对象,并且此属性只有调用Update方法且从数据源删除数据行时使用,其主要用途是告知DataAdapter对象如何从数据源删除数据行
InsertCommand	获取或设置将数据行插入数据源的SQL命令,属性值为Command对象
SelectCommand	获取或设置用来从数据源选取数据行的SQL命令,属性值为Command对象,使用原则与DeleteCommand属性一样
UpdateCommand	获取或设置用来更新数据源数据行的SQL命令,属性值为Command对象

DataAdapter对象常用的方法如表6-50所示。

表6-50 DataAdapter对象常用的方法

方　法	说　明
Fill(DataSet dataset, string srcTable)	根据dataTable名填充DataSet。DataSet:需要更新的DataSet;srcTable:填充DataSet的dataTable名
Update(DataSet dataSet)	当程序调用Update方法时,DataAdapter将检查参数DataSet每行的RowState属性,根据RowState属性来检查DataSet中的每行是否改变和改变的类型,并依次执行所需的INSERT、UPDATE或DELETE语句,将改变提交到数据库中。这个方法返回影响DataSet的行数。更准确地说,Update方法会将更改解析回数据源,但自上次填充DataSet以来,其他客户端可能已修改了数据源中的数据。若要使用当前数据刷新DataSet,应使用DataAdapter和Fill方法

DataAdapter对象常用的事件如表6-51所示。

表 6-51 DataAdapter 对象常用的事件

事 件	说 明
FillError	当执行 DataAdapter 对象的 Fill 方法发生错误时会触发此事件
RowUpdated	当调用 Update 方法并执行完 SQL 命令后会触发此事件
RowUpdating	当调用 Update 方法且在开始执行 SQL 命令之前会触发此事件

DataSet 的使用方法一般有以下三种。

(1) 把数据库中的数据通过 DataAdapter 对象填充 DataSet。

(2) 通过 DataAdapter 对象操作 DataSet 实现更新数据库。

(3) 把 XML 数据流或文本加载到 DataSet。

DataSet 对象常用的属性如表 6-52 所示。DataSet 对象常用的方法如表 6-53 所示。

表 6-52 DataSet 对象常用的属性

属 性	说 明
CaseSentive	指示 DataTable 中的字符串进行比较时是否区分大小写
DataSetName	返回该 DataSet 的名称
DefaultViewManager	返回一个 DataViewManager,后者包括 DataSet 中的数据组成的定制视图
EnforceConstraints	指出更新数据时是否遵守约束规则
ExtendedProperties	一个包含自定义用户信息的 PropertyCollection 对象
HasErrors	指出该 DataSet 中的记录是否有错误
Locale	用于比较字符串的区域信息,返回一个 CultureInfo 对象
Relations	一个 DataRelationCollection 对象,表示 DataSet 的表之间的所有关系
Tables	一个代表 DataSet 中所有表的 DataTableCollection 对象
XML	DataSet 中数据的 XML 格式
XMLSchema	关于 DataSet 数据的 XML 图表

表 6-53 DataSet 对象常用的方法

属 性	说 明
AcceptChange	提交对 DataSet 所做的所有修改
BeginInit	在运行阶段开始初始化 DataSet
Clear	删除 DataSet 中各表中的所有记录
Clone	生成与当前 DataSet 相同且不包含数据的 DataSet
Copy	生成与当前 DataSet 相同且包含数据的 DataSet
EndInit	在运行阶段结束 DataSet 的初始化
GetChanges	生成一个包含修改过的数据的 DataSet
HasChange	返回当前 DataSet 中数据是否已修改
InferXMLSchema	使用 XML 数据源创建数据结构
Merge	合并数据集与 DataSet 指定的数据集
ReadXMLSchema	依据 XML 图表创建数据结构
RejectChange	撤销对 DataSet 所做的修改
ResetRelations	将 Relations 属性重置为默认值
ResetTables	将 Tables 属性重置为默认值
WriteXML	将 DataSet 的内容写成 XML 格式
WriteXMLSchema	将 DataSet 的数据结构写成 XML 模式

DataSet 对象和 DataAdapter 对象的区别和联系表现在以下几方面。

(1) DataAdapter 对象是一种用来充当 DataSet 与实际数据源之间桥梁的对象，ADO .NET 通过该对象建立并初始化 DataTable(DataSet 中的数据表)，从而与 DataSet 结合在一起。DataSet 对象是一种无连接的对象，它与数据源无关。而 DataAdapter 则正好充当 DataSet 与实际数据源之间的桥梁，可以用来向 DataSet 对象填充数据，并将对 DataSet 中的数据的修改更新到实际的数据库中。DataAdapter 对象在数据库操作中与 DataSet 配合使用，可以执行新增、查询、修改和删除等多种操作。

(2) DataSet 虽然拥有类似于数据库的结构，但并不等同于数据库。首先，DataSet 不仅可以存储来自数据库中的数据，而且还可以存储其他类型的数据，如 XML 格式文档；其次，DataSet 与数据库之间没有直接的联系，操作 DataSet 并不等同于数据库中的数据也会发生改变。在 DataSet 上执行的 UPDATE(更新)或 DELETE(删除)等操作，影响的仅仅是 DataSet 中存储的数据，而不会在数据库中执行相同的操作。DataSet 中有一个非常重要的对象 DataTable。它实际上是 DataSet 中的数据表，包含了 DataSet 中的所有数据。在 DataTable 中，不仅仅是列，它也包含了表的关系、关键字及其约束等信息。一个 DataTable 表是数据行(DataRow)和列(DataColumn)的集合。DataSet 对象的模型结构如图 6-18 所示。

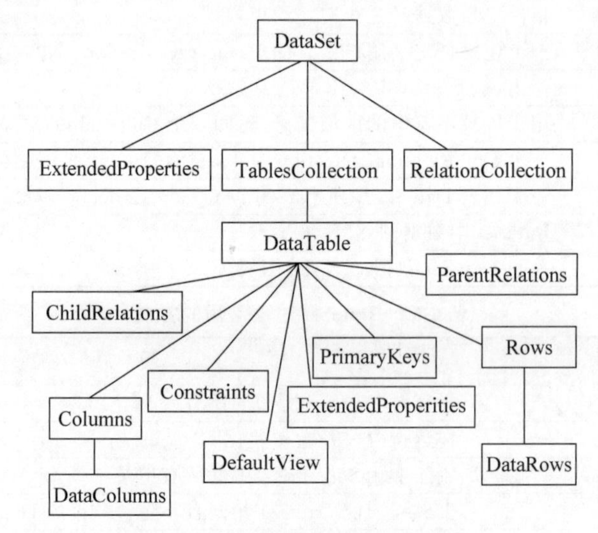

图 6-18 DataSet 对象的模型结构

【例 6-30】 DataSet 对象与 DataAdapter 对象的使用。用 DataAdapter 实现对数据集 DataSet 的填充，最后将数据集作为 GridView 的数据源来显示数据信息。

```
protected void Page_Load(object sender, EventArgs e)
    {  if(! this.IsPostBack)
       {
           SqlConnection con=new SqlConnection();
           conn.ConnectionString="user id=sa;data source=127.0.0.1; integrated
security=false;initial catalog=BookShop;pwd=123";   //设置连接字符串
           conn.Open();
             SqlDataAdapter myda=new SqlDataAdapter("select * from BookInfo",
conn);
           DataSet myset=new DataSet();
           myda.Fill(myset);
```

```
            this.GridView1.DataSource=myset;
            this.GridView1.DataBind();
        }
    }
```

【例 6-31】 独立使用 DataSet。创建一个 DataSet 对象,并在其中创建了一个表,同时添加了一条记录,并显示出来。

```
protected void Page_Load(object sender, EventArgs e)

    {
        DataSet ds=new DataSet();
        DataTable dt=new DataTable();
        dt.Columns.Add("Id", System.Type.GetType("System.Int32"));
        dt.Columns.Add("Uname", System.Type.GetType("System.String"));
        dt.Columns.Add("Pwd", System.Type.GetType("System.String"));
        dt.Columns["id"].AutoIncrement=true;
        ds.Tables.Add(dt);
        ds.Tables[0].PrimaryKey=new DataColumn[] { ds.Tables[0].Columns ["Id"] };
        DataRow dr=dt.NewRow();
        dr[0]="1";
        dr[1]="zhangsan";
        dr[2]="123456";
        dt.Rows.Add(dr);
        this.GridView1.DataSource=ds;
        this.GridView1.DataBind();
    }
```

DataView 对象表示 DataSet 对象中数据的定制视图,它代表一个 DataTable 的数据查看方式。在通常情况下,默认的数据查看方式是按照数据库数据表中数据的排列顺序,以表格形式显示。对于用户而言,常常需要利用排序、筛选以及查询等属性来定义不同的数据查看方式,这正是 DataView 对象的价值所在。DataView 对象可以指定筛选条件来选择查看单个数据表或多个数据表中的部分数据,也可以指定与默认查看方式不同的排序方式。DataView 对象常用的属性如表 6-54 所示。DataView 对象常用的方法如表 6-55 所示。

表 6-54　DataView 对象常用的属性

属　性	说　明
AllowDelete	设置是否可以删除视图中的记录
AllowEdit	设置是否可以编辑视图
AllowNew	设置是否可以在视图中添加记录
ApplyDefaultSet	设置是否使用默认的排序方式
Item(Index)	返回视图中指定的记录
RowFilter	设置筛选条件,将符合条件的记录添加到 DataView 中
Sort	设置或获取一个或多个排序的字段以及排序顺序
Table	从中取得数据的源 DataTable

表 6-55　DataView 对象常用的方法

方　法	说　明
AddNew	在视图中添加一条新记录
BeginInit	开始初始化 DataView
Delete(index)	删除由 index 指定的记录

续表

方　法	说　明
Dispose	释放对象的当前实例
EndInit	结束初始化过程
Find	在 DataView 中查找指定的记录

【例 6-32】 DataView 对象的使用。

```
protected void Page_Load(object sender, EventArgs e)
    {
        SqlConnection conn=new SqlConnection("server=.;database=BookShop; uid=
sa;pwd=123");
        conn.Open();                                         //建立与数据库的连接
        SqlDataAdapter da=new SqlDataAdapter("select * from userInfo", conn);
        DataSet ds=new DataSet();
        da.Fill(ds);
        DataView dview1=new DataView(ds.Tables[0]);  //生成 DataView 对象
        dview1.RowFilter="Id>5";                             //设置过滤条件
        DataView dview2=new DataView(ds.Tables[0]);
        dview2.Sort="names";                                 //设置排序字段
        this.GridView1.DataSource=dview1;
        this.GridView1.DataBind();
        this.GridView2.DataSource=dview2;
        this.GridView2.DataBind();
        //分别绑定到不同的 GridView 控件上
    }
```

6.5.5 执行存储过程

存储过程是保存起来的可以接收和返回用户提供的参数的 Transact-SQL 语句的集合。在存储过程中可以使用数据存取语句、流程控制语句、错误处理语句等。其主要特点是执行效率高,可以重复使用。在创建存储过程时,SQL Server 会将存储过程编译成一个执行计划。一旦创建一个存储过程,很多需要该过程的应用程序都可以调用此存储过程,减少程序员可能出现的错误。

在 ADO.NET 应用程序中使用存储过程的一般步骤是:①创建存储过程;②建立与相应数据库的连接;③指定存储过程名称;④在程序中说明执行的类型是存储过程;⑤若要执行的存储过程有参数则完成填充 Parameters 集合,否则省略此步骤;⑥执行存储过程。

在上述过程中的第⑤步提到了 Parameters 集合,在使用带参数的存储过程时它是经常被用到的。Parameters 集合是一个 Parameter 类型的数组,用于给存储过程传递参数。

Parameter 类是为数据源控件提供一个绑定到应用程序变量、用户标识和选择其他数据的机制。Parameter 参数除了动态提供传值的作用外,最重要的是它会执行以下工作:①检查参数的类型;②检查参数的长度;③保证输入的参数在数据库中会被当成纯文字而不是可以执行的 SQL 命令。因此,参数进行了以上三项安全性检查,将安全性强化到一定水平之上。

与 System.Data.SqlClient 名称空间相对应的 Parameter 对象是 SqlParameter 对象。其属性如表 6-56 所示。

表 6-56 SqlParameter 对象的属性

属　性	数据类型	说　明
DbType	DbType	指定该参数的数据库数据类型
Direction	ParameterDirection	指定该参数的方向：1 表示输入；2 表示输出；3 表示输入/输出；6 表示参数将包含存储过程的返回值
IsNullable	Boolean	指示该参数是否可以接受 Null
ParameterName	String	指定参数的名称
Precision	Byte	指定参数的精度
Scale	Byte	指定参数的位数
Size	Int32	指定参数的大小
SqlDbType	SqlDbType	指定该参数的 SQL 数据类型
SqlValue	Object	指定使用 SqlType 的参数的值
Value	Object	指定该参数的值

下面通过两个例子分别说明在程序中如何使用带参数的存储过程和不带参数的存储过程，每个例子分别使用 Command 对象和 DataAdapter 对象来实现调用。

【例 6-33】 在应用程序中执行不带参数的存储过程。

```
/*在 SQL Server 中建立存储过程 p_Search*/
create proc p_Search
AS   select names,author,publisher,price from book
protected void Page_Load(object sender, EventArgs e)
    {   ExecutebyCmd();                        //1.通过 Command 对象调用存储过程
        ExecutebyAdapter();                    //2.通过 DataAdapter 对象调用存储过程
    }
private void ExecutebyCmd()                    //通过 Command 对象调用存储过程
    {
      SqlConnection conn=new SqlConnection("server=.;database=BookShop; uid=
sa;pwd=123");
        conn.Open();                           //建立与数据库的连接
      SqlCommand cmd=new SqlCommand("p_Search", conn);//调用存储过程 p_Search
        cmd.CommandType=CommandType.StoredProcedure; //说明执行的类型是存储过程
        try
        {   cmd.ExecuteNonQuery();             //执行存储过程
              Response.Write("<script language=javascript>alert('操作成功!')
</script>");
        }
        catch

        {   Response.Write("<script language=javascript>alert('操作失败')
</script>");
        }
    }
private void ExecutebyAdapter()                //通过 DataAdapter 对象调用存储过程
    { SqlConnection conn=new SqlConnection("server=.;database=BookShop;uid=
sa;pwd=123");
        conn.Open();                           //建立与数据库的连接
        SqlDataAdapter da=new SqlDataAdapter();
        da.SelectCommand=new SqlCommand("p_Search ", conn);
                                                           //调用存储过程 p_Search
        da.SelectCommand.CommandType=CommandType.StoredProcedure;
                                               //说明类型是存储过程
```

```
        try
        {   da.SelectCommand.ExecuteNonQuery();  //执行存储过程
             Response.Write("<script language=javascript>alert('操作成功!')
</script>");
        }
        catch
        {   Response.Write("<script language=javascript>alert('操作失败')
</script>");
        }
    }
```

【例 6-34】 在应用程序中使用带参数的存储过程。在页面上由用户输入用户名、密码和邮件地址,单击"保存"按钮后调用存储过程将它们保存到数据表中。

```
/*在 SQL Server 中建立存储过程 insertuserInfo */
    create proc insertuserInfo
    @name varchar(30),@password varchar(50),@mail varchar(30)
    as insert into userinfo values(@name,@password,@mail)
protected void Button1_Click1(object sender, EventArgs e)
    {  ExecutebyCmd();                        //通过 Command 对象调用存储过程
       ExecutebyAdapter();                    //通过 DataAdapter 对象调用存储过程
    }
private void ExecutebyCmd()                   //通过 Command 对象调用存储过程
    { SqlConnection conn=new SqlConnection("server=.; database=BookShop; uid=
sa;pwd=123");
       conn.Open();                           //建立与数据库的连接
       SqlCommand cmd=new SqlCommand("insertuserInfo", conn);
                                                       //调用存储过程 search
       cmd.CommandType=CommandType.StoredProcedure;    //说明执行的类型是存储过程
       //建立参数对象的数组,指定每个参数的类型、长度和值
       SqlParameter[] parameters=
                 { new SqlParameter("@name", SqlDbType.VarChar,30),
                   new SqlParameter("@password", SqlDbType.VarChar,50),

                   new SqlParameter("@mail", SqlDbType.VarChar,30),
                 };
       parameters[0].Value=this.TextBox1.Text;
       parameters[1].Value=this.TextBox2.Text;
       parameters[2].Value=this.TextBox3.Text;
       //将参数对象传递给 SqlCommand 对象
       foreach (SqlParameter para in parameters)
       {   cmd.Parameters.Add(para);
       }
       try
       {   cmd.ExecuteNonQuery();             //执行存储过程
            Response.Write("<script language=javascript>alert('操作成功!')
</script>");
       }
       catch
       {
            Response.Write("<script language=javascript>alert('操作失败')
</script>");
       }
    }
    private void ExecutebyAdapter()           //通过 DataAdapter 对象调用存储过程
```

```
    { SqlConnection conn=new SqlConnection("server=.;database=BookShop;uid=
sa;pwd=123");
        conn.Open();   //建立与数据库的连接
        SqlDataAdapter da=new SqlDataAdapter();
        da.InsertCommand=new SqlCommand("insertuserInfo", conn);
                                                        //调用存储过程 search
        da.InsertCommand.CommandType=CommandType.StoredProcedure;
                                                        //说明类型是存储过程
        SqlParameter[] parameters=
                    { new SqlParameter("@name", SqlDbType.VarChar,30),
                     new SqlParameter("@password", SqlDbType.VarChar,50),
                     new SqlParameter("@mail", SqlDbType.VarChar,30),
                    };                                  //建立 parameter 数组
        parameters[0].Value=this.TextBox1.Text;
        parameters[1].Value=this.TextBox2.Text;
        parameters[2].Value=this.TextBox3.Text;
        foreach (SqlParameter para in parameters)       //传递参数
        {    da.InsertCommand.Parameters.Add(para);
        }
        try
        {   da.SelectCommand.ExecuteNonQuery();         // 执行存储过程
            Response.Write("<script language=javascript>alert('操作成功!')
</script>");

        }
        catch
        {   Response.Write("<script language=javascript>alert('操作失败')
</script>");
        }
    }
```

6.5.6 数据库事务处理

数据库事务处理是把一组数据库操作合并为一个逻辑上的工作单元。在系统中没有出现错误的情况下,开发人员可以使用事务处理来控制并保持事务处理中每个动作的连续性和完整性。使用这样的方法可能导致向两个极端情况发生:要么在事务处理中的所有操作都得到执行,要么没有任何操作得到执行。这样的方法对于实时应用程序来说非常必要。事务处理需要一个数据库连接以及一个事务处理对象。

在 ADO.NET 中,可以使用 Connection 和 Transaction 对象启动、提交和回滚事务。若要执行事务,可执行下列操作:调用 Connection 对象的 BeginTransaction 方法来标记事务的开始。BeginTransaction 方法返回对 Transaction 的引用。该引用将分配给登记在事务中的 Command 对象。将 Transaction 对象分配给要执行的 Command 的 Transaction 属性。如果通过活动的 Transaction 对象对 Connection 执行 Command,但该 Transaction 对象尚未分配给 Command 的 Transaction 属性,则将引发异常。

与 System.Data.SqlClient 名称空间相对应的 Transaction 对象是 SqlTransaction 对象。它包括如下两个属性。

Connection:指示同事务处理相关联的 SqlConnection 对象。

IsolationLevel:定义事务处理的锁定记录的级别。属性 IsolationLevel 是包括如表 6-57 所示成员的枚举对象。

表 6-57 IsolationLevel 枚举对象的成员

成　员	说　明
Chaos	从高度独立的事务处理中出现的未提交的更改(pending changes)不能被覆盖
ReadCommitted	当数据需要被非恶意读取时,采用共享锁定(shared locks),但数据仍然可以在事务处理结束时被更新,这造成了非重复性的数据读取或幻影数据(phantom data)的产生
ReadUncommitted	恶意读取数据是可能发生的,这表示没有使用共享锁定,并且没有实现独占锁定(exclusive locks)
RepeatableRead	锁定查询中所用到的所有数据,由此避免其他用户对数据进行更新。在幻影行(phantom rows)仍然可用的状态下,这可避免非重复性的数据读取
Serializable	在 DataSet 中进行范围锁定,由此防止其他用户在事务处理结束之前更新数据或在数据库中插入行

SqlTransaction 对象包括以下主要方法。

(1) Commit：提交数据库事务。

(2) Rollback：从未决状态(pending state)回滚(roll back)事务处理。事务处理一旦被提交成功后即不能执行此操作。

(3) Save：在事务处理中通过指定保存点(savepoint)名称创建保存点,以便对事务处理的一部分进行回滚。

下面结合例子说明在 ADO.NET 中是如何完成事务处理的。

【例 6-35】 事务处理的例子。

```
protected void Button1_Click(object sender, EventArgs e)
    {SqlConnection conn=new SqlConnection("server=.;database=BookShop; uid=
sa;pwd=123");
        conn.Open();
        //启用事务
        SqlTransaction tran=conn.BeginTransaction();
        SqlCommand cmd=new SqlCommand();
        cmd.Connection=conn;
        cmd.Transaction=tran;
        try
        {   cmd.CommandText="update userinfo set mail='zhangsan@126.com' where
id=2";
            cmd.ExecuteNonQuery();
            cmd.CommandText="update userinfo set mail='zhangsan@126.com' where
id=4";
            cmd.ExecuteNonQuery();
            tran.Commit();       //提交事务
      Response.Write("<script language=javascript>alert('事务提交成功!')
</script>");
        }
        catch (Exception ex)
        {   tran.Rollback();    //回滚事务
            Response.Write("<script language=javascript>
                alert('失败! '"+ex.ToString()+")</script>");
        }
    }
```

6.5.7 跨数据库访问

这里只给出针对 SQL Server 的处理方法。进行跨库查询的时候会遇到两种情况：①被操作的多个数据库位于同一台物理机器上；②被操作的多个数据库位于不同的物理机器上。下面分别对这两种情况进行说明。

1. 被操作的多个数据库位于同一台物理机器上

针对这种情况，只需要在构造的SQL语句中的表名前加上"数据库.dbo"就可以，例如"select * from DBName1.dbo.Table1"。在程序中建立的与数据库的连接不需要改变。下面给出一个在应用程序中实现对多个库进行操作的示例代码。

【例 6-36】 同一台物理机器上的跨数据库操作。其中，ykdb 和 rjht 为不同的数据库名称。

```
using System;
using System.Data;
using System.Data.SqlClient;
using System.Web;
using System.Web.UI;

public partial class Default2 : System.Web.UI.Page
{
    protected void Page_Load(object sender, EventArgs e)
    {   SqlConnection conn=new SqlConnection("server=.;database=ykdb; uid=
ykdb;pwd=123");
        conn.Open();                    //建立与数据库的连接
        SqlCommand cmd=new SqlCommand();
        cmd.CommandText="select a.user_name,b.realname from ykdb.dbo.user_
name a,rjht.dbo.userinfo b";
        cmd.Connection=conn;
        SqlDataReader reader=cmd.ExecuteReader();
        try
        {
            while(reader.Read())    //循环读取一条记录,从首记录到末记录
            {  Response.Write(reader[0].ToString()+","+reader[1].ToString()+
"<br/>");
            }
        }
        finally
        {  reader.Close();
        }
    }
}
```

2. 被操作的数据库位于不同的物理机器上

针对这种情况，需要将其他数据库所在的机器连接到当前主操作数据库服务器中。

具体操作过程为：首先进入主操作数据库服务器的企业管理器，选中左侧树形图中的"安全"(Security)，右击"连接服务器"(Linked Servers)，选中"新建连接服务器"(New Linked Server)后弹出"新建链接服务器"对话框，选择"安全性"选项卡，选中"用此安全上下文进行"(Be made using this security context)选项，并填写登录名和密码。再选择"常规"选项卡，在服务器类型中选中 sql server，将要连接的服务器名填入连接服务器，单击"确定"

按钮,这样就完成了与另一台物理机器的连接。通过新建连接,服务器可连接多台数据库服务器到主操作数据库服务器上。接下来要做的工作就是在程序中通过构造 SQL 语句实现多库操作功能。假设当前服务器名为 MyCurrentServer,数据库为 MyDB,其中的一个表名为 MyCurrentTable,链接的数据库服务器名为 MyLinkedServer,数据库名为 MyLinkedDB,其中的一个表名为 MyLinkedTable,则 SQL 语句可以这样写:

```
select  A.*,B.* from  MyCurrentTable A,MyLinkedServer.MyLinkedDB.dbo.
MyLinkedTable  B
```

下面给出一个示例进一步加以说明。

【例 6-37】 不同物理机器上的跨库操作。另一台服务器名为 tyd,此处可为 IP 地址,数据库名为 news,被操作的表为 newsType。

```
protected void Page_Load(object sender, EventArgs e)
    { SqlConnection conn=new SqlConnection("server=.;database=BookShop; uid=
sa;pwd=123");
        conn.Open();   //建立与数据库的连接
        SqlCommand cmd=new SqlCommand();
        cmd.CommandText="Select A.*,B.* from book A,tyd.news.dbo.newsType  B";
        cmd.Connection=conn;
        …
    }
```

6.5.8 数据绑定技术

数据绑定技术最通常的应用是把 Web 控件中用于显示的属性跟数据源绑到一起,从而在 Web 页面上显示数据。此外,也可以使用数据绑定技术设置 Web 控件的其他属性。因此可以说,ASP.NET 的数据绑定技术非常灵活,数据源可以是数据库中的数据,也可以是 XML 文档、其他控件的信息,甚至可以是其他进程的信息或其他进程的运行结果。

ASP.NET 控件既可以绑定到简单的数据源,如变量、属性、集合以及表达式等,又可以绑定到复杂的数据源,如数据集、数据视图等。

ASP.NET 引入了新的数据绑定方法,使用该语法可以轻松地将 Web 控件的属性绑定到数据源。语法如下:

```
<%#DataSource %>
```

其中,DataSource 表示各种数据源,如变量、属性、列表、表达式以及数据集等。下面给出两个数据绑定的例子。

【例 6-38】 绑定到简单数据源。

```
<%@  Page Language="C#" AutoEventWireup="true" CodeFile="test.aspx.cs"
Inherits="test" %>
<!DOCTYPE html PUBLIC "-//W3C//DTD XHTML 1.0 Transitional//EN" "http://www.w3.
org/TR/xhtml1/DTD/xhtml1-transitional.dtd">
<html xmlns="http://www.w3.org/1999/xhtml">
<head runat="server"><title>无标题页</title>
<!-- 此段代码可以放在 test.aspx.cs 中,在这里这种写法没有使用代码分离技术  -->
    <script language="c#" runat="server">
        int num=65108995;
        string name="张强";
        string email="zhangqiang@126.com";
```

```
        void Page_Load(Object sender, EventArgs e)
        {
            Page.DataBind();
        }
      </script>
</head>
<body>
    <form id="form1" runat="server">
    <b>姓名:<%#name%></b><br/>
    <b>邮箱:<%#email %></b><br/>
    <b>电话:<%#num.ToString() %></b>
    </form>
</body>
</html>
```

其运行结果如图6-19所示。

姓名:张强
邮箱:zhangqiang@126.com
电话:65108995

图6-19 简单数据源绑定

【例6-39】 绑定到复杂数据源。在页面上放一个ListBox控件,下面的代码实现了将数据表中的数据绑定到该ListBox控件。

```
using System;
using System.Data;
using System.Web;
using System.Web.UI;
using System.Data.SqlClient;
public partial class test : System.Web.UI.Page
{
    protected void Page_Load(object sender, EventArgs e)
    {  SqlConnection con=new SqlConnection("server=.;database=BookShop; uid=
sa;pwd=123");
        con.Open();
        SqlCommand cmd=new SqlCommand("select name from userinfo",con);
        ListBox1.DataSource=cmd.ExecuteReader();
        ListBox1.DataTextField="name";

        ListBox1.DataValueField="name";
        ListBox1.DataBind();
        con.Close();
    }
}
```

6.6 用 Visual Studio 创建和访问 Web 服务实例

视频讲解

一个Web服务就是一个应用Web协议的可编程的应用程序逻辑。从表面上看,Web服务就是一个应用程序,它向外界提供了一个可以通过Web进行调用的API,也就是说可以用编程的方法通过Web来调用这个程序。Web服务平台是一套标准,它定义了应用程序如何在Web上实现互操作。可以用任何语言在任何平台上写Web服务,只要通过Web服务标准对这些服务进行查询和访问就行了。可将Web服务看作Web上的组件编程。要实现这样的目标,Web服务使用了两种技术——XML技术和SOAP。

XML是在Web上传送结构化数据的有效方式,Web服务要以一种可靠的自动的方式操作数据,XML可以使Web服务方便地处理数据,十分理想地实现数据与表示的分离。

SOAP(Simple Object Access Protocol,简单对象访问协议)是服务使用者向 Web 服务发送请求并接收应答的协议。SOAP 是基于 XML 和 XSD 的,XML 是 SOAP 的数据编码方式。

对 Web 服务进行简单介绍后,下面开始学习在 VS 2019 中如何创建 Web 服务。

【例 6-40】 单独创建一个 Web 服务,放在网上被其他应用系统共享使用。

(1) 进入 VS 2019,选择新建项目。在项目模板中选择“ASP. NETWeb 应用程序(. NETFramework)”,在项目名称中输入 myWebservice,在项目存放位置处输入 C:\myWebservice,单击“创建”按钮后,选择“空”,再单击“创建”按钮后 VS 2019 就自动创建了. NET Web 服务框架。在“解决方案资源管理器”中可以右击项目 myWebservice 进行“添加”|“新建项”操作,在弹出的“添加新项”对话框中通过滚动条选择“Web 服务(ASMX)”,生成 Web 服务程序文件 WebService. asmx。

(2) 可以看到在 WebService. asmx. cs 代码视图中已经存在一个名为 Hello world 的 Web 服务,这是 VS 2019 提供的一个示例 Web 服务方法,返回字符串"Hello World"。在每个 Web 服务的方法前加上 WebMethod 就可以按自己的要求建立多个 Web 服务方法了。在上述基础上建立一个名为 MAX 和 getmyTable 的 Web 服务方法,其完整代码如下:

```
using System;
using System.Collections.Generic;
using System.Web;
using System.Web.Services;
using System.Data;
using System.Data.SqlClient;  //用 getmyTable 方法连接数据库,必须加上此名称空间

namespace myWebservice
{
    ///<summary>
    ///WebService 的摘要说明
    ///</summary>
    [WebService(Namespace="http://tempuri.org/")]
    [WebServiceBinding(ConformsTo=WsiProfiles.BasicProfile1_1)]
    [System.ComponentModel.ToolboxItem(false)]
    //若要允许使用 ASP.NET Ajax 从脚本中调用此 Web 服务,可取消注释以下行
    //[System.Web.Script.Services.ScriptService]
    public class WebService : System.Web.Services.WebService
    {

        [WebMethod]
        public string HelloWorld()
        {
            return "Hello World";
        }

        [WebMethod(Description="在输入的三个数中返回最大的一个")]
        public int Max(int a, int b, int c)
        {
            int max;
            if(a >b)
                max=a;
            else
                max=b;
            if(c >max)
```

```
                return c;
            else
                return max;
        }

        [WebMethod(Description="从数据表中读取数据,以表格方式显示出来。",
EnableSession=false)]
        public string getmyTable(string ConnectionString, string SelectSQL)
        {
            string rsString;
            SqlConnection conn=new SqlConnection(ConnectionString);
            SqlDataAdapter da=new SqlDataAdapter(SelectSQL, conn);
            DataSet ds=new DataSet();
            da.Fill(ds, "myTable");
            DataTable tbl=ds.Tables["myTable"];
             rsString=@"<table border='0' bgcolor='blue' cellpadding='1'
cellspacing='1'><tr bgcolor='white'>";
            for(int i=0; i<=ds.Tables["myTable"].Columns.Count - 1; i++)
            {
                rsString+="<td>" +ds.Tables["myTable"].Columns[i].ColumnName+
"</td>";
            }
            rsString+="</tr>";
            for(int i=0; i<tbl.Rows.Count; i++)
            {
                rsString+="<tr bgcolor=\"white\">";
                for(int j=0; j<=ds.Tables["myTable"].Columns.Count - 1; j++)
                {
                    rsString +="<td>" + tbl.Rows[i][j] + "</td>";
                }
                rsString +="</tr>";
            }
            rsString +="</table>";
            return rsString;
        }

    }
}
```

WebMethod 中的 Description 是对该 Web 方法的一种描述,用来解释和说明该 Web 方法。此 Web 服务使用 http://tempuri.org/作为默认命名空间。在公开此 XML Web Services 之前,应更改默认命名空间。每个 Web 服务都需要一个唯一的命名空间,以便客户端应用程序能够将它与 Web 上的其他服务区分开。http://tempuri.org/可用于处于开发阶段的 Web 服务,而已发布的 Web 服务应使用更为永久的命名空间。可使用公司的 Internet 域名作为命名空间的一部分,它们不必指向 Web 上的实际资源。

(3) 将 WebService.asmx 设为起始页,按 F5 键运行此 Web 服务,运行结果如图 6-20 所示。运行结果中显示出了编写的三个 Web 服务方法。单击"服务说明"超链接,显示该 Web 服务的 WSDL 说明。WSDL(Web Services Description Language,Web 服务描述语言)用于描述服务端所提供服务的 XML 格式。WSDL 文件中描述了服务端提供的服务、提供的调用方法以及调用时所要遵循的格式,如调用参数和返回值的格式等。WSDL 很像 COM 编程中的 IDL(Interface Description Language,接口定义语言),是服务器与客户端之间的契约,双方必须按契约严格行事才能实现功能。它在创建 Web 服务时自动生成。

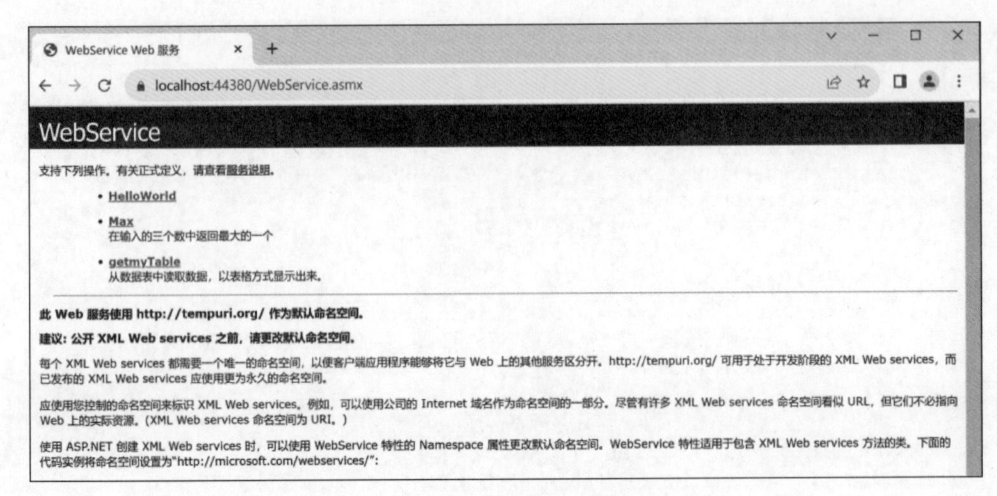

图 6-20　Web 方法的测试页面

(4) 测试所构建的 Web 服务方法的正确与否。单击 Max 后，分别输入 3、9、6，单击"调用"按钮后，在弹出的新窗口中以 XML 文件格式显示最大值结果 9：

```
<?xml version="1.0" encoding="utf-8"?>
<int xmlns="http://tempuri.org/">9</int>
```

若单击 getmyTable 方法，则出现如图 6-21 所示的界面。

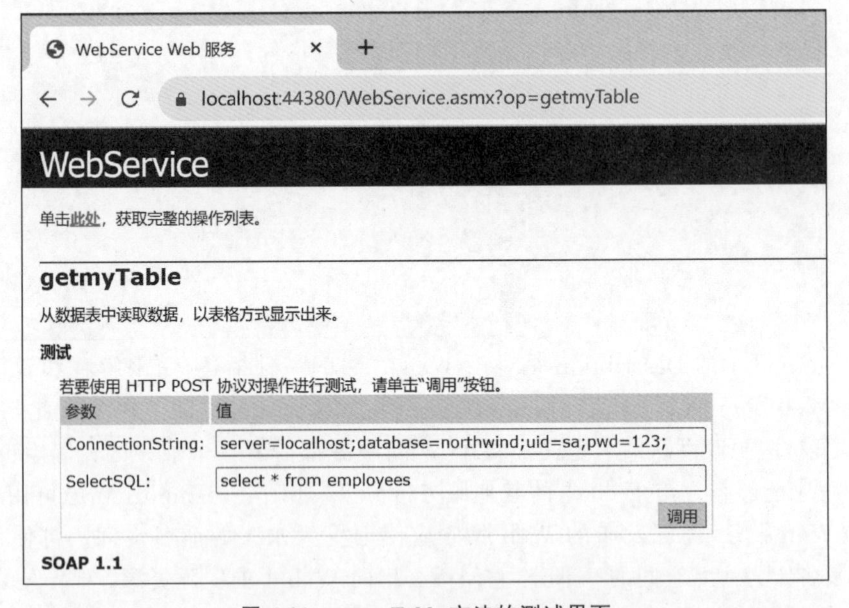

图 6-21　getmyTable 方法的测试界面

输入连接数据库的字符串"server＝localhost; database＝northwind; uid＝sa; pwd＝123;"和 SQL 查询语句"select * from employees"后，单击"调用"按钮后，如果一切正常将以 XML 文件格式显示执行结果。实际上用 getmyTable 建立了一个通用方法，可连接不同的数据库，显示其中任一个数据表的数据。

(5) 根据实际情况对 web.config 文件进行配置。受 Web 服务器等实际环境限制，如果不通过发布 Web 服务进行 Web 服务的调用，则跳过步骤(6)、(7)。此时直接运行此 Web

服务，运行界面如图 6-20 所示，Web 服务的运行网址为 https://localhost: 44380/WebService.asmx，其中，44830 端口号是自动生成的。

(6) 在 VS 2019 中分别单击主菜单"生成"中的"生成 myWebservice"和"发布 myWebservice"，指定发布的文件夹不妨为 D:\Web_Service，用于存放编译后生成的 Web 服务程序。

(7) 需要将生成的 Web 服务部署在网络上的另一台 Web 服务器上。在该 Web 服务器上，新建一个文件夹，不妨为 D:\Web_Service，将上面编译后生成的 Web 服务程序复制到该文件夹下。我们既可以将这个 Web 服务配置成单独一个网站来提供服务，也可以将它配置成某个现有网站下的一个虚拟目录来提供服务。本书第 2 章对新建网站和新建虚拟目录方面的内容已做详细介绍。打开"lnternet lnformation Services (IIS)管理器"，新建一个网站，网站名为 Web_Service，主目录设为 D:\Web_Service，网站端口号为 80，IP 地址以实际分配的为准，此处假设为 192.168.0.103。此时 Web 服务已可以开始向 Web 客户端提供服务，Web 服务的运行网址为 http://192.168.0.103/WebService.asmx。如果在浏览器中输入该 Web 服务网址后，没有出现类似图 6-20 所示的 Web 服务运行界面，则一方面要确保在安装 IIS 时，应记得全部选中"万维网服务"下的"应用程序开发功能"复选框，另一方面需要对文件夹 D:\Web_Service 的访问权限进行配置，允许匿名用户的访问。在"Internet Information Services (IIS)管理器"中，右击网站 Web_Service，在弹出的快捷菜单中选择"编辑权限"命令，弹出"Web_Service 属性"对话框，选择"安全"选项，单击"编辑"按钮，在弹出的"Web_Service 的权限"对话框中单击"添加"按钮，在弹出的"选择用户或组"对话框中单击"高级"按钮，再单击"立即查找"按钮，在搜索结果中双击 IIS_IUSRS 后单击"确定"按钮，再单击"应用"按钮和"确定"按钮后关闭相关对话框。重复上述"编辑权限"操作，在搜索结果中双击 everyone 后，关闭对话框。此时在浏览器中输入 http://192.168.0.103/WebService.asmx 就会出现类似图 6-20 所示的 Web 服务运行界面。

(8) 在 ASP.NET Web 应用程序中调用这个 Web 服务。首先在 VS 2019 中新建一个项目，选择"ASP.NETWeb 应用程序(.NETFramework)"项目模板，创建一个空网站后，在"解决方案资源管理器"中右击创建的新项目后，在弹出的快捷菜单中选择"添加"|"服务引用"命令，弹出"添加服务应用"对话框，单击左下方的"高级"按钮，弹出"服务引用设置"对话框，单击左下方的 "添加 Web 引用"按钮，弹出"添加 Web 引用"对话框，如图 6-22 所示。

对话框中有三种选项用来查找 Web 服务：①此解决方案中的 Web 服务。当前应用程序中自动创建一个 Web 服务供当前应用程序调用。②本地计算机上的 Web 服务。使用本机在其他网站中创建的 Web 服务供当前应用程序调用。③浏览本地网络上的 UDDI 服务器。查找本地网络中的 Web 服务来为当前应用系统调用。

在地址栏输入上述 Web 服务的地址：https://localhost:44380/WebService.asmx(跳过步骤(6)、(7))或 http://192.168.0.103/WebService.asmx，按 Enter 键或单击→按钮，结果如图 6-23 所示。Web 引用名改为 myWebService，这个名称很重要，它是程序编写中调用 Web 服务的对象名，单击"添加引用"按钮，此时会在解决方案资源管理器中自动添加一个 Web References 文件夹，在其下新建 myWebService 文件夹，其中自动生成四个文件 Reference.cs、Reference.map、WebService.disco、和 WebService.wsdl。disco 文件为静态发现文件，用来确定 Web 服务的位置。wsdl 则为 Web 服务的页面描述文件。

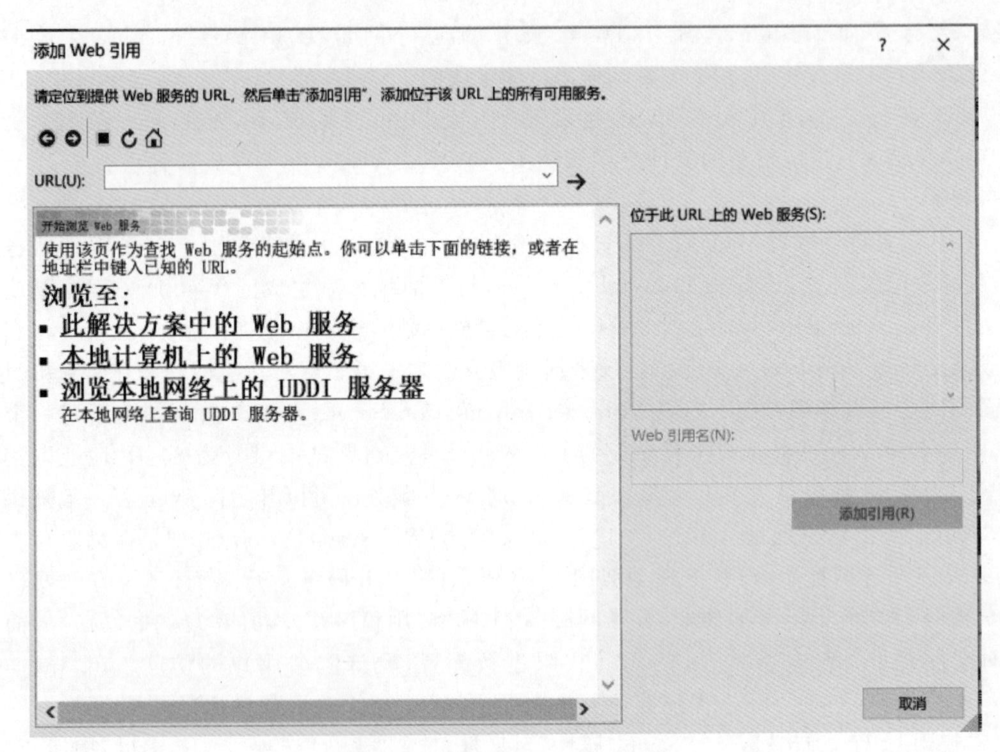

图 6-22 "添加 Web 引用"对话框

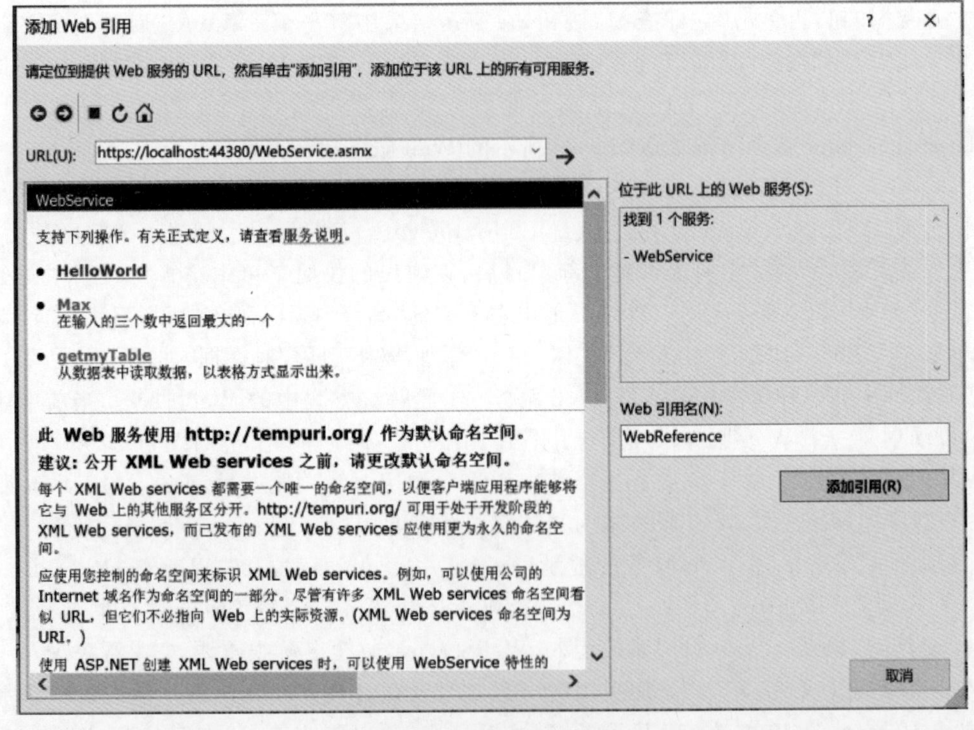

图 6-23 添加 Web 引用

(9) 在 Web 窗体中调用 Web 服务。调用方法如下。

① 建立 Web 服务 myWebService 的一个引用实例 myService：

```
myWebService.WebService myService=new myWebService.WebService();
```

② 调用 myService 对象的方法 helloWorld、Max 和 getmyTable 等，例如：

```
myService.Max(3,100,60)
```

新建一个名为 Default 的 Web 窗体，在 Default.aspx 窗体的 Default.aspx.cs 后台代码中调用上述 Web 服务的代码如下：

```
using System;
using System.Collections.Generic;
using System.Web;
using System.Web.UI;
using System.Web.UI.WebControls;
using System.Data;

namespace WebApplication9
{
    public partial class Default : System.Web.UI.Page
    {
        protected void Page_Load(object sender, EventArgs e)
        {  //建立 Web 服务 myWebservice 的一个引用实例
       myWebService.WebService myService=new myWebService.WebService();
            Response.Write(myService.HelloWorld() +"<br>");
            Response.Write(myService.Max(3, 100, 60) +"<br>");
            string ConStr="server=localhost;database=northwind; uid=sa;pwd=
docman;";
            string Sql="select * from employees";
            Response.Write(myService.getmyTable(ConStr, Sql) +"<br>");
        }
    }
}
```

将 Default.aspx 窗体设为起始页运行后就会在浏览器中看到调用 Web 服务的结果。如果在当前项目中建立另一个 Web 服务来调用，可右击项目名称，在弹出的快捷菜单中选择“添加”|“新建项”命令，选择 Web 服务模板后，在代码视图中输入 Web 服务的各种方法后，同样要通过添加 Web 引用来调用。

通过上述例子，可以体会 Web 服务具有如下技术特点。

(1) 跨防火墙的通信。

客户端和 Web 服务器之间通常会有防火墙或者代理服务器。采用传统的分布组件技术，例如 DCOM(Distributed Component Object Model，分布式组件对象模型)可能会通信失败。

(2) 应用程序集成。

企业中经常要把用不同语言写成的、在不同平台上运行的各种程序集成起来。例如，应用程序可能需要从运行在 IBM 主机上的程序中获取数据或者把数据发送到主机或 UNIX 应用程序中去。即使在同一个平台上，不同软件厂商生产的各种软件也常常需要集成起来。通过 Web Services，应用程序可以用标准的方法把功能和数据“暴露”出来，供其他应用程序使用。

例如,有一个订单录入程序,用于录入从客户来的新订单,包括客户信息、发货地址、数量、价格和付款方式等内容;还有一个订单执行程序,用于实际货物发送的管理。这两个程序来自不同软件厂商。一份新订单进来之后,订单录入程序需要通知订单执行程序发送货物。通过在订单执行程序上面增加一层Web Services,订单执行程序可以把Add Order函数“暴露”出来。这样,每当有新订单到来时,订单录入程序就可以调用这个函数来发送货物了。

(3) B2B的集成。

跨公司的商务交易集成通常叫作B2B集成。Web Services是B2B集成成功的关键。通过Web Services,公司可以把关键的商务应用“暴露”给指定的供应商和客户。例如,把电子下单系统和电子发票系统“暴露”出来,客户就可以以电子的方式发送订单,供应商则可以以电子的方式发送原料采购发票。当然,这并不是一个新的概念,EDI(电子文档交换)早就是这样了。但是,Web Services的实现要比EDI简单得多,而且Web Services运行在Internet上,在世界任何地方都可轻易实现,其运行成本就相对较低。用Web Services来实现B2B集成的最大好处在于可以轻易实现互操作性。只要把商务逻辑“暴露”出来,成为Web Services,就可以让任何指定的合作伙伴调用这些商务逻辑,而不管他们的系统在什么平台上运行、使用什么开发语言。这样就大大减少了花在B2B集成上的时间和成本,让许多原本无法承受EDI的中小企业也能实现B2B集成。

(4) 软件和数据重用。

软件重用是一个很大的主题,重用的形式很多,重用的程度有大有小。最基本的形式是源代码模块或者类一级的重用,另一种形式是二进制形式的组件重用。

当前,像表格控件或用户界面控件这样的可重用软件组件,在市场上都占有很大的份额。但这类软件的重用有一个很大的限制,就是重用仅限于代码,数据不能重用。原因在于发布组件甚至源代码都比较容易,但要发布数据就没那么容易,除非是不会经常变化的静态数据。

Web Services在允许重用代码的同时,可以重用代码背后的数据。使用Web Services,再也不必像以前那样,要先从第三方购买、安装软件组件,再从应用程序中调用这些组件,只需要直接调用远端的Web Services就可以了。例如,要在应用程序中确认用户输入的地址,只需将这个地址直接发送给相应的Web Services,这个Web Services就会帮你查阅街道地址、城市、省区和邮政编码等信息,确认这个地址是否在相应的邮政编码区域。Web Services的提供商可以按时间或使用次数来对这项服务进行收费。这样的服务要通过组件重用来实现是不可能的,那样就必须下载并安装好包含街道地址、城市、省区和邮政编码等信息的数据库,而且这个数据库还是不能实时更新的。

另一种软件重用的情况是把几个应用程序的功能集成起来。例如,要建立一个局域网上的门户站点应用,让用户既可以查询联邦快递包裹、查看股市行情,又可以管理自己的日程安排,还可以在线购买电影票。现在Web上有很多应用程序供应商,都在其应用中实现了这些功能。一旦他们把这些功能都通过Web Services“暴露”出来,就可以非常容易地把所有这些功能都集成到你的门户站点中,为用户提供一个统一的、友好的界面。

将来,许多应用程序都会利用Web Services,把当前基于组件的应用程序结构扩展为组件/Web Services的混合结构,可以在应用程序中使用第三方的Web Services提供的功能,也可以把自己的应用程序功能通过 Web Services 提供给别人。两种情况下,都可以重用代码和代码背后的数据。Web 服务很好地诠释了软件即服务 (SaaS,Software as a Service)的理念。

6.7 Web 开发中的类库构建与访问

在 Web 开发过程中,可将许多通用的完成一定功能的方法或结构等独立出来,放在类库中,编译后形成一个动态链接库(DLL)文件,在 Web 应用程序中通过添加引用后,就可实现代码的重用。

6.7.1 在 Web 开发中构建一个类库

创建类库过程如下。

(1) 进入 VS 2019,新建一个项目,项目类型选择 Visual C#,选择 Class Library 类库模板,类库项目名称为 WebClassLib,单击"创建"按钮后形成类库模板代码。

视频讲解

(2) 在"解决方案资源管理器"中,右击"引用",在弹出的快捷菜单中选择"添加引用"|"程序集"后,选中必要的.NET 组件名称,例如 System.Web、System.Configuration 等,以便在类代码中可以引用对应的命名空间。将类文件名 Class1.cs 改为 myClass.cs,方法是单击"解决方案资源管理器"中的文件 Class1.cs,右击,在弹出的快捷菜单中选择"重命名"或直接按 F2 键来修改。在代码窗口中添加了对命名空间的引用,定义了三个方法:Query、CloseWindow、marriageCodeList,完整代码如下:

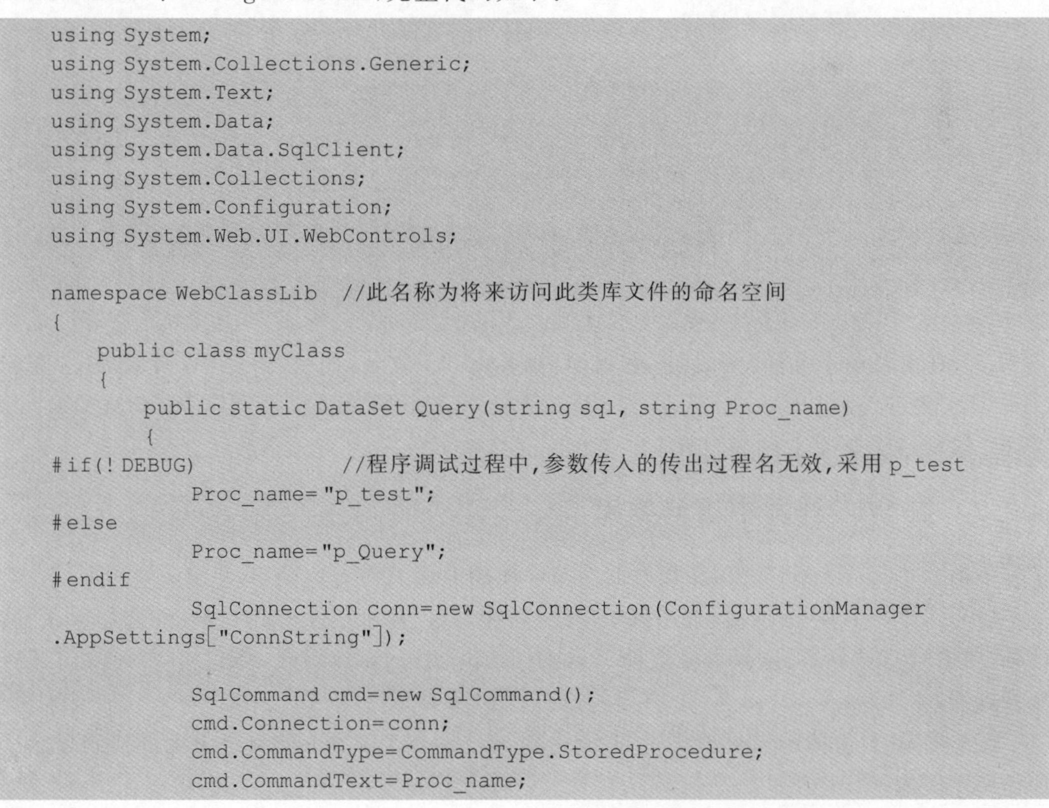

```
using System;
using System.Collections.Generic;
using System.Text;
using System.Data;
using System.Data.SqlClient;
using System.Collections;
using System.Configuration;
using System.Web.UI.WebControls;

namespace WebClassLib   //此名称为将来访问此类库文件的命名空间
{
    public class myClass
    {
        public static DataSet Query(string sql, string Proc_name)
        {
#if(! DEBUG)                //程序调试过程中,参数传入的传出过程名无效,采用 p_test
            Proc_name="p_test";
#else
            Proc_name="p_Query";
#endif
            SqlConnection conn=new SqlConnection(ConfigurationManager
.AppSettings["ConnString"]);

            SqlCommand cmd=new SqlCommand();
            cmd.Connection=conn;
            cmd.CommandType=CommandType.StoredProcedure;
            cmd.CommandText=Proc_name;
```

```
            SqlParameter paramSQL;
            paramSQL=new SqlParameter("@SQL", SqlDbType.VarChar, 1000);
            paramSQL.Value=sql;
            cmd.Parameters.Add(paramSQL);


            conn.Open();
            SqlDataAdapter sda=new SqlDataAdapter(cmd);
            DataSet ds=new DataSet();
            sda.Fill(ds);
            conn.Close();
            return ds;
        }

        public static void CloseWindow(System.Web.UI.Page page)
        {
            Literal lt=new Literal();
            lt.Text="<script>window.close();</script>";
            page.Controls.Add(lt);
        }

        #region           //用 region 和 endregion 可以实现折叠程序代码
        public static ListItemCollection marriageCodeList()
        {
            ListItem li;
            ListItemCollection lic=new ListItemCollection();
            li=new ListItem("-- ", "0");
            lic.Add(li);
            li=new ListItem("未婚", "1");
            lic.Add(li);
            li=new ListItem("已婚", "2");
            lic.Add(li);
            li=new ListItem("离婚", "3");
            lic.Add(li);
            li=new ListItem("其他", "4");
            lic.Add(li);
            return lic;
        }
        #endregion
    }
}
```

(3) 在主菜单中选择“生成”|“生成 WebClassLib”命令，如果程序没有错误，就会在文件夹“C:\Users\wulao\source\repos\WebClassLib\bin\Debug”中生成 WebClassLib.dll 文件。这样一个类库文件就生成了。该类库文件就可分发给 Web 开发人员使用。

6.7.2 在 Web 开发中访问类库

下面介绍在 VS 2019 中，在现有的网站中使用上述类库进行 Web 开发。

(1) 打开一个 Web 项目，在主菜单中选择“项目”|“添加引用”命令，弹出“添加引用”对话框，单击“浏览”标签，选择类库文件 WebClassLib.dll 的存放目录，将它加入“解决方案资源管理器”中。

(2) 在 Web 窗体的后台代码中，必须引用 WebClassLib 命名空间。下面的代码显示了如何调用类库：

```
using System;
using System.Data;
using System.Web;
using System.Web.UI;
using System.Web.UI.WebControls;
using WebClassLib;                                        //引用 WebClassLib 命名空间
namespace myWebservice
{
    public partial class WebForm1 : System.Web.UI.Page
    {
        protected void Page_Load(object sender, EventArgs e)
        {
DropDownList1.DataSource=WebClassLib.myClass.marriageCodeList();  //绑定数据
            DropDownList1.DataBind();
            //WebClassLib.myClass.CloseWindow(this);  //调用类库中的方法

        }
    }
}
```

思考练习题

1. 熟悉 ASP. NET 的各种常用控件。

2. 简述 GridView 控件、DataList 控件和 Repeater 控件的优缺点及它们分别使用的场合。

3. 编写一个 ASP. NET 页面,该页面使用连接对象连接 Northwind 数据库,并使用 GridView 控件显示下面的信息。

(1) 所有供应商的地址、所在城市、联系人姓名和电话号码。

(2) 所有员工的姓名和地址,按年龄降序显示。

4. 分别使用 DataList 控件和 Repeater 控件实现对 Northwind 数据库中 Products 表的数据显示、分页和排序。

5. 使用 FormView 控件实现对 Northwind 数据库中 Categories 表的数据显示,并且实现增加编辑和添加数据记录功能。结果如图 6-24 所示。

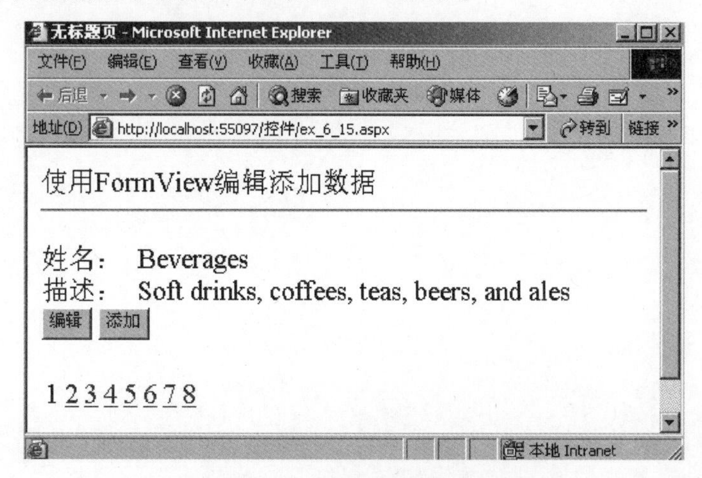

图 6-24 第 6 章第 5 题的运行结果

6. 请说出下列代码在浏览器中的输出形式。

```
<%@  Page Language="C#" AutoEventWireup="true" CodeFile="Default2.aspx.cs"
Inherits="Default2" %>
<%string hisName="Yangking"; %>
<html><head runat="server"><title>无标题页</title></head>
<body>
    <form id="form1" runat="server">
        姓名:<input id="Text1" type="text" value="<%=myName%>" /></form>
    <script>alert('<%=myName %>');</script>
    <script>alert('<%=hisName %>');</script>
</body></html>
Default2.aspx.cs:
public partial class Default2 : System.Web.UI.Page
{   protected  string myName="WangCL";
    protected void Page_Load(object sender, EventArgs e)
    {   myName="WangCL";
    }
}
```

7. 结合前面几章介绍的知识,开发一个简单的数据库应用系统。

第 7 章

Ajax 技术

学习要点

(1) 了解 Ajax 的基本概念及原理。

(2) 熟悉基于 Ajax 框架的 Web 窗体。

本书第 1 章已经介绍过 Ajax 技术。它由 Jesse James Garrett 于 2005 年 2 月提出，实际上 Google 公司早在 2005 年前就已经在 Google Map 中使用这种技术来处理相关数据的查询和浏览，只不过没有给它以如此响亮的名字。Ajax 是 Asynchronous Javascript and XML 的简称，该技术的目标是让用户动态地与页面进行交互，加快服务器的响应速度，减少用户的等待时间，是一种创建交互式 Web 应用程序的开发技术。

为了便于读者理解 Ajax 技术的基本原理，并学会应用 Ajax 技术，本章将介绍如何利用 XMLHttpRequest 对象进行 Ajax 开发，实现与网页服务器之间的异步数据交换，随后针对 ASP. NET 平台下传统的 Web Form 程序开发和基于 Ajax 框架的程序开发进行对比研究，并通过具体案例讲解其内容和原理。

7.1 Ajax 概述及开发案例

视频讲解

Ajax 通过异步数据交换和处理，可显著提高 Web 应用程序运行效率，给 Web 开发者带来了新的希望。Ajax 并不是一门新的语言或技术，它实际上是几项技术按一定的方式组合在一起，共同协作，发挥各自的作用。具体来说，Ajax 基于下列核心技术。

- XHTML：对应 W3C 的 XHTML 规范，目前是 XHTML 1.0。
- CSS：对应 W3C 的 CSS 规范，目前是 CSS 2.0。
- DOM：这里的 DOM 主要是指 HTML DOM。
- JavaScript：对应 ECMA 的 ECMAScript 规范。
- XML：对应 W3C 的 XML DOM、XSLT、XPath 等规范。
- XMLHttpRequest：对应 WHATWG (Web Hypertext Application Technology Working Group) 的 Web Applications 2.0 规范的一部分 (http://whatwg.org/specs/web-apps/current-work/)。

Ajax 的工作原理相当于在用户和服务器之间加了一个中间层，即 Ajax 引擎，使用户操作与服务器响应异步化。并不是所有的用户请求都提交给服务器，像一些数据验证和简单的数据处理等都交给 Ajax 引擎自己来做，只有确定需要从服务器读取新数据时再由 Ajax 引擎代为向服务器提交请求。其应用程序模型如图 7-1 所示。

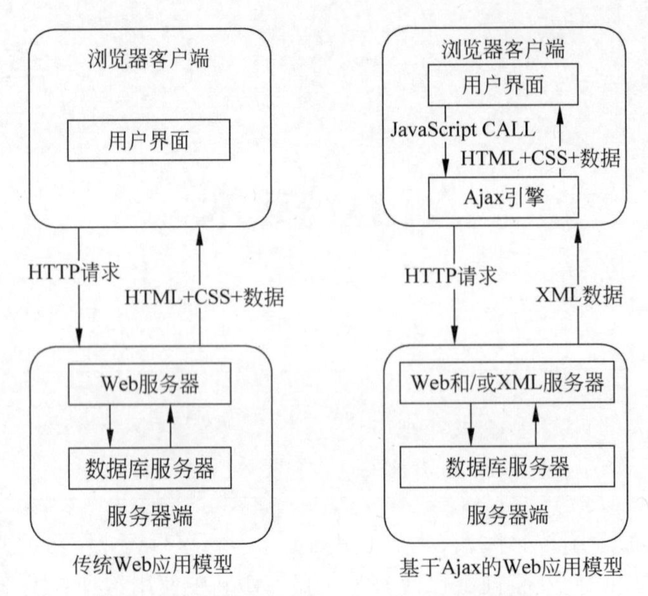

图 7-1 传统 Web 应用与 Ajax 模型的对比

Ajax 的核心是 JavaScript 对象 XMLHttpRequest。该对象在 Internet Explorer 5 中首次引入,它是一种支持异步请求的技术。XMLHttpRequest 使开发者可以使用 JavaScript 向服务器提出异步请求并处理响应,而不阻塞用户。

目前实现 Ajax 技术的方法主要有:①直接基于 XMLHttpRequest 对象;②利用各种 Ajax 框架,简化 Ajax 开发。

Ajax 的一个最大的特点是无须刷新页面便可向服务器传输或读写数据(又称无刷新更新页面),这一特点主要得益于 XMLHTTP 组件中的 XMLHttpRequest 对象。最早应用 XMLHTTP 的是微软 IE(IE 6.0 以上)允许开发人员在 Web 页面内部使用 XMLHTTP ActiveX 组件扩展自身的功能,开发人员可以不用从当前的 Web 页面导航而是直接传输数据到服务器上或者从服务器取数据。在这种情况下,XMLHttpRequest 对象相当于起到了图 7-1 中 Ajax 引擎的作用,利用该对象减少了无状态连接的痛苦,还可以排除下载冗余 HTML,从而提高服务器的响应速度。其他浏览器 Mozilla、Firefox、Opera、Safari 等也都支持 XMLHttpRequest 对象。

XMLHttpRequest 是 Ajax 开发的基础,体现了异步调用的核心。XMLHttpRequest 对象的方法和属性分别如表 7-1 和表 7-2 所示。

表 7-1 XMLHttpRequest 对象的方法

方　　法	描　　述
abort	停止当前请求
getAllResponseHeaders	返回完整的 headers 字符串
getResponseHeader("headerLabel")	返回单个的 header 标签字符串
open("method","URL"[,syncFlag[,"userName"[,"password"]]])	设置请求的方法、目标 URL 和其他参数
send(content)	发送请求
setRequestHeader("label","value")	设置 header 并和请求一起发送

表 7-2 XMLHttpRequest 对象的属性

属　性	描　述
onreadystatechange	状态改变的事件触发器
readyState	对象状态(integer)：0 表示未初始化；1 表示读取中；2 表示已读取；3 表示交互中；4 表示完成
responseText	从服务器返回的数据文本
responseXML	从服务器返回兼容 DOM 的 XML 文档对象
status	服务器返回的状态码。如 404 表示“文件未找到”、200 表示“成功”
statusText	服务器返回的状态文件信息

用 XMLHttpRequest 进行 Ajax 开发的基本步骤主要包括发送 XMLHttpRequest 对象请求和获取响应信息进行数据处理两个步骤。

使用 XMLHttpRequest 对象发送请求的基本步骤如下。

(1) 创建 XMLHttpRequest 对象。

(2) 指定处理函数：给 XMLHttpRequest 对象的 onreadystatechange 属性赋值，指示哪个函数处理 XMLHttpRequest 对象状态的改变。

(3) 指定请求的属性：open 方法的三个参数分别指定将发送请求的方法(通常是 GET 或 POST)、目标资源 URL 串以及是否异步请求。

(4) 发送请求到服务器：send 方法把请求传送到指定的目标资源，send 方法接收一个参数，通常是一个串或 DOM 对象。这个参数会作为请求体的一部分传送到目标 URL。向 send 方法提供参数时，要确保 open 中指定的方法是 POST。如果没有数据要作为请求体的一部分发送，则使用 null。

XMLHttpRequest 对象在大部分浏览器上已经实现而且拥有一个简单的接口允许数据从客户端传递到服务器端，但并不会打断用户当前的操作。使用 XMLHttpRequest 传送的数据可以是任何格式，虽然从名字上建议是 XML 格式的数据。

【例 7-1】 该例代码演示了利用 XMLHttpRequest 对象获取远程数据并显示结果的整个过程。

```
<html>
<head><title>Welcome</title>
<script language="javascript">
    var  vXMLHttpRequest;
    function CreateXMLHttpRequest(){//创建 XMLHttpRequest 对象,需考虑浏览器兼容性
        if (window.XMLHttpRequest){  //Mozilla、Firefox、Safari 等浏览器
            vXMLHttpRequest=new XMLHttpRequest();
            if(vXMLHttpRequest.overrideMimeType){
                vXMLHttpRequest.overrideMimeType("text/xml");
            }
        }else if (window.ActiveXObject){    //IE 浏览器
            try{
                vXMLHttpRequest=new ActiveXObject("Msxml2.XMLHTTP");
            }
            catch(e){
                vXMLHttpRequest=new ActiveXObject("Microsoft.XMLHTTP");
            }
        }
```

```
        if(! vXMLHttpRequest){window.alert("Browser not support XMLHttp-
Request!");}
        return vXMLHttpRequest;
    }
    function ExcuteWelcome(vName){
        vXMLHttpRequest=CreateXMLHttpRequest();
        vXMLHttpRequest.onreadystatechange=Excute_Callback; //指定处理函数
        var url="WelcomeResult.aspx? Name=" +vName;
        vXMLHttpRequest.open("GET",url);                    //设置请求方法和目标
        vXMLHttpRequest.send(null);                         //发送请求
    }
    function Excute_Callback(){
        if(vXMLHttpRequest.readyState==4){                  //对响应数据进行处理
          if(vXMLHttpRequest.status==200){                  //信息返回成功
            var s=vXMLHttpRequest.responseText;
            MyResult.innerHTML=s;                           //显示数据
          }
        }
    }
</script>
</head>
<body>
    <form id="Form1" method="post" runat="server">
        <div>请输入您的姓名:</div>
        <input id="username" type="text" size="13">
        <input type="button" value="单击" onclick=" ExcuteWelcome(document.
        getElementById('username').value)">
        <div id="MyResult"></div>
    </form>
</body>
</html>
```

以上代码实现在文本框输入姓名,单击 button 按钮后,XMLHttpRequest 异步访问 WelcomeResult.aspx 获取问候语并显示。

其中,函数 CreateXMLHttpRequest 根据浏览器版本不同,完成 XMLHttpRequest 对象创建工作;函数 ExcuteWelcome 首先创建 XMLHttpRequest 对象,然后通过 onreadystatechange 属性指定当属性 readyState 状态发生改变时由回调函数 Excute_Callback 进行处理。

页面 WelcomeResult.aspx 仅根据调用的参数返回一个字符串,在.NET 环境中其页面的 CodeBehind 代码如下:

```
private void Page_Load(object sender, System.EventArgs e)
{
    Response.Clear();
    string TempName=Request.QueryString["Name"];
    if(TempName!=null)
    {  try
        { Response.Write(TempName +", Wellcome to Ajax's world!");
        }
        catch{ }
    }
    Response.End();
}
```

其运行结果如图 7-2 所示。

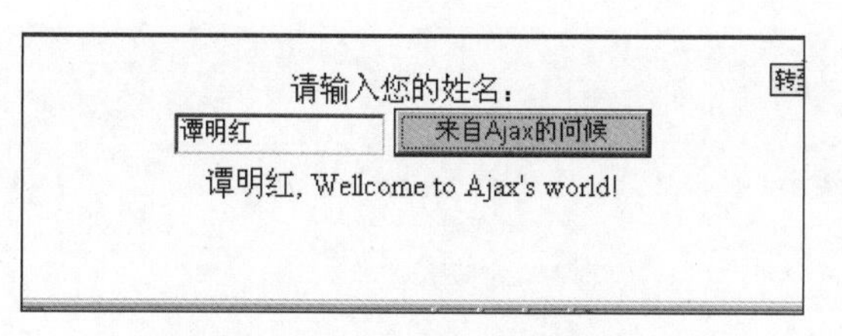

图 7-2　Ajax 实例运行效果

XMLHttpRequest 还可用异步方式调用网络 Web 服务，调用远程服务器中已经编写好的方法，实现各种功能，仍旧包括发送 XMLHttpRequest 对象请求和获取响应信息进行数据处理两个步骤。

远程天气预报 Web 服务的接入口为 http://ws.webxml.com.cn/WebServices/WeatherWebService.asmx，其免费提供了 340 多个中国主要城市和 60 多个国外主要城市三日内的天气预报数据，数据来源于中国气象局，每 0.5h 更新一次，准确可靠。单击该链接可查看该天气预报 Web 服务所提供的接口调用介绍，如图 7-3 所示。下例将通过该 Web 服务提供的 getWeatherbyCityName 方法来获取某城市的天气情况。

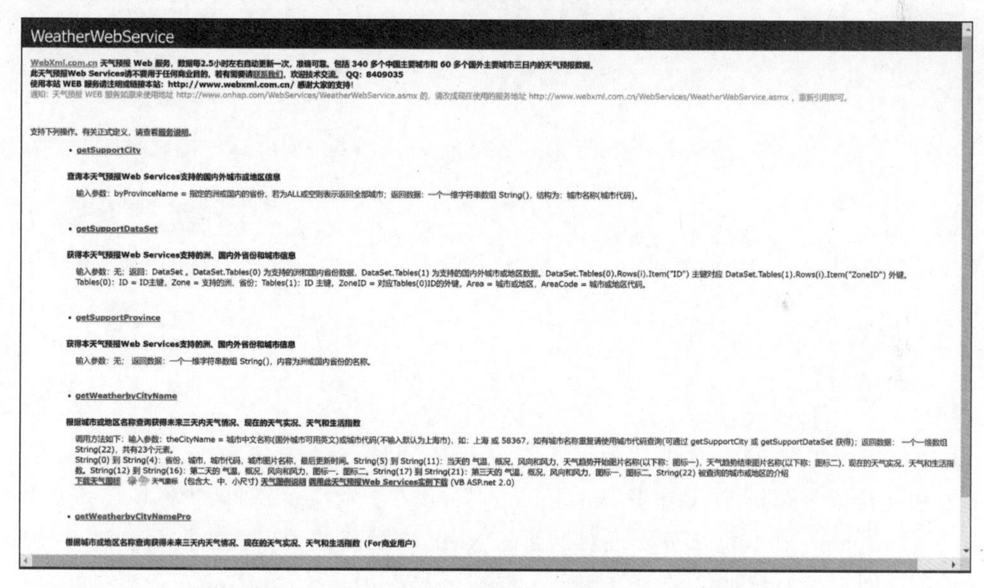

图 7-3　天气预报 Web 服务所提供的各接口介绍

【例 7-2】　该例代码演示了利用 XMLHttpRequest 对象连接远程天气预报 Web 服务接口并显示城市天气的过程。

```
<! DOCTYPE html>
<html>
<head><meta charset="utf-8" />  <title>重庆的天气预报</title></head>
<body>
    温度:<span id="no1"></span>天气:<span id="no2"></span>
</body>
<script type="text/javascript">
    var xmlhttp=null;
    window.onload=getChongqing;    //浏览器加载网页完毕后执行 onload 事件,调用
                                   //getChongqing 函数
```

```
    function getChongqing() {           //获取重庆天气信息
        //判断浏览器类型,根据不同的浏览器创建 XMLHttpRequest 对象 xmlhttp
        if(window.XMLHttpRequest) {
            xmlhttp=new XMLHttpRequest();
        }
        else if(window.ActiveXObject) {
            xmlhttp=new ActiveXObject("Microsoft.XMLHTTP");
        }
        else {
            xmlhttp=new ActiveXObject("Msxml2.XMLHTTP");
        }
        xmlhttp.open("GET", "http://ws.webxml.com.cn/WebServices/WeatherWebService.
asmx/getWeatherbyCityName? theCityName=重庆", true);
        xmlhttp.send(null);             //发送 Web 服务请求
        xmlhttp.onreadystatechange=stateChange;
        //当 XMLHttpRequest 对象 xmlhttp 的状态变换时,就执行 stateChange 函数
    }
    function stateChange() {

        if(xmlhttp.readyState==4)       //判断 xmlhttp 对象的返回状态
        {
            if(xmlhttp.status==200 || xmlhttp.status==0)
            //如果是 404,说明未找到服务文件。0 是专门为火狐和谷歌浏览器保留的,它说明
            //本地运行成功的情况
            {
                var data=xmlhttp.responseXML; //获取返回的 XML 格式的数据
                document.getElementById("no1").innerHTML=data
.getElementsByTagName("string")[5].firstChild.nodeValue; //显示当前温度
                document.getElementById("no2").innerHTML=data
.getElementsByTagName("string")[6].firstChild.nodeValue; //显示当前天气情况
            }
        }
    }
</script>
</html>
```

上述代码中可将重庆换成其他城市名实现不同城市的天气预报。通过 xmlhttp 的 open 方法连接天气预报 Web 服务，xmlhttp 的 send 方法则主要是向该 Web 服务发出处理请求。stateChange 函数体部分实现对返回的 XML 文档格式的天气数据信息进行处理，这里主要是返回当前所选地区的天气信息。根据 getWeatherbyCityName 方法可知，传入参数 theCityName 的具体值后可以查询获得该城市未来三天内天气情况、现在的天气实况、天气和生活指数等信息，以重庆为例，结果如图 7-4 所示。

从图 7-4 可知，调用该天气预报 Web 服务后，返回的天气信息以 XML 文档格式存在，共有 23 个 string 节点，可放在一个 string 数组中，图中每个<string></string>中间的元素就是数组的一个元素，可根据想要显示的天气信息来确定网页的设计。在浏览器中运行例 7-2 网页代码，其运行结果如图 7-5 所示（代码中略去了相关显示的样式）。

另外，可把例 7-2 中返回 XML 格式的数据换成返回文本数据，只要将例 7-2 中的代码 “var data＝xmlhttp. responseXML;” 换成以下代码：

```
var doc=xmlhttp.responseText; //获取所有返回的文本数据
var parser=new DOMParser();
var data=parser.parseFromString(doc,"text/xml");
```

```
This XML file does not appear to have any style information associated with it. The document tree is shown below.
▼<ArrayOfString xmlns:xsi="http://www.w3.org/2001/XMLSchema-instance" xmlns:xsd="http://www.w3.org/2001/XMLSchema" xmlns="http://WebXml.com.cn/">
    <string>直辖市</string>
    <string>重庆</string>
    <string>57516</string>
    <string>57516.jpg</string>
    <string>2024/8/15 8:34:40</string>
    <string>28℃/39℃</string>
    <string>8月14日 晴</string>
    <string>东风转东北风小于3级</string>
    <string>0.gif</string>
    <string>0.gif</string>
    <string>今日天气实况：气温：30.3℃；风向/风力：西北风 2级；湿度：62%；紫外线强度：很强。</string>
    <string>感冒指数：少发，感冒机率较低，避免长期处于空调屋中。 运动指数：较不宜，请适当减少运动时间并降低运动强度。 过敏指数：不易发，除特殊体质，无需担心过敏问题。 穿衣指数：炎热，建议穿短衫、短裤等清凉夏季服装。 洗车指数：适宜，天气较好，适合擦洗汽车。 紫外线指数：很强，涂擦SPF20以上，PA++护肤品，避强光。 </string>
    <string>28℃/38℃</string>
    <string>8月15日 多云转晴</string>
    <string>北风转西南风小于3级</string>
    <string>1.gif</string>
    <string>0.gif</string>
    <string>26℃/36℃</string>
    <string>8月16日 多云</string>
    <string>西风转南风小于3级</string>
    <string>1.gif</string>
    <string>1.gif</string>
    <string>重庆市简称渝，位于我国西南地区东部，长江上游。1997年以原四川省重庆、万县、涪陵三地级市区域设中央直辖市重庆，是我国面积最大、行政辖区最广、人口最多的中央直辖市。全市面积8.3万平方千米，人口3002万，有汉、回、苗、土家等民族。长江斜贯本市，形成著名的长江三峡。中亚热带湿润季风气候。冬暖夏热，夏季因地形郁闷，气候闷热，成为长江三大“火炉”之一。年降水量1000毫米以上。重庆市区坐落在长江与嘉陵江交汇处，四面环山，江水回绕，城市傍水依山，层叠而上，既以江城著称，又以山城扬名。然而最具特色的，还要数山城的夜色。凭高眺远，万家灯火起伏错落，银霞明灭，与两江粼粼的波光、满天闪烁的星斗交相辉映，其景奇丽醉人。重庆中心城区为长江、嘉陵江环抱，山青水秀，风貌独特。重庆具有三千年悠久历史，为重庆留下了不少驰名中外的风景名胜、古老的历史遗迹和雄峻的自然奇观。全市有大的旅游景区20多个，景点达1300多处，已初步开发300多处，其中国家级重点风景名胜区有4个，国家重点文物保护单位6个，市级文物保护单位1100多个，各种文物点12000多处。重庆市拥有丰富的生物资源、矿产资源、水能资源和独具特色的三峡旅游资源，具有极大的开发潜力。重庆是中国西南地区和长江上游的经济中心城市、重要的交通枢纽和内河口岸，拥有汽车、机械、电力、化工、轻纺等综合性工业基地。</string>
</ArrayOfString>
```


图 7-4 具体城市天气情况

温 度	5℃/8℃
天 气	12月21日 小雨

图 7-5 示例运行结果(重庆实时天气情况)

7.2 基于 Ajax 的 Web 窗体

视频讲解

传统的 Web Form 应用允许客户端填写表单，当提交表单时就向 Web 服务器发送一个请求。服务器接收并处理传来的表单，然后返回一个生成的完整网页，但这种做法不仅耗费带宽，而且用户响应速度慢。因为表单提交前的网页和表单提交后返回的网页往往区别不大，但每次都需将生成的完整网页返回到客户端浏览器。

与此不同，基于 Ajax 的 Web Form 应用可以仅向服务器发送并取回必须的数据，并在客户端采用 JavaScript 处理来自服务器的回应。因为在服务器和浏览器之间交换的数据大量减少，服务器响应速度快，用户体验更好。

【例 7-3】 本例代码演示了传统 Web 应用和基于 Ajax 的 Web Form 应用的异同，在 VS 2019 环境通过添加例 7-2 的天气预报 Web 服务来实现天气查询。为了查看实现效果，在网页上放置了一幅较大图片。需按本书 6.6 节介绍的方法添加 Web 引用，输入“http://ws.webxml.com.cn/WebServices/WeatherWebService.asmx”，Web 引用名为 MyWeatherWebservice。

传统的 Web Form 应用，每次单击获取天气按钮就都会向 Web 服务器发送一次请求，服务器接收请求处理后，会返回一个生成的完整网页，此时明显看到整个图片被较缓慢地刷新一次，导致对用户界面的响应变长。前台.aspx 代码如下：

```
<%@  Page Language="C#" AutoEventWireup="true" CodeBehind="get_weather_by_
web_form.aspx.cs" Inherits="WebApp10.get_weather_by_web_form" %>
<!DOCTYPE html>
<html xmlns="http://www.w3.org/1999/xhtml">
```

```
<head runat="server">
<meta http-equiv="Content-Type" content="text/html; charset=utf-8"/>
    <title>传统的 Web Form 应用,没有使用 Ajax</title>
</head>
<body>
    <form id="form1" runat="server">
        <div>
  城市:<asp:TextBox ID="TextBox1" runat="server"></asp:TextBox><br/><br/>
  温度:<asp:TextBox ID="TextBox2" runat="server"></asp:TextBox><br/><br/>
  天气:<asp:TextBox ID="TextBox3" runat="server"></asp:TextBox><br/><br/>
        </div>
        <asp:Button ID="Button1" runat="server" onclick="Button1_Click" Text=
"GetWeather"/>
    </form>
<img src="Sandstone Patterns.jpg" style="width: 900px; height: 500px"/>
</body>
</html>
```

后台.cs 代码如下:

```
protected void Button1_Click(object sender, EventArgs e)
{   String []xdoc;                       //建立保存 Web 服务返回信息的数组
      MyWeatherWebservice.WeatherWebService myWeather=new MyWeatherWebser-
vice.WeatherWebService();             //新建 Web 服务实例
      xdoc=myWeather.getWeatherbyCityName("重庆");
                                         //传入参数为"重庆",向数组返回重庆的天气情况
      TextBox1.Text=xdoc[1];            //在文本框中显示城市
      TextBox2.Text=xdoc[5];            //在文本框中显示温度
      TextBox3.Text=xdoc[6];            //在文本框中显示天气
   }
```

基于 Ajax 的 Web Form 应用,利用其核心 XMLHttpRequest 对象,在不更新整个页面的前提下维护数据,使得 Web 应用更为迅速地回应用户请求,避免了在网络上发送那些没有改变过的信息。前台.aspx 代码如下(其后台.cs 代码同前):

```
<%@  Page Language="C#" AutoEventWireup="true" CodeBehind="get_weather_by_
Ajax.aspx.cs" Inherits="WebApp10.get_weather_by_Ajax" %>
    <!DOCTYPE html>
    <html xmlns="http://www.w3.org/1999/xhtml">
    <head runat="server">
    <meta http-equiv="Content-Type" content="text/html; charset=utf-8"/>
    <title>基于 Ajax 框架的应用</title>
    </head>
    <body>
        <form id="form1" runat="server">
        <asp:ScriptManager ID="ScriptManager1" runat="server">
        </asp:ScriptManager>
        <asp:UpdatePanel ID="UpdatePanel1" runat="server">
            <ContentTemplate>
        城市:<asp:TextBox ID="TextBox1" runat="server"></asp:TextBox><br/><br/>
        温度:<asp:TextBox ID="TextBox2" runat="server"></asp:TextBox><br/><br/>
        天气:<asp:TextBox ID="TextBox3" runat="server"></asp:TextBox><br/>
<br/><asp:Button ID="Button1" runat="server" onclick="Button1_Click" Text=
"GetWeather"/>
            </ContentTemplate>
    </asp:UpdatePanel>
    </form>
     <img alt="" src="Sandstone Patterns.jpg" style="width: 900px; height:
500px"/></p>
```

```
</body>
</html>
```

其中，ScriptManager 控件管理支持 Ajax 的 ASP.NET 网页的客户端脚本。必须在页面上使用 ScriptManager 控件，才能启用 ASP.NET 的 Ajax 功能，默认情况下，ScriptManager 控件会向页面注册 Ajax Library 的脚本，这将使客户端脚本能够使用类型系统扩展并支持部分页面的呈现。

当页面包含一个或多个 UpdatePanel 控件时，ScriptManager 控件将管理浏览器中的部分页面呈现，该控件与页面生命周期进行交互，以更新位于 UpdatePanel 控件内的部分页面，而不需要自定义客户端脚本。使用 UpdatePanel 控件可生成功能丰富的、以客户端为中心的 Web 应用程序。通过使用 UpdatePanel 控件，可以刷新页面的选定部分，而不是使用回发刷新整个页面。

可以通过声明方式向 UpdatePanel 控件添加内容，也可以在设计器中通过使用 Content Template 属性来添加内容。当首次呈现包含一个或多个 UpdatePanel 控件的页时，将呈现 UpdatePanel 控件的所有内容并将这些内容发送到浏览器。在后续异步回发中，可能会更新各 UpdatePanel 控件的内容。更新将与面板设置、导致回发的元素以及特定于每个面板的代码有关。

因为该例也是返回某个城市的温度和天气的信息，故后台代码与传统的 Web Form 应用相同，两种方式的运行结果也相同，但运行效率大不一样，如图 7-6 所示。

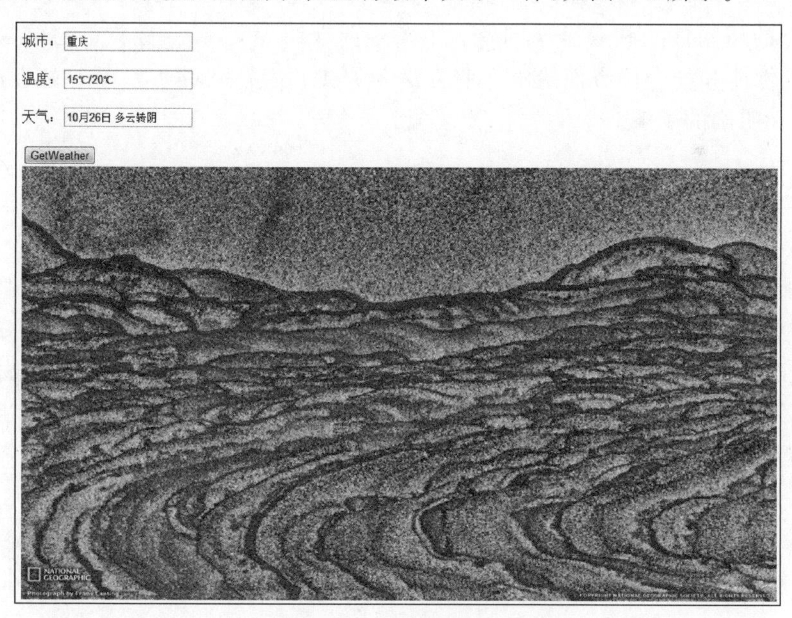

图 7-6 示例运行结果

思考练习题

1. 简述什么是 Ajax 技术以及 Ajax 的作用是什么。
2. 比较传统 Web 应用和基于 Ajax 框架的应用之间的异同。

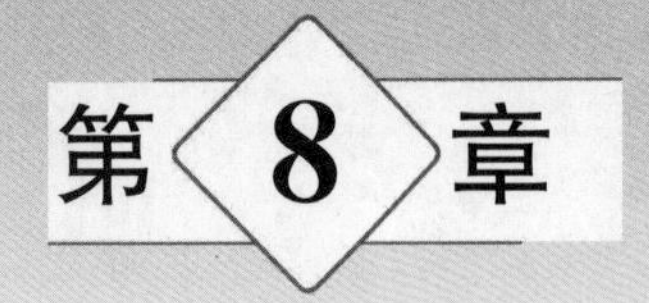

Web 站点规划

学习要点

(1) 了解 Web 站点分类。

(2) 熟悉 Web 站点建设的流程。

(3) 了解 Web 站点规划与设计的一般性原则。

(4) 掌握 Web 站点性能优化和提高其安全性的技术措施。

Web 开发的目的就是建设一个 Web 站点应用系统。在 Web 站点建设之前必须对 Web 站点进行总体规划和设计，对 Web 站点主题、内容和风格等进行统一部署和规划，具体工作包括 Web 站点内容的组织、页面的目录结构、链接结构、页面组成、布局结构以及网页的各部分元素分布应该采用什么样的颜色、如何搭配等。Web 站点建设过程中还必须考虑 Web 站点的访问性能和安全性问题。本章主要介绍 Web 站点建设的总体规划过程，并在 Web 站点性能和安全性方面给出一些方法与原则，使读者对构建 Web 站点的整个过程有一个清晰和明确的了解。

视频讲解

8.1 关于 Web 站点规划

Web 站点规划是指在 Web 站点建设前对市场进行分析、确定 Web 站点的目的和功能，并根据需要对 Web 站点建设中的技术、内容、费用、测试、维护等做出规划。在建立 Web 站点前应明确建设 Web 站点的目的、确定 Web 站点的功能、确定 Web 站点的规模与投入费用，并进行必要的市场分析等。只有详细地规划，才能避免在 Web 站点建设中出现问题，使 Web 站点建设能顺利进行。

Web 站点规划的内容包括以下几方面。

1. 建设 Web 站点前的市场分析

(1) 相关行业的市场是怎样的？市场有什么样的特点？是否能够在互联网上开展公司业务？

(2) 市场主要竞争者分析，包括竞争对手 Web 站点情况及其功能作用。

(3) 公司自身条件分析，包括公司概况、市场优势、可以利用 Web 站点提升哪些竞争力、建设 Web 站点的能力(费用、技术、人力等)。

2. 建设 Web 站点的目的及功能定位

(1) 为什么要建立 Web 站点？是为了宣传产品，进行电子商务，还是建立行业性 Web 站点？是企业的需要还是市场开拓的延伸？

（2）整合公司资源，确定 Web 站点功能。根据公司的需要和计划，确定 Web 站点的功能，如产品宣传、网上营销、客户服务、电子商务等。

（3）根据 Web 站点功能，确定 Web 站点应达到的目的。

（4）企业内部网的建设情况和 Web 站点的可扩展性。

3. Web 站点技术解决方案

根据 Web 站点的功能确定 Web 站点技术解决方案，主要包括：

（1）服务器选择。采用自建服务器，还是租用虚拟主机。

（2）操作系统选择。用 UNIX、Linux 还是 Windows。

（3）解决方案选择。是自己开发还是采用现有的方案。具体描述其实施方案。

（4）分析相应的投入成本、运行费用、稳定性和安全性等。

4. Web 站点内容规划

（1）根据 Web 站点的目标和功能规划 Web 站点内容。一般企业 Web 站点应包括公司简介、产品介绍、服务内容、价格信息、联系方式、网上订单等基本内容。

（2）电子商务类 Web 站点要提供会员注册、详细的商品服务信息、信息搜索查询、订单确认、付款、个人信息保密措施、相关帮助等。

（3）如果 Web 站点栏目比较多，应考虑采用专人负责相关栏目。Web 站点内容是吸引浏览者最重要的因素，无内容或不实用的信息不会吸引匆匆浏览的访客。如果事先对人们希望阅读的信息进行调查，并在 Web 站点发布后调查人们对 Web 站点内容的满意度，便可以及时调整 Web 站点内容。

5. 网页设计

（1）网页美术设计一般要与企业整体形象一致，要符合规范。要注意网页色彩、图片的应用及版面规划，以保持网页的整体一致性。

（2）在新技术的采用上要考虑主要目标访问群体的分布地域、年龄阶层、网络速度、阅读习惯等。

（3）制订网页改版计划，如半年到一年时间进行较大规模改版等。

6. Web 站点测试

规划在完成 Web 站点后将要进行哪些测试和如何进行测试，测试的指标是什么等。

7. Web 站点发布与推广

Web 站点测试后将采用什么方法进行发布，规划 Web 站点的推广策略。

8. Web 站点维护

（1）服务器及相关软硬件的维护。对可能出现的问题进行评估，制订响应时间。

（2）数据库维护。Web 站点维护的一项重要内容就是数据库维护。

（3）内容的更新、调整等。

（4）制订相关 Web 站点维护的规定，将 Web 站点的维护制度化、规范化。

9. Web 站点建设日程表

规划各项任务的开始及完成时间、负责人等。

10. 费用明细

各项事宜所需费用清单。

以上为 Web 站点规划设计报告书中应该体现的主要内容，根据不同的需求和建站目的,内容也会有所增加或减少。在建设 Web 站点之初一定要进行精心规划,才能达到预期建站目的。

8.2 建设 Web 站点的一般步骤

建立 Web 站点和做其他任何项目一样,Web 站点的规划是成功的关键。建立 Web 站点首先要明确建立 Web 站点的目的是什么,并对目标进行分析,从市场观念风险、技术风险、执行风险、组织风险、政策风险等方面综合考虑,然后最终确定 Web 站点建立的目标和实施策略,接着进行费用预算和制订时间表。

在确定 Web 站点目标后,需要申请域名,安装 Web 服务器、邮件服务器、数据库服务器等,并确定 Web 站点接入 Internet 的方法,然后通过 Web 开发工具进行 Web 站点设计和开发,最后进行 Web 站点调试,调试成功后最终正式开通 Web 站点。

视频讲解

1. Web 站点准备阶段

需要建立一个 Web 站点时,首先要做的事情就是冷静下来、认真思考和计划,进行可行性分析,根据建立 Web 站点的目标,规划出 Web 站点的大致结构。考虑采用哪一种操作系统,因为不同的操作系统将采用不同的 Web 服务器、邮件服务器、数据库服务器。采用数据库系统建立的 Web 站点可以极大地提升 Web 站点的功能,因此进行数据库的初步规划是必要的,还必须考虑开发一个 Web 站点并维持 Web 站点运行的费用问题。准备工作基本确定后,下一步就是域名注册。

2. 域名注册

域名注册实际上就是申请 Web 站点的一个名称,以方便人们访问 Web 站点。域名是在 Internet 中用于解决地址对应问题的一种方法,代表着一个 IP 地址。域名存放在一个数据库中,有一些服务器专门负责域名与 IP 地址的解析工作,该服务器称为域名服务器(Domain Name Server,DNS)。域名具有唯一性,已被企业誉为“企业的网上商标”。域名区分为国际域名和国内域名,例如 sina. com 为国际域名,而 sina. com. cn 为国内域名。域名中. com 表示工、商、金融企业;. edu 表示教育机构;. gov 表示政府部门;. net 表示网络服务部门;. ac 表示科研机构。国内域名中. cn 表示中国,其他如. hk 表示中国香港特别行政区;. us 表示美国;等等。申请国际域名还是申请国内域名,应该根据 Web 站点的服务范围来选择,如果 Web 站点服务范围仅限于国内,则可以考虑申请一个国内的域名,如建立的 Web 站点面向全球提供信息服务,可以申请一个国际域名。当然,不管申请的是国际域名还是国内域名,都一样可以被 Internet 上的任何用户访问。域名相当于网上商标,因此最好国内和国际域名一同注册。注册一个域名后,注册机构按年收取一定费用。

注册域名时应首先确定一个域名,域名应简短、切题、通俗。国际域名是否已经被注册可通过 http://www. interNIC. org(国际互联网络信息中心 interNIC)或者 https://www. networksolutions. com/站点进行检查;国内域名是否已经被注册可通过 https://www. cnnic. com. cn/(中国互联网络信息中心 CNNIC)站点进行检查。注册国际域名没有条件限制,单位和个人均可以申请。注册国内域名则必须具备法人资格。申请人需将申请表加盖公章,连同单位营业执照副本(或政府机构条码证书复印件)提交给相关注册服务商才能申请注册。国际域名与国内域名在功能上没有任何区别,都是互联网上唯一的企业标识,只是在最终管理机构上有所区别。注册国际域名由国际域名管理机构 interNIC 负责受理，手续非常简便，只需上网到相关 Web 站点，填写注册表后提交，30 天内支付注册费后即可开通。国内域名注册的权威机构是 CNNIC。网上有很多 Web 站点(例如中国万网)提供域名注册服务，可以通过该 Web 站点在线注册国内域名和国际域名，它们的注册费用各不相同，有的还是免费的。

3. Web 站点的需求分析和总体设计

在建设一个网站之前，不必一开始就忙着准备素材，首先要完成站点的需求分析和总体设计。需求分析是网站设计的重要环节。需求分析工作做得越细，对网站的建设成功就越有帮助，用户对网站设计方案的认可度就越高，就越能达到用户的最大满意度。在需求分析的基础上进行总体设计和数据库设计，在此过程中确定站点建设所需要的软件和硬件配置、连接 Internet 的方式、运行和维护费用等。

4. 确定 Web 站点的组织与风格

在上述工作基础上，确定 Web 站点的主页版面、色彩搭配等，勾画出整个 Web 站点系统的所有全貌，包括每个页面的版式布局、链接关系、注意事项等。Web 站点的结构层次不能太深，应遵从“三次单击”原则，即 Web 站点的任何信息都应该在最多三次单击后找到。另外也要注意结构层次不能太浅，什么东西都放在一个页面上，给人以 Web 站点组织混乱、设计者毫无经验的印象。应该确定一种方法使得网页内容可以在 Internet Explorer 和 Netscape 两种主流浏览器中都能被正常显示，一般通过在页面脚本程序中针对不同浏览器进行控制来实现。

Web 站点的组织与风格是至关重要的。有些 Web 站点充满了各种“酷”的特效和五彩缤纷的图片，却无实际内容；有些 Web 站点只重视提供信息，但界面却显得呆板、乏味，等等，因此必须精心安排和组织页面。一个成功的网页应包含 Web 站点名称、Web 站点徽标、网页标题、网页内容、指向主页的链接、指向其他网页的链接、版权陈述、Web 站点的 E-mail 地址和其他联系方法等基本要素。

一个网页的长度一般应控制在 2 页到 3 页的篇幅内，太短则无法容纳足够的信息，太长则使网页下载的时间变长，可能会使人们失去耐心而转向其他 Web 站点，也会使人们因为长长的网页拖动滚动条而搞得晕头转向。

在进行网页的版面设计时应注意页面的简洁性和高效性，让人们易于找到所关心的信息，不要让精美的动画和花哨的图片喧宾夺主。Web 站点应确定一个主色调和一个统一的字体风格、图素风格等。所有的网页都要采用这个主色调和风格。颜色搭配要协调，过于繁多和凌乱的颜色会使人们感到无所适从。页面布局采用框架结构还是采用表格方式应根据实际情况确定。框架结构是将整个屏幕分成若干小区域，每一区域可以显示不同的网页，单击某一区域上的超链接除了可以在本区域显示另一页面外，还可以在另外一个区域显示对应此超链接的页面文档，而其他区域的页面不必重新下载，唯一不便之处是对于不同的浏览器可能显示的结果不会完全一致。目前很多 Web 站点采用表格方式来布局页面，虽然每次访问均须下载整个页面，但主要解决了浏览器的兼容问题。页面中采用导航条可以使人们在浏览页面时不会迷失方向。导航条实际上就是一组超链接，它告诉人们目前所在的位置，可以使人们既快又容易地转向 Web 站点的其他主要页面。

在设计 Web 站点时还应注意以下几点：抓住能传达主要信息的字眼作为超链接；图像

或图形的超链接应配以文字说明,以便人们关闭图形显示时可以看文字说明;不要在短小的网页中提供太多的超链接;注意超链接文本的颜色应该与普通文本的颜色有所区别。通常采用层叠样式单(CSS)来保持页面的字体、字体颜色、背景、边框、文本属性等风格的一致。

5. Web站点开发和运行环境的确定

根据站点运行的实际情况确定Web站点的运行环境。Web站点运行的操作系统目前主流有两种:Windows系统和Linux系统。究竟选用哪一种操作系统都无关紧要,一般认为选用Linux系统在网络安全性方面要比Windows系统要好,但这并不意味着Linux不存在安全性问题。在Windows下对于一般性Web站点比较理想的运行环境是Windows Server 2012/2016操作系统 + IIS 10.0 Web服务器 + Microsoft SQL Server 2012数据库服务器。Java EE和.NET开发平台各领风骚,一般认为用Java平台开发的站点其安全性和运行效率要优于.NET平台开发的站点。但Java平台提倡开源,工具的多样性和复杂性造成对开发者的要求很高,增加了开发难度和系统的维护成本,而.NET则易于学习和使用,站点易于实现,系统维护成本低。

6. Web站点的开发

Web站点的开发涉及项目负责人、设计人员、程序员、网页制作人员和美工等。其中,项目负责人负责站点内容的总体设计、进度和人员安排等;设计人员负责站点页面布局和整个站点程序的设计、数据库设计等工作;程序员主要负责服务器端程序开发等;网页制作人员负责开发网页工作等;美工则负责制作动画和图片,并嵌入网页中。

通过Dreamweaver、Visual Studio等工具来建设Web站点可大大提高工作效率。目前在Windows系统下建立Web站点的最好工具还是Visual Studio,它是一个集成的开发平台。但Visual Studio中的页面生成工具功能相对较弱,因此结合Dreamweaver强大的页面文档生成器,进行Web站点的开发是相当方便的。例如在Dreamweaver中,提供了大量的自动生成页面脚本程序的功能,利用它将生成的脚本程序粘贴到Visual Studio中可节约很多时间。建设Web站点过程中掌握JavaScript脚本语言的使用是必需的,这些脚本语言又区分为客户端运行的脚本和服务器端运行的脚本。只有灵活使用这些脚本语言,才可以开发出活泼、动态的交互式动态HTML页面。

7. Web站点的测试

在Web站点开发过程中,网站测试是保证整体项目质量的重要一环。当把各网页整合成网站后,要对整个网站进行测试,看其是否能够正常运行,并将其中的运行错误加以修改。主要测试内容有功能测试和性能测试、安全性测试、稳定性测试、浏览器兼容性测试、链接测试等。可通过一些专业工具检查链接错误,找出网页制作中存在的各种问题。

8. 将Web站点接入Internet,并做好网站推广

Web站点开发成功后,需要放到Internet上作为一个网络节点被网上用户访问。根据情况,选择虚拟主机方式、服务器租用或托管方式、铺设专线方式来接通Internet,供人们访问。

虚拟主机是使用特殊的软硬件技术,把一台计算机主机分成多台"虚拟"的主机,每台虚拟主机都具有独立的域名和IP地址(或共享的IP地址)且有完整的Internet服务器(包括WWW、FTP、E-mail等服务)功能。在这种模式下,同一台硬件、同一个操作系统之上,运行着为多个用户启动的不同的服务器程序，且互不干扰；而各用户又拥有自己的系统资源(IP地址、文件存储空间、内存、CPU时间等)。虚拟主机之间完全独立，并可由用户自行管理。在外界看来，每台虚拟主机和一台独立的主机完全一样。使用网络公司的"虚拟主机"服务，就是在别人的主机上租用一定的网站空间以架设自己的网站。网络公司不仅可以为客户提供存放网页的空间，同时也可以开设数目不定的电子邮件账号。使用虚拟主机可以节省购买相关软硬件设施的费用，而且公司也无须招聘或培训更多的专业人员，因而其成本很低，但虚拟主机只适合于一些小型的、结构较简单的网站。

服务器租用或托管方式就是在租来的或自备的服务器上安装和配置好Web站点，然后安放到一些专门的网络服务机构，每年支付一定数额的费用，通过远程登录方式进行站点维护。这种方式适合于较大型的网站。目前很多网站都是采用这种方式。

专线上网方式就是将站点服务器安放在企业内部，通过专线连接于Internet。这种方式成本最高。站点运行费用中线路租用费用是一笔很大的费用。

对于商业Web站点，正式开通后，并不代表就大功告成了，必须实施推广活动。如何宣传自己的Web站点就成为Web站点能否发挥其作用的关键所在。站点推广是指通过各种有效的手段提高Web站点知名度，提升Web站点访问量。推广活动有长期和短期的、有无偿的和有偿的、有费用高的和费用低的，当然效果也有所不同。比较简单的是通过群发邮件、在各大论坛注册后讨论、让搜索引擎帮忙等方式来推广，在这方面使用一些适当的技巧，可以得到百倍于投入的收益。

9. Web站点的运行安全和维护管理

涉及Web站点的安全性方面的问题比较多，主要包括身份窃取、数据窃取、假冒、非授权存取、错误路由、否认、拒绝服务等。在站点服务器上要保证操作系统的漏洞及时得到修复，精心配置Web服务器、邮件服务器、数据库服务器的各项参数设置。本章后面将详细讨论Web站点的安全性。Web站点的维护和管理包括服务器的维护、站点程序的维护、内容的更新和信息的发布等。主要工作包括要对存在的问题进行修改、对Web站点内容进行更新或修改、及时清除一些垃圾页面或图片、对数据库进行备份等。

8.3 Web站点性能优化及安全性

视频讲解

Web用户总是希望在当前网络带宽情况下所访问的网站响应速度足够快，能够很快找到所关心的信息。对Web站点提供者来说，要求Web站点能够容纳更多访问者的同时，保持用户的高速访问性能。当一个站点访问用户过多时，服务器会超载，站点速度也会随之降低。增加服务器和扩充内存并运用负载均衡或群集方案，可增加Web站点访问量，大大提高站点的性能，但硬件和维护成本也会大大增加，且可能Web用户可以获得较快的访问速度，但预期的访问量却达不到，造成资源浪费。因此，应首先考虑通过优化Web服务器配置、改善Web应用程序的性能来提高整个站点的访问性能。

8.3.1 优化Web服务器硬、软件配置

使用快速的磁盘和好的网络存取机制，能明显改进Web站点访问速度。可以运用特定网卡(如Akamba公司的Velobahn)来改进服务器的速度，或是采用相关技术优化网络接口

卡的性能。这类网卡可减轻 Web 服务器 CPU 的负荷,使其从烦琐的网络协议处理中解脱出来,而集中于页面处理和服务提供。可以为 Web 服务器增加反向缓冲代理,使服务器能够顺利实现已创建页面的传输,同时在创建动态页面过程中减轻服务器负荷。可以通过对数据库服务器和 Web 服务器的配置在缓冲、压缩、带宽限制、进程限制等方面提高 Web 站点的性能。

8.3.2 改善 Web 应用程序的性能

Web 站点的性能除了和网络状况、硬件配置相关外,不容忽视的是和 Web 开发人员的开发水平有关。为提高站点的访问性能,Web 开发人员应注意以下方面的问题(以开发 ASP. NET 应用程序为例)。

1. 帮页面"减肥"

我们在浏览网页时实际上是将 Web 站点的网页内容下载到本地硬盘,再用浏览器解释查看的。下载网页的快慢在显示速度上占了很大比重,所以网页本身所占的空间越小,那么浏览速度就会越快。这就要求在做网页时遵循一切从简的原则,如不要使用太大的 Flash 动画、图片等资源;设法减少 GIF 文件对颜色的使用,并调整 JPEG 文件大小;删除页面中无用的符号,例如空格和不必要的注解;等等。目前有很多网页减肥器软件可以帮助减少网页的大小。

2. 尽量使用静态 HTML 页面

ASP/ASP. NET、PHP、JSP 等程序实现了网页信息的动态交互,运行起来的确非常方便,因为它们的数据交互性好,能很方便地存取、更改数据库的内容,使 Web 站点动起来。但这类程序必须先由服务器执行处理后,生成 HTML 页面,然后送往客户端浏览,这就不得不耗费一定的服务器资源。如果在 Web 站点上过多地使用这类程序,网页显示速度肯定会慢,所以应尽量使用静态的 HTML 页面。

3. 切忌将整个页面内容塞到一个 Table 中

网页设计中,有些开发者为追求页面的统一对齐,将整个页面的内容都塞进一个 Table 中,然后由单元格 td 来划分各块的布局,这种 Web 站点的显示速度是绝对慢的。因为 Table 要等里面所有的内容都加载完毕后才显示出来,如果某些内容无法访问,就会拖延整个页面的访问速度。正确的做法是将内容分割到几个具有相同格式的 Table 中,不要全都塞到一个 Table 中。

4. 将 ASP/ASP. NET、JSP、PHP 等文件的访问改为 JavaScript 文件引用

经常会遇到这样的问题:在站点的首页上需要显示数据库中存放的最新的几条新闻信息标题,以便人们单击新闻标题查看,于是开发人员就将首页变成动态服务器页面,在其中加入 ASP/ASP. NET、JSP、PHP 程序用以连接数据库、访问数据库以获取新闻标题。这样做从功能上说没有任何问题,问题是每个访问网站的人都要让 Web 服务器连接数据库获取数据,在用户数较多的情况下,Web 站点的响应速度会很慢。数据库中的新闻信息的变更一般来说会通过后台新闻发布系统来更新,在后台每发布一个新闻时,在动态服务器页面中自动生成一个 JavaScript 文件,将新闻标题以超链接的方式用 JavaScript 语言写好,例如:

```
//mynews.js 文件:
document.writeln("<A href='getnews.aspx? newid=10101'>新闻标题 1</A>");
document.writeln("<A href='getnews.aspx? newid=10102'>新闻标题 2</A>");
document.writeln("<A href='getnews.aspx? newid=10103'>新闻标题 3</A>");
document.close();
```

然后在首页放置新闻标题的地方通过< script src="mynews. js 文件"></script >这样的代码来引用该 JavaScript 文件,这样就可以将首页变成一个静态 HTML 页面,而不是动态服务器页面,这样就会大大提高首页的访问速度。

5. 使用 iframe 嵌套另一页面

如果要在 Web 站点上插入一些广告代码,又不想让这些广告影响 Web 站点的速度,那么,使用 iframe 最合适不过了。方法是将这些广告代码放到一个独立的页面中,然后在首页用代码将该页面嵌入即可,这样就不会因为广告页面的延迟而拖了整个首页的显示,代码如下:

```
<iframe align="center" width="780" height="30" name="all" scrolling="no"
marginWidth=0
frameborder="0" src="页面 URL"> </iframe>
```

6. 站点计数器的放置位置

应将站点访问计数器放到页面代码的最下方,防止由于某种原因所引起的服务器超时延迟,导致页面很长时间才能访问。

7. 数据库的连接和关闭

访问数据库资源需要创建连接、打开连接和关闭连接几个操作。这些过程需要多次与数据库交换信息以通过身份验证,比较耗费服务器资源。ASP. NET 中提供了连接池(connection pool)改善打开和关闭数据库对性能的影响。系统将用户的数据库连接放在连接池中,需要时取出,关闭时收回连接,等待下一次的连接请求。连接池的大小是有限的,如果在连接池达到最大限度后仍要求创建连接,必然大大影响性能。因此,在建立数据库连接后只有在真正需要操作时才打开连接,使用完毕后马上关闭,从而尽量减少数据库连接打开的时间,避免出现超出连接限制的情况。

8. 尽量使用存储过程

存储过程是存储在服务器上的一组预编译的 SQL 语句,类似于 DOS 系统中的批处理文件。存储过程具有对数据库立即访问的功能,信息处理极为迅速。使用存储过程可以避免对命令的多次编译,在执行一次后其执行规划就驻留在高速缓存中,以后需要时只需直接调用缓存中的二进制代码即可。另外,存储过程在服务器端运行,独立于 ASP. NET 程序,便于修改,最重要的是它可以减少数据库操作语句在网络中的传输。

9. 优化查询语句

ASP. NET 中 ADO 连接消耗的资源相当大,SQL 语句运行的时间越长,占用系统资源的时间也越长。因此,尽量使用优化过的 SQL 语句以减少执行时间。例如,不在查询语句中包含子查询语句、充分利用索引等。

10. ASP. NET 中的编程注意事项

在 ASP. NET 编程中注意如下问题,可以提高 Web 站点的访问性能。

(1) 选择适合的数据查看机制。根据选择在 Web 窗体页显示数据的方式,在便利和性能之间常常存在着重要的权衡。例如,Gridview Web 控件可能是一种显示数据的方便快捷的方法,但就性能而言它的开销常常是最大的。Repeater Web 控件是便利和性能的折中,它高效、可自定义且可编程。

(2) 采用 Server. Transfer 重定向页面。在页面中使用该方法可避免不必要的客户端重定向。

(3) 在部署 Web 站点时,不要启用调试模式,否则应用程序的性能可能会受到非常大的影响。不要禁用 Web 窗体页的缓冲,否则会导致大量的性能开销。

(4) 将 SqlDataReader 类用于快速只进数据游标。SqlDataReader 类提供了一种读取从 SQL Server 数据库检索的只进数据流的方法。它提供比 DataSet 类更高的性能。

(5) 字符串操作性能优化。使用值类型的 ToString 方法可以避免装箱操作,从而提高应用程序性能。使用"+"号连接字符串时由于涉及不同的数据类型,数字需要通过装箱操作转换为引用类型才可以添加到字符串中,但装箱操作对性能影响较大。在处理字符串时,最好使用 StringBuilder 类,其. NET 命名空间是 System. Text。该类并非创建新的对象,而是通过 Append、Remove、Insert 等方法直接对字符串进行操作,通过 ToString 方法返回操作结果。

```
int num;
System.Text.StringBuilder str=new System.Text.StringBuilder(); //创建字符串
str.Append(num.ToString());                                     //添加数值 num
Response.Write(str.ToString);                                   //显示操作结果
```

(6) 应考虑编译运行 Web 应用程序。应尽量避免更改应用程序的\bin 目录中的程序集。更改页面会导致重新分析和编译该页,而替换\bin 目录中的程序集则会导致完全重新批编译该目录。在包含许多页面的大规模站点上,更好的办法可能是根据计划替换页面或程序集的频繁程度来设计不同的目录结构。不常更改的页面可以存储在同一目录中并在特定的时间进行预批编译。经常更改的页面应在它们自己的目录中以便快速编译。

(7) 不要依赖代码中的异常。异常大大地降低性能,所以不应将它们用作控制正常程序流程的方式。如果有可能检测到代码中可能导致异常的状态,则执行这种操作。不要在处理该状态之前捕获异常本身。试比较下面的代码,两者产生相同的结果。

```
try
{  result=100 / num;  }
catch(Exception e)
{ result=0;  }
//change to this:
if (num !=0)  result=100 / num;
else  result=0;
```

(8) 只在必要时保存服务器控件视图状态。自动视图状态管理是服务器控件的功能,该功能使服务器控件可以在往返过程上重新填充它们的属性值(不需要编写任何代码)。但是,因为服务器控件的视图状态在隐藏的窗体字段中往返于服务器,所以该功能确实会对性能产生影响。应该知道在哪些情况下视图状态会有所帮助,在哪些情况下它影响页的性能。例如,如果将服务器控件绑定到每个往返过程上的数据,则将用从数据绑定操作获得的新值替换保存的视图状态。在这种情况下,禁用视图状态可以节省处理时间。

默认情况下,为所有服务器控件启用视图状态。若要禁用视图状态,应将控件的

EnableViewState 属性设置为 false，如下面的 DataGrid 服务器控件示例所示：

```
<asp:gridview EnableViewState="false" datasource="…"  runat="server"/>
```

还可以使用@Page 指令禁用整个页的视图状态。当不从页面回发到服务器时，这将十分有用：

```
<%@  Page EnableViewState="false" %>
```

注意，@Control 指令中也支持 EnableViewState 属性，该指令允许控制是否为用户控件启用视图状态。若要分析页上服务器控件使用的视图状态的数量，可(通过将 trace="true" 属性包括在@Page 指令中)启用该页的跟踪并查看 Control Hierarchy 表的 ViewState 列。

(9) 避免到服务器的不必要的往返过程。通常只有在查询或存储数据时才需要启动到服务器的往返过程。多数数据操作可在这些往返过程间的客户端上进行。例如，从 HTML 窗体验证用户输入可在数据提交到服务器之前在客户端进行。如果不需要将信息传递到服务器并将其存储在数据库中，那么不应该编写导致往返过程的代码。

(10) 使用 Page.IsPostBack 避免执行不必要的处理。例如，下面的演示代码中在首次请求该页时将数据绑定到 GridView Web 控件中，以后刷新该页将不再绑定。

```
void Page_Load(Object sender, EventArgs e)
{
//Set up a connection and command here
if(! Page.IsPostBack)
{
String query="select *  from Authors where FirstName like '%Tim%'";
myCommand.Fill(ds, "Authors");
myGridView.DataBind();
}
}
```

由于每次请求时都执行 Page_Load 事件，因此上述代码检查 IsPostBack 属性是否设置为 false。如果是，则执行代码；如果该属性设置为 true，则不执行代码。

(11) 当不使用会话状态时禁用它。并不是所有的应用程序或页都需要针对具体用户的会话状态，应该对任何不需要会话状态的应用程序或页禁用会话状态。若要禁用页的会话状态，则将@Page 指令中的 EnableSessionState 属性设置为 false。例如：

```
<%@  Page EnableSessionState="false" %>
```

注意，如果页需要访问会话变量，但不打算创建或修改它们，则将 @Page 指令中的 EnableSessionState 属性设置为 ReadOnly。若要禁用应用程序的会话状态，则在应用程序 Web.config 文件的 sessionstate 配置节中将 mode 属性设置为 off。例如：

```
<sessionstate mode="off"/>
```

(12) 仔细选择会话状态提供程序。ASP.NET 为存储应用程序的会话数据提供了三种不同的方法：进程内会话状态、作为 Windows 服务的进程外会话状态和 SQL Server 数据库中的进程外会话状态。每种方法都有自己的优点，但进程内会话状态是迄今为止速度最快的解决方案。如果只在会话状态中存储少量易失数据，则建议使用进程内提供程序。进程外解决方案主要用于跨多个处理器或多个计算机应用程序，或者用于服务器或进程重新启动时不能丢失数据的情况。

(13) 不使用不必要的Web服务器控件。ASP.NET中,大量的服务器端控件方便了程序开发,但也可能带来性能的损失,因为用户每操作一次服务器端控件,就产生一次与服务器端的往返过程。因此除非必要,应当少使用服务器端控件。

(14) 优化Web服务器配置文件。默认情况下,ASP.NET配置被设置成启用最广泛的功能并尽量适应最常见的方案。因此,应用程序开发人员可以根据应用程序所使用的功能,优化和更改其中的某些配置,以提高应用程序的性能。应仅对需要的应用程序启用身份验证。默认情况下的身份验证模式为Windows。大多数情况下,对于需要身份验证的应用程序,最好在Machine.config文件中禁用身份验证,并在web.config文件中启用身份验证。

根据适当的请求和响应编码设置来配置应用程序。ASP.NET默认编码格式为UTF-8。如果应用程序为严格的ASCII,则配置应用程序使用ASCII以获得稍许的性能提高。

在Machine.config文件中将AutoEventWireup属性置为false,意味着页面不将方法名与事件进行匹配并将两者挂钩(例如Page_Load)。如果页面开发人员要使用这些事件,需要在基类中重写这些方法(例如需要为页面加载事件重写Page_OnLoad,而不是使用Page_Load方法)。禁用AutoEventWireup,页面将事件连接留给页面作者而不是自动执行它,将获得稍许的性能提高。

(15) 缓存数据和页面输出。适当使用缓存可以更好地提高站点的性能,有时这种提高是非常明显的。使用ASP.NET缓存机制需要注意两点:首先,不要缓存太多项,缓存每个项均有开销,特别是在内存使用方面,不要缓存容易重新计算和很少使用的项。其次,给缓存的项分配的有效期不要太短。很快到期的项会导致缓存中不必要的周转,并且经常导致更多的代码清除和垃圾回收工作。若关心此问题,则监视与ASP.NET Applications性能对象关联的Cache Total Turnover Rate性能计数器。高周转率可能说明存在问题,特别是当项在到期前被移除时。这也称作内存压力。

11. ASP.NET应用程序性能测试

在对ASP.NET应用程序进行性能测试之前,应确保应用程序没有错误,而且功能正常。性能测试工具Web Application Stress Tool(WAS)是Microsoft发布的一个免费测试工具。它可以模拟成百上千个用户同时对Web应用程序进行访问请求,在服务器上形成流量负载,从而达到测试的目的,可以生成平均TTFB(发出页面请求到接收到应答数据第一个字节所花费的毫秒数)、平均TTLB(请求响应时间)等性能汇总报告。另一个性能测试工具Application Center Test(ACT)附带在Microsoft Visual Studio.NET的企业版中,是正式支持Web应用程序的测试工具,它能够直观地生成图表结果,功能比WAS多,但不具备多个客户机同时测试的能力。服务器操作系统"管理工具"中的"性能"计数器,可以对服务器进行监测以了解应用程序性能。

对于Web站点开发人员来说,在编写ASP.NET应用程序时注意性能问题,养成良好的习惯,可提高应用程序的性能。

8.3.3 开发Web站点程序应考虑的安全性问题

(1) 对Web应用系统应建立基于角色的用户权限管理机制。

(2) 使用参数化存储过程。使用参数化存储过程是指在Web应用中,尽可能将对数据库的操作使用存储过程来完成,而不是动态构造SQL语句。将与数据库的交互限制到存储过程,这通常是增强 Web 安全的一个最佳方案。如果不存在存储过程,则 SQL 查询必须由 Web 应用程序动态构造。如果 Web 层遭到破坏,攻击者就可以向数据库查询中插入恶意命令,以检索、更改或删除数据库中存储的数据。使用存储过程,Web 应用程序与数据库的交互操作仅限于通过存储过程发送的几个特定的严格类型参数。每当开发人员使用.NET Framework 调用存储过程时,系统都会对发送到此存储过程的参数进行检查,以确保它们是存储过程可接受的类型(如整数、8 个字符的字符串等)。这是 Web 层有效性验证上的又一个保护层,可确保所有输入数据格式正确,且不能自行构造为可操作的 SQL 语句。

(3) 输入有效性验证。输入有效性验证即是对所有用户输入的字符范围进行限制,以防可用于向 Web 站点发送恶意脚本的字符被使用。通过 ASP.NET 的 System.Text.RegularExpressions.Regex 类提供的功能,用正则表达式对数据进行验证,例如:

```
Regex isNumber=new Regex("^[0-9]+$");
if(isNumber.Match(inputData) ) {
//使用它
…
}
else {
//丢弃它
…
}
```

正则表达式是用于匹配文本模式的字符和语法元素集合,用于确保查询字符串是正确且无恶意的。进行有效验证,防止用户在输入用户账号和密码的时候,输入 or 1=1 等可防止出现 SQL 注入攻击。

(4) 尽量少用 session 和 application 变量,切忌不要通过 session 在页面间传递大数据量。定义的 session 变量如果不用,则用 session.remove 从内存中释放掉,而不要让它等到超时释放。因为每个用户都要为 session 开辟存储区域,当访问用户量大时,服务器资源会很快耗尽。

(5) 信息加密存储。信息加密存储是指对如数据库连接字符串、用户秘密等敏感信息进行加密存储,以妥善保护数据。数据库连接字符串存放有包括数据库服务器的位置、数据库名称和用户名以及密码等数据库连接信息,攻击者一旦设法读取字符串就可用它来访问数据库并对数据库进行恶意破坏。通常可以采用以下方法保护加密连接字符串等秘密信息:加密连接字符串,将其存储在注册表中,并使用访问控制列表(ACL)确保只有系统管理员和 ASP.NET 辅助进程才能访问注册表项。通过使用.NET Framework 的 System.Security.Cryptography 类中的 TripleDES 类提供的功能可实现对信息的加密。System.Security.Cryptography 加密算法主要分为散列算法、对称加密算法、非对称加密算法。

(6) 窗体身份验证。窗体身份验证即是当用户请求一个安全页面时,系统要对其进行判断,如果该用户已经登录系统并尚未超时,系统将返回此页面给请求用户;反之,如该用户尚未登录,系统就要将此用户重定向到登录页面。

上述功能的实现只需对 web.config 文件进行如下配置即可:

```
<authentication mode= "Forms">
    <forms name= "userInfo" loginUrl= "login.aspx" protection= "All">
    </forms>
</authentication>
```

```
<authorization>
    <deny users="?"/>
</authorization>
```

其中,<authentication mode="Forms">用于身份验证。身份验证是在许可用户/应用程序访问某个资源之前验证客户端应用程序身份的过程。其中,mode 有 Forms、passport、Windows、none 四种选择。<form></form>节中的 name 设置的是存储在客户端 Cookie 的名称,loginUrl 设置的是用户没有登录重定向的页面,protection 设置的是保护措施,有 All、none、encryption、validation 四个选项。All 选项设置执行验证和加密操作来保护 Cookie; none 选项对 Cookie 禁止加密和验证; encryption 选项对 Cookie 进行加密但不验证; validation 选项对 Cookie 验证但不加密。

<authorization>节表示在用户通过身份验证后,基于身份对该用户授予访问权限的过程;<deny>节中的 users 设置的是禁止的用户,? 代表禁止匿名登录,* 代表全体用户。与<deny>相对应的节还有<allow users>。在登录页面中添加如下代码:

```
If(与数据库的用户名密码字段比较判断用户是否合法)
{  System.Web.Security.FormsAuthentication.RedirectFromLoginPage(this
.TextBox1.Text, false);
  }
 else {
   Response.Write("身份不合法!");
 }
```

对进行身份验证的登录页本身,应该采取两步方式验证用户存在且密码正确,且不可为图简便而使用一条 SQL 语句进行验证(如果攻击者攻破 Web 站点,并将 SQL 语句的 where 子句末尾加上一段永远为真的判断语句,则无论何时他都可以通过身份验证,这种攻击称为注入式攻击)。存在安全隐患的身份验证语句是 select * from users where name=namestr and password=passwdstr。比较安全的用户身份验证应该是判断用户是否存在用 select name,password from users where name=namestr。如果用户存在,将返回一条包括用户名和密码的记录,然后判断由数据库返回的密码和用户输入的密码值。

```
if password=passwdstr {
//通过验证后的程序代码
…
}else{
//未通过验证后的程序代码
…
}
```

为加强用户名、密码等这些敏感信息在公网上的安全传输,应通过安全套接字层加密后再返回给 Web 服务器(例如使用 MD5、SHA1 对敏感信息进行加密)。

(7) 通过在用户登录窗口中设置输入验证码的方法,可以防止非法用户以程序自动处理方式推测用户登录账户和密码,从而提高系统的安全性。验证码就是将一串随机产生的数字或符号生成一幅图片,图片里加上一些干扰像素,由用户肉眼识别其中的验证码信息,输入表单后提交网站进行登录验证。

(8) 在用户登录输入密码时,为防止木马程序非法录制按键操作,利用自定义软键盘让用户只能通过单击输入密码是目前很多银行网站采用的一种安全登录方式。

以上所介绍的是提高 Web 站点安全性的一般性方法，需要 Web 开发者根据应用系统的安全程度很好地规划和设计。

思考练习题

1. 设计和开发一个 Web 站点需要注意哪些问题？
2. 建设一个 Web 站点的一般步骤是什么？
3. 进行网站开发时，应该从哪些方面来提高网站性能和安全？

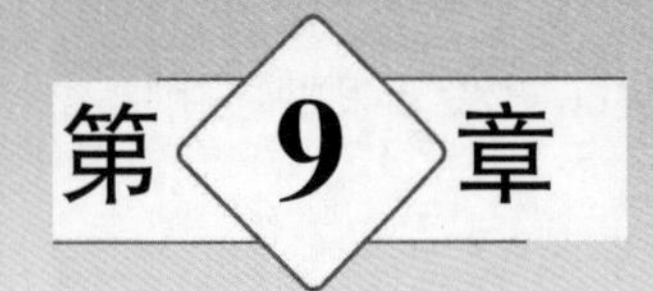

Web 开发案例

9.1 Web 开发案例

本案例系统的名称为“艺术类专业考试招生管理系统”，它是一个实际运行的完整的Web应用系统，采用 Visual Studio 开发工具和 SQL Server 数据库开发。本书提供该系统的详细开发教程、设计说明书、用户手册、数据库备份文件和程序源代码。

在阅读艺术类专业考试招生管理系统开发教程的基础上，将该项目升级到 Visual Studio 2019 运行。要求自行搭建运行环境，在对各功能模块包括用户权限管理等进行解读基础上，重新构建一个简化版的艺术类专业考试招生管理系统。

以下是本案例的相关视频和文件资料，读者可自行选择在线观看视频或下载文件。

(1) 艺术类专业考试招生管理系统开发教程(RAR 文件)。

(2) 艺术类专业考试招生管理系统设计说明书(RAR 文件)。

(3) 艺术类专业考试招生管理系统用户手册(RAR 文件)。

(4) 艺术类招生管理系统数据库(RAR 文件)。

(5) 艺术类招生管理系统源代码(RAR 文件)。

9.2 微信公众号的开发

(1) 微信公众号教程。

(2) 微信公众号案例。

案例讲解分为上、下两部分,可以分别扫描下面两个二维码下载。

(3) 微信公众号案例源代码。

9.3 微信小程序开发

(1) 微信小程序教程。

(2) 微信小程序案例。

案例讲解分为上、下两部分,可以分别扫描下面两个二维码下载。

(3) 微信小程序案例源代码。

参考文献

[1] 储久良. Web 前端开发技术[M]. 北京：清华大学出版社，2023.

[2] 郑娅峰. 网页设计与开发[M]. 北京：清华大学出版社，2022.

[3] 姚东. DHTML 动态网页高级编程[M]. 北京：人民邮电出版社，2000.

[4] BUCZEK G. ASP. NET 技术与技巧[M]. 程永敬，韩平，董启雄，等译. 北京：机械工业出版社，2003.

[5] 李万宝. ASP. NET 技术详解与应用实例[M]. 北京：机械工业出版社，2005.

[6] DEITEL H M. C# 高级程序员指南[M]. 周靖，姜昊，龙劲松，译. 北京：清华大学出版社，2005.

[7] FLANAGAN D. JavaScript 权威指南[M]. 张铭泽，等译. 4 版. 北京：机械工业出版社，2003.

[8] 华铨平，张玉宝. XML 语言及应用[M]. 北京：清华大学出版社，2005.

[9] 丁昊凯，许静雯，谢黎文. ASP. NET 网站开发典型模块与实例精讲[M]. 北京：电子工业出版社，2006.

[10] 郑耀东，蔡蹇. ASP. NET 网络数据库开发实例精解[M]. 北京：清华大学出版社，2006.

[11] 顾兵. XML 实用技术教程[M]. 北京：清华大学出版社，2007.

[12] WAHLIN D. 基于 XML 的 ASP. NET 开发[M]. 王宝良，译. 北京：清华大学出版社，2002.

[13] MC LAUGHLIN B. 深入浅出 Ajax(英文影印版)[M]. 南京：东南大学出版社，2006.

[14] 张昌龙，辛永平. ASP. NET 4.0 从入门到精通[M]. 北京：机械工业出版社，2010.

[15] 于富强，解春燕. ASP. NET 4.0 Web 网站开发实用教程[M]. 北京：北京大学出版社，2012.